동물과의 대화

동물과의 대화

템플 그랜딘, 캐서린 존슨 지음 | 권도승 옮김

ANIMALS IN TRANSLATION

언제나북스

일러두기

· 개를 키우는 사람을 '보호자'로 통일하였습니다.

· 동물을 훈련시키는 사람을 '훈련사'로 통일하였습니다.

· 강아지 또는 개의 이름은 본 이름 그대로 넣고, 추가적인 설명은 각주로 삽입하였습니다.

이 세상의 모든 동물들에게

_템플 그랜딘

나의 아들 지미, 앤드류, 크리스토퍼에게

_캐서린 존슨

차례

6부 동물은 어떻게 생각할까?　　　　　　　　　　　　　　　365

7부 천재적인 동물: 비상한 능력　　　　　　　　　　　　431

**ANIMALS IN
TRANSLATION**

나의 이야기

자폐인이 아닌 사람들은 내가 동물의 생각을 이해하는 순간에 대해 물어본다. 그들은 내게 틀림없이 예지력이 있다고 생각하는 것이다. 하지만 그렇지 않다. '다른 사람들이 보지 못하는 부분을 나는 볼 수 있다'는 사실을 깨닫기까지 아주 오랜 시간이 걸렸다. 그리고 동물을 관리하는 데 있어 나를 고용하는 시설주들보다 내가 유리하다고 확신할 무렵 내 나이는 40세였고, 나는 자폐증 환자였다. 자폐증으로 학교생활과 사회생활은 어려웠지만, 동물과의 생활은 어렵지 않았다.

　어렸을 때는 내게 동물들과 교감하는 특별한 능력이 있다는 생각을 전혀 하지 못했다. 나는 동물들을 좋아했지만, '왜 조그마한 강아지는 고양이가 아닐까?' 따위를 골똘히 생각하는 만만치 않은 문제에 봉착해 있었다. 그것은 내 인생에서 커다란 위기였다. 내가 알던 개들은 전부 몸집이 컸기에, 우선 개를 크기별로 분류했다. 한창 그러고 있을 무렵

이웃들이 '닥스훈트'라는 개를 데려오자, 나는 완전히 혼란에 빠져 계속해서 되뇌었다. "어떻게 이 녀석이 강아지라는 거야?"

나는 닥스훈트에 대해 연구에 연구를 거듭했고, 이 녀석의 정체를 밝히려고 무진 애를 썼다. 결국 나는 닥스훈트가 내가 기르는 골든레트리버와 똑같은 코를 가졌다는 사실을 깨달았고, 닥스훈트도 개라는 사실을 받아들이게 되었다. '개들은 코가 비슷하게 생겼구나.' 다섯 살의 나에게는 큰 발견이라 할 수 있었다.

고등학생이 되자, 어머니는 정서 장애를 겪는 영재들을 가르치는 기숙 학교에 나를 보내셨다. 이때부터, 나는 동물들과 사랑에 빠져들었다. 이 학교로 오기 전까지 사람들은 '너의 모든 문제는 정서 장애 때문'이라고 했다. 나는 일반계고에서 주먹다짐을 벌이다 퇴학당했으므로, 어머니는 나에게 알맞은 교육 기관을 구해야 했다.

나는 대체로 친구들이 놀리면 싸웠다. 친구들은 내가 머릿속에 수많은 문장들을 기억해 놓았다가, 대화할 때마다 모든 문장을 되풀이하면 '지진아', '녹음기'라고 부르고는 했다. 나누고 싶었던 대화가 별로 많지 않았다는 점도 큰 영향을 미쳤다. 나는 축제에서 놀이 기구 탔을 때의 느낌을 얘기하는 것이 유별나게 좋아서, 그 생각이 떠오르면 친구들에게 다가가서 말했다. "내가 난타스켓 공원*에 갔었는데, 회전 날개 위로 올라갔단 말이야. 벽을 향해 솟구칠 때 제일 재미있다니까." 그러고는 이렇게 물었다. "너도 놀이 기구 좋아하니?" 친구들이 대답하고 나면, 나는 이 과정을 처음부터 끝까지 반복했다. 머릿속에 고정된 폐쇄 회로가 있는 것처럼 그 이야기만 반복 또 반복했던 것이다. 그래서 아이들

---

* 오하이오주 해변에 위치한 공원. (역주)

은 나를 '녹음기'라고 불렀고 말이다.

놀림은 큰 상처로 남았다. 아이들이 놀리려고 하면 나는 몹시 화가 나 주먹을 휘둘렀다. 과정은 단순했다. 아이들은 항상 먼저 나를 약 올리고, 내가 격한 반응을 보이면 즐거워했다. 전학을 가자 이런 문제들은 자연스레 해결됐다.

학교는 마구간에 아이들이 탈 수 있는 말을 구비하고 있었는데, 선생님들은 내가 누군가를 때리면 말을 타는 즐거움을 빼앗아 버리셨다. 수차례 말을 못 타는 벌을 받고 난 뒤, 그제야 나는 아이들이 해코지할 때 울어 버리는 방법을 배우게 되었다. 공격성도 점점 줄어들었다. 나를 놀리던 아이들에게도 아무 일도 생기지 않았다. 이때의 기억으로, 나는 지금도 사람들이 곤란하게 하면 울고는 한다.

그 학교에서 있었던 재미난 사실은, 학교에서 기르는 말들에게도 정서적인 문제가 있었다는 점이다. 말이 가지고 있던 정서적인 문제는, 교장선생님이 예산을 아끼려고 값싼 말을 사 왔기에 원래부터 안고 있던 문제들이었다. 참하고 건강한 말들이었지만, 정서 장애가 있었던 것이다. 학교에는 모두 아홉 필의 말이 있었고, 이 중에서 두 마리는 항상 탈 수 없었다. 말의 절반 정도가 심각한 정서 장애를 안고 있었으나 나는 이런 문제를 모르고 있었다. 정서적으로 상처 받은 십 대 청소년, 정서적으로 상처 받은 동물 들이 함께 모여 기숙사 생활을 하고 있었던 것이다.

'레이디'라는 우아한 말은 운동장에서 타기는 좋았지만 오솔길에라도 나가면 맹렬하게 앞으로 치고 나갔다. 레이디는 곧추서기도 하고, 쉽없이 달리기도 하고, 뒷발로 서기도 했다. 고삐를 잘 틀어쥐지 않으면 그대로 마구간을 향해 내달리려고 들었다.

'뷰티'라는 말은 등에 오를 수는 있어도, 안장에 앉은 사람을 발로 차고 물어뜯는 고약한 습성이 있었다. 나는 뷰티 등에 올라탈 때면, 신경을 곤두세웠다. 누구든 뷰티의 등에 오르려고 하면 발에 차이고 물어뜯겼으며, 어떤 경우에는 두 가지를 동시에 당하기도 했다.

그중 '골디'만큼 유별난 녀석도 없었다. 골디는 사람이 등에 오르면 그대로 앞발을 들어 냅다 앞으로 내달렸다. 골디와 승마하기란 불가능했고, 안장에 잠시 앉아 있다 내려오는 게 고작이었다. 만일 여러분이 골디의 등에 타려 했다면, 날뛰는 말을 제지하다가 땀으로 범벅이 되어 버릴 것이다. 골디 역시 5분도 채 못 되어 땀에 흠뻑 젖고, 지쳐서 침을 흘릴 것이었다. 골디는 사람이 등에 타는 것을 질색했다.

골디는 옅은 갈색의 갈기와 말총이 아름다운 말이다. 아랍 계열의 말처럼 가늘고 길며, 완벽한 그라운드 매너를 갖췄다. 리드해서 걷게 하거나 가볍게 조련시키는 등 여러분이 바라는 어떤 것이라도 시킬 수 있다. 등에 오르기 전까지, 골디는 사람에게 순종한다. 이런 행동쯤 어느 정도 신경질적인 말이라면 가졌을 문제로 치부될 수도 있지만, 골디는 여기서 한발 더 나간다. 누군가는 '오르기만 하면 된다'고 말하기도 했다. 이렇게 말할 수 있는 부류의 말은 사람이 땅에 서 있을 때는 사나워도, 안장 위에 사람을 태우면 순해진다.

학교에 있던 말은 전부 학대 당한 적이 있다. 골디를 학교에 팔았던 여자는 거칠고 날카로운 재갈을 물리고, 힘껏 재갈을 당기고는 했다. 그래서인지 골디의 혀는 심하게 꺾여 변형되기까지 했다. 뷰티는 마구간 기둥에 하루 종일 묶여 지내야만 했다. 왜 동물들은 심하게 학대 당하고, 거칠게 취급되었을까?

당시 소녀였던 나는 이런 사실에 대해 전혀 이해하지 못했다. 학교에 있는 말에 대해 무지하지는 않았지만, 그렇다고 말과 대화를 나눌 정도의 영재도 아니었다. 나는 그저 말을 사랑했다.

워낙 말에 관심이 많았기에, 시간이 남을 때면 마구간에서 일했다. 확실하게 말을 돌보려고 마구간을 청결히 유지하는 데 신경을 많이 썼다. 고등학교 시절 가장 기억에 남는 날 중 하나는, 어머니가 나에게 멋진 영국제 고삐와 안장을 가져다주신 날이다. 그날은 내 인생에 있어 일대 사건이었다. 왜냐하면 어머니가 주신 것들은 나 혼자만 쓸 수 있는 물건이었던 데다가, 학교에 있던 안장이 싸구려 제품이었기 때문이다.

학교에서 사용한 안장은 오래된 맥클리랜드 안장이었다. 신에게 맹세하건대, 기병대용으로 남북전쟁에서 사용되었을 법한 물건이었다. 아마도 학교에 있던 이 안장은 육군에서 제2차 세계 대전 당시 말을 부릴 때 썼던 제품인 것 같았다. 맥클리랜드 안장은 중앙에 홈이 파여 있다. 말 등에 부담을 덜기 위한 홈이었으니 말에게는 좋았겠지만, 말에 오르는 사람에게는 공포스럽기까지 했다. 아프가니스탄의 북부 동맹군들이 나무로 만든 안장을 탄다는 글을 읽고, 그들이 힘들겠다고 생각한 적이 있다. 그러나 당시에는 내가 쓰던 것보다 불편한 안장은 아마 존재하지 않을 것이라 여겼다.

선물받은 안장을 다듬어 탔던 말은 '보이'였다. 나는 안장이 너무나도 마음에 들어서 안장을 보관하는 마구실에 놓아두지 않고 기숙사 침실에 매일 가지고 왔다. 나는 안장 가게에서 안장용 비누, 가죽 클리너를 사 와서 많은 시간을 세척하고 광을 내는 데 보냈다.

학교에서 말과 시간을 보내며 행복했던 것과 달리 학창 시절은 어려웠다. 사춘기가 되었을 때 나는 멈출 수 없는 분노의 해일에 휩쓸렸다.

이 감정은 훗날 내가 논문 심사 위원들 앞에서 나의 학위 논문을 변호할 때와 비슷한 감정이었다. 나는 온종일, 밤새 분노했다.

그 어떤 갑작스러운 문제도 나를 이때처럼 분노하게 만들지 않았을 것이다. 아마 이때 나의 자폐증 유전자가 발동하기 시작했을 것이라고 생각한다. 자폐증은 미국 정신과 분류DSM에 등재된, 분노 장애 중 하나인 강박 신경증과도 공통점이 많다.

동물들은 이런 상황에서 나를 구해 주었다. 어느 여름날, 관광 목장을 운영하는 이모를 방문한 적이 있었다. 나는 이웃 목장에서 한 무리의 소 떼가 가축을 움직이지 못하게 붙잡는 보정틀squeeze chute로 떼밀려 들어가는 것을 보았다. 그 보정틀은 금속으로 만들어진 양 끝이 바닥에서 경첩까지 연결되어 있는, 커다란 V자 형태를 띠고 있었다. 소가 기구 내로 들어가면 공기압으로 V자의 양 날개가 모이면서 소의 몸체가 압박되는 원리였다. (이 기구가 궁금하다면 인터넷에서 사진을 찾아보시길.)

나는 그 기구를 보자마자, 이모에게 차를 멈추게 한 다음 차에서 내려 살펴보았다. 나는 보정틀 속에 갇힌 소들을 보며 넋을 잃었다. 여러분은 가축들이 갑자기 자신들의 몸을 압박해 오는 금속 집게 속에서 미쳐 날뛰리라고 생각할지도 모르겠으나, 실제로는 정반대이다. 동물들은 굉장히 조용해진다. 강한 압력을 느껴 차분해진 것이라 이해한다면, 일리 있는 생각이다. 보정틀의 압력은 갓난아기가 포대기에 싸였을 때, 스쿠버 다이버가 수중에서 편안함을 느낄 때와 비슷한 감각을 전달한다. 그 기계를 사용해 소들이 조용해지는 것을 보면서, 나에게도 그러한 도구가 필요하다는 것을 깨달았다.

가을에 학교로 돌아와 나만의 보정틀을 만든다고 하니, 선생님께서 도와주셨다. 내가 생각한 보정틀의 크기는 사람의 팔다리를 뺀, 몸통이

들어갈 정도였다. 나는 공기 압축기를 사용했고, 양 날개 대용으로 나무 합판을 사용했다. 멋지게 만들어진 압박기에 들어갈 때마다 나는 훨씬 편안해진다. 나는 아직도 이 장치를 사용하고 있다.

나는 말들, 그리고 나만의 보정틀 덕분에 이 시기를 무사히 보낼 수 있었다. 동물들은 내가 견딜 수 있도록 도와주었다. 공부하지 않아도 되는 날, 학교에 가지 않아도 되는 날, 모든 깨어 있는 시간 동안 말들과 함께 보냈다.

발표회장에서 레이디를 타기도 했다. 지금 생각해 보면 정신적으로 혼란스러울 마구간, 어린 학생들이 타기에 위험한 말들을 들여놓은 학교란 상상하기 힘들다. 다만 수많은 아이들이 학교에서 말한테 꼬집히고, 밟히고, 내던져졌어도 어느 하나 심하게 다치지는 않았다. 적어도 내가 재학 중인 동안에는 말이다.

나는 많은 아이들이 말을 탈 수 있게 되기를 바란다. 사람과 동물은 서로 함께할 운명이다. 동물과 사람은 서로를 진화시키면서 오랜 세월을 살아 왔으며, 짝이 되었다. 그러나 강아지나 고양이를 기르는 경우가 아니라면, 사람들은 동물과 떨어져 지낸다.

승마는 특히 십 대들에게 좋다. 매사추세츠주에 거주하면서 십 대 환자를 많이 만나는 정신과 의사 친구가 있는데, 그는 말을 타 본 적이 있는 환자들에게 높은 기대치를 가지고 있었다. (비슷한 정도의 질병을 앓는 두 명의 환자가 있다고 가정할 경우) 한 환자는 정기적으로 말에 태우고 나머지는 그렇게 하지 않으면, 말을 탄 환자는 그렇지 않은 환자보다 훨씬 치료 결과가 좋다고 한다. 우선 말을 돌볼 책임이 있는 십 대는 그 누구라도 좋은 인성이 개발된다고 한다. 승마란 그저 눈으로 말을 보는 것과는 다르다. 쉽게 말해 안장에 올라앉아 사람이 단순히 고삐를 당기는 것만으로 말에게 지시하는 일이 아니라는 것이다. 진정한 승마는 볼룸 댄스, 피겨 스케이트의 페어와 비슷하다. 다시 말해 승마란 '상호 관계'이다.

말이 나의 리드에 잘 따르고 있는지 확인하려고 내려다본 적이 있다. 말이 운동장 주변을 느리게 걸을 땐 한쪽 앞발이 다른 한쪽보다 훨씬 앞으로 나와야 하며, 기수는 말이 그렇게 할 수 있도록 도와야 한다. 만일 내가 몸을 앞으로 기울여야 한다는 점을 알고 있었다면 내가 탄 말을 올바르게 리드했을 것이다. 나의 균형 감각도 워낙 엉망이어서 스키를 배울 때 다리를 V자로 만드는 자세를 취하는 진도까지는 나아갔지만, 아무리 노력해도 다리를 평행하게 유지해야 하는 스키는 나와 맞지 않았다.

그래도 승마는 즐거운 일이었다. 나는 종종 말에 올라 목장을 달렸고, 승마는 정말 크나큰 스릴을 느끼게 해 주었다. 물론 계속 빠른 속도로 달리는 것이 말에게는 좋지 않다. 그렇지만 잠시라도 그렇게 달리고 나면 몸과 마음이 상쾌해졌다. 때로는 오솔길로 나가서 굉장히 빨리 달리기도 했다. 나무가 내 곁을 휙휙 지나가듯 하던 느낌이 아직도 생생히 남아 있다.

말을 타다 보면 본능적으로 좋은 기수와 말은 한 팀이 된다. 이 관계는 한쪽으로 치우치지 않는다. 사람이 말에게 무엇을 하라고 요구하는 것이 아니다. 말은 자신의 등에 올라탄 사람에게 매우 예민하게 반응하고, 기수가 요구하지 않더라도 그가 무엇을 원하는지 잘 알고 있다. 각마사에서는 학생들에게 말을 어떻게 타는지 가르치는 데 쓰였던 한 마리의 전용 말을 갖추고 있다. 이 말들은 자신의 등에 올라탄 사람이 균형을 잃으면 빨리 내닫지 않는다. 이것만 보아도 말을 타는 일은 자전거를 타는 일과는 완전히 다르다는 사실을 알 수 있을 것이다. 나는 말이 그 누구도 다치게 하지 않는다고 확신한다.

십 대 청소년이 말에게 느끼는 애정은 자신에게도 유익한 것이다. 이것은 '팀워크'와도 같다. 수년 동안 사람들은 골칫거리인 아이들을 사관 학교로 보내거나 군대에 보내야 한다고 이야기해 왔다. 만약 사관 학교에도 말이 있다면 훨씬 좋을 것이다.

《동물과의 대화》는 내가 동물과 보낸 40년의 세월을 담은 책이다. 이 책은 동물을 이야기하는 책들과는 사뭇 다를 것이다. 무엇보다도 나는 동물을 다루는 전문가가 아니다. 자폐인은 동물이 생각하는 방식, 사람이 생각하는 방식 모두를 취할 수 있다. 다만 자폐인은 일반인과 다른 부류의 사람들이 아니라는 점도 분명히 하고 싶다.

자폐증은 동물과 사람이 통하는 중간 지점의 환승역과 같은 것이고, 나와 같은 자폐인은 동물의 대화를 말로 옮길 수 있을 뿐이다. 다시 말해 나는 사람들에게 동물이 왜 그렇게 행동하는지 설명할 수 있다.

나는 그런 이유로 자폐증을 앓고 있었음에도 성공할 수 있었다. 또한 자폐증을 앓고 있기에 동물 행동학은 나한테 적합한 분야이다. 내가 다른 사람들과의 의사소통에서 부족한 점이 있다고 해도, 동물들을 이해할 수 있다는 장점으로 메울 수 있기 때문이다. 지금까지 3백 편의 과학 논문을 저술했고, 나의 웹 사이트에는 매달 5천여 명이 방문한다. 나는 1년을 기준으로 동물 관리를 주제로 대략 35회, 자폐증을 주제로 대략 25회 정도를 강연하러 다니며 많은 시간을 길 위에서 보낸다. 미국과 캐나다에서 키우는 가축의 절반은 내가 고안한, 고통을 덜어 주는 도살법으로 도축된다. 이는 나의 두뇌가 다른 사람들과 다르게 기능했기에 가능한 일이었다.

일반인들 중에서도 동물에 대한 올바른 지각을 가진 이가 많다는 건 안다. 허나 자폐증은 대다수의 전문가들도 가지지 못했던, 동물에 대한 다른 지각을 갖도록 해 주었다. 그 '다른 지각'이란, 동물은 우리가 생각하는 것보다 훨씬 영리하다는 사실이다. 반려동물을 키우는 보호자 중에서도 '요 귀여운 녀석이 생각을 다 한다니까요?'라고 말하는 사람이 있지만, 대부분의 동물 연구가들은 그런 생각이 단지 희망 사항일 뿐이라고 폄하해 버린다.

그러나 나는 오히려 보호자들의 생각이 옳다고 느끼게 되었다. 동물을 사랑하는 사람이 동물들과 오랜 시간을 함께하게 되면, 종종 동물과 눈을 맞추고 있을 때 그 이상의 무언가가 더 있다는 사실을 직관적으로 느끼게 된다. 단지 이 느낌이 무엇인지, 이 느낌을 어떻게 묘사할지 잘 모를 뿐이다.

내 생각이 진실의 일부분일 수도 있겠지만, 나는 아주 우연히 이 해답을 얻게 되었다. 자폐증을 치료하기 위해, 나는 언제나 내가 연구하는 분야만큼이나 인간의 두뇌를 연구하는 신경학 연구에 관심을 두어 왔다. 실은 그렇게 해야만 했다. 언제나 동물의 삶이 아닌, 나의 일상을 어떻게 통제해야 할지에 대한 해답을 얻어야만 했으므로. 그러나 이 분야들을 동시에 연구하다 보니 동물 연구가들이 놓친 '동물의 지능과 사람 사이의 연결 고리'를 보게 되었다.

자폐 영재에 대한 저서들은 내 연구에 큰 도움이 되었다. 자폐 영재란 생일을 기점으로 여러분이 태어난 요일이 언제라고 이야기하거나, 여러분이 사는 거리의 주소에 포함된 숫자가 소수素數인지 아닌지를 머릿속으로 계산하는 일을 해내는 사람이다. 늘 그런 것은 아니지만, 그들의 지능은 일반인에 비해 낮은 편이다. 그러나 일반인은 생각조차 하지 않는 일들을 자연스럽게 해내기도 한다. 그 능력을 갖기가 얼마나 어렵고, 숙달되기까지 얼마나 많은 시간이 요구되느냐는 그들에게 문제가 안 된다.

동물들은 자폐 영재들과 비슷하다. 동물은 실제로 자폐증을 가진 천재일 수 있다고까지 말하고 싶다. 동물들에게는 특별한 재주가 있다. 마찬가지로 자폐인들도 뭇 사람들에게는 없는 재능이 있다. 그리고 적어도 일부 동물은 일반인에게는 없는 특수한 형태의 비범함이 있다. 마찬가지로 일부 자폐인에게도 비범한 능력이 있을 수 있다. 나는 오랫동안 동물들의 이 비범한 능력은 자폐인의 능력과 같은 것이라고 생각해 왔다.

우리가 지금까지 동물들과 공존하면서도 동물들의 비범한 재능을 느끼지 못한 이유는 단순하다. 일반적으로 사람들에게는 동물들이 지닌 특별한 재능을 갖지 않았고, 보지 못하기 때문이다. 동물이 놀라운 행동을 할 때 그저 쳐다볼 뿐, 그들의 눈에 비친 것에 대해서는 이렇다 할 생각이 없다. 동물의 비범한 재능은 평범한 사람들의 눈에는 잘 비치지 않는다.

나라고 해서 동물의 모든 재능을 알지는 못한다. 그러나 나는 지금까지 자폐 영재와 천재적인 동물들 사이에 어떤 연결 고리가 있음을 보아 왔다. 그 '연결 고리'가 바로 내가 찾으려는 것이다. 나는 사람이 미처 깨닫지 못하는 부분을 느끼는 놀라운 재능, 우리가 기억해 낼 수 없는 매우 사소한 부분까지 기억하는 놀라운 재능을 이용할 방법을 찾고 있으며, 사람과 동물 모두가 더 나은 삶을 살 수 있기를 바란다. 나는 몇 마리의 보조견과 점차 기억력이 떨어지는 중년을 비교하면 어떨까 하는 생각을 해 본다. 나는 여러분이 열쇠 둔 곳을 기억하는 것보다 당연히 개들이 더 잘 기억한다는 데 돈을 걸 것이다. 설령 당신이 40세 이하라고 해도 말이다.

또는 보조견이 리모컨 놓아둔 곳을 기억하게 하는 것은 어떤가? 여러분이 개에게 적절한 훈련만 시킨다고 가정한다면, 나는 개가 더 기억을 잘할 수 있다는 데 걸겠다.

물론 실제로 이런 일이 있었는지는 알지 못하고, 내가 틀릴 수도 있는 일이다. 그러나 중력의 이해에 기초해서 아무도 볼 수 없는 혹성의 존재를 예측하는 천문학자처럼, 동물의 재능에 관한 나의 예지력도 조금씩 나아지고 있다. 내가 아는 자폐인의 능력을 기반으로, 아무도 볼 수 없는 동물의 능력을 정확히 내다보는 일을 시작하려 한다.

외부의 시선으로 바라보는 동물

대학에 진학할 무렵, 나는 동물학을 전공하고 싶었다.

1960년대는 정신 의학의 모든 분야를 스키너 박사와 행동주의가 지배하고 있었다. 당시 스키너 박사는 워낙 유명해서 미국의 거의 모든 대학생의 책꽂이에 그의 저서 《자유와 존엄을 넘어서》가 있을 정도였다. 그는 여러분이 배워야 할 전부는 행동이라고 가르쳤고, 다음과 같이 주장했다.

" 여러분은 사람의 내면이나 동물의 머릿속에 무엇이 들어 있는지 골몰할 필요가 없다. 여러분은 사람의 내면이나 동물의 머릿속 같은 블랙박스 내면에 든 지능, 감정, 동기 같은 것을 측정할 수 없기 때문이다.

블랙박스는 무한하다. 여러분은 그것을 이야기할 수조차 없다. 단순히 행동만 잴 수 있을 뿐이다. 그러므로 여러분은 행동을 연구해야 한다."

행동학자들에게 이것은 커다란 손실이었다. 그들의 이론에 따르자면 환경만이 유일한 결정 요인이기 때문이다.

몇몇 동물 행동학자들은 이 개념을 극단적으로 해석하여 동물은 감정이나 지능이 전혀 없다고까지 가르쳤다. 동물은 그저 행동할 뿐이며, 그 행동이라는 것도 주위 환경으로부터 보상, 처벌, 긍정적 혹은 부정적 보상 학습에 의해 결정된다고 하였다.

보상과 긍정적 강화란 같은 개념이다. 즉 당신이 어떤 일을 잘하면 주변에서 고무적인 일이 발생하는 것이다. 그러나 처벌과 부정적 보상 학습은 전혀 다르다. 처벌은 여러분이 한 일 때문에 주변에서 나쁜 상황이 발생하는 것이고, 부정적 보상 학습이란 여러분이 한 행동 때문에 어떤 좋지 못한 일이 여러분에게 일어나려다가 중단되거나, 처음부터 발생하지 않는 것을 말한다.

처벌은 나쁘지만, 부정적 보상 학습은 좋은 쪽이다. 비록 다수의 행동학자들이 어떤 동물에게 여러분이 원하는 행동을 시키려 할 때 나쁜 행동에 대한 처벌이 좋은 행동에 보상하는 것보다 효과가 덜하다고 믿고 있지만, 처벌은 여러분이 하는 행동을 중단하게 만든다.

부정적 보상 학습은 이해하기가 가장 어렵다. 부정적 보상 학습은 처벌이 아니다. 오히려 일종의 보상이다. 그러나 이 보상이라는 것은 여러분이 싫어하는 행동을 멈추거나 시작도 할 수 없다는 의미이기 때문에, 이 점에서는 부정적이다. 4세 아이가 소리 지르고 울면서 골치 아프게 하면 결국 여러분은 인내심을 잃고 아이를 혼내거나 때리고, 아이는 겁에 질려 침묵에 빠져든다. 이것이 부정적 보상 학습이다. 왜냐하면 아이의 울음을 쫓아 버렸으며, 이것이 여러분이 원하던 바이므로. 이제 여러분은 아이가 짜증을 낼 때마다 더 자주 주먹을 쓰게 된다. 왜냐하면 울화가 치밀 때 폭력을 행사함으로써 부정적으로 강화되기 때문이다.

행동학자들은 이와 같은 네 가지 개념이 동물에 대한 모든 것을 설명하는 기본 개념이라고 생각한다. 그들은 동물을 자극과 반응만이 존재하는 기계로 파악한다. 이 개념이 나온 이후에 미쳐 왔던 힘을 상상하는 것은 일반인에게 쉽지 않은 일이다. 거의 종교처럼 맹신되었으며, 많은 사람에게 스키너는 정신 의학의 신과도 같았다.

그러나 얼마 지나지 않아서 스키너 박사의 이론도 완벽하지 않다는 것이 판명되었다. 나는 스키너 박사를 18세쯤 딱 한 번 만났다. 나는 그에게 나의 압박기에 대한 편지를 보냈고, 박사는 나의 동기에 대해 감명을 받았다는 내용의 답장을 보내왔다. 그는 행동보다는 내면의 동기를 이야기하는 행동학파의 신이었다. 그는 자신의 시대를 앞서 있었다. 왜냐하면 당시 그가 설파한 '동기'란 오늘날에도 자폐증 연구에 있어 초미의 주제이기 때문이다.

답장을 받고 나서 그의 연구실에 전화를 걸어, 만나러 가도 되느냐고 물었다. 내가 행한 연구들에 대해 박사와 대화를 나누고 싶었던 것이다.

그의 비서실에서 하버드로 초대해 주었다. 바티칸의 교황을 만나러 가는 느낌이었다. 스키너는 정신 의학계에서 가장 유명한 교수에, 타임지를 장식하고 있는 거물이었다. 그를 만나러 가면서 점차 초조해졌다. 윌리엄 제임스 홀을 걸으며, '이곳이 정신 의학의 본산이다'라고 생각하며 건물을 올려다본 기억이 난다.

그러나 그의 사무실에 들어갔을 때, 나는 커다란 실망감을 느꼈다. 박사도 그저 평범한 남자였다. 사무실 주위에 식물을 길렀고, 그 식물들이 방 내부 온 사방에 뒤덮였던 것을 기억한다. 우리는 앉아서 대화를 나누었다. 박사는 개인적인 질문으로 대화를 시작했다. 그 질문들이 어떤 내용이었는지는 전혀 기억나지 않는다. 나는 대화를 나누어도 특별한 단어나 문구는 거의 기억하지 못하기 때문이다. 자폐인들은 언어가 아닌 그림으로 생각한다. 우리의 머릿속에 단어는 전혀 존재하지 않는다. 단지 화면의 흐름만이 있다. 그래서 질문 속 세세한 단어를 기억하지 못하는 것이다. 단지 그가 그런 사실을 질문했다는 것만 기억난다.

게다가 박사는 내 다리를 만지려 했다. 나는 깜짝 놀랐다. 수수한 옷차림을 하고 있었던 데다, 그렇게 행동할 것이라 예상치 못했다. 정확히 기억하는 말은 이것 뿐이다. "보는 것은 괜찮지만, 만지지는 마세요."

동물과 행동에 대한 이야기로 옮겨 갔고, 마지막에 이런 말을 했다. "스키너 박사님, 우리의 뇌가 어떻게 움직이는지 알 수 있다고 친다면요." 그 말은 특별히 기억에 남아 있는 대화의 조각이다.

그가 말했다. "우리는 두뇌를 배울 필요가 없어요. 조작적 조건화 기법operant conditioning을 알고 있기 때문입니다."

나는 그 말을 마음속에 새기면서 학교로 운전해 돌아왔고, 최종적으로 '나는 그렇게 생각하지 않아.'라고 독백했다고 기억한다.

나는 스키너 박사의 말을 믿지 않았다. 왜냐하면 나 스스로가 주변의 환경으로부터 나온 것이라고는 절대 볼 수 없는 문제들을 가지고 있었기 때문이다. 또한, 나는 대학에서 동물 행동학을 수강하고 있었는데, 동물 행동학자들은 동물을 자연 그대로의 환경에서 연구하고 있었다. 토머스 에번스 교수님은 우리에게 동물의 본능이란 동물이 태어날 때부터 가지고 나온, 꽉 묶어진 행동 패턴이라고 가르치셨다. 본능이란 환경과 연관이 없으며, 그것들은 타고난 것이라는 내용이었다.

스키너 박사는 말년에 마음을 바꾸었다. 나의 친구이자《그림자 증후군》과《두뇌 가이드 북》을 저술한 하버드 정신 의학자 존 래티는 나에게 스키너 박사와 점심 식사 중에 나눈 대화를 이야기해 주었다.

대화를 나누면서 존은 박사에게 물었다." 이제 박사님이 말한 블랙박스 속으로 우리가 들어갈 때가 되지 않았나요?"

그러자 박사가 말했다." 중풍을 앓기 시작하면서 나도 그렇게 생각하게 되었다네."

사람의 뇌는 매우 강력한데, 두뇌가 정상 작동하지 않는 사람은 두뇌가 얼마나 강력한지를 실감한다. 스키너 박사는 그 사실을 어렵게 배웠던 것이다. 박사는 중풍 발작을 겪으면서 모든 것이 환경에 지배되지 않음을 알게 되었다. 그러나 1970년대는 내가 연구를 막 시작할 무렵이었고, 그 당시의 행동학파는 곧 법이었다.

나는 내가 행동학파의 적으로 여겨지는 것을 원치 않는다. 어떤 면에서 행동학자들은 동물 행동학자들과 다르지 않다. 그들 모두 동물의 머릿속을 들여다보지 않았기 때문이다. 행동학자들은 실험실의 환경에서 동물을 관찰하지만 동물 행동학자들은 동물의 최적인 자연환경에서 관찰한다. 둘 다 동물을 외부에서 관찰하는 것이다.

행동학자들은 뇌는 무제한이라고 단정하는 커다란 실수를 저질렀다. 다만 그들이 환경에 초점을 맞춘 것은 거대한 진일보라고 할 만하다. 행동학파가 나오기 전까지는 누구도 그처럼 환경이 중요하다고 여기지 않았고, 여전히 그렇다.

나는 30년간 육류 산업에 종사하면서, 동물들에게 고통을 덜 주는 도축 설비를 고안했다. 많은 시설주들은 가축들의 환경을 고려하지 않는다. 가축들에게 문제가 발생해도 시설주의 머릿속에는 동물들의 환경을 둘러볼 생각조차 떠오르지 않는다. 내가 설치한 장비를 원하지만, 그 장비들이 주변 환경이 나쁠 때 제대로 작동하지 않는다는 사실을 깨닫지 못한다.

설비에 있어 환경은 물리적 환경을 의미하고, 동시에 고용인들이 동물을 다루는 방법을 의미한다. 동물을 거칠게 다루면 최고 수준으로 보수 유지되는 장비라 해도 제대로 작동하지 않는다.

북미 전체 도축장의 절반에 설치되어 있는, 내가 고안한 '중앙 궤도형 도축 장치center-track restraining system'*는 여러분이 동물을 올바로 다룰 때에만 제대로 작동한다. 가축 결박 체계는 동물의 가슴과 복부를 컨베이어 벨트로 들어 올리는 방식이며, 동물들은 긴 톱 위에 세로로 길게 앉은 자세가 된다.

도축장이 내 디자인을 채택한 이유 중의 하나는, 동물들이 과거의 V자형 보정틀보다 쉽게 들어가려 해 효율적이기 때문이었다. 이는 V자형 보정틀 체계의 한 가지 단점 때문이다. 바로 동물들이 그 안으로 들어가려 하지 않아서다. V자형 결박 체계는 효율적이고, 동물을 다치게 하지는 않으나 동물의 다리를 몸통과 같이 압박했다. 그래서 다리를 디디기 불편한 그곳으로 들어가기 꺼린 것이다. 내가 개발한 디자인은 기술이 아닌, 행동주의에 기반을 두고 있다. 동물들의 행동을 존중해서 효율이 높았던 것이다.

그러나 농장들은 동물을 제대로 다루지 못하면 내가 고안한 설비가 제대로 작동하지 않음을 깨닫지 못한 것 같았다. 그들은 장비에만 관심

---

* 미국에서 사용하는 방식으로, 아직 우리나라에는 소개되지 않았다. 가축의 전살 과정 직후 도축을 완료하는 과정에서 중앙부에 컨베이어 벨트 시스템을 사용하는 방식을 말한다. (역주)

을 두었다.

내가 행동주의자들을 좋아하는 또 다른 이유는, 오랫동안 그들이 타고난 낙관주의자였다는 점이다. 처음부터 행동주의자들은 학습의 법칙이 단순하고 포괄적이며, 모든 창조물들이 학습한 방식 또는 법칙에 따른다고 보았다. 그래서 스키너 박사는 모든 사람과 동물이 같은 방식으로 학습하므로 실험실의 쥐가 관찰의 유일한 대상이라고 생각한 것이다.

스키너 박사의 전체 학습 이론은 연합적 해석론이었다. 이것은 긍정적인 결합—혹은 보상—은 행동량을 늘리고, 부정적인 결합—혹은 처벌—은 행동량을 줄인다는 의미였다. 만일 여러분이 진짜 복잡한 행동을 가르치려 한다면, 복잡한 행동을 부분 부분으로 나눈 다음 하나씩 가르쳐야 한다. 또한 각각의 미미한 행동 단계를 독립적으로 나눈 뒤 진보하는 정도에 따라 보상해 주어야 한다는 것이다. 이것이 '직무 분석'이다. 그리고 직무 분석은 동물 훈련 말고도 아이들이나 장애인을 교육할 때도 큰 도움이 된다.

나는 행동주의를 다룬 책에서, 하루 종일 모든 일을 아이나 어른들에게 하도록 시키는 부모들에 관해서 읽은 적이 있다. 그 '모든 일'이란 일어나기, 옷 입기, 아침 식사하기 등 각각의 행동을 구성 요소별로 나누어 놓는 것이다. 여러분이 아침에 옷을 입는 단순한 행동도 하나하나 분석해 보면 25~30개의 각기 다른 동작이 필요한데, 직무 분석에서는 이것을 전부 구분한 다음, 각 동작을 독립적으로 교육해야 한다는 것을 뜻한다.

직무 분석이란 복잡한 일이다. 왜냐하면 결점이 없는 사람도 신발 신기, 셔츠에 단추 채우기처럼 매우 단순하고 독립적인 동작 모두에 익숙하지는 않아서다. 보통 아이들은 쉽게 익히는 일이기에 부모들은 옷 입기, 신발 끈 매기 등을 특별히 가르칠 필요가 없다. 만일 이런 동작을 어떻게 해야 할지 전혀 감이 오지 않는 사람에게 셔츠의 단추를 채우는 동작부터 가르쳐야 한다면, 곧 난감해진다. 작은 연결 동작에서부터 성공적으로 단추를 채우는 일에 이르기까지 전혀 모른다는 느낌마저 들 것이다. 여러분이 이 과정을 모두 체크해야 하는 것이다.

어떤 동물이든 어떤 사람이든, 보상이 적절히 주어지는 것들만 제대로 학습할 수 있다는 생각은 이바르 로바스의 자폐아 연구에 영향을 미쳤다. 그는 널리 알려진 대부분의 연구에서, 자폐아 그룹 중 절반에는 집중적인 행동 치료를 시행했고, 나머지 그룹에는 보다 집중도가 떨어지는 행동 치료를 시도했다. 행동 치료는 고전적인 행동 조건을 의미한다. 행동주의자인 로바스 박사는 아이들에게 동작을 계속 반복하게 한 뒤, 아이들이 학습한 대로 해낼 때마다 적절한 보상을 주었다. 그는 집중 치료를 받은 아이들 가운데 절반이 보통의 아이들과 거의 구분하기 힘들 정도가 되었다는 결과를 발표했다.

로바스 박사가 환자를 치료했는지 못했는지에 대한 논란은 수년간 있어 왔지만, 적어도 아이들의 치료가 이루어졌는가에 관한 논란이 있을 정도까지는 아이들이 개선되었다고 생각한다. 행동주의를 통해서 부모들과 선생님들에게 자폐인도 일반인이 생각하는 것보다 훨씬 더 능력이 있음을 보여 준 것은 의미 있는 일이다.

행동주의자들의 또 다른 업적은, 놀라울 정도로 동물과 사람의 행동을 근접해서 관찰한다는 점이다. 그들은 동물의 행동에서 미세한 변화까지도 신속하게 잡아 내고, 환경과 문제점의 연관성을 쉽게 발견해 낸다. 그 능력은 동물에 관한 한 나만이 가진 가장 중요한 재능 중 하나이다.

이런 문제들을 모두 생각해 보면 행동주의는 기여할 부분이 많고, 실제로도 그러하다. 동물 행동학자들도 맹점이 있기는 매한가지다. 예를 들자면, 동물 행동학자와 행동학자 모두, 일반인이 현실적으로 범하는 가장 최악의 실수가 동물을 의인화하는 것이라는 데 동의한다. 동물 행동학자, 행동학자 들이 동물의 의인화에 반대하는 데는 아마도 다른 이유가 있다. 스키너는 이것이 사람을 동물로 비유하는 것만큼 나쁘다고 생각했다. 이유가 어쨌든 그들은 동의한다. 동물을 의인화하는 것은 커다란 잘못이다.

여러 가지 이유에서 그들이 이 점을 강조한 것은 옳았다. 왜냐하면 사람들은 오랜 시간 동안 동물을 마치 다리를 4개 가진 사람처럼 대했기 때문이다. 전문적인 훈련사들은 사람들에게 동물이 사람들과 똑같이 생각하거나 느낀다고 속단하지 말라고 말하지만, 사람들은 계속해서 그렇게 한다. 훈련사 존 로스는 그의 책《개가 말한다》에서 자신이 개를 의인화한다는 사실을 처음 깨달았을 때를 적고 있다.

로스는 '제이슨'이라고 이름 붙인 아일랜드 사냥개를 키우고 있었는데, 제이슨은 자신이 집에 없을 때마다 쓰레기통을 뒤지면서 집을 난장판으로 만들었다. 로스는 개가 잘못을 느낀다고 생각했는데, 그 이유는 자신이 집으로 오는 시간에 맞추어 바닥에 쓰레기가 있으면 개가 도망가 버리기 때문이었다. 개는 바닥을 난장판으로 만들어 놓지 않은 날은 도망가지 않았다. 따라서 로스는 이 사실을 통해서, 제이슨은 부엌을 쓰레기로 어지럽히는 것이 잘못이라는 사실을 알고 있으며, 잘못이라고 느끼기에 도망간다고 생각했다.

로스는 보다 숙련된 훈련사로부터 방법을 바꿔서 실험해 보라는 권유를 받고 다른 방법을 통해서 진실을 알게 됐다. 훈련사는 로스에게 쓰레기에 스스로 가 보도록 했다. 그리고 제이슨이 보지 않을 때 쓰레기를 바닥에 뿌려 놓은 뒤, 제이슨을 부엌으로 데려와 무슨 짓을 하는지 관찰하게 했다.

제이슨은 바닥에 쓰레기가 있을 때 늘 그랬던 대로 도망쳐 버렸다. 잘못했다고 느껴 도망친 게 아니고, 겁을 먹었기 때문에 도망간 것이었다. 바닥에 쓰레기가 있으면, 그게 잘못된 것이라고 느꼈던 것이다. 로스가 행동주의 원리에 충실하면서 개의 심리 대신 환경 문제를 숙고했다면, 이런 실수를 저지르지 않았을 것이다.

내 친구 중의 한 명도 같은 경험을 했다. 그녀는 두 마리의 개를 키우고 있었는데, 1년생 래브라도레트리버와 3개월짜리 골든레트리버였다. 하루는 골든레트리버가 거실에서 똥을 쌌다. 그러자 래브라도레트리버가 똥을 싼 것을 보고는 화가 나서 침을 흘리기 시작했다. 만일 개가 자신이 똥을 쌌고 그 자리에서 침을 흘렸다면, 보호자는 아마도 개가 뭘 잘못했다고 스스로 느끼는 중이라고 생각할 수도 있다. 그러나 침을 흘리는 개와 똥을 싼 개는 다르기 때문에, 보호자는 거실에 똥 싸는 행동을 다른 개가 화를 내는 것과 연결해서 별 의미를 부여하지 않았고, 그저 있을 수 있는 일이라고 받아들였다.

이런 이야기들은 동물을 의인화한다는 게 왜 좋지 않은 생각인지를 보여 주는 전형적인 예이긴 하나, 그렇다고 모든 상황에 대입할 수는 없다. 내 학창 시절에는 모든 사람이 동물의 의인화에 반대 입장이었지만, 그때도 나는 동물의 관점에 대해 생각하는 것이 중요하다고 믿고 있었다. 나는 뉴질랜드의 저명한 심리학자이자 동물 행동학자인 론 킬고어를 기억하는데, 그는 동물 의인화의 문제점에 관해서 많은 기록을 남겼다. 그의 초창기 논문들 가운데, 반려용 사자를 기르는 사람이 사자를 비행기에 적재했을 때의 이야기가 있다. 일부가 사자를 여행 중에 안락하게 해 주려면 베개가 필요할 거라고 생각했고, 사람에게 주듯이 사자에게 베개를 주었지만, 사자는 베개를 먹어 치웠고 죽어 버렸다. 여기서 핵심은 '동물을 의인화하지 마라, 동물에게는 위험할 수도 있다'는 것이다.

이 이야기를 읽었을 때, 나는 자신에게 말했다. "맞아, 어쨌든 그 사자는 베개를 원치 않았잖아. 사자는 그저 몸을 기댈 수 있는 부드러운 것, 가령 나뭇잎과 풀 더미를 원한 거야." 적어도 나만은 사자를 사람처럼 보지 않았고, 그저 사자로 본 것이다.

이런 생각은 행동학자와 동물 행동학자 양쪽 모두에서 지지받지 못했다. 양 집단 모두 환경론자들이었다. 이런 문제에 직접 부딪혀 보면, 두 집단 간에는 연구가가 동물을 연구할 당시 동물이 어떤 환경에 있었느냐에 대한 차이가 존재할 뿐이다.

나는 애리조나 주립 대학 대학원에 진학하기 전인 학부 시절에 동물 행동학에 관해 어느 정도의 기초를 가지고 있었다. 애리조나 대학은 행동주의의 온상이었으니 나의 선택은 적절했다. 모든 것은 행동주의를 기반으로 이루어져 있었다. 나는 연구원들이 생쥐, 쥐, 원숭이에게 가하는 잔혹한 실험들을 좋아하지 않았다. 가엾은 작은 원숭이의 음낭에 플렉스 유리 같은 물질을 삽입하여 원숭이에게 엄청난 고통을 주었던 실험도 기억한다. 잔혹한 일이었다.

지저분한 실험에도 가담하지 않았다. 나는 연구가들이 믿을 수 없으리만큼 놀랄 만한 것을 배울 목적이 아닌 다음에는, 실험에 동물을 사용하는 것에 서명하지 않았다. 만일 동물을 암 치료 목적으로 실험에 사용한다면 그것은 다르다. 왜냐하면 동물도 우리 사람처럼 암을 치료받기 때문이다. 그러나 그런 실험들은 애리조나에서 행해지지 않았다. 나는 1년 동안 심리학과에서 실험 정신 분석학을 공부하고 나서 '더는 공부하고 싶지 않다'라고 생각했다.

동물에게 재미있는 실험이라 할지라도, 나는 그 점은 계산에 넣지 않는다. 내가 던지는 질문은 '거기서 무엇을 배우려는가?'이다. 스키너 박사는 보상 학습 계획표에 대해 많은 글을 썼다. 여기에는 동물이 특정 행동을 할 때 얼마나 자주, 얼마나 꾸준히 보상을 받아야 하는지가 포함되어 있다. 연구가들은 그들이 생각할 수 있는 다양한 방식의 보상 학습을 실험했다. 많은 강화 행동, 간헐적인 강화 및 지연 강화 등이 진행되었다.

완전히 인공적인 실험이었다. 실험실에서 동물이 하는 행동은 자연 환경에서 하는 행동과는 전혀 다르다. 도대체 그런 실험으로 무엇을 배울 수 있단 말인가? 여러분은 실험실에서 동물이 어떻게 행동하는지를 배운다. 그러다 결국 여러 마리의 들쥐를 실험실 뒷마당에 풀어놓고선 쥐들이 무슨 짓을 하는지 관찰하기 시작한다. 갑자기 그 쥐들은 아무도 보지 못했던 복합적인 행동들을 하기 시작한다.

동물의 시선으로 바라보기: 시각적인 환경

애리조나 주립 대학에서 유일하게 관심을 가졌던 연구 분야는 동물의 착시 현상에 관한 것이었다. 그것은 내가 시각을 통해서 생각하기 때문이었다. 당시에는 몰랐지만, 나는 시각적 사고자가 되면서 동물과 연관된 경력이 시작되었다고 말할 수 있다. 이런 사고를 통해서 다른 교수나 학생들은 갖지 못하는 중요한 시각을 가지게 되었는데, 이는 동물도 시각적 창조물이라는 점이다. 동물은 자신이 보는 것에 의해 조절된다.

내가 시각적인 사고자라고 말하는 것이, 건축 도면을 잘 그린다거나, 동물의 통제 시스템을 머릿속에 그릴 수 있다는 뜻은 아니다. 내 머릿속의 사고 과정에는 단지 그림만 들어 있을 뿐 단어라고는 하나도 없기 때문이다.

내가 무엇을 생각하든 그것은 사실이다. 예를 들어, 당신이 거시 경제macroeconomics란 단어를 나에게 말할 때, 나는 머릿속으로 사람들이 천장에 종종 매달곤 하는 마크라메macrame 장식이 된 꽃병 그림을 떠올린다. 그래서 나는 경제학이나 수학의 대수를 이해하지 못한다. 마음속에서 그런 개념을 정확히 그려 낼 수 없는 것이다. 대수학에서 나는 낙제생이었다. 그러나 때때로 그림 속에서 생각하는 것에도 장점이 있었다. 나는 모든 닷컴(.com) 같은 글자는 지독히 싫어했고, 내가 그것들을 생각할 때 기껏 떠올리는 이미지는 임대한 사무 공간에 2년 만에 쓸모없게 될 컴퓨터 따위였으니 말이다. 내가 그려 낼 수 있는 확실한 정보는 없었다. 나의 증권 중개인이 어떻게 두 개의 스톡 마켓이 파산할지 알았느냐고 물었을 때, 나는 다음과 같이 대답했다. "독점 자금이 실질 자본 주변에서 요동칠 때는 대부분 문제가 발생한다."

만일 내가 어떤 구조를 생각한다면, 나는 모든 판단과 결정을 머릿속에 떠오르는 그림을 통해서 해결하려 한다. 나는 잘 만들어진 이미지를 보거나, 반대로 문제가 발생하는 이미지와 주요한 결점이 있어 완전히 망가지는 이미지를 본다. 이때가 내가 생각을 마치고, 단어를 떠올리는 순간이다.

그리고 나는 다음과 같이 말한다. " 이것은 망가질 것이므로 작동이 안 될 거예요." 나의 최종 판단은 말로 나오지만, 판단으로 이끄는 과정 동안은 이미지로 상상한다. 만일 이 과정을 재판과 법정에 비유한다면, 나의 모든 숙고 과정은 그림이 되며, 최종 평결 때 단어가 나오는 것이다.

비록 여러 사람이 있을 때는, 내가 말하려 하지도 않겠지만, 혼자 있을 때라면 내 생각을 소리 높여 말할 것이다. 대학에서 나는 많은 생각을 소리 높여 말했으며, 이러한 행동은 짜임새 있게 생각하는 데 도움을 주었다. 많은 자폐인들이 같은 이유에서 큰 소리로 말한다. 나 역시 몇몇 쉬운 멘트는 단어로 말하려고 하기도 한다. " 이거 하면 어떨까?" 또는 " 아! 알겠어." 정도이다. 언어만이라면 쉽겠지만, 그림으로는 복잡하기에 그렇다.

다른 사람들에게 말할 때는, 머릿속에 들어 있는 단어나 문구를 조합하여 내 머릿속의 그림을 변환시켜야만 했다. 나를 녹음기라 부르며 놀렸던 아이들이 사실은 제대로 본 것이었다. 나는 녹음기다. 그래서 내가 말할 수 있는 것이다. 다만 내가 이제 더 이상 녹음기라는 소리를 듣지 않는 것은, 내 머릿속에 새로운 조합으로 바꿀 수 있는 수많은 문장과 문구가 축적되었기 때문이다. 공식 석상에서의 발표는 큰 도움이 되었다. 항상 같은 연설만 한다는 비평을 받을 때, 나는 머릿속의 슬라이드를 돌리기 시작한다. 그러면 내 머릿속에서 적당한 문구도 같이 돌아간다.

젊었을 때는 내가 보통 사람과는 다른, 시각적인 사고자가 될 것이라는 생각을 해 본 적이 없었다. 나는 모든 사람이 머릿속에서 그림을 본다고 생각했다. 그렇다고 확신했기에 일하는 실험실이 싫어질 때, 동물을 자연환경에서 관찰하고 싶을 때면 시각적인 환경에 중점을 두었다. 의식적인 결정은 아니었고, 그저 자연스럽게 끌린 것이었다.

언어적인 사고자가 된다는 것에 있어서, 행동학자는 진짜 시각적인 환경이 어떤 것인지에 대해서 생각해 보지 않는다. 행동학자가 동물의 반응에 따라 보상과 처벌이 이루어지는 환경에 대해 이야기할 때, 그 환경은 대개 음식과 전기적인 충격만을 의미했다. 그런 의미에서 스키너 상자는 이치에 맞았다. 스키너 상자에는 별로 눈여겨볼 장치는 없지만, 충격 장치가 있다. 대부분의 스키너 상자는 동물에게 충격을 주지 않았으나, 처벌이 실험의 일부에 포함될 경우 대개 충격을 가했다.

야생에서는 전기적인 충격도 없고, 손잡이를 당겨서 음식을 얻을 수 있는 것도 아니다. 시각적인 환경에 고도로 적응해야 음식을 얻을 수 있는 것이다. 동물 행동학자도 결국 동물에게서 시각이 중요하다는 점을 인식하기 시작했다. 그 계기는 원숭이가 손잡이를 잡을 때마다 바깥을 볼 수 있게 설정하여, 원숭이에게 손잡이 미는 방법을 가르친 실험을 통해서였다. 그들은 원숭이에게 음식을 보상으로 준 것이 아니라 단순히 시야를 보상해 준 것이다. 원숭이는 바깥을 보고 싶어 했고, 연구가들은 그 결과를 보고 싶어 했다.

실험실에서 환각을 연구할 때, 나는 소들이 모인 방목장으로 가서 살다시피 했다. 나는 그곳에서 동물들이 오랜 시간 동안 좁은 통로로 내밀리지 않으려 하는 것을 보았다. 그 좁은 통로를 통해서 동물은 보정틀로 들어가게 되어 있었다. 걸음을 멈추고 겁에 질린 소들을 보았을 때 자연스럽게 다음과 같은 생각이 들었다. '좋아. 동물이 무엇을 보는지 확인해 보자. 동물들이 다니는 좁은 통로로 직접 내려가 봐야겠다.'

그래서 나는 좁은 통로 안으로 들어가서, 동물들의 시각에서 사진을 찍었다. 동물들이 흑백만 구분하는 색맹이라고 생각했으므로 카메라도 흑백 필름만 사용했다.* 동물이 무엇을 보는지 보고 싶었다.

내가 그 안에서 본 것은 매우 단순했다. 그림자가 드리워 있었고, 체인이 늘어져 있는 정도였지만, 그 때문에 동물들은 꼼짝도 하지 않았다.

방목장의 사람들은 내 계획이 우습다고 생각했다. 그 사람들은 내가 왜 거기에 있는지와 동물이 보는 것을 나도 보려고 한다는 사실을 상상도 하지 못했다. 이제 나는 사람들이 사자에게 베개를 준 것처럼 나도 동물을 의인화했던 것임을 나만의 방식으로 이해했다. 나는 시각적인 사고자였기 때문에, 동물도 그럴 것이라고 가정했던 것이다. 내가 옳았던 것은 결국 이런 '차이' 때문이었다.

환경이 동물의 행동에 어떤 영향을 미치는지 이해하려면 동물이 무엇을 보는가를 살펴보아야 한다. 나는 건물 내부 바닥에 황색 칠을 한 사다리가 놓인 시설에 간 적이 있다. 좁은 통로를 통과하려면 사다리를 지나야 하는데, 동물들은 단지 사다리의 색깔 때문에 지나가지 않으려 했다. 다리를 땅에 박아 버리고는 움직이려 하지 않자 결국 한 사람이 그 문제를 해결했다. 사다리를 회색으로 칠한 것이다. 나는 농장 관리인, 직원 들과 함께 방목장과 바닥을 개선하는 일을 하는데, 이처럼 농장 관리인보다 직원들이 동물을 더 잘 파악한다는 사실을 종종 발견한다.

비를 막으려고 울타리 위에 얹어 놓은 황색 삿갓을 본 소는 거의 미

---

* 훗날 우리는 동물도 색깔을 구분하지만, 단지 우리가 보는 색깔의 스펙트럼이 없다는 사실을 알게 되었다.

쳐 버린다. 다른 사람들은 황색 삿갓이 눈에 띄지도 않겠지만, 나와 소 한테는 아주 잘 보인다.

나는 다른 사람의 생각을 그림 말고 언어로는 파악하지 못하므로, 오 랫동안 왜 동물 관리자들이 그렇게 초보적인 실수를 해 왔는지 알지 못 했다. 물론 그들 전부가 실수하지는 않는다. 나는 육가공업에 종사하는 사람 중에서도 유능한 동물 관리자를 많이 보아 왔다. 그러나 많은 동 물 전문가라는 사람들이 전문가답지 않게 행동할 때마다 놀라곤 했다. 그들은 왜 자신이 잘못하고 있다는 것을 알지 못할까?

한 동물 관리 업체의 시설주는 폐업 직전 지푸라기라도 잡는 심정으 로 나를 고용했다. 그가 나를 부른 이유는 동물들이 보정틀로 통하는 좁은 통로에 들어가려 하지 않아서였다.

동물은 주사 맞는 것을 두려워하는 것이 아니다. 대부분의 가축들은 통로 안으로 들어가서 주사를 맞게 된다는 사실을 모르며, 예방 접종 자체를 이해하지 못한다. 갓 강아지를 입양한 사람들은 언제나 이런 사 실에 놀란다. 수의사가 주사기를 들고 다가오면 강아지는 움츠리면서 바들거리고 떨지만, 정작 주사를 놓을 때면 얼굴을 찡그리지도 않는다. 몇몇 수의사들은 이것이 통증을 예상하는 사람과 그렇지 못한 강아지 의 차이라고 말한다. 주사 맞는 걸 알고 있다고 해서 좋을 건 없다.

동물 관리 시설에서의 문제는 시설주들이 뭔가를 확실히 잘못하고 있다는 것이다. 가축들은 그곳에 오기 전까지는 완벽하기 때문이다. 그 러나 시설주들은 문제를 알지도 못한 채 그저 상황이 빨리 해결되기를 원한다. 하지만 가축의 예방 접종을 건너뛴다는 것은 말도 안 되는 일 이다. 가축은 아이들 같지 않다. 아이들은 소아마비나 백일해 같은, 요 즘엔 흔치 않은 다양한 질병들에 대한 예방 접종을 받는다. 가축은 가축 바이러스성 설사나 폐렴 같은 호흡기 질환에 취약하다. 가축들이 예방 접종을 받지 못하면, 감염성 질환이 휩쓸어 약 10%의 동물이 죽을 것이다. 따라서 예방 접종은 필수적이다. 다만 예방 접종을 하려면 가축을 보정틀에 밀어 넣어야만 하는데, 가축들이 잘 들어가려 하지 않는다. 이렇게 되면 시설주는 혼란에 빠지기 시작한다.

가축들에게 전기봉을 사용하기 시작하면 상황은 더욱 나빠진다. 이 전기봉은 유리 섬유로 만든 막대 끝 부분에 2개의 집게가 달려 있어 전기적 충격을 가할 수 있다. 전기봉은 가축을 움직이게는 하지만 오히려 가축을 공황에 빠뜨려서 뒷걸음치게 만들고, 작업자들을 위험하게 할 수 있어 도움이 되지 않는다.

전기봉은 가축에게 스트레스를 준다. 그리고 가축이 스트레스를 받으면 면역 체계가 약화되어 아프기 시작하고, 더 많은 치료 비용이 든다. 스트레스를 받는 가축은 몸무게가 덜 늘게 되어, 내다팔 고기도 줄어든다. 전기봉을 사용한 목장의 소들은 우유도 덜 생산한다.

스트레스는 사람의 성장에도 좋지 않다. 사람들이 유일하게 알고 있는 단점은 발육 부진이다. 발육 부진은 심하게 학대받은 아이에게 생기거나, 스트레스 왜소증으로 고통 받는 아이들을 가리킨다. 이 아이들은 생체학적 반응이 정상이고 충분한 식사를 섭취하더라도 자라지 않는다. 스트레스성 왜소증은 드물지만, 스트레스를 받는 아이들이 스트레스에 노출된 동물들처럼 다른 아이들보다 더 느리게 자란다는 증거가 있다. 연구가들은 정서가 불안한 성인의 성장 호르몬 수치가 낮다는 사실을 밝혀냈으며, 1997년의 연구에서는 '불안감에 시달리는 소녀는 다른 아이들에 비해 키가 작을 확률이 높다'고 했다.

나는 불안감에 시달리는 소년들의 키도 작을 것이라는 사실이 증명될 것으로 전망한다. 불안한 동물 중, 특히 수컷은 정상 동물보다 작다. 사람도 비슷할 것이다. 나는 전후 독일 고아들의 이야기를 통해서, 스트레스는 소년들에게도 나쁘다고 생각한다. 이 이야기는 매우 유명한 사례인데, 전후 독일의 보육원 두 곳을 비교한 것이다. 한 곳은 훌륭한 원감이 운영하였고, 다른 한 곳은 아이들을 친구들 앞에서 놀림감이 되게 하는 비열한 원감이 운영하였다. 그녀는 특히 관심을 기울이는 8명의 아이에게만 정성을 쏟았다. 충분한 식사를 못했던 다수의 아이들은 키가 작았다.

다음 단계에서 자연스럽게 실험이 이루어졌다. 정부는 아이들을 훌륭한 성품의 원감과 지내게 했으며, 보다 넉넉하게 식량을 배급했다. 그런데 훌륭한 원감이 일을 그만두고 떠나게 되면서 아이들은 다른 보육원의 원감이 맡게 되었다. 8명의 아이들도 비열한 원감과 같이 새로운 보육원으로 옮겨졌다.

의사들은 아이들의 성장을 측정했고, 첫 번째 보육원의 아이들이 더 많은 음식을 섭취했음에도 이제는 비열한 원감에게 스트레스를 받아 다른 보육원 아이들처럼 성장하지 못한다는 사실을 발견했다. 그 아이들은 더 많은 음식을 먹었지만, 덜 자랐던 것이다. 원감이 특별히 아끼는 8명의 아이들은 다른 아이들보다 훨씬 발육이 좋았다. 양측 보육원의 남녀 아이들 모두 같은 결과였다. 다시 말해 남자 아이들의 발육이 스트레스 때문에 느려진 것이다.

스트레스는 성장기에 치명적이다. 다시 말해서 가축 업자들의 수입에도 스트레스는 치명적이다. 따라서 동물의 감정에 전혀 관심이 없는 농장주들조차 동물을 전기봉으로 다루지 않는다. 왜냐하면 스트레스를 받은 동물은 경제적인 손실로 이어지기 때문이다.

나는 가축 사육장에서 10분 만에 문제점을 파악했다. 보정틀 안으로 가축들을 몰아넣으려면, 콩나물시루 같이 뭉쳐 계류장으로 들어가는 문을 통과해야 했다. 가축들이 우리 안으로 들어가는 데는 아무 문제가 없었다.

가축들은 좁은 통로를 몰이 유도로 걸어 들어가게 되어 있었고, 곧장 보정틀로 인도되었다. 가축들이 멈춰 서는 곳이 바로 그곳이었다. 가축들은 막다른 곳으로 걸어 들어가려 하지 않았다. 통로는 전 세계적으로 아무런 문제없이 사용되는 사육장의 통로와 동일해서 아무도 뭐가 문제인지 몰랐던 것이다.

그러나 나한테는 문제점이 잘 보였다. 통로가 너무 어두웠다. 소들은 빛이 잘 드는 넓은 곳에서 빛이 없는 막다른 길로 들어가게 되어 있었다. 명암의 대조가 너무 선명했다. 소들은 칠흑같이 어두운 곳을 두려워했던 것이다.

소나 사슴, 말과 같은 먹이 동물들은 대개 어둠을 좋아하기 때문에 이 말이 약간 놀랍게 들릴지 모르겠다. 먹이 동물들은 어둠 속에 숨어 있을 때 안정감을 느낄 수 있고, 밤에 안정감을 느낀다. 그러나 문제는 어둠이 아니라, 밝은 야외에서 어두운 실내로 들어가는 '명암 대비'였다. 동물은 절대로 밝은 곳에서 어두운 곳으로 들어가는 것을 좋아하지 않는다. 어두운 곳에서 밝은 빛을 쳐다보면 아무 것도 보이지 않는다. 동물은 이것을 싫어한다. 나는 소들이 밝게 빛나는 전등 쪽으로는 움직이려 하지 않는 것을 본 적도 있다. 일이 원활하게 돌아가려면, 좁은 통로 입구에 간접 조명을 사용해야 했다.

나는 그 설비를 보자마자 문제점을 파악했고, 동물들이 하루 종일 어떻게 행동하는지, 날씨에 따라서 행동이 어떻게 달라지는지 물어보고 확신했다. 보호자는 대답을 하면서, 야간에는 시설이 잘 돌아간다는 사실을 떠올렸다. 흐린 날에도 그럭저럭 돌아가는 편이었으며, 일이 전혀 안 되는 날은 해가 내리쬐는 밝은 날뿐이었던 것이다.

나는 동물이 이렇게 반응하는 현장에서 많은 것을 생각하게 된다. 소들의 야시 능력은 우수해서 사람과 달리 어둠 속의 시각에 익숙하다. 그래서 소들의 홍채가 확장되기 전까지 수초 동안 잠시나마 눈이 머는 경험이 소들을 혼란스럽게 하는 것이다. 소들은 전기가 있는 집에 살지도, 사람처럼 야간에 차를 몰지도 않는다. 그래서 조명의 급작스러운 변화에 적응하는 능력은 발달하지 못한 것이다.

마지막으로 간과할 수 없는 것은 동물은 시각적 세계에 워낙 민감하다는 사실이다. 조명의 급격한 변화가 동물에게 육체적 고통이라는 사실이 밝혀진다 해도 나한테는 놀랄 일이 아닐 것 같다. 사람도 밝은 곳에서 어두운 곳으로 들어가는 것을 좋아하지 않으니, 소는 더더욱 이런 상황에 완벽히 압도되어 버리는 것이다.

나는 항상 사람들에게 말한다. "여러분이 동물을 다루면서 문제가 발생한다면 동물이 보는 것을 보려고 노력하고, 동물이 경험하는 것을 느끼려 노력해 보세요." 냄새, 일상 속의 변화, 경험해 보지 못했던 것에 노출되는 것 모두가 동물을 자극할 수 있으므로, 그 모든 요인을 고려해야만 한다. 감각 영역에 포함되는 어떤 것이든 동물을 동요시킬 수 있다. 그러니 개, 고양이, 말 혹은 소가 자신들을 성가시게 하는 것들을 볼 수도 있었다는 사실을 스스로에게 꼭 자문해야 한다.

목장주가 해야 할 일은 축사 내에 보다 밝은 조명을 설치하는 것뿐이었다. 동물의 관점에서 통로를 생각할 수 있었다면 그들 스스로 5분 내에 문제를 해결할 수 있었을 것이다. 해답은 그들 앞에 놓여 있었다.

축사 설계자는 커다란 미닫이문을 설치했는데, 설비주가 닫힌 채로 두었던 것이다.

내가 그 문만 열어 두면 문제가 해결될 것이라고 말했을 때, 축사가 만들어지고 한 번도 그 문이 열린 적이 없다는 사실이 밝혀졌다. 그들은 이 문을 열 수 있다는 사실조차 몰랐다. 그러나 인부 2명이 문을 어깨로 밀어붙였고, 끙끙거리면서 힘을 쓰니 몇 분 후 문을 열 수 있었다. 그것으로 문제는 해결됐다. 소들이 통로 안으로 멋지게 쏟아져 들어왔다.

우리가 보는 것, 우리가 보지 못하는 것

목장에 조언하기 시작하며, 사람들 사이에서 동물과 마술 같이 교감한다는 명성을 얻기 시작했다. 어쨌든 나한테는 해답이 너무도 명백하게 보였기 때문에, 나는 그런 명성이 당황스러웠다. 왜 다른 사람들은 무엇이 문제인지 알아차리지 못하는 것일까?

적어도 오랜 기간의 훈련이나 실습 없이는, 보통 사람들이 실제로 일어나는 문제가 무엇인지 알지 못한다는 사실을 이해하는 데 15년이나 걸렸다. 일반인들은 동물과 자폐인들 쪽으로 시각적인 방향이 잡혀 있지 않기 때문에 보지 못했던 것이다.

사람들이 자폐아는 자신만의 작은 세계에서 산다고 말하지만, 나는 이 말을 언제나 농담으로 받아들인다. 여러분이 잠시라도 동물과 일해 보면, 일반인에게도 똑같이 그런 말을 할 수 있음을 깨닫게 된다. 일반인이 발을 내딛기도 힘든 저편 너머에는 정말 커다랗고 아름다운 세계가 있다. 이것은 우리가 듣지 못하는 모든 영역의 소리를 듣는 개와 같다. 자폐인과 동물은 일반인이 볼 수도 없고, 본 적도 없는 시각적 세계를 보고 있다.

은유적인 의미로 말하는 게 아니다. 일반인은 문자 그대로 많은 걸 보지 못한다. 일리노이 주립 대학의 시각 인지 실험실의 책임자이자 심리학자인 다니엘 시몬스는 '우리 가운데 고릴라'라는 유명한 실험을 했다. 그 실험에서는 사람의 시각적 주의력이 얼마나 낮은지 알 수 있다. 실험에서는 사람들에게 농구 경기 비디오를 보여 주면서 한 팀이 얼마나 많은 패스를 하는지 세어 보라고 주문한다. 그리고 잠시 사람들이 패스의 횟수를 세는 동안, 화면에는 고릴라 복장을 한 여성이 걸어 들어오다 멈추고서 방향을 바꾸어 화면에 얼굴을 대고 가슴에 주먹질을 해 댄다.

비디오를 본 실험 참가자의 50%는 고릴라를 보지 못했다. 연구가가 그들에게 '고릴라를 보셨어요?'라고 물어도 '뭐라고요?'라고 대답했다. 그들은 고릴라 옷을 입은 여자를 기억 못하는 게 아니었다. 잠시 화면에 비쳤을 때 자신이 보던 것—농구 경기 패스 횟수—을 잊어버린 사람은 고릴라를 기억할 것이다. 이 사람들은 실제로 처음부터 고릴라를 보지 않았다. 고릴라는 머릿속에 입력되지 않았던 것이다.

연구가들은 자신들의 이론을 다른 비디오를 가지고 실험했다, 그 실험에서는 연기자가 중간에 완전히 다른 사람으로 바뀌어서, 완전히 다른 옷을 입고 나타났다. 실험 참가자들은 역시 이 사실을 눈치채지 못했다. 어떤 연구에서는 금발머리에 노란색 셔츠를 입은 사람이 학생들에게 양식을 나누어 주고 빈칸을 채우게 하고는, 완성된 양식을 책가방 뒤에 모아 놓도록 했다.

다시 돌아왔을 때 그는 검은 머리에 파란 셔츠를 입은 사람이 되어 있었다. 완전히 다른 사람이었다. 그러나 학생들 중에 75%가 전혀 다른 2명의 사람을 상대했다는 사실을 알지 못했다.

가장 우려스러운 연구지만, 나사NASA는 민간 항공사 조종사를 이용해 연구했다. 연구가들은 조종사들에게 비행 시뮬레이터를 주고 일상적인 착륙을 시도하라고 요구했다. 그들이 활주로에 다가왔을 때 연구가들은 활주로에 거대한 항공 회사 소속 비행기의 이미지를 추가했다. 그런 경우는 조종사들이 현실에서 전혀 본 적이 없는 것이었다. 25%의 조종사들이 비행기 위로 착륙했다. 그들은 이미지를 보지 못한 것이다.

나는 그 연구를 사진으로 본 적이 있다. 흥미로운 것은 여러분이 조종사가 아니라면 계류 중인 비행기가 명확하게 눈에 들어온다. 그리고 이것을 보기 위해 자폐인일 필요도 없다. 나는 그런 비행기를 놓칠 유일한 사람들이 여객기 조종사들뿐일 것이라는 점을 확신한다. 여러분이 전문가라면, 활주로를 가로막는 거대한 여객기를 놓칠 확률이 25%나 된다는 것이다.

이는 일반인의 인지 체계가, 자신들이 보는 것에 익숙한 것만 보도록 만들어져 있기 때문이다. 만일 사람들이 게임 중에 고릴라를 보는 데 익숙해져 있다면 고릴라를 보았을 것이다. 그러나 경기 중에 고릴라를 보는 데 익숙해져 있지 않다면, 보지 못하는 것이다. 이를 '부주의 맹점 inattentional blindness'이라고 한다.

시각적 사고자가 이런 실험에서 어떤 식으로 반응할지는 모른다. 그러나 나는 시각적 사고자는 언어적 사고자에 비해 고릴라를 더 많이 볼 것이라 추측한다. 땅에 사는 먹이 동물—포식 동물의 먹이를 말한다—이라면 고릴라를 놓치지 않으리라고 확신한다. 포식 동물들도 고릴라를 사냥하려 한다면 절대 놓치지 않을 것이다.

여러분이 그리 많이 들어 보지 못한 다른 분류도 있다. 그것은 독수리와 같은 청소부 동물로서, 고기는 먹지만 자신이 먹는 동물을 죽이지 않는 동물을 말한다. 모든 동물은 사람을 포함해서 적어도 세 부류 중에 속한다. 그중의 극소수는 다수의 영장류를 포함해서 두 부류 이상에 걸치게 된다. 사람은 먹이 동물이라기보다는 포식 동물이지만 양쪽 모두에 해당된다. 인류의 이빨 크기를 감안하면 방어자도 못 되지만, 도구를 개발하면서 포식자의 지위가 된 것뿐이다.

일반인들의 관점에서 소를 두렵게 하는 요인을 알기란 정말로 어렵다. 그래서 나는 관리자들이 살펴야 하는, 시각적으로 가장 사소한 요소들을 조합해 체크 리스트를 작성했다. 반짝거리는 금속 조각, 물에서 비치는 반사광, 반짝이는 점, 색깔의 대조, 바람 소리, 그들의 얼굴에 불어오는 바람 같은 것들이다.

나는 그들에게 말한다.

" 여러분에게 세 가지의 잘못된 점이 있다면 세 가지를 다 고쳐야 합니다. 그러면 동물들은 통로 안으로 더할 나위 없이 잘 들어갈 것이고, 가축에게 고통을 주는 전기봉 따위는 내버려도 됩니다."

모든 시각적인 종은 사람이건 동물이건 세세함을 지향해서 모든 것을 보고, 보이는 모든 것에 반응한다. 우리는 왜 그런지 모른다. 우리는 그저 경험을 통해서 그렇다고 알고 있을 뿐이다.

'난 다 볼 수 있어요'라고 말하는 실내 장식가를 알고 있다. 그 장식가에게 생길 수 있는 최악의 경우는 변변찮은 도급 업자와 일하는 것이다. 그 장식가는 도급 업자의 일처리에서 모든 사소한 결점을 볼 것이다. 벽 틈을 채운 시멘트가 보통 사람은 눈치 채지도 못할 만큼 고르게 보여도 시각적인 사람들에게는 균열이 잘 보인다. 시각적인 사람들은 자신의 시각적인 환경에서 아주 사소한 것만 잘못되어도 오싹함을 느끼는데, 이것은 동물도 마찬가지다.

나는 이런 점이, 동물을 다루는 사람들이 동물을 가장 어렵게 느끼는 부분일 것이라고 생각한다. 언어적인 사람들은 그저 자신들이 원한다고 해서 스스로 시각적인 사람들로 바뀔 수 없다. 반대로도 마찬가지다.

나는 동물학자로서 30년을 보냈고, 내 인생 전부를 자폐인이자 시각적인 사람으로 살았다. 내가 배운 바가 동물·자폐인과 새롭게 시작하려는 사람들에게 도움이 되길 바란다. 그리고 동물과 자폐인들을 다른 방식으로 새롭게 생각할 수 있게 되길 바란다.

나의 지식이 사람들이 눈뜨는 데 도움이 되길 바란다.

〈어린 시절의 템플 그랜딘과 가족들〉
일반인이 발을 내딛기도 힘든 저편 너머에는 정말 커다랗고 아름다운 세계가 있다. _43쪽

2부

동물은 세상을
어떻게 인식하는 걸까?

ANIMALS IN
TRANSLATION

동물은 세상을 어떻게 인식하는 걸까?

일반인의 문제는 지나치게 사색적이라는 것이다. 나는 이것을 '추상 화된 것'이라 부른다.

정부나 육류 업계와 일할 때, 나는 그런 추상적인 사고와 항상 싸워 야만 했다. 내 업무의 큰 부분은 모든 식육 동물에게 자비로운 도살 방 식이 적용되어야 한다는 확신을 심어 주는 일이었다. 동물의 복지를 위 한 많은 지원이 이루어지고 있는데도, 익숙한 쪽보다 올바른 쪽으로 개 혁해 나가는 것은 더욱 어려운 일이었다. 오늘날 정부 감독 기관을 운 영하는 사람들은 대학을 나왔지만, 일부는 육가공 시설에 전혀 가 본 적이 없으며, 그저 자신들의 책상 앞에서만 일하는 사람들이었기에 더 욱 어려웠다. 나는 항상 그들에게 다음과 같이 말해 왔다." 여러분은 사 무실에서 나와 도축장에 가 봐야 해요."

내가 숙모님의 농장을 방문했던 1960년대에는 상황이 달랐다. 나는 그때 미국 농무부를 처음으로 경험했다. 그 당시 축산 업계는 미국 검정파리가 창궐하여 남부, 남동부, 멕시코 일대가 초토화되었다. 검정파리는 동물의 상처에 알을 낳았다. 상처란 베이거나, 진드기에 물리거나, 새끼를 낳을 때도 발생할 수 있다. 알이 구더기로 부화하면 살아 있는 동물의 살을 파먹는다. 보통 구더기는 죽은 동물들의 살을 파먹지만, 검정파리는 살아 있는 동물들의 살을 파먹어서 치명적이었다.

미국 농무부에서 문제 해결을 위해 직접 나서기 전까지 숙모님은 말의 상처에서 손으로 구더기를 긁어냈다. 족집게로 상처에서 구더기를 하나하나 집어내어 땅바닥에 놓고 으깨거나 짓이겼다. 그러고는 짓이긴 검정파리 반죽을 가축의 상처에 채워서 다시는 다른 파리가 날아와 알을 낳지 못하게 하였다. 그 반죽은 검은색의 시멘트같이 보였다. 이렇게라도 하지 않았다면 말은 죽었을 것이다. 검정파리 감염은 무시무시하고 소름 끼치는 일이었다.

미국 농무부 소속 현장 파견 직원들은 미국 검정파리의 생식기 상의 약점을 이용해서 파리를 제거할 방법을 생각해 냈다. 검정파리는 알에서 구더기와 번데기를 거쳐 파리가 되는 성장 과정을 거치는데, 미국 농무부는 일단의 검정파리를 길러 번데기에 다다른 수컷들에게 방사선을 쐬어 불임으로 만들어 버렸다. 그런 연후에 처리된 번데기를 작은 종이 상자에 담아 비행기로 공중에서 살포했다. 상자에서 나온 파리들은 암컷들과 교배를 했으며, 검정파리들은 수정되지 않은 알을 낳게 되었다.

이 프로젝트는 엄청난 성공을 거두었다. 1959년에 시작된 이 프로젝트는 미국과 멕시코의 협력으로 시행되었고, 최후의 검정파리 감염은 1982년 텍사스에서 보고되었다. 오늘날 미국과 멕시코 어디에서도 검정파리 감염은 더 이상 없다. 나는 이 시기를 잘 기억하고 있다. 여러분은 매년 여름에 어느 목장에서나 7~8개의 작은 종이 상자를 볼 수 있을 것이다. 상자에는 미국 농무부의 명의로, 이 상자의 유래에 관한 간략한 이야기와 이 상자의 내용물이 사람에게 해가 되지 않는다는 내용이 적혀 있다.

이것이 진정한 생명 공학이다. 이로써 정부는 수십만 마리, 아니 수백만 마리의 가축을 구해 냈다. 정부는 성공적으로 일을 해냈다. 다만 정부는 그때 추진 과정에서 어떠한 동의도 구하지 않았다.

오늘날의 정부는 그러한 프로젝트는 시작도 못할 것이다. 일부 환경론자들은 이처럼 말할지도 모른다. "우리는 파리들도 보호해야만 한다." 일생 동안 초파리를 보지도 못했으면서, 박멸로부터 파리를 구해야 한다고 옹호하는 사람들을 만날 수도 있다. 이런 생각들은 현실을 반영한 것이 아니다. 농무부는 환경 영향 평가를 작성해야 할 것이고, 이러한 환경 영향 평가는 법정 다툼까지 갈 수도 있어서 결국 시행조차 되지 않을 것이다.

더욱 나쁜 점은 정부는 환경 옹호론자들의 시도를 차단하려는 단계까지는 개입할 생각조차 하지 않으리라는 점이다. 이러한 프로젝트를 추진하려면, 우리에겐 정말 업무에 익숙하고 유능한 직원이 요구된다. 그러나 오늘날 실무는 추상적으로 사고하는 사람들이 맡고 있으며, 그런 사람들은 현실에 근거하지 않은 추상적인 토론과 논쟁에 빠져 있다. 나는 그 원인의 하나가, 정부 내 수많은 사람들의 의견이 충돌하기 때문이라고 생각한다. 내 경험으로는 어떤 일을 추상적으로 생각할 때 사람들이 훨씬 더 과격했다. 그들은 현실 세계에서 실제로 무슨 일이 발생하는지에 관한 접촉을 상실하고는 끊임없이 말다툼에만 매달렸다. 어떤 일이 추진되는 유일한 경우는 응급 상황이다. 갑작스레 모든 사람이 움직여야만 하기 때문이다.

1960~1970년대는 실무의 황금기였다. 이때는 조정 역할을 맡은 사람과 직접 도축 설비를 운영하는 사람들의 손으로 실질적인 결정이 이루어졌다.

관련 산업에서 전혀 일해 본 경험이 없었던 동물 복지 조정관에게서 보았던 것은, 그들은 항상 융통성을 배제한 채 접근한다는 것이다. 도축 시설에서 한두 가지의 법규를 어기면 그대로 폐쇄시켜 버린다.

육가공 산업에 무지한 사람이 들으면 괜찮다고 여길지도 모른다. 이런 상황에서도 동물은 아직까지 고통을 당하지 않은 게 확실하니까. 그러나 현실 상황은 전혀 그렇지 않다. 도축 현장에서 한두 가지의 규정 위반이 생겨 감독관이 시설물을 폐쇄해 버리면, 엄청난 불평이 터져 나온다. 많은 사람을 고용하는 큰 사업장을 통째로 문 닫게 해 버리니 말이다. 사업주는 즉각 결정에 반발하고, 위반 사실을 적발해서 보고하는 감독관은 위반 사실을 누락시켜 다시 일할 수 있게 해 달라는 집요한 압력에 시달리게 된다. 결국 설비는 다시 돌아가고, 더 이상 자세한 감독이 이루어지지 않는다. 그리고 법규 위반은 계속해서 일어난다.

내가 항상 주장하는 것은 진정으로 동물을 보호하고자 한다면 엄격한 기준이 필요하다는 것이다. 사람들도 높은 기준에 맞추어 살 수는 있지만, 완벽한 기준에 맞춰서는 살아갈 수 없다. 도축 시설을 예로 들자면, 매일 1회의 타격으로 95%의 동물을 정확히 기절시키거나 도살시키는 정도의 양호한 기준을 제시하면 도축 시설에서는 무오류 기준에서 하는 것보다 항상 결과가 좋다. 다만 그렇게 해도 규정 위반은 자주 발생한다.

그러나 오늘날 정책 조정자들의 사고는 너무 관념적이어서 현실을 내다보지 못한다. 그들도 동물에 사고의 초점을 맞추기는 하지만, 그 사람들 머릿속의 동물이란 실제 방목장에서 키워지고 있는 동물이 아니라는 것이다. 결국 더 많은 동물이 고통을 겪게 된다. 이는 옳지 않은 일이다.

사람은 어떻게 세상을 인식할까?

불행하게도 동물을 처리할 때, 일반인은 물론이고 실제 동물을 다루는 사람들조차 지나치게 관념적이다. 사람들의 생각만 추상적이어서 그런 것이 아니라 보고 듣는 것도 그렇기 때문이다. 일반인들은 생각뿐만 아니라 감각에 있어서도 추상적이다.

이렇게 되면 동물을 처리하는 시설에서 일하는 사람들조차 왜 동물이 어두운 건물 속으로 들어가지 않으려는지 깨닫지 못하게 된다. 실제 상황을 보지 못한 사람들은 머릿속에 확립된 추상적·일반적 개념만 볼 뿐이다. 그들은 자신들의 설비가 동종 산업의 다른 설비들과 똑같다고 생각하며, 신문에서도 그렇다고 한다. 그러나 실제는 그렇지 않으며, 보지 못할 뿐이다. 그저 관리에 대해서만 말하려는 게 아니다. 방목장의 인부들은 동물들과 같이 일하면서도 동물을 제대로 보지 못하고, 그저 건물 안으로 몰아넣으려고만 한다.

그것이 사람과 동물의 커다란 차이이면서, 또한 일반인과 자폐인의 차이이다. 동물과 자폐인은 사물에 대한 자신의 개념을 잘 이해하지 못하고 보이는 그대로만 볼 뿐이다. 우리 자폐인은 세상을 이루는 작은 것 하나하나를 보지만 일반인들의 눈에는 그 작은 것 하나하나가 흐릿하게 하나가 되어 일반화된 개념의 세계로 보인다.

내가 하는 자문 업무는 대부분 일반인들이 보지 못하는 사항들을 눈으로 확인하는 것이고, 나는 그에 따른 보수를 받는다. 최근에 육가공 회사로부터 동물들의 허리 부위에 커다란 멍이 생긴다는 연락을 받고 찾아갔다. 동물의 허리 부분은 늑골과 뒷다리 사이를 말하는데, 고급 스테이크용 고기가 나오기 때문에 가장 비싼 부위이다. 그래서 가축의 허리가 멍들면 근육 내부에 출혈이 발생한 것이므로 도축 과정에서 잘라내야 한다. 이것은 내다팔 고기가 줄어듦을 의미한다. 멍이 없어질 때까지 도축을 미루는 것도 도움이 되지 않는다. 왜냐하면 출혈이 일어난 조직은 치유되더라도 고기가 질겨지고, 근육 속에 외상성 연골화 현상*이 발생하기 때문이다.

그 도축장 주변엔 멋지게 잘 자란 소들이 옆구리에 커다란 멍을 안은 채 어슬렁거리고 있었다. 아무도 왜 그런 멍이 생겼는지 몰랐다. 불과 1분 사이에 멋진 몸통에 커다란 멍이 생겼던 것이다.

도축장 관계자들이 나를 현장으로 안내했고, 나는 보정틀 내부를 둘러보기 위해 걸어 들어갔다. 그것이 항상 내가 가장 먼저 하는 일이다. 동물이 있었던 장소에 들어가 보지 않고서는 동물의 문제들을 해결할 수 없다. 동물이 가는 곳으로 가 보아야 하고, 동물이 하는 대로 해 보아야만 한다.

---

* 외상성 연골화 현상이란 다친 조직이 흉터가 되었음을 의미한다. 아무리 사소하더라도 단지 외상을 입게 되면 외상성 연골화 현상이 생길 수 있다. 소의 백신 접종 과정을 포함해서 말이다.

보정틀 속에 문제가 있었다. 8센티미터 크기의 예리한 쇳조각이 옆에서 삐져나와 옆구리에 부딪혔던 것이다. 내 눈에는 작은 쇳조각이 명확하게 보였지만, 그들 중 아무도 알아채지 못했던 것이다. 쇳조각이 몸에 닿을 때 소들이 울부짖었으면 쉽게 알 수 있었을 텐데, 소들은 소리를 지르지 않으니 모르지 않았나 싶다. 멍이 들 정도로 심하게 타박상을 입었지만, 깊은 상처를 입을 정도는 아니었던 것이다.

동물이 보는 건 무엇일까?

동물이나 자폐인이 세상을 바라볼 때 머릿속의 관념이 아닌 눈에 보이는 세상 그 자체를 본다는 의미는 그들이 세세한 부분을 모두 보고 있다는 뜻이다. 이 사실은 동물이 세상을 인식하는 방법을 이해하는 데 가장 중요하다. 동물은 사람이 보지 못하는 세밀한 것을 본다. 이것이 열쇠다.

이 사실을 깨닫는 데 30년이 걸렸다. 그 기간 내내 나는 세세한 것을 보는 것이 사람과 동물 사이의 기본적인 차이라는 것을 인식하지 못한 채 동물에게 위협이 될 만한 사소한 것들을 파악하고 기록한 자료 목록을 나름대로 추가하고 확장시켜 왔다. 내가 소에게 위협이 될 만한 세부 사항을 처음으로 알아차린 것은 땅바닥에 늘어진 그림자였다. 소들은 그림자를 보면 멈추려고 한다. 그러면 관리자들이 전기봉을 갖다 대는데 그들은 그림자가 가축에게 두려움을 느끼게 하는지 모르기 때문에, 상황을 해결하지 못한다. 나는 동물들이 그림자를 두려워하는 것을 30년 전에 처음 보았는데, 요즘도 이런 일들을 주변에서 본다.

그다음으로 내가 목격한 사소한 사항은, 동물들은 어두운 곳으로 들어가는 데 두려움을 느낀다는 사실이다. 명암의 차이가 동물의 행동에 중요하다고는 생각했지만, 명암의 차이 그 자체가 문제일 거라는 데는 생각이 미치지 않았다.

나는 1996년에 미국 농무부에서 사용할 목적으로 동물 복지 법안을 작성했다. 1999년에 맥도널드사에서 내가 만든 목록표의 기준들이 잘 이행되고 있는지에 관해 조언을 구할 목적으로 나를 고용했을 당시, 동물이 사람보다 더 사소한 것들을 본다는 사실을 확실히 알게 되었다. 맥도널드사는 쇠고기를 구매하는 50군데의 육가공 회사 목록을 제시했고, 회사 관계자들은 내가 작성한 동물 복지 규정을 통과하지 못한 납품 회사는 거래 대상에서 제외할 것이라고 선언했다.

맥도널드는 식품 안전을 위해 자신들의 공급처들을 이미 감독하고 있었다. 그래서 회사 측은 소속 검사원들이 동물 복지를 모니터할 수 있도록 훈련시켜 줄 것도 요구했다. 검사원들을 훈련시키는 것은 쉬운 일이었지만, 모든 도축장을 수긍케 하기란 쉽지 않은 일이었다. 비록 그들도 바라고 있다 치더라도 올바른 동기만 가지고는 충분하지 않았다. 그래서 나는 도축장에서 무엇을 잘못하고 있는지 이해하도록 짚어 주어야 했다.

나의 검열에 합격하기 위해 도축장에서 지켜야 하는 항목 중에는 전기봉을 사용하는 빈도가 25%를 넘어서는 안 된다는 내용이 들어 있었다. 전기봉 사용이 25% 이하가 되지 않는 회사들은 문제점이 무엇인지를 분석하고 시정해야만 했다. 그러나 도축장 내의 모든 직원이 왜 동물이 머뭇거리는지 모르는 상황도 많았다.

나는 상황을 분석하러 도축장으로 나갈 때 항상 두 가지 사항을 확인했다.

첫째로, 문제는 항상 사소한 일로 빚어진다는 것이다. 보정틀로 들어가는 입구가 지나치게 어둡다거나, 금속봉에서 밝은 반사광이 생길 경우 동물이 머뭇거리게 된다.

둘째로, 전기봉 사용 빈도를 줄이려면 동물을 두렵게 만드는 어떤 사소한 요소라도 시정해야만 했다. 도축장에 따라서 몇 가지 빼고는 대부분 시정했고, 혹은 문제점 대다수를 시정하지 못한 채 내버려 두기도 했지만, 어찌 됐든 그들은 모든 문제점을 시정해야만 했다.

어떤 돼지 도축장에는 서류상으로 네 가지의 시정할 문제점이 있었다. 그중 세 가지는 조명에 관한 것이었고, 네 번째는 돼지가 모여 있는 곳에서 움직이는 사람들을 보지 못하도록 금속판을 설치하는 것이었다. 이것은 사람들이 미처 깨닫지 못하는 부분이다. 식용으로 길러진 돼지들은 사육된 것이긴 하나 길들여지지 않았다. 그래서 사람이 돼지들 앞에 나타나면 두려움에 떨게 된다. 그 도축장은 전기봉 사용 빈도를 낮추려고 네 가지 지적 사항을 모두 시정해야 했다.

모든 도축장이 서너 가지의 수정을 거쳐야 한다는 사실이 입증되었다. 어떤 도축장에 시정을 요구할 거리는 그리 많지 않았다. 최고 많은 곳이 여섯 가지 정도였다. 그러나 고칠 점이 네 가지 있다면 전부 다 시정해야만 했다. 동물에게는 아무리 사소한 문제도 나쁘기는 매한가지이기 때문이다. 그래서 나는 '사소한 것이 문제 해결의 열쇠'라는 사실을 깨닫게 되었다. 그리고 그때부터 모든 강연이나, 논문, 책에서 사소한 문제의 중요성을 강조하기 시작했다.

매우 시각적인 사람들만이 사소함에 대해 동물들이 하는 방식으로 반응한다. 내가 알고 있는 한 실내 장식가는 자신의 욕실을 수리할 때,

공사를 맡은 시공자가 그녀의 대리석 타일 가운데 하나에 금이 가게 한 사실을 발견했다. 욕실에 갈 때마다 갈라진 금이 눈에 보였다. 시간이 갈수록 점점 더 불편해지자 그녀는 남들과 자신이 다르다는 것을 알았다. 하지만 남들과 다른 예민함이 그녀를 일에서 성공하게 만들었다. 대부분의 사람이 보지 못하는 시각적인 사소한 결점을 놓치지 않아서다.

대략 비슷한 시기에 피츠버그 대학의 자폐증 분야 전문가이며 신경연구학자인 낸시 민슈는 자폐인의 인지 능력에 관한 연구 결과를 발표했다. 그녀는 동물의 사소한 문제에 관해 내가 새롭게 정립한 관점을 확인시켜 주었다. 그녀는 뇌 영상 기법을 이용한 연구에서, 자폐인은 일반인에 비해 사물의 전체보다는 세세한 면에 훨씬 집중한다는 사실을 입증했다. 나는 직업상 동물과 자폐아 간의 유사한 면을 자주 보아 왔기 때문에, 낸시 민슈가 자폐증과 미세 지향성 사이의 관계를 찾았다는 사실은 내가 동물에 대해 가진 생각이 옳았다고 확신하도록 해 주었다.

동물이 두려워하는 '사소한 것들'

이것은 내가 도축장 시설주들에게 제시한 항목으로, 가축들이 몰이유도 통로나 보정틀로 들어가기를 꺼려할 때 사용하는 체크 리스트다.

1. 진흙 바닥의 번쩍이는 반사광

돼지들이 구석에서 항상 뒷걸음치는 바람에 앞으로 나가게 하려고 전기봉을 사용한다는 도축장에서 알게 된 사실이다. 규정에는 직원들이 전기봉을 전체 돼지 중 25% 이하에만 사용해야 한다고 되어 있었으므로, 그 도축장은 동물 복지법상 실격이었다. 그곳에서는 모든 돼지에게 전기봉을 사용하고 있었다. 보통의 경우, 돼지들은 별다른 문제없이 몰이 유도 통로를 지나가지만, 이곳에서는 모든 돼지가 멈추어 서고 뒤로 물러나려고만 했다.

나는 손과 무릎을 이용해 돼지들이 걷는 것처럼 통로를 기어가 보았다. 관리자들은 아마 내가 미쳤다고 생각했을 것이다. 그러나 이것이 해볼 수 있는 유일한 방법이다. 동물과 같은 눈높이를 가지고, 동물과 같은 시각에서 바라보아야만 한다.

네 발로 기어간 지 얼마 되지 않아서, 나는 바닥에서 작지만 밝은 반사광이 비치고 있음을 확인했다. 돼지들을 깨끗하게 하려고 호스를 이용해 물을 뿌렸기 때문에, 농장의 바닥이 항상 젖어 있었던 것이다. 사람들이 문제점이 무엇인지 찾아봐야 한다는 것을 알았다 치더라도, 아무도 이런 반사광을 찾아내지는 못했을 것이다. 사람의 눈높이는 돼지의 눈높이와 다르기 때문이다.

일단 문제점을 파악하자, 나는 다시 네 발로 기어 나왔다. 내가 하나 작은 반사광을 하나 하나 찾아서 돼지처럼 움직이는 동안 직원들은 내 머리 위로 막대기에 등불을 달아서 비춰 주었다. 그게 자문의 끝이었다. 일단 반사광이 사라지자 돼지들은 통로로 잘 들어갔고, 그 시설은 규정을 통과했다.

2. 부드러운 금속 표면에서의 반사광

소들이 지나가는 통로에서 처음 알게 된 사실이다. 그 통로는 광택이 나는 매끈한 스테인리스 재질로 만들어져 있었다. 양 통로 벽은 항상 진동이 일어나거나 흔들렸으며, 그때마다 소들은 멈추어 서 버리곤 했다. 이 도축장 안에서 우리가 해야 할 일은 그 불빛을 제거하는 것뿐이었다. 그러나 같은 문제가 있던 다른 도축장에서는 양측 통로 벽을 바닥에 고정시켜 버림으로써 흔들림을 없앴다.

어떤 것이든 광택이 나면서 빛이 나는 표면은 동물을 두렵게 만들긴 하지만, 고정된 상태에서의 반사광은 움직이는 것보다는 문제가 덜하다. 오랜 시간 동안 우리는 전등을 옮기고 금속 통로 벽을 바닥에 고정시켜야 했다. 움직이는 반사광을 만들어 내는 요인은 여러 가지가 있을 수 있다. 기계적 진동 또는 가축들이 벽에 부딪히는 경우, 바닥에 고여 있는 물 위로 계속해서 물이 흘러나오는 경우, 벽에서 반사광이 물이 콸콸 흐르는 시냇가처럼 이리저리 튀고 움직이는 경우 등이다.

3. 공중에서 흔들리는 사슬

흔들리는 사슬에 관해서 알게 된 것은 콜로라도의 대규모 소 도축장에서였는데, 그곳에서는 통로 입구에 사슬이 매달려 있었다. 이 사슬은 출입문을 들어 올리는 장치의 일부로, 그다지 길지도 않았다. 30센티미터 정도의 길이였는데, 한 번에 8센티미터 정도 앞뒤로 흔들렸다. 그러나 그것만으로도 충분했다.

소 떼는 사슬이 늘어진 곳까지 와서 일단 사슬을 보고는 그대로 멈추어 서서 머리를 사슬의 움직임에 따라 앞뒤로 흔들흔들거렸다. 이런 정도는 그곳에서 일하는 사람들도 아마 알 것이라 생각하겠지만, 그렇지 않다. 사람은 보지 못한다. 심지어 사슬의 움직임에 따라 소의 머리가 앞뒤로 흔들흔들하는데도 그렇다. 나는 인부들이 소의 머리가 움직인다는 사실을 보기나 했는지도 확신할 수 없다. 설령 봤다 하더라도 사슬의 움직임을 놓쳤을 수 있다. 직원들은 훨씬 더 많은 물리력을 동원했고, 전기봉으로 충격을 가하고 소리를 지르고 고함치며 위협하는 등의 행동으로 가축을 움직이게 하려 했다.

4. 금속성 소음과 잡음

이런 현상은 매우 흔하다. 거의 모든 방목장과 공장, 금속 출입문, 미닫이문, 압박대 등에서 일어난다. 공장에서 일하는 사람들이 클래터 clatter라고 부르는 이 표현은 여러분이 금속제 장비를 가졌을 때 거의 항상 접하는 덜그럭거리는 소리이다. 나는 개폐식 문에는 플라스틱 트랙을 사용하라고 권한다. 그래야 금속과 금속의 마찰 소리를 피할 수 있기 때문이다.

5. 시끄러운 소리, 예를 들면 트럭의 후진 경고음과 차량의 사이렌 소리

이 문제를 처음 경험한 곳은 네브래스카 주의 거대한 도축장에서였는데, 내가 개발한 도축 시스템을 막 설치한 곳이었다. 그들은 도축 시 수압 방식을 사용했는데, 이것이 심한 소음을 발생시켰다. 그 소음에 가축들은 심하게 동요했다. 결국 내가 고안한 시스템은 제대로 작동하지 못했다. 그러나 소음을 없애기 위해 배관을 교체한 이후, 가축들은 훨씬 조용해졌다.

6. 공기 중의 쇳소리

공기를 가르는 쇳소리나 수압 때문에 나는 끽끽거리는 소리는 특성상 긴급 구조 신호와 너무 비슷하다는 게 문제다. 이런 긴급 구조 신호는 항상 고음으로 이루어져 있다. 고음의 신호는 사람이 항상 주목하게 되는 드문 경우인데, 그것도 연속음이 아닌 단절음으로 발생할 때다. 우리는 동물 조상들로부터 본능에 각인된 위험 경보 체계를 물려받았고, 그 경보 체계는 오늘날의 인류에게도 그대로 쓰인다. 그래서 사람들은 주의를 확실히 끌어야만 할 경우에, 고음을 간헐적으로 내게 된다. 경찰차, 앰뷸런스, 쓰레기차의 후진 경보음은 거의 고음이며, 연속음이 아닌 단절음으로 이루어져 있다. 이 시스템을 고안한 사람들은 아마도 본능적으로 동물들이 위험 신호로 쓰는 종류의 소리를 찾았을 것이다.

7. 강한 맞바람을 맞을 때

동물들이 바람을 왜 싫어하는지 알 수 없다. 다만 그들이 싫어한다는 것만 알 뿐이다. 들판에서 폭풍을 만나면 동물들은 엉덩이를 바람이 불어오는 방향으로 돌린다. 개는 바람이 얼굴이나 귀 안쪽으로 파고드는 것을 싫어한다는 이야기를 들은 적이 있다. 이것은 아이들이 개들에게 하기 좋아하는 행동인데, 어느 정도는 일리가 있어 보인다.

8. 담에 걸린 옷가지

내가 옷가지라고 말하는 이유는 거의 항상 모든 문제가 옷가지에서 비롯되기 때문이다. 담에 걸린 어떤 물건이라도 동물에게 자극이 될 수 있다. 보통 사람들은 더우면 재킷이나 셔츠를 벗어서 울타리에 걸어 둔다. 때때로 수건이나 헝겊 조각을 걸어 두는데, 이것도 좋지 않기는 매한가지다. 언젠가 내가 목장을 방문했을 때, 줄에 매달려 건들거리는 플라스틱 주전자가 문제를 야기하고 있었다.

가장 좋지 않은 경우는 울타리에 노란색 천을 걸어 놓을 때다. 예를 들자면, 황색 우비 같은 경우이다. 나는 콜로라도의 목장에서 이 문제를 처음 접했다. 뒤에 언급하겠지만, 회색 벽에 걸쳐 놓은 황색 사다리도 똑같은 문제다. 어떤 소도 밝은 황색 빛깔의 천 조각을 향해 걸어가려 하지 않는다.

9. 움직이는 플라스틱 조각

무엇이든 움직이는 물건은 동물에게 문제를 초래한다. 대부분은 플라스틱 조각일 경우가 많다. 이 분야의 사람들은 거의 모든 것에 플라스틱을 사용하고 있기 때문이다. 사람들은 차가운 바깥 공기를 막고자 창문에 플라스틱을 덧대어 붙인다. 또는 물이 새는 파이프에 플라스틱을 덧대어 사용하기도 한다. 이럴 경우 위에 덧붙인 플라스틱에서 진동이나 소음이 발생한다.

특히 요즘에는 새로운 식품 안전 규정에 따라 모든 곳에서 물체를 고정하는 방법을 도입한다. 인부들은 커다란 플라스틱 두루마리를 풀어서 우비나 앞치마, 다리 보호대 등을 만들어 사용한다. 도축장에서는 인부들이 플라스틱을 사용하여 그들이 필요로 하는 임시 대용품을 만드는 것을 허용한다. 그러나 이렇게 하면 플라스틱이 매달린 곳에서 소리가 나면서 동물을 자극하게 된다.

종이 수건도 바람이 불어 펄럭이면 돼지나 소를 자극할 수 있다. 종이 수건 때문에 생긴 문제를 대여섯 군데에서 보았다.

10. 팬 날개의 움직임

동물의 경우, 종종 자폐아한테서 문제가 발생하는 전기식 선풍기에는 별다른 문제가 없다. 많은 자폐아가 선풍기 날개나, 그것과 유사하게 빨리 돌아가는 물체의 움직임에 넋을 잃는다. 왜 이런 일이 벌어지는지 알 수는 없지만, 내가 보기에는 자폐아들이 선풍기 날개가 고속으로 회전할 때마다 생기는 날개 사이의 깜박거림을 보기 때문이 아닌가 한다. 나는 선풍기 날개의 움직임을 읽어 내는 많은 난독증 환자를 보아 왔다. 다수의 자폐인들도 그럴 것이라고 생각한다. 날개의 깜박거림을 볼 수 있는 난독증 환자들은 그것이 무서울 정도로 마음을 산란하게 하며, 힘들다고 했다.

이러한 움직임은 동물이나 자폐아의 주의력도 잡아끌게 된다. 나는 회전체의 날개 운동에 주의를 빼앗기지는 않지만, 많은 스크린 보호 화면에서 나타나는 기하학적 무늬에 깊이 빠져들어 버리기도 한다. 한마디로 화면에서 눈을 떼지 못한다. 그래서 기하학적 화면 보호기가 있는 사무실에 있게 되면, 나는 아예 스크린에서 등을 돌려 버리거나 컴퓨터를 꺼 줄 것을 부탁한다.

팬이 동물을 미치게 할 때는 '꺼져 있을 때'다. 날개는 산들바람이 불어도 살살 돌아가므로 큰 합판 조각이나 금속판을 덧대어 동물들이 팬을 보지 못하게 해야 한다. 그렇지 않으면 동물들은 뒷걸음칠 것이다. 어떤 목장을 방문했을 때, 그곳에 있는 풍차 때문에 동물들이 겁에 질려 있었다. 바람 부는 날에는 풍차를 무서워해 동물들이 옴짝달싹하지 않았다.

11. 앞에서 움직이는 사람을 보는 것

소들은 18개월 정도에, 돼지는 불과 5개월 정도에 도살된다. 따라서 그들을 이끌려고 훈련하는 비용은 지불되지 않는다. 이런 종류의 식용 가축들은 말과 달리 고삐를 채우고, 줄을 끌며, 사람 옆으로 조용히 지나가는 훈련이 필요 없다.

우리에게 가축이란 길들여진 동물을 의미했다. 그러나 이런 개념은 동물이 사람에 의해 길들여졌을 때에만 해당된다. 사람에 의해 길러지지 않은 개는 들개 떼가 된다. 집 없는 고양이는 야성을 띠게 되고, 도축용으로 길러진 소와 돼지의 절반은 야성이 살아 있다. 그래서 동물들이 몰이 유도 통로나 막다른 길로 걸어 들어갈 때 그들 앞에 서 있는 사람을 보면 신경이 날카로워지는 것이다.

12. 바닥에 놓인 작은 물건

예를 들어, 갈색 진흙 바닥에 놓인 흰색 스티로폼, 커피 컵 등을 말한다. 나는 여기에 대해 좋지 않은 기억을 가지고 있다. 내가 가축 운반로 상의 좁은 통로를 걸어가고 있을 때, 한 일꾼이 마시다 통로 위에 올려놓은 흰색 물병이 갑작스레 내 발에 걸렸다. 물병이 발에 걸려 바닥으로 떨어질 때 나는 비명을 질렀다. 그 물병은 이동로 출입구 우측에 떨어졌고, 나는 그 떨어진 물병이 문제가 될 것임을 짐작했다. 그 작은 플라스틱 물병은 그저 땅바닥에 아무런 위험도 없이 놓여 있었지만, 그 하찮은 물병이 5백 킬로그램이 넘는 소에게는 마치 커다란 돌더미를 쌓아 놓은 것처럼, 커다란 장벽이었던 것이다.

우리는 모든 라인을 차단해야만 했다. 왜냐하면 어떤 동물도 그 위를 지나려 하지 않아, 누군가 그곳으로 들어가 물병을 집어내야 하는데, 그것은 정말 위험한 일이기 때문이었다. 가축이 꽉 찬 좁은 축사에는 15마리의 큰 가축이 있었는데, 누구도 앞장서 나가도록 훈련되지 않았다. 사람이 그곳에 들어간다면 깔려 죽을지도 모를 일이었다. 그래서 모든 작업원들은 바깥으로 물러나 소들과 일정 거리를 유지하면서, 소들 중 한 마리가 발로 깔아뭉개 물병을 흰색이 아닌 땅바닥과 같은 갈색으로 만들어 버릴 때까지 계속해서 소 떼를 몰아붙여야만 했다. 그리고 나자 소들은 평온해졌다. 모두 찌그러진 병을 밟고 지나가서 몰이 유도로 안으로 들어섰다. 그 라인은 15분간 폐쇄되었고, 전체 공정은 5분간의 손실을 입었다. 분당 2백 달러의 손실이 발생하니, 전체적으로 1천 달러의 손해를 본 것이다.

13. 바닥과 천의 변화

예를 들어, 소와 돼지들이 금속 바닥에서 콘크리트 바닥으로 움직이거나 그 반대로 이동할 때 두 가지 재질의 대비가 문제가 된다.

14. 바닥의 배수구

같은 문제가 반복된다. 대비에 관계되는 문제로, 바닥의 배수구가 동물들에게는 다르게 보인다.

15. 장비의 급작스러운 색깔 변화

색깔이 고도로 대조될 때가 가장 위험하다. 출입문과 축사를 다른 색으로 칠해서는 안 된다. 광택을 발산하는 금속 장비로 연결되는 좁은 통로에 회색으로 칠해서 문제가 발생한 경우를 보았다.

16. 통로로 들어가는 입구가 지나치게 어두운 경우

밝은 곳에서 어두운 곳으로 들어가는 것으로, 이 역시 대조의 문제다.

17. 눈을 멀게 만드는 밝은 빛

만일 여러분이 가축들이 건물에 접근하고 있는데 태양이 건물 위에 작열하고 있다면 당신이 할 수 있는 일은 아무것도 없다. 이런 상황은 거의 지옥과 마찬가지로, 햇빛을 가릴 만큼 지붕을 높이지 않고서는 해결할 방법이 없다.

18. 한 방향으로만 열리거나 뒤로 젖혀지지 않는 입구(되밀림 방지문)

같은 사물을 놓고 위에서 적은 두 가지 용어를 쓸 수 있다. 뒤로 젖혀지지 않는 입구는 가축들이 기존 목장에서 보아 왔던 익숙한 문처럼 보이지 않는다. 문이 옆에 달린 것이 아니고 위에 달린 것으로, 기본적으로 집에서 소나 돼지 같은 크기의 개가 드나드는 출입구처럼 보인다. 도축장에서는 가축들이 뒤에 길게 늘어선 무리들로 밀려나지 않게 하기 위해 일렬의 좁은 통로에 한 방향으로만 열리는 출입구를 설치한다. 소나 돼지들은 그 문을 통해 밀려 들어간다. 개가 개 전용의 출입구를 통해 들어가듯 말이다. 그리고 소나 돼지가 한 마리씩 들어가면 문은 아래로 내려오며 뒤로 들려 올라가지 않는다. 이 문은 개집처럼 양방향으로 움직이는 문이 아니라서 오로지 앞으로 밀어 넣을 수만 있다.

동물들은 이런 문을 통해 떠밀리는 것을 싫어한다. 떠밀려 들어가는 것 자체가 문제다. 뒤로 열리지 않는 문은 동물을 성가시게 하고, 나도 그런 방식을 사용하는 것을 좋아하지 않는다. 나는 동물들이 충분히 즐겁게 앞으로 나갈 수 있게끔 소들을 부드럽게 다룬다. 그리고 나라면 그런 문은 동물들의 눈에 띄지 않게끔 위로 고정시켜 방해가 되지 않도록 할 것이다. 그렇게만 하면 그 문으로 인해 발생하는 문제들과 씨름할 필요가 없는 것이다.

여러분도 각자 다를 수 있겠지만, 동물을 위한 동일한 항목의 목록표를 작성할 수 있을 것이다. 박쥐는 초음파를 이용하고, 개는 그렇지 못하다. 그래서 박쥐의 주의를 산만하게 하는 표에는 초음파에 관한 것이 포함되어야 할 것이고, 개의 주의 목록표에는 초음파가 포함될 필요가 없을 것이다. 그러나 공통적으로 동물의 주의를 산만하게 하는 항목을 포함하는 주의 목록표를 작성하자면, 내가 한 것처럼 고도로 세심한 주의를 기울여야 한다.

사람과 동물의 차이: 시야각과 시력

나는 이 목록들을 소와 돼지 위주로 작성했지만, 동물의 주의를 뺏는 것과 어떤 동물이든지 문제가 될 만한 곳을 예측하는 데도 이 목록들을 적용해 볼 수 있을 것이다. 위의 18개 항목에서 언급한 내용들이 여러분 주위에서 흔히 일어난다면 말이다.

우선 18개 항목 중 14개 항목이 시각에 관한 것이고, 대다수의 다른 동물 주의 목록표도 내가 작성한 내용과 유사하다고 하더라도 그다지 놀랍지 않다. 그러나 어떤 피사체가 동물의 시선을 잡아끌며 겁주는가를 예측하기 위해서, 여러분은 동물의 시각이 어떠한지에 대해 좀 더 공부해야 한다.

일단 동물의 시각은 사람들의 시각과는 사뭇 다르다. 예를 들어, 개는 앞을 잘 보지 못한다는 말이 있다. 이 말은 사실이다. 개들은 그다지 시력이 좋지 않다. 좋은 시력이란, 여러분처럼 깨끗하고 뚜렷하게 작고 세밀한 것을 볼 수 있는 능력을 말한다.

시력이 20/20인 사람은 대단한 시력을 가진 것으로, 많은 동물은 그만큼 시력이 좋지 못하다. 이 사실은 반대로 대다수의 동물이 시력이 나쁘기 때문에, 눈에 잘 띄지 않는 사소한 물체에는 두려움을 느끼지 않을 것이라는 의미다.

전형적인 개의 시력은 20/75 정도이며, 그 뜻은 정상 시력을 가진 사람이 75피트에서 보는 물체를 20피트 앞에 서야만 제대로 본다는 의미다. 개가 우리처럼 보기 위해서는 사물에 좀 더 근접해야만 한다. 이것은 개가 근시라서가 아니라, 실제로 개의 망막에는 사람보다 원추세포가 적기 때문이다. 원추세포는 색깔과 낮 시간의 시각을 담당하고, 간세포는 야간의 시각을 담당한다. 기본적으로 개는 뛰어난 시각 해상도를 우수한 야간 시력과 바꾼 것이다. 개들은 심지어 자신의 코앞에 놓인 물체를 포함해서 어떤 물체라도 사람만큼 뚜렷하게 볼 수 없다. 그것이 바로 먹으라고 바닥에 놓아둔 먹이 조각을 개가 잘 볼 수 없는 이유이기도 하다. 만일 먹이가 땅으로 떨어지는 지점을 못 보면, 대부분의 개들은 바둑무늬 타일 위에 놓인 먹이를 찾아내지 못한다.

사람이 그러하듯 개도 종류에 따라 시력 차가 많이 날 수 있다. 한 연구에서 셰퍼드*의 53%와 로트와일러**의 64%가 근시라고 밝혀졌다. 여러분은 근시라는 사실이 개한테 문제가 되는지에 관해 의문을 가질 수도 있겠지만, 검사 결과 그렇다는 사실이 밝혀졌다. 근시인 개들은 정상 시력인 개보다 시력이 훨씬 떨어진다. 재미있는 것은 셰퍼드는 근시 경향이 있는 것으로 보이지만, 안내견이 되기 위한 훈련 프로그램을 받고 있는 개는 불과 15%만이 근시라는 것이다. 아마 근시인 개는 훈련

---

* 셰퍼드: 독일이 원산지인 개 품종이다. 용감하고 주인에 대한 충성심이 강하다. 몸에 근육이 많고 주둥이 부분이 뾰족하며 털이 검은색, 회색, 갈색 등으로 이루어져 있다.

** 로트와일러: 독일의 개량 품종. 몸에 황갈색 무늬가 있고 귀는 작고 늘어진 모양이며, 굵고 땅딸막한 몸집이 특징이다. 경비견, 구조견 등으로 활약한다.

프로그램에서 훈련사가 부지불식중에 탈락시켰을 것이다.

사람과 동물의 또 다른 큰 차이는, 대부분의 동물은 전방향의 시각을 가졌다는 점이다. 말, 양, 소 같은 가축의 눈은 자신들의 머리 뒤를 쳐다볼 수 있을 정도로 두 눈 사이가 매우 떨어져 있다.

그래서 마차를 끄는 말들의 눈에는 뒤에 보이는 물체에 시선을 뺏기지 말라는 이유에서 곁눈 가리개가 씌워져 있다. 같은 이유로 대부분의 경주용 말들의 눈에는 곁눈 가리개를 씌우지 않는다. 그것은 훈련 조교들이 말들이 그들 뒤로 따라오는 다른 말들의 위치를 확인하고, 그 말들이 얼마나 빨리 움직이는지 알게 하려는 이유에서다.

가축이 완전한 전방위 시각을 가진 것은 아니지만, 비슷하기는 하다. 소나 말은 머리 뒤쪽에 시야의 사각이 있는데, 무심코 접근할 때 상당히 주의해야 한다. 그렇지 않을 경우 동물은 여러분이 무엇을 하려는지 몰라, 놀라 날뛰면서 걷어찰 수도 있다. 가축은 정면에도 사각이 있는데, 그것은 동물의 미간이 지나치게 넓기 때문에 생기는 현상이다.

그들의 눈이 매우 멀리 떨어져 있기는 해도 동물은 심도를 느낀다. 이것도 사람과는 다른 방식이다. 사람은 양안시를 사용하는데, 이것은 한 물체를 양쪽 눈이 약간씩 다른 각도에서 쳐다봄을 의미한다. 사람은 두뇌에서 양쪽 시야를 종합하여 심도를 느끼게 된다.

가축의 눈은 매우 멀리 떨어져 있어 많은 연구가들이 가축은 한쪽 눈으로 하나의 사물을 보면서 다른 쪽 눈으로 다른 사물을 볼 것이라 가정했고, 그래서 그들이 양안시가 아니라고 생각했다. 연구가들은 이러한 추론을 양에게 적용해 보았는데, 적어도 양은 약간의 양안시 능력이 있음이 확인되었다. 우리는 시각적 절벽 실험을 통해 양은 시각적 절벽을 인지한다는 사실을 알 수 있다. 실험에서는 아기가 충분히 기어갈 수 있는 유리판을 양 테이블에 깐 뒤, 테이블의 중앙부인 유리 바로 아래로는 바둑판 무늬를 위치시켜 시각적으로 갑자기 푹 꺼지는 느낌이 들도록 배치한다. 이것은 시각적 절벽이며, 실제 절벽은 아니다. 그러므로 아이들이 시각적인 단절이 시작되는 지점을 지나가더라도 바닥으로 떨어지는 게 아니라는 이야기다. 아주 어린 아이들은 어머니가 반대편에 서서 그들을 불러도 절벽 위를 기어가려 하지 않는다. 아이들은 절벽을 보고 본능적으로 위험을 인지한 것이다. 양들도 마찬가지로 시각적 절벽에서 깊이가 다름을 알았기 때문에 절벽 위를 지나려 하지 않았다.

여러분은 투우장에서 소들이 투우사를 들이받기 전에 머리를 숙이는 것을 보았을 것이다. 목장에서 기르는 콜리라는 견종도 양 떼를 몰 때 똑같은 동작을 취한다. 그들이 이런 동작을 하는 것은 망막 구조가 사람과 다르기 때문이다. 사람의 망막에는 중심와가 있는데, 여기에서 가장 선명한 시야를 느낀다. 영양이나 가젤같이 자연환경 속에서 지내는 동물은 중심와 대신에 시각 선조를 가진다. 이것은 망막의 뒤편에 일렬로 그어진 줄과 같은 것이다. 여러분이 만일 동물이 어떤 물건을 찾으려고 아래를 내려다보는 모습을 목도한다면, 이것은 시각 선조에 화상을 정렬시키려는 시도일 것이다. 대부분의 학자들은 이러한 시각선이 동물들로 하여금 수평선을 살피는 데 도움이 된다고 한다.

연구가들은 지금까지 연구한 육식 동물 가운데 가장 빠른 치타와 그레이하운드의 시각 선조가 가장 발달해 있다고 말한다. 그들의 시각 선조에는 광수용체가 밀집되어 있어 매우 정확한 시야를 제공한다. 시각 선조를 측정해 보려면 바코드 디자인을 이용하면 된다. 여러분의 시력이 더 좋을수록 더 작은 바코드를 볼 수 있고, 더 먼 거리에서도 단순히 검은색의 사각형이 아니라 각기 분리된 띠로 인식할 수 있을 것이다. 매우 뛰어난 시력을 가진 동물들은 해변의 모래조차 각기 분리된 것으로 인식한다.

사람과 동물의 차이: 색과 대비

사람과 동물을 구분하는 세 번째는 색깔과 대비를 감각하는 능력일 것이다. 앞에서 언급한 18가지의 주의를 산만케 하는 요소 가운데서 10가지는 극히 대비되는 사물과도 관련이 있다. 금속에서 반짝이는 반사광 혹은 젖은 바닥에서의 반사광 같은 것 말이다. 시선을 끄는 나머지 사물 가운데서도 바닥에 놓인 흰색의 스티로폼 커피 컵과 울타리에 걸린 옷가지가 들어 있는데, 이것들도 대조라고 볼 수 있다. 나의 웹 사이트에 극히 대조되는 사진을 몇 장 게재해 놓았는데, 그중에는 갈색 바닥에 놓인 흰 커피 컵, 회색 마루, 난간에 놓인 노란색 장화 한 짝 등이 있다.

예리한 대비는 여러분이 동물을 지나치게 밝은 곳이나 지나치게 어두운 곳으로 이동시키려 할 때 문제를 발생시킬 수 있다. 앞서 너무 어두워서 보정틀이 있는 건물로 들어가지 않으려 하거나, 너무 밝은 곳으로 움직이려 하지 않는 소에 대해 언급했다. 조도의 변화가 강하면 소의 시선을 강하게 잡아끌기 때문에, 조명을 설치할 때 갓이 없는 전등이나 백열등 같은 직접광을 통로 입구에 쓰면 안 된다. 종종 백색의 투광성 플라스틱을 통과하는 햇빛도 같은 효과를 유발할 수 있다.

동물에게는 느리게 도는 팬 날개도 극히 대비되는 자극이다. 만일 팬을 작동시켰는데, 아주 빨리 돌아가서 팬 날개의 움직임을 동물이 볼 수 없다면 별 문제가 안 된다. 그러나 팬 날개가 천천히 돌아가면 깜빡거리는 현상이 일어난다. 이 깜빡거림은 우리가 느끼는 것 이상으로 동물에게 강한 대조 자극으로 작용하게 된다.

동물은 빛과 어둠을 강렬한 대조로 본다. 왜냐하면 동물의 야간 시각은 사람보다 훨씬 뛰어나기 때문이다. 야간 시각은 대조를 확인하는 데 더없이 좋지만, 색깔을 보는 데에는 상대적으로 좋지 않다. 나는 동물 보정틀 내부를 흑백 사진으로 찍으면서 동물의 믿을 수 없는 대조 감각을 처음으로 배웠다. 사진을 현상하기 전에는 보지 못했던 그림자가 땅바닥에 있었다. 내가 사진에서 유일하게 알 수 있었던 사실은 색깔을 배제하면 더욱 선명한 대조가 일어난다는 것이다. 그림자는 흑백 사진에서 더욱 뚜렷하다. 2차 대전 당시 연합군은 완전 색맹인들을 채용해 항공 정찰 사진과 첩보 사진을 분석하는 임무를 맡겼다. 이들은 사진 속에서 위장망을 덮은 전차 등 일반인은 감별할 수 없는 특징들을 짚어냈다.

동물은 가짜 시각 절벽만큼이나, 바닥의 뚜렷한 대조를 찾아낸다. 동물은 밝은 점보다 어두운 점이 깊다고 생각하는 것처럼 행동한다. 이 사실을 이용해서 도로에 소 안전선이 그려졌다. 소 안전선이란 금속봉으로 덮인 길을 가로지르는 작은 홈이다. 차는 이 위를 지나갈 수 있으나, 소는 지나가려 해도 넘어설 수 없다. 가축의 눈에는 도로 사이에 파인 홈이 두 발이 빠질 것 같은 급경사로 보이기 때문이다.

그러한 대조가 소한테는 매우 선명하게 보이기 때문에, 도로 사이에 파놓은 얕은 홈은 바닥이 없는 함정처럼 보이게 된다. 올리버 색스는 《화성의 인류학자》에서 차 사고로 색깔 감각을 잃어버린 예술가에 대한 글을 싣고 있다. 사고 이후 그 사람은 운전하기 힘들어졌다. 그 이유는 나무의 그림자가 마치 차가 빠져 버릴 것 같은 구덩이로 보였기 때문이다. 색깔 감각이 없어진 그는 빛과 어둠 사이를 심도 대비를 보는 것 같이 느꼈다. 소가 볼 수 있는 색깔은 주로 황색과 녹색 계통이며, 일반인보다 훨씬 떨어지는 색깔 감각을 가지고 있으므로, 소는 색스 박사가 말한 색맹 예술가와 비슷한 방식으로 흑백 대조를 심도 대조로 보는지도 모른다.

소는 색스 박사가 언급한 색맹 예술가처럼 행동한다. 가축 안전선을 만들려면 비용이 많이 든다. 그래서 오랫동안 도로 교통 담당 부서에서는 기준선을 긋는 기계를 사용했다. 밝은 흰색으로 고속도로를 가로지르듯 같은 방향으로 줄을 긋는 것이다. 이것은 비용이 저렴한 가축 안전선이었다.

가축에게 도로를 건너야 하는 강한 동기 부여가 이루어지지 않는다면, 15센티미터 간격으로 그려진 20개의 흰색 라인에서 가축은 멈추게될 것이다. 색깔의 대조가 가축들을 괴롭히기 때문이다. 가축이 심하게 내몰릴 때는 이야기가 달라진다. 만일 길을 사이에 두고 어미가 있는 곳 건너편에 새끼가 있다면, 색칠한 줄은 의미가 없다. 아니면 가축이 굶주렸을 경우에는, 길 건너편으로 넘어가 보다 좋은 풀을 먹으려고 라인을 건너갈 것이다. 그러나 일반적인 상황이라면 이런 줄만으로도 충분하다.

동물이 뚜렷한 대조로 경험하는 시각적인 자극이 어떤 것인지 예측하려면, 동물의 색깔 감각을 알 필요가 있다. 분석은 비교적 간단하다. 새들은 네 가지의 기본적인 색깔—자외선, 푸른색, 초록색, 붉은색—을 구분한다. 사람과 일부 영장류는 세 가지 색깔—푸른색, 초록색, 붉은색

—을 보며, 나머지 대부분의 포유류는 단지 푸른색과 초록색의 두 가지 색만 본다. 2색성 색각 혹은 2색의 시각에서 동물이 가장 잘 보는 색이 황색 빛을 띤 초록색—가장 안전한 둥지 색깔—이며, 푸른 자줏빛—자 줏빛 홍채의 자주색과 매우 근접한 색깔—이다. 이것은 황색이 대부분 의 동물에게 강렬한 대조임을 뜻한다. 노란색은 어떤 것이든 동물에게 튀는 색깔이다. 따라서 황색 우비나 장화, 기계류를 다룰 때는 주의가 필요하다.*

문제는 '낯선 것'들이다

2색각의 동물은 예리한 흑백 대비만 보면 시선을 빼앗긴다. 그 대조 는 동물의 주의를 분산시키는 것이 될 수도 있고, 겁을 주는 것이 될 수 도 있다. 만일 A지점에서 B지점으로 이동시켜야 하는 커다란 동물이 강렬한 명암의 대조를 보게 되면 그 자리에서 멈춰 버릴 것이다.

그러나 강렬한 대조라고 해서 전부 동물에게 위협이 되는 것은 아니 다. 단지 동물에게 새로우면서, 예상하지 못한 것들만 강렬한 시각적 대 조 자극인 것이다. 만일 밝은 황색의 우비를 문 위에 걸어 놓고 목장에 있는 소한테 매일 그 문을 통과해 젖을 짜는 곳으로 들어가게 했다면, 그다지 문제가 되지 않을 것이다.

문제는 처음으로 사육장이나 도축장에서, 입구에 매달린 노란색 우

---

* 'Pawsitive Training for better Dogs' 라는 웹 사이트에는 동일한 컬러 사진이 2색각의 동물과 3색 각의 사람 눈에 서로 다르게 보이는 좋은 사례를 실어 놓았다. 2색각의 동물은 색맹인 사람과 비슷한 세상을 볼 것 같은데, 다만 색의 강도는 좀 떨어진다.

비를 보는 가축들이다. 가축들은 이전에는 그런 장면을 본 적이 없으므로, 그곳에 들어가려 하지 않는다. 이처럼 색다른 경험은 동물과 자폐인 및 아이들과 성인들 모두에게 커다란 문제이다. 비록 일반적인 성인들은 동물, 자폐인, 아이들보다 색다른 경험을 잘 조절하지만 말이다. 미지에 대한 공포는 보편적이다. 만일 전에 본 적이 없는 어떤 사물이 있다고 한다면, 여러분은 그것에 대해 판단할 수 없다. 그것이 좋은지 나쁜지, 혹은 위험한지 안전한지 알 수 없는 것이다. 게다가 여러분의 두뇌는 항상 판단을 요구한다. 그것이 두뇌가 작동하는 원리이다. 연구가들은 아무 의미 없는 한마디의 발음에서조차 긍정과 부정의 감정이 강하게 표출된다는 사실을 밝혀냈다. 당신의 두뇌에 중립된 감정은 없다. 그래서 어떤 것을 말로 표현할 수 없을 때, 이것이 좋은지 나쁜지를 결정하려고 조급해진다.

소는 시야에 비치는 어떤 물체건, 이미지건 간에 신비한 것이라면 두려워할 것이다. 그리고 여러분이 그 낯선 물체나 이미지 쪽으로 소를 움직이게 하려고 마음먹었다면, 단념하라. 굳이 강제로 하려는 생각만 버리면 문제는 일어나지 않는다. 동물은 항상 스스로 낯선 자극을 연구한다. 그것이 비록 두려운 것일지라도.

나는 〈애리조나의 농목인〉이라는 잡지에 사진과 글을 기고하면서 그런 사실을 알게 되었다. 나는 누군가 들판 한가운데에 카메라 장비를 놓아두면 모든 소들이 장비 곁으로 다가와서 살펴보려 하는 장면을 목격했다. 그러나 만일 소를 향해 촬영 장비를 들고 다가간다면 소들은 달아나려 할 것이다. 문제는 사람의 동작이다. 만일 내가 그곳에서 장비를 들고 그저 서 있기만 한다면 소들은 내 주변으로 다가올 것이다.

항상 느끼는 것은, 내가 좀 더 땅에 가깝게 내려앉는다면 소한테는 덜 위협적일 것이라는 점이다. 처음에 나는 하늘을 향해 땅을 등지고 초원을 배경에서 배제한 채 소들의 머리를 프레임에 넣으려 했다. 그래서 나는 원하는 샷을 얻기 위해 몸을 땅으로 웅크렸다. 그렇게 해서 거대하며 아름다운 소들의 확대 영상을 얻을 수 있었다. 왜냐하면 소들이 달아나지 않았으므로. 아름답고 거대한 검은 앵거스의 머리를 촬영하니 푸른 하늘과 대조되는 실루엣을 보인다.

결국 어느 날 나는 등을 땅에 붙이면 어떤 일이 생기는지 보기로 결심했다. 소들은 내 주변으로 몰려와서 코를 쿵쿵거리고 반복해서 혀로 핥았다. 이 소들은 길들여진 소가 아닌 방목장의 소들이었다.

소들이 여러분을 확인하려고 다가올 때는 항상 똑같다. 그 녀석들은 여러분을 향해 머리를 쭉 뻗고 냄새를 맡을 것이다. 그러다가 혀를 쭉 빼서 살짝 여러분에게 닿으려 할 것이고, 거기서 두려움이 덜해지면 여러분을 핥기 시작할 것이다. 그 녀석들은 여러분의 머리칼을 핥고 씹을 것이며, 여러분이 신은 장화에도 입을 맞추고 핥으려 할 것이다. 대부분의 경우, 나는 소가 내 얼굴을 핥게 내버려 두지 않는다. 왜냐하면 소의 혀는 매우 거칠어서 눈의 각막에 찰과상을 입힐 수 있기 때문이다. 비록 가끔은 눈을 감고 소들이 하는 대로 내버려 둘 때도 있지만 말이다. 나는 소들이 내 목에 혀를 댈 때도 개의치 않는다. 괜찮다. 그리고 나는 소들이 내 손을 핥아도 그냥 둔다. 아마도 소들이 사람의 피부에서 우러나는 소금기를 맛보고 싶어서 그러는 것이라고 생각한다. 나는 종종 소들의 코에 입을 맞춘다.

내가 5백 킬로그램이 넘고, 길들여지지 않은 소 떼 가운데 드러누워도 완벽하게 안전하다는 사실을 깨달은 유일한 사람은 아니다. 1970년대 목장에서 일하려고 국경을 넘어온 수많은 멕시코인들이 있었다. 국경 경비대가 접근하자 멕시코인들은 소들이 있는 가축 우리 속으로 숨으려 했다. 5명의 남자는 주변을 둘러싼 1백 마리의 거세한 수송아지 사이를 비집고 땅바닥에 드러누웠다. 브라만은 등에 거대한 살덩이를 가진 녀석들로, 순한 동물이었지만 소를 모르는 사람들에게는 두렵게 보이는 녀석들이었다. 그래서 국경 경비 대원들은 감히 방목장 안으로 들어가려 하지 않았다.

국경 경비 대원들은 소 떼 아래에 누워 있던 어떤 불법 노동자도 눈으로 확인할 수 없었다. 멕시코인들은 꼼짝없이 누워 있어야만 했다. 그들이 움직이려 하면, 소들이 놀라 달아날 것이고, 국경 경비대에 넘겨질 판이었다. 그리고 물론 땅바닥에 드러누운 5명의 남자에게는 정말로 위험한 상황이었을 것이다. 여러분은 도망가야 하는 상황에서 5백 킬로그램의 브라만 수소와 나머지 99마리의 수소 친구들이 사고로 여러분을 밟게 되는 사태를 원치 않을 것이다. 매우 위험하게 들리겠지만, 나는 그때 다친 사람은 없었다고 기억한다.

소들이, 그들이 뿜는 콧김 아래에 드러누워 있는 호기심 어린 물체에 접근하는 이유는 단지 궁금하기 때문이다. 모든 동물은 호기심을 가지고 있고, 그 호기심은 타고나는 것이다. 그렇게 해야만 그들이 원하는 것을 찾거나, 위험한 것을 피하고자 할 때 어려움이 줄어든다. 호기심은 조심성의 또 다른 면이다. 동물은 먹이, 짝, 피할 곳을 찾기 위해 자신의 환경 주변을 탐구하는 본능적인 욕구를 가져야만 한다. 사람들은 고양이가 호기심 때문에 죽는다고 말하는데, 맞는 말 같기도 하다. 동물은 호기심 때문에 많은 어려움을 겪기도 한다. 그러나 동물이건 사람이건 지나치게 신중하기만 해도 안 된다. 만일 어떤 사물을 관찰함에 있어 지나치게 신중하기만 하다면, 필요로 하는 많은 것들을 놓치게 된다.

지나치게 사려 깊은 성격 또한 여러분을 위험에 빠뜨릴 수 있다. 동물과 사람은 위험이 발생하기 전에 피해야 한다. 그리고 이런 방법 중의 하나가 위험 징후를 알아채서 바로 행동으로 옮기는 것이다. 즉, 굶주린 늑대를 맞닥뜨리고서야 도망가려 허둥대지 말아야 한다. 호기심은 동물이 위험 신호를 파악하기 위해 주변 환경을 살펴보게 만든다.

그래서 울타리에 걸린 노란 비옷을 보고 소가 스스로 확인하려 하는 일이 사리에 맞다는 것이다. 그러나 만일 당신이 소한테 강제로 그곳을 지나가게 한다면, 소는 발뒤꿈치로 땅을 파며 저항할 것이다. 새로운 것은 무엇이든지 동물에게 위협이 될 수 있기 때문에, 동물은 전에 보지 못한 새로운 것에 코를 내밀기 전에, 일단 안전한 탈출로를 찾으려 한다. 동물이 한 방향의 막다른 골목으로 내몰릴 때는 도망갈 수 없기에 동물들이 움직이지 않으려 하는 것이다.

말한테도 똑같은 점검표를 사용해 볼 수 있다. 부분적으로 말은 소와 같은 가축이고 말의 생활과 주변 환경도 소와 상당히 비슷하기 때문이다. 나는 대부분의 시간을 소와 함께 보냈기 때문에, 개나 고양이가 싫어하는 것들을 기록한 목록표는 가지고 있지 않다.

비록 개나 고양이가 육식 동물이면서 자연환경에서 천적이 많지 않다 하더라도 같은 원리를 적용해 볼 수 있다고는 말할 수 있다. 육식 동물과 그 먹이 동물을 막론한 모든 동물은 새로운 것에 의해 촉발되는 위험 인지 체계를 가지고 있다.

새로운 것이 개를 두렵게 만드는지를 예측하기란 힘들다. 왜냐하면 개는 사람들과 같이 살고, 항상 새로운 사물에 노출되어 있기 때문이다. 원래 소심한 성격이 아닌 개라면, 소와 달리 고도의 대조 자극에 무감각한 것처럼 행동한다.

그러나 나는 개가 무감각하지 않다고 생각한다. 개한테 새로운 자극이 가해졌을 때의 반응을 살펴볼 수 있는 좋은 기회는 바로 할로윈 축제였다. 내 경험상, 개는 할로윈 분장을 좋아하지 않았다. 내 친구 중 한 명이 하루는 위층 그녀의 사무실에서 일하고 있었는데, 옆에는 가족처럼 지내는 강아지 '랩'이 있었다. 그때 그녀의 아들이 괴기한 분장을 하고 사무실에 들어왔다. 여러분은 내가 무슨 말을 하려는지 알 것이다. 그 분장은 온통 검은색이었고, 얼굴은 밝은 흰색 바탕에 뻘건 혀가 입에서 늘어져 있는 모양이었다. 여러분은 혀를 노란색으로 바꾸지 않는 한 이보다 더한 대조를 만들어 내지 못할 것이다. 랩은 친구의 발치에서 튀어 올라 머리를 흔들며 짖어 대기 시작했다.

내 친구 역시 깜짝 놀랐다. 그녀는 발소리를 듣고 이미 아들인 줄 알았으며, 아들이 발아래로 분장하지 않은 것을 것을 보고도 알아차렸다. 그럼에도 개는 마스크를 보자마자 미쳐 날뛰었던 것이다.

이것은 점검표 상에서 중요한 법칙을 보여 준다. 동물의 주의를 끄는 18가지 중, 불과 단 한 가지만으로도 동물을 날뛰게 만들 수 있는 것이다. 내 친구 아들이 똑같은 소리를 내고 똑같은 냄새를 풍겼지만 랩에게는 소용이 없었다. 똑같아 보이지 않았던 것이다.

나는 나를 고용한 목장 측에, 잘못된 것은 모두 하나하나 고쳐야 한다고 말한다. 단지 한두 가지만 손을 대거나, 18가지 중에 17가지만 고치는 게 아니라고 말이다. 확실히 동물은 어떤 것을 판단할 때나 두려울 때 평균적인 판단보다는 사건 각각을 판단한다.

랩은 이웃이 할로윈 허수아비를 앞마당에 세우는 것을 보고도 날뛰었다. 내 친구가 외출하려고 랩을 데리고 나갔는데, 그때 마침 이웃들이 허수아비를 세우고 있었다. 랩은 허수아비를 보고 심하게 짖어 대기 시작했다. 갈기도 곤두세웠다. 바로 그 집의 뒷마당 잔디 위에 둔 조각 일부를 보자 내 친구의 다른 개도 미쳐 날뛰기 시작했다. 그 조각은 발치 높이의 검정 철제로 만든 개구리였다. 그리고 이 녀석이 조각을 보자, 같이 지내는 녀석이 허수아비에 보인 반응과 똑같은 행동을 한 것이었다. 그 녀석도 돌아 버렸다. 격렬하게 짖고 갈기를 세우고 가죽끈을 팽팽히 당겼다.

개와 고양이의 보호자들은 공통적인 목록들을 인식하는 데 별다른 문제가 없을 것 같다. 여러분이 이름을 붙일 수 있는 모든 동물에게, 갑작스러운 동작은 시선을 잡아끌게 된다. 갑작스럽고 빠르게 움직이면 신경계를 자극한다. 이것은 가축들을 달아나게 하고, 육식 동물에게는 추격하게 만든다. 그래서 중고차 전시장은 깃발을 걸어 두고, 전시장 주변에 요란한 플라스틱들이 빙빙 돌아가도록 장식하는 것이다. 여러분은 빨리 움직이는 밝은 색의 군집을 볼 수 없다. 사육장 장비 중에서 일부가 흔들려도 소는 타고난 도주 본능이 발동한다. 갑자기 여러분의 농장이 소 떼들의 도망으로 40가지의 문제점을 가진 농장으로 변해 버린다. 재난이 시작된다.

소리

최소는 아니어도 어느 정도 주의를 산만하게 하는 소리들이 있다. 어떤 소리이든 새롭거나, 높고 시끄러우면 소들을 울부짖게 만든다. 이런 소음들은 구조 신호에 반응하는 두뇌 부위를 자극시키기 때문이다. 간헐적인 고음은 더욱 최악이다. 중간 중간 끊어지는 소리는 연속적으로 크게 들리는 소리보다 사람을 훨씬 더 불편하게 만든다. 다음에 들릴 소리를 예상하느라 긴장을 풀 수도 없고 이러한 반응을 멈추게 할 수도 없다. 끊어지는 소리는 정향 반응orienting response을 활성화시킨다. 사람들은 이러한 반응에 익숙하지 않다. 그러나 동물과 같이 지내 보면, 이러한 반응을 잘 알게 된다. 언제 어떤 동물이든 예상치 못했던 갑작스러운 소음이 들리면 하던 행동을 멈추고 소리가 나는 방향을 향한다.

일리노이 대학에서 돼지를 연구할 때, 나는 농장 위로 소형 비행기가 날아다닐 때마다 돼지들이 정향 반응을 보이는 것을 보았다. 축사 안에서 비행기를 볼 수는 없었지만, 비행기가 농장으로 접근하는 소리가 들리면 축사 안의 모든 돼지는 쥐 죽은 듯이 숨을 멈추고 꼼짝 않는 것이었다. 돼지들은 약 2초간 집중해서 소리를 듣고는, 다시 시끄럽게 떠들어 대는 일상으로 돌아갔다. 이와 똑같은 반응을 쓰레기차가 대형 쓰레기통을 향해 후진할 때 마구간에서 볼 수 있다. 후진하는 경고음이 들리기 시작하면 모든 말들은 말구유에서 동시에 고개를 쳐들고 긴장 상태에 들어간다. 마치 트럭에 경례를 하는 것 같다.

나는 정향 반응이 지각의 시작이라고 생각한다. 동물은 소리에 따라 무엇을 해야 할지 의식적인 결정을 내려야만 한다. 그가 가축이라면 달아나야 할까? 그가 육식 동물이라면, 그 소리를 쫓아가야 할까? 물론 육식 동물도 달아나야 할 수도 있다. 육식 동물은 소리를 듣고 둘 중의 하나를 결정해야 하는 것이다. 간헐적인 소리는 정향 반응을 끊임없이 자극한다. 나 역시 호텔 엘리베이터의 신호음 같은 간헐음이 들릴 때는 잠들 수 없다.

내 친구가 그녀의 아홉 살짜리 아들 이야기를 했다. 끊임없이 문을 열었다 닫았다 한다고 했다. 어느 날 그녀는 완전히 지쳐 버렸다. 그녀의 아들은 밤새 잠을 잘 못 잤기 때문에 낮잠을 잤다. 그러나 그녀가 잠 자리에 들었을 때 그녀의 아들은 침실 바로 옆 세탁실의 여닫이문을 또 다시 여닫기 시작했다. 그 애는 친구가 잠에 막 빠져 드는 몇 초 동안 문이 다시 닫히고 열리기를 기다리고 있었다. 잠이 들려는 바로 그 순 간에 갑자기 문이 열리면서 문턱에 닿는 그 소리 때문에 친구는 잠이 달아나 버렸다. 그 소리는 잘 들리지도 않을 정도였지만, 그녀는 10분 정도 이 소리를 듣고 나자 미칠 것 같았다고 했다. 이것이 중국식 물고 문의 원리이다. 머리 위로 원하지도 않는 물이 끊임없이 쏟아지면 여러 분은 곧 그것을 무시하는 법을 배우게 되지만, 머리 위로 간헐적으로 물이 한 방울씩 떨어진다면 그것은 한마디로 고문이 되는 것이다.

망각

점검표상에서 흥미로운 것은, 방목장의 좁은 통로를 통해 움직이려 는 사람한테 유일하게 성가신 것이 간헐적인 소음이라는 사실이다. 사 람들은 점검표 상의 다음과 같은 항목에는 눈도 깜짝 안 할 것이다. 흔 들리는 사슬, 번쩍이는 진흙 바닥, 금속에서 반짝이는 점, 움직이는 작 은 플라스틱 조각, 천천히 돌아가는 선풍기 날개에서 고도의 소음까지 ……. 체크 리스트상의 어떤 것도 사람에게는 전혀 문제될 게 없을 것 이다. 사람들은 그런 것들을 눈여겨보지 않으므로 문제가 되지 않는다.

앞서 〈우리 가운데 고릴라Gorilla in Our Midst〉라는 비디오를 언급한 적 이 있다. 그 비디오에서는 고릴라 복장을 한 여성이 농구 시합 중에 화 면으로 걸어가 카메라에 손을 흔들었고, 비디오를 본 사람의 50%는 그녀를 보지 못했다. 만일 고릴라 복장을 한 여성을 못 본 사람이 50%라면 육가공 회사 직원들이 늘어진 사슬을 못 본 것도 그다지 놀랄 일이 아니다.

뉴욕시 사회 연구 학교의 에어리언 마크와 1995년 사망하기 전까지 캘리포니아 버클리 대학에 재직했던 어빈 록은, 《부주의 맹점》이라는 책에서 사람들은 어떤 사물에 직접적으로 집중해서 초점을 맞추지 않으면, 의식적으로 보지 않는다고 설명했다.* 이것은 사람이 좁은 통로를 지나갈 때 번쩍이는 진흙 바닥, 금속의 광택, 흔들리는 사슬 같은 것에 그다지 방해받지 않으므로 못 본다는 의미이다. 그들이 찾으려고 작정하지 않는다면 그것은 없는 물건이다. 일반인은 자신들이 주의를 기울이지 않는 것에는 맹목盲目이 된다.

동물에 관한 경험과 나 자신만의 지각을 통해서 볼 때, 동물과 자폐인은 일반인과 달랐다. 동물과 자폐인은 어떤 물건을 보기 위해서 주의를 기울일 필요가 없다. 흔들리는 사슬 같은 것은 우리 자폐인들의 눈엔 확 띄는 것들이다. 그런 것들은 우리가 원하든 원치 않든, 시선을 잡아끈다.

일반인에게는 주변의 거의 모든 것이 눈에 띄지 않는다. 이 말의 실제 의미는 일반인에게 처음부터 새로운 것이란 없다는 뜻이다. 사람들은 아마도 동물이 그러한 것만큼 신기한 것을 좋아하지 않는 듯하다. 그러나 사람들은 아주 새로운 것에도 노출되지 않는다. 왜냐하면 사람들은 뭔가 신기한 것이 있을 때 보려고 하지 않기 때문이다. 사람은 자

---

* Arien Mark and Irvin Rock, Inattentional Blindness: An Overview(Cambridge: MIT Press, 1998). 그들은 대부분의 연구를 시각적으로 진행했지만, 사람들이 촉각이나 청각적인 면에서도 심리적 맹점이 있다는 예비 결과를 확보했다.

신들이 보려고 예상하는 것만 보게끔 되어 있다. 그리고 여러분이 보지 못했던 물건을 보게 되리라고 예상하는 것은 어려운 일이다. 새로운 것이 그저 여러분의 머릿속에 등록되지 못할 뿐이다.

부주의 맹점에 대한 연구는 충격적이다. 왜냐하면 정신 분석학자들은 항상 눈에 보이는 세상에는 가령 활주로를 막고 있는 비행기가 눈에 띄듯, 그저 자동적으로 사람의 시선을 잡아끄는, 모든 것들이 존재한다고 생각했기 때문이다. 그러나 이것은 사실이 아님이 입증되었다. 사람의 시선을 채 가는 것처럼 보이는 것은 드물다. 당신의 이름을 부르는 소리를 듣거나, 당신의 이름을 보거나, 커다란 물건 혹은 나를 놀라게 하는 행복한 얼굴의 풍자만화 따위가 그런 정도다. 어떤 풍자만화에서도 슬픈 얼굴은 없다. 슬픈 얼굴의 풍자만화는 능동적으로 주의를 기울이지 않는 사람을 빼고는, 누구에게도 눈에 띄지 않는다. 그러나 행복한 얼굴의 풍자만화는 사람의 시선을 확 붙잡아 둔다.

나는 학자들이 동물과 자폐인에 대한 비교 연구를 했으면 한다. 왜냐하면 동물과 자폐인은 모두 부주의 맹점 현상이 없거나 있더라도 일반인만큼은 안 될 것이기 때문이다. 우리는 소를 제외한 대상에서는 별다른 정보가 없기 때문에, 동물은 모든 것을 보고 행동하는 것으로 판단한다. 이것이 농장 주인들이 사소한 잘못들을 고쳐야 하는 이유 중의 하나이다. 왜냐하면 소들은 사소한 것을 모두 다 볼 수 있기 때문이다.

자폐인도 마찬가지다. 나는 반사광이 비치는 통로를 걸어 들어가려는 소와 상당히 비슷한 자폐아를 알고 있다. 그 소년은 16세이며, 우연히 2년 전에 자신이 다니는 학교 복도의 모든 나사들에 대해 관심을 갖기 시작했다. 그 아이는 한 교실에서 다른 교실로 이동하는 동안 멈추어 서서 모든 나사를 하나하나 만졌다. 그는 소들처럼 두려워하지는 않았다. 그러나 자신의 의사를 확실히 표출했다. 그래서 그 아이가 한 곳에서 다른 곳으로 이동하려면 엄청난 시간이 걸렸다. 그를 보살피는 사람이 유머 있는 사람이었다는 게 다행스러운 일이었다. 그는 아이가 갖가지 방식으로 벽에 박혀 있는 나사를 살피는 것을 보고, '아마 이 건물이 우리 머리 위로 무너지지 않을까 확인하려는지 몰라'라는 생각을 할 것이라 예상했고, 그런 그의 생각은 옳았다. 나는 자폐인들이 사소한 것을 훨씬 더 잘 파악하는 이유를, 언어적이 아니라 시각적이기 때문일 것으로 생각한다. 나는 이것이 우뇌와 좌뇌의 차이 때문에 발생한다고 생각한다. 좌뇌는 언어적, 우뇌는 시각적인 부분과 관련이 있다.

그러나 연구를 통해서 자폐인은 양측 뇌반구 모두에 문제가 있다는 사실이 밝혀졌다. 동물에 관한 경험과 연구에 근거해서, 나는 기본적인 두뇌 차이에 초점을 두고 살펴보면, 동물과 자폐인에 대해 좀 더 많은 이해가 가능할 것이라는 의견을 제시한다. 여기서 차이란 뇌의 상부 구조와 하부 구조의 차이를 말한다. 일반인이 사소한 것을 보는 데 어려운 것도 그 부분에 관여하는 전두엽 때문이다. 전두엽은 두뇌의 앞쪽에 위치한다. 동물과 자폐인은 둘 다 세세한 것을 본다. 왜냐하면 그들의 전두엽이 보다 작고 훨씬 덜 발달되었기―동물의 경우―때문이거나, 그 부분이 일반인만큼 잘 작동되지 않기―자폐인의 경우―때문이다.

두뇌: 도마뱀, 개 그리고 사람

사람과 동물의 두뇌 비교에서 가장 두드러진 차이는 사람의 대뇌가 동물의 대뇌보다 훨씬 크다는 점이다. 신피질이란 대뇌의 가장 바깥 부분을 의미하고, 전두엽은 물론 보다 고차원적인 인지 지능을 담당하는 여타 구조물까지 포함하는 말이다.

신피질은 모든 하부 뇌 조직과 뇌 속질을 싸고 있으며, 여기에는 사람과 동물에게 있어 감정과 생명 유지에 필수적인 기능이 포함되어 있다. 사람의 신피질은 하부 구조에 비해 워낙 두꺼워, 복숭아를 예로 들자면 육질과 복숭아 내부의 씨 정도로 비견될 수 있다. 그러나 일부 동물은 이 복숭아 과육의 크기가 복숭아 씨 정도밖에 안 된다. 동물의 신피질은 하부 뇌 구조와 비슷한 크기인 것이다.

일반적인 법칙으로 지능적인 동물일수록 신피질이 더 크다. 신피질을 제거하고 나면 사람의 두뇌와 동물의 두뇌를 육안으로는 구분할 수 없다. 나는 일리노이 대학에서 사람과 돼지의 뇌를 해부하는 대학원 실습 때 이 경험을 했었다. 돼지의 뇌는 나에게 충격을 안겼다. 사람의 두뇌에서 해마체에 해당하는 하부 뇌를 돼지의 뇌와 비교했을 때, 어떤 차이도 발견할 수 없었다. 돼지의 뇌와 사람의 두뇌가 똑같이 보였던 것이다. 그러나 신피질은 그 차이가 확연했다. 육안으로도 사람의 신피질이 훨씬 컸고, 뇌 표면의 주름이 동물보다 훨씬 깊었는데, 너무나 두드러져 보여 현미경을 쓸 필요도 없었다.

사람과 동물의 뇌 비교는 우리에게 두 가지를 시사한다.
1. 사람과 동물은 다른 뇌 구조를 가졌다. 그래서 세상을 다른 방식으로 느낀다.
2. 사람과 동물은 놀라울 정도로 공통적인 면이 있다.

왜 동물이 사람과 그처럼 다르게 보이는지, 그러면서 왜 비슷한 면도 있는지 이해하려면 사람의 두뇌가 실제로 세 가지의 다른 작은 구조로 이루어졌음을 알아야 한다. 이 세 가지 작은 구조란 진화를 거치면서 3번의 각기 다른 시기에 하나하나 쌓아 올라간 구조를 말한다. 진짜 재미있는 사실은 각각의 뇌에 고유의 지능, 시간과 공간 지각력, 고유한 기억과 자기 본성이 있다는 점이다. 우리의 머릿속에 한 가지가 아닌 세 가지의 다른 인성이 존재하는 것 같다.

가장 최초이면서 오래된 두뇌는 두개골의 가장 바닥에 위치하는 파충류의 두뇌이다. 그다음이 우리 두뇌의 중뇌에 해당하는 고생 포유류의 두뇌이다. 세 번째는 가장 최근의 것이면서 두개골 안에서 가장 위에 있는 신생 포유류의 두뇌이다.

대략 이야기하자면 파충류의 두뇌는 도마뱀의 두뇌에 해당되며 호흡과 같은 필수 생명 유지를 담당한다. 고생 포유류의 두뇌는 포유 동물의 두뇌이며, 감정을 다룬다. 신생 포유류 두뇌는 특히 사람 같은 영장류에서 이성과 언어를 담당한다. 모든 동물은 일부 신생 포유류의 두뇌를 가졌지만, 영장류와 사람은 이 부분이 더욱 크고, 보다 중요하다.

3개의 두뇌는 신경 다발로 연결되어 있고, 각각은 고유한 특성과 독립된 조절 체계를 가지고 있어 최상부가 바닥을 마음대로 조절하지 못한다. 과거 연구가들은 뇌의 최상부가 그 역할을 담당한다고 믿어 왔지만, 이젠 더 이상 그렇게 생각하지 않는다. 이 뜻은 확실히 사람도 인간의 본성과 구별되고 차이 나는 동물의 본성을 가진 것으로 해석된다. 우리는 머릿속에 동물의 뇌도 가지고 있으므로 독립된 동물의 본성도 가지고 있다.

사람이 1개가 아닌 3개의 뇌를 가진 이유는 진화가 일어나면서 기존에 활동하던 부분을 없애 버린 게 아니었기 때문일 것이다. 어떤 구조나 단백질이나 염색체나 그 어떤 것이 됐든 간에 제 역할을 하는 부분이라면, 자연은 새롭게 진화된 식물이나 동물에서도 그대로 사용했다. 이를 '존속'이라고 한다. 생물학자들은 진화 과정에서도 제대로 움직이는 기관은 존속됐다고 이야기한다.

《3개의 뇌 구조설》의 저자인 폴 맥린은 진화 과정에서 오래된 뇌를 완전히 바꾸는 게 아니라 기존의 뇌를 기반으로 새롭게 하나씩 첨가된 것이라고 믿었다. 그는 이것을 '두뇌의 삼위일체설'이라고 불렀다.

좀 더 쉽게 이야기해서, 여러분이 대자연의 창조주라고 했을 때, 기본적인 신체 활동을 완벽히 수행하는 많은 도마뱀들을 새롭게 개라는 동물로 진화시키고 싶을 때, 그 새로운 동물에게 전혀 다른 허파를 만들 필요가 없다는 말이다. 대신 오래된 도마뱀의 두뇌 위에 새로운 개의 두뇌를 얹어 놓으면 된다. 도마뱀의 두뇌는 호흡하고, 먹고 자게 한다. 개의 두뇌는 지배 서열을 형성하고 새끼들을 돌보게 한다.

이 같은 일은 자연이 사람을 진화시킬 때도 일어난다. 사람의 두뇌는 개의 두뇌 위에 얹어진 것이다. 그래서 여러분은 호흡하고 자는 도마뱀의 두뇌와 무리를 짓는 개의 두뇌와 책을 쓰는 사람의 두뇌를 갖게 된 것이다. 방법론적인 면에서 건물을 비유한다면, 여러분의 집을 완전히 헐어내고 새롭게 건물을 올리는 게 아니다. 기존에 가지고 있던 집의 토대 위에, 덧대서 층을 올리는 개념이 된다.

큰 그림에 사로잡히다

신피질이 개나 도마뱀의 뇌보다 나은 점은 여러 가지를 한데 묶는 것이다. 전체 신피질은 하나의 거대한 연합 피질이다. 동물에게 각기 분리된 것으로 떨어진 모든 종류의 피질을 하나로 연관시킨다는 말이다. 예를 들어, 사람은 복합 감정을 가지고 있다. 사람은 같은 사람을 미워하면서 동시에 사랑할 수 있다. 그러나 동물은 그렇게 못한다. 그들의 감정은 더 단순하고, 순수하다. 왜냐하면 사랑과 증오는 그들의 뇌에서는 각기 다른 범주이기 때문이다.

다른 예를 보면, 사람은 하나의 상황을 또 다른 것으로 신속하게 일반화시킨다. 일반화는 하나의 상황이나 사물을 유사한 다른 것과 연결 짓는 작업이다. 사람과 비교해서, 동물은 일반화가 미약하므로 동물 훈련 과정에서 중요한 것이 훈련 상황을 나머지 일상생활에 맞도록 터득시키는 것이다. 개는 훈련소에서는 어떤 임무를 수행하도록 교육받지만, 집에서는 어떻게 할지를 모른다. 왜냐하면 집과 훈련소는 각기 다른 범주이기 때문이다. 개의 두뇌는 자동적으로 이 두 가지를 연관시키지 못한다. 이 부분은 다른 장에서 좀 더 언급하겠다.

신피질 내부, 즉 두개골의 전방에 위치한 전두엽은 여러분의 뇌 곳곳에 떠도는 모든 정보의 최종 종착지이다. 전두엽은 모든 정보를 끌어 모으는 자옷이다.

신피질이 커지면서 우리는 책을 얻게 되었지만, 대가를 지불했다. 한 가지를 들어 본다면 거대한 전두엽은 사소한 충격에도 매우 취약하여 뇌 손상을 당할 우려가 있다. 나는 이런 사실이, 여러분이 발달 장애를 가진 동물을 종종 이해하지 못하는 이유가 되는 것은 아닌지 궁금하다. 지적 장애 유병률을 감안해 보면 대략 미국 인구의 1~3% 정도이고, 동물은 이 정도까지는 아닌 것 같다. 우리가 동물한테서 보이는 발달 장애가 어떤 것인지 보지 못할 수도 있지만, 무엇보다 동물의 전두엽은 덜 발달되었기 때문에 발달 장애가 훨씬 적지 않을까 하는 의문이 든다.

먼저 전두엽의 기능에 들어가서, 문제는 뇌 손상이거나 발달 장애, 고령 혹은 단순히 수면 부족일 수도 있다. 보다 좋지 않은 경우로, 만일 사고나 뇌 혈관 파열로 두뇌의 일부가 손상당할 경우 전두엽이 멀쩡하더라도 전두엽에는 문제가 생긴다.

이런 이유에 대해 사람들은 항상 가장 나중에 진화한 구조가 가장 섬세하기 때문인 것으로 생각했다. 반면에 오래된 구조일수록 긴 시간을 거쳐 오면서, 놀랄 만큼 튼튼한 구조가 된 것이라 생각했다. 그러나 뉴욕 의과대학의 신경 정신과 의사 엘커넌 골드버그는《특별한 두뇌》라는 저서에서 전두엽에 관한 다른 이론을 언급한다. 그는 전두엽이 외상에 가장 취약할지 몰라도, 거기에는 또 다른 요소가 있다고 한다. 대뇌의 모든 부분이 전두엽과 연결되어 있다는 것이다. 만일 뇌의 한 부분이 손상 받을 경우 전두엽으로의 정보 입력에 변화가 생긴다. 그리고 입력에 변화가 생기면 출력에 변화가 발생한다. 만일 전두엽으로 제대로 된 입력이 없으면, 구조적으로 이상이 없더라도 제대로 된 출력이 있을 수 없다는 것을 의미한다. 그래서 모든 뇌 손상은 전두엽 손상처럼 보이는 것이다. 전두엽이 손상을 당하건 그렇지 않건 간에.

나는 그가 옳다고 생각한다. 전두엽의 문제는 자폐증의 중요한 문제 중 하나이면서 자폐인의 전두엽도 구조적으로는 꽤 훌륭하기 때문이다. 주요 자폐 연구학자 중의 한 명이 내 친구인 저널리스트에게 다음과 같이 말했다.“만일 당신이 자폐아의 뇌와 60대 최고 경영자의 뇌를 전산 단층 촬영해 본다면, 자폐아의 뇌가 훨씬 좋게 보일 거예요.”

다르게 말하면, 나이가 들면서 생기는 뇌 조직의 위축은 자폐인의 뇌 조직보다 훨씬 더 비정상적으로 보인다는 것이다. 일반인과 자폐아의 두뇌 구조에 일부 차이가 있을 수 있다. 그러나 그것은 자기공명영상MRI에서도 발견하기 어려울 정도의 미미한 것이다. 아마 모든 사람도 개개인간에 그 정도 차이는 있을 것이다.

물론 뇌 조직의 차이가 적다는 것이 그 파급 효과마저 적다는 것을 의미하지는 않는다. 연구가들은 또한 뇌 자체의 차이는 미미할지라도 그 결과는 중대하게 나타날 수 있다고 말한다. 다만 그는 자폐아의 두뇌에서는 정신과 환자들을 치료하는 것처럼 약물로 치료 가능한 해부학적인 차이가 없다고 덧붙였다.

나는 자폐증의 문제가 튼실하지 못한 전두엽의 해부학적 구조 때문일 것이라고는 보지 않는다. 그 문제는 전두엽으로의 입력이 올바르지 못하기 때문일 것이다.

올바르지 못한 입력은 일반인에게도 일어난다. 엄청나게 지치고 수면이 부족할 때는 전두엽의 기능이 떨어질 수 있고, 노화 과정에서 뇌의 다른 부분보다 전두엽이 더 지장을 받을 수도 있다.

다시 동물로 돌아가서, 좋은 소식은 사람의 전두엽 기능이 상실되면 동물의 두뇌로 돌아간다는 것이다. 사람의 두뇌 속에 존재하는 동물의 두뇌와 공통되는 부분은 평소에는 그리 드러나지 않다가, 사람한테서 더 이상 전두엽이 제 역할을 못할 때 사람도 동물처럼 된다. 그래서 많은 부분에서 사람과 동물이 서로 비슷한 것이다.

나는 그런 두뇌의 연결고리가, 나 같은 자폐인이 동물과 특별히 연결된 이유일 것이라고 생각한다. 자폐인의 전두엽은 절대로 일반인만큼 작동될 수 없다. 그래서 자폐인의 뇌 기능은 사람과 동물 사이에 머물러 있는 것이다. 자폐인은 동물 두뇌를 일반인보다 훨씬 더 많이 사용한다. 우리에게는 다른 선택이 없다. 자폐인은 일반인보다 동물에 훨씬 가까우니까.

　일반인이 그처럼 거대하고 부피가 큰 전두엽을 가지는 또 다른 대가는 동물과 자폐인은 자주 겪지 않는, 망각에 관한 것이다. 사람들은 큰 그림만 볼 뿐, 그 그림을 이루는 세세한 것은 보지 않는다. 그것이 여러분을 위해 전두엽이 하는 일이다. 전두엽은 여러분에게 큰 그림을 보여준다. 동물은 그림 속에서 세세한 부분을 본다.

초지각력: 제인의 반려묘

　사람과 비교해서 동물은 세상의 어떤 물건을 인식하는 데 놀라운 능력을 가졌다. 초예지 능력을 가진 것이다. 동물의 감각 세계는 사람보다 훨씬 발달해, 우리가 마치 보지 못하거나 듣지 못하는 사람처럼 보일 정도다.

　그게 아마도 사람들이 '동물이 초감각ESP을 가졌다'고 생각하는 이유일 것이다. 동물은 사람이 할 수 없는, 그처럼 경이로운 능력을 가졌다. 우리가 갖다 붙일 만한 설명이래야 초감각적 지각이라는 말 정도다. 영국에서 동물이 초감각을 가졌다고 쓴 학자도 있을 정도다. 그러나 동물은 초감각이 없다. 그들은 그저 매우 민감한 감각 기관을 가졌을 뿐이다.

　보호자가 집으로 오는 것을 아는 고양이가 있다. 도시의 아파트에 사는 내 친구 제인은 그녀가 항상 집으로 오는 것을 아는 고양이를 기르고 있었다. 그녀의 남편은 재택근무를 한다. 그리고 제인이 집으로 들어

오기 5분 전, 고양이는 문 앞에 나가서 기다렸다. 제인이 매일 같은 시간에 귀가한 것은 아니므로, 고양이가 그저 시간 감각에 따라서 문 앞으로 나간 것은 아니었다. 물론 동물에게 놀랄 만한 시간 감각이 있기는 하지만.

지그문트 프로이트는 그가 환자를 볼 때마다 자신의 개를 사용했다. 그는 진료 시간이 끝날 때 시계를 보지 않았다. 항상 개가 그 사실을 알려 주었다. 부모님들은 나에게 자폐아들도 그렇다고 말씀해 주셨다. 제인과 남편이 생각해 낼 수 있는 것은 초감각뿐이었다. 고양이는 '이제 집으로 간다' 하는 제인의 생각을 알아채는 것이 분명해 보였다.

제인은 나에게 어떻게 고양이가 자신의 귀가를 예측하는지 알려 달라고 부탁했다. 나는 제인의 아파트에 가 본 적이 없었으므로, 어머니가 사는 뉴욕의 아파트를 이용해 수수께끼를 풀어 보기로 했다. 내 상상 속에서 어머니가 기르는 페르시아 고양이가 아파트 내부를 어슬렁거리다 창문 밖을 내다보는 게 보였다. 아마 고양이는 제인이 거리를 걸어오는 모습을 볼 것이다. 고양이가 12층 창문에서 제인의 얼굴을 보지는 못하겠지만, 그녀의 몸짓은 알 수 있을 것이다. 동물은 몸짓에 매우 민감하기 때문이다. 고양이는 제인의 걸음걸이를 아마 알아챌 것이다.

그다음으로 나는 소리 신호를 생각했다. 나는 시각적인 사고를 하므로, 내 상상 속의 화면에서 고양이가 아파트 내부를 서성이면서 어떻게 제인이 5분 내에 집으로 들어온다는 소리 단서를 포착할까 생각했다. 마음속의 눈을 통해서, 나는 고양이가 문과 벽 틈 사이에 귀를 기울이고 있는 모습을 그려 보았다. 나는 그렇게 해서 고양이가 엘리베이터 안에서 들리는 제인의 목소리를 듣는다고 생각했다. 그러나 어머니가 현관에서 엘리베이터를 탄다고 상상했을 때, 나는 대부분 어머니 혼자 엘리베이터를 타고 다른 이에게 말도 잘 건네지 않는다는 것을 떠올렸다. 아마도 엘리베이터가 운행할 동안 아주 일부의 사람과만 잠시 이야기 나누는 정도일 것이다.

그래서 나는 제인에게 물었다. "고양이가 항상 문 앞에 앉아 있니? 아니면, 없을 때도 있니?"

그녀는 고양이는 어김없이 앉아 있다고 대답했다.

그것은 고양이가 매일 엘리베이터에 탄 제인의 목소리를 들어야만 가능하다는 것을 의미했다. 내가 그녀에게 몇 가지를 더 물어보았을 때, 제인은 미스터리를 풀 결정적인 단서를 주었다. 그녀의 엘리베이터는 버튼 방식의 엘리베이터가 아니었다. 엘리베이터는 사람이 운행했다. 그래서 제인이 엘리베이터에 오를 때면 운행자에게 '안녕하세요'라고 인사를 했던 것이다.

내 머릿속에 새로운 화면이 떠올랐다. 나는 어머니가 사는 건물에 운행자가 있는 엘리베이터를 구상했다. 그림을 만들기 위해 나는 사람들이 컴퓨터 그래픽으로 이용하는 것과 같은 방법을 사용했다. 나는 내 기억 속에서 아파트의 엘리베이터 이미지를 끌어냈고, 보스턴의 리츠칼튼 호텔에서 보았던 엘리베이터 운행자의 모습을 조합했다. 그는 흰색 장갑을 끼고 검은 턱시도를 착용했었다. 나는 내 기억 속 리츠의 풍경에서 턱시도를 착용한 모델과 놋쇠 엘리베이터 계기 판넬을 끌어냈다. 그리고 그것을 어머니가 사는 아파트의 모습 속에 대입시켰다.

그게 답이었다. 제인의 아파트에는 운행자가 있었으므로, 제인이 1층에 있는 동안 고양이는 제인의 목소리를 들을 수 있었던 것이다. 그래서 고양이는 제인을 맞으러 문 앞으로 갔던 것이다. 고양이는 제인의 도착을 예지할 능력은 없고, 이미 제인이 집 안으로 들어와 있었던 것이다.

동물의 감각 체계

고양이는 정말 뛰어난 청각을 가졌다. 제인의 고양이는 사람이 갖지 못하는 감각 능력을 사용한 것이다. 동물은 사람이 갖지 못하는 모든 감각 능력을 가졌으며, 반대의 경우―사람의 색각 능력은 대다수 동물이 갖지 못하는 감각 능력―도 있다. 개는 개의 휘파람을 들을 수 있다. 박쥐와 돌고래는 원거리의 이동 물체를 볼 수 있는 초음파를 사용한다. 쇠똥벌레는 달빛의 분극을 느낄 수 있다. 나는 쇠똥벌레가 곤충이지, 동물은 아닌 것으로 알고 있다. 하지만 비록 곤충의 뇌가 매우 작아도 자신들의 감각 기관은 놀랄 만큼 다룰 수 있는 것이다.

동물의 초감각에 관해서는 두 가지가 연구되고 있다. 하나는 동물이 가진 다른 감각 기관이고, 다른 하나는 뇌에서 데이터를 처리하는 방식이다. 제인의 고양이 사례에서 나는 사람이 갖지 못하는 고양이의 또 다른 청력에 대해 주로 이야기했다.

동물의 세계에는 대다수 사람들이 알지도 못하는 수백, 아니 수천 가지의 사례들이 있다. 대표적인 예가 코끼리의 '조용한 천둥'이다. 코넬 대학의 케이티 페인Katy Payne*이라는 연구가는 1980년대 처음으로, 코끼리는 사람이 들을 수 없는 초저음파로 서로 의사를 주고받는다는 사실을 발견했다. 코끼리를 연구하는 사람들은 어떻게 코끼리 가족들이 수 마일 떨어진 다른 코끼리들과 협동하는지 항상 의아해했다. 코끼리 가족은 몇 주 동안 서로 떨어져 지낼 수 있다. 그리고 같은 시간, 같은 장소에 서로 모인다. 그렇게 하려면 어떻게든 서로 간의 의사소통이 필

---

* 코끼리가 극저주파를 사용해서 서로 의사를 전달한다는 사실을 발견한 사람이다. (역주)

요한데, 코끼리들은 사람이 소리를 치거나 볼 수도 없는 거리에 서로 떨어져 있다.

케이티 페인은 오리건주 포틀랜드 동물원 코끼리 우리에서 공기 중에 웅하고 울리는 느낌을 받았을 때, 운 좋게 저음파에 대한 생각을 떠올렸다. 그녀는 교회에서 오르간이 연주될 때 아이가 느끼는 것과 같은 느낌이 들었다. 그래서 코끼리는 사람이 들을 수 없는 매우 낮은 주파수의 교신을 행할 것이라는 생각을 하기 시작했다. 왜냐하면 저주파는 사람이 들을 수 있는 음의 영역보다 훨씬 멀리 가기 때문이다.

케이티가 옳았음이 입증되었다. 코끼리는 우리가 들을 수 있는 가청 영역 하단의 주파수로 서로에게 고함을 치고 있었던 것이다. 낮에 코끼리는 4킬로미터 밖에서 다른 코끼리의 소리를 들을 수 있다. 밤에는 기온의 역전 현상으로 소리가 최소 수 킬로미터 바깥까지 도달할 수 있다.

오늘날 코끼리는 공기를 통해서뿐만 아니라 땅을 통해서도 서로 이야기한다고 알려져 있다. 스탠퍼드 대학의 생물학자 케이틀린 오코넬-로드웰은 여기에 대해 연구하고 있다. 그녀는 코끼리는 진동을 이용한 교신을 하고 있을 것이라 믿고 있다. 발을 크게 구름으로써 50킬로미터나 떨어진 다른 코끼리와 의사 전달을 하는 것이다.

그녀는 나미비아의 에토샤 국립 공원의 코끼리를 관찰하면서 이 사실을 밝혀냈다. 다른 무리의 코끼리들이 도착하기 직전에, 그녀가 관찰하던 코끼리들은 자신들의 발바닥을 이용해서 땅바닥을 주의 깊게 살피곤 했던 것이다. 그들은 자신의 몸무게를 이동시키거나 앞으로 기대는 따위의 행동을 했고, 땅에서 발을 들어 올리기도 했다. 그들은 어떤 소리를 듣고 있었던 것이다.

오코넬-로드웰 박사는 동물들이 발을 북의 머리처럼 사용한다고 생각했다. 그녀와 그녀의 연구 팀은 코끼리의 발에 파시니안 소체나 마이스너 소체Meissner corpuscles*가 있는지 확인하기 위해 코끼리의 발을 해부했다. 이런 소체들은 코끼리의 몸통에서 진동을 느끼기 위해 존재하는 것이다. 만일 코끼리의 발에서도 소체들을 발견할 수 있다면, 그것은 코끼리가 진동을 교신의 수단으로 이용한다는 좋은 증거가 될 것이다. 많은 동물들이 땅바닥을 구름으로써 서로 교신한다. 예를 들자면, 스컹크가 있다. 그러므로 코끼리가 그런 식으로 서로 교신한다고 하더라도 전혀 놀라운 일이 아니다.

코끼리가 진동을 느끼는 특이한 감각 소체를 가지고 있다면 이것은 다른 동물과는 다르게 발생했고, 다른 감각 수용체를 가진 것이므로 극도의 감각을 가진 사례가 될 수 있을 것이다. 동물은 우리에게는 없는 다양한 종류의 감각 수용체를 가졌다. 돌고래는 이마 바로 아래 기름으로 가득한 주머니를 가지고 있고 그곳에서 초음파를 사용한다. 돌고래가 소리를 집중시키는 오일 주머니를 통해 소리를 보내면 그 소리가 물속을 통과해 다른 돌고래에게 전달된다. 소리가 다시 돌고래의 머리에 되돌아오면 돌고래의 뇌는 소리의 영상으로 무엇이 있는지 머릿속에서 재조합하는 것이다. 사람은 여기에 해당하는 적절한 기관이 없으므로 초음파를 사용할 수 없다.

사람 또한 동물이 가지지 못한 특별한 감각 기관을 가지고 있다. 우리의 망막에 존재하면서 색깔을 보는 엄청난 수의 간세포가 그것이다.

지금까지 나는 대부분을 시각에 대해 이야기했다. 그러나 다른 동물

---

* Pascinian corpuscles. 말단 감각 수용체의 일종. (역주)

에는 다른 감각 또한 존재한다. 구세계와 신세계 영장류의 경우, 시각과 후각에 대한 관계에서 놀라운 연구가 있다. 구세계의 영장류는 고릴라, 침팬지, 비비, 오랑우탄, 꼬리 짧은 원숭이, 사람이다. 신세계의 영장류는 우리가 원숭이라 부르는 작은 동물들이다. 신세계의 영장류는 중앙 아메리카와 남부아메리카의 나무에서 주로 서식한다. 이들은 쥐는 힘이 있는 기다란 꼬리와 평평한 코를 가졌다. 타마린^{남아메리카 명주원숭이}, 다람쥐 원숭이, 긴꼬리원숭이, 명주원숭이가 신세계 영장류의 전부이다.

구세계 영장류인 비비, 침팬지, 꼬리 짧은 원숭이 등은 3색각이며, 3색을 기본으로 하는 시각을 가졌다. 그러나 대부분의 신세계 영장류—거미원숭이, 명주원숭이, 꼬리말이원숭이— 등은 2색각이며, 두 가지 색을 기본으로 본다.

재미있는 사실은 사람과 구세계 영장류들은 페로몬의 냄새를 맡는 능력이 떨어진다는 것이다. 이것은 통신 형태로서 동물이 발산하는 화학적 신호이다. 1년 전쯤 연구가들은 구세계 영장류와 사람은 TRP2 염색체에서 많은 돌연변이가 있음을 발견했다. 이 염색체는 페로몬 신호 통로와 연관이 있는데, 더 이상 작동되지 않는다는 것이다. 진화 과정에서 사람과 구세계 영장류의 페로몬 시스템은 퇴화한 것이다.

이것은 우리가 3색의 시각을 얻으면서 페로몬 신호 체계를 잃었음을 증명한다. 미시간 대학의 진화 생물학자 지안지 조지 창은 언제 TRP3 염색체가 퇴화하기 시작하는지 컴퓨터 시뮬레이션을 가동했고, 대략 2천 3백만 년 전에 구세계 영장류가 3색각을 얻으면서부터 퇴화하기 시작한 시점과 일치함을 밝혀냈다.

아마 구대륙 영장류는 3색으로 볼 수 있게 되자 자신의 짝을 페로몬이 아닌 시각을 이용하여 찾게 되었던 것 같다. 그 이론은 구세계 영장류의 암컷들이 가임기가 되면 생식기가 밝은 홍색으로 부풀어 오르지만, 신세계 영장류는 그렇지 못한 사실과도 맞아 들어간다. 일단 원숭이가 성공적인 번식을 위해 후각이 더 이상 필요하지 않게 되자 직접적인 결과로 아마도 후각이 퇴화한 것 같다.

이것은 진화 이론에서 용불용설이 진리이므로 발생할 수 있다. 만일 후각이 떨어지는 원숭이도, 예민한 후각을 가진 원숭이와 똑같이 번식을 잘할 수 있다면 결점이 있거나 결손을 가진 후각 유전자를 후손에게 물려줄 수 있을 것이다. 그리고 유전자 내에서 새롭게 자연 발생하는 그런 식의 돌연변이도 걸러질 수 없었을 것이다. 이런 과정이 구세계의 영장류한테 발생한 것으로 보인다. 번식 과정에서 생기는 정상적인 돌연변이가 모든 영장류가 TRP2의 유전자가 작동하지 못할 때까지 축적된 것이다. 개선된 시각은 후각을 희생하는 대가에서 비롯된 것이다.

같은 것을 감각하는 자폐인과 동물

지금까지 나는 동물이 느끼는 감각 기관이나 감각 수용체에 관해 이야기해 왔다. 동물은 우리와 다른 감각 기관을 가지고 있고, 그 감각 기관은 '우리가 하지 못하는' 보고, 듣고, 냄새를 맡는 기관이다. 그러나 여기서 이야기하려는 나머지 절반은, 그 내용이 뇌의 처리 과정에서 나타나는 차이점에 관한 흥미로운 것이다.

어떤 생명체든, 모든 감각 데이터는 두뇌가 처리한다. 그리고 뇌세포, 혹은 신경 세포의 기본 단위까지 내려가 보면 사람도 동물과 같은 뉴런을 가지고 있다. 우리는 같은 세포를 가지고 다르게 쓸 뿐이다.

이 말은 우리의 두뇌가 동물의 감각 데이터 처리 방식을 알게 된다면, 이론적으로는 사람도 동물의 초감각을 가질 수 있음을 의미한다. 나는 이것이 이론에만 그치지 않을 것이라고 생각한다. 자신의 감각 뉴런을 동물처럼 활용하는 사람이 있을 것이다.

내 지도 학생 홀리는 심한 난독증 환자인데, 그녀는 켜지지도 않은 라디오 소리를 실제로 들을 수 있는 청각을 가지고 있다. 플러그가 꽂힌 모든 기구가 작동할 때나 전원을 꺼버릴 때도. 홀리는 전원이 꺼진 라디오에 전달되는 미약한 신호도 들을 수 있다. 그녀는 말한다. "NPR에서 사자를 보여 주고 있어요." 그 말을 듣고, 우리가 라디오를 켜 보면 틀림없다. NPR에서 사자의 소리를 들려주는 것이다. 홀리는 이것을 들을 수 있다. 그녀는 벽장 속 전기선의 진동을 느꼈던 것이다. 특히 동물과 있을 때는 믿기 어려울 정도였다. 흘리는 동물의 미세한 호흡 변화에서도 느낌을 파악할 수 있었다. 그녀는 우리가 갖지 못한 능력을 가졌다.

대부분의 자폐인은 고통스러운 소리 감각이 있다. 많은 소리가 나에게 미치는 영향을 묘사할 때마다, 나는 태양을 똑바로 쳐다보는 것에 비유한다. 나는 일상적인 생활에서 발생하는 소리에도 압도되어 버리고, 고통을 느낀다.

대부분의 자폐증 전문가들은 이런 증상을 감각 과민이라고 한다. 이 말이 맞긴 하다. 그러나 나는 자폐인은 또한 지각 과민을 겪는 사람이라고 말한다. 그들은 일반인이 들을 수 없는 것을 듣는다. 예를 든다면 옆방에서 나는, 포장되지 않은 캔디 조각 소리 같은 것 말이다.

이런 현상은 시각에서도 똑같이 발생한다. 자폐인 가운데 상당수가 깜빡거리는 빛이나 형광 빛을 본다고 말한다. 홀리도 그랬다. 그랬기 때문에 그녀는 형광 조명 아래서는 잘 지내지 못했다. 우리의 모든 환경은 일반인의 지각 체계의 한계와 특성에 맞추어져 있다. 즉 동물의 지각 체계에 맞춘 것이 아니다. 따라서 난독증 환자나 자폐인에게도 비정상적이다. 아마도 일상적인 환경에 적응할 수 없는 수많은 사람들이 있을지도 모른다.

더 나쁜 것은 그들이 살아온 시간의 절반 동안 자신이 주변 환경과 맞지 않는 것 같다는 사실을 깨닫지 못한다는 것이다. 왜냐하면 현재의 환경은 지금껏 그들이 존재해 왔던 유일한 환경이며, 비교 대상이 없기 때문이다.

일부 연구가들은 홀리 같은 사람들은 시각 처리 과정이 워낙 좋지 않아 청각 처리 과정에서 고도의 감각이 발달하는 것이라고 말한다. 고도의 청력은 다른 언어로 부족한 부분을 보충하는 것과 같다. 그 말은 연구가들이 시각 장애인이 고도의 청력을 갖게 되는 이유에 갖다 붙이는 유일한 설명이다. 볼 수 없는 사람은 자신의 볼 수 없는 능력을 보강하기 위해 청력을 강화시킨다.

나도 그게 맞을 것이라고 생각하지만, 전부는 아니라고 본다. 나는 전원이 꺼진 라디오를 듣는 능력은 이미 모든 사람의 두뇌 속에 잠재된 능력이라고 생각한다. 다만 우리가 접근하지 못했을 뿐이다. 일부 감각 기관에 문제가 있는 사람이 어떻게 그런 능력을 습득할 수 있는지 이런 시선을 통해 이해하기로 한다.

나는 이 지점에서 두 가지 의문이 든다.

첫째, 문헌으로 볼 때 두부 손상 이후에 극도의 지각력이 생겼다는 사람들이 많이 있다. 올리버 색스는《아내를 모자로 착각한 사람》에서 환각성 약제—필로폰—를 제조하는 의과 대학생 이야기를 했다. 하루는 그 학생이 개가 되는 꿈을 꾸고 잠에서 깼을 때 갑자기 고도의 지각력을 갖게 되었다. (특히 후각이.) 진료실에 갔을 때, 그는 눈으로 살펴보기도 전에 12명의 환자를 인지했다. 그는 그들의 감정도 냄새로 알 수 있다고 했다. 그것은 개들은 가능하지만, 사람들이 늘 의아해하는 것이다. 그는 냄새만 가지고 뉴욕시의 모든 거리와 상점을 알 수 있었고, 코로 쿵쿵 냄새를 맡고 만지고 싶은 충동을 느꼈다고 했다.*

그의 색깔 감각 또한 강렬해졌다. 갑자기 그는 전에는 보지 못했던 색깔의 12가지 그림자의 색조를 볼 수 있게 되었다. 예를 들자면, 같은 갈색이라도 12가지로 구분 지을 수 있다는 말이다.

이게 하룻밤 사이에 일어난 일이다. 이것은 그가 어떤 감각을 잃어 버리고 나서 보충하기 위해 후각이 발달한 것과는 다른 것이었다. 개가 된 꿈을 꾸었는데 아침에 일어나 개처럼 냄새를 맡을 수 있게 되었던 것이다. 슈퍼맨 크리스토퍼 리브도 전신 마비 사고를 당한 후에 유사한 경험을 했다. 갑자기 후각이 발달해 버린 것이다.

그 사람에 대해 알아야 할 중요한 정보는, 모든 사람이 다 아는 심한 뇌 손상을 입었다는 것이다. 색스 박사는 아마도 심한 약물 복용이 원인일 것이라고 가정했다. 하지만, 정답은 아니다. 학생은 여전히 의과 대학에서 잘 지냈고, 3주 후에는 후각과 시각이 정상으로 돌아왔다. 물론 두뇌의 일부가 일시적으로 무력화될 수도 있다. 그랬다 치더라도 그가 뭔가 잘못된 것을 보충하기 위해 개가 하는 것처럼 냄새를 맡게 됐으리라는 뚜렷한 증거는 없다. 가장 개연성 있는 설명은 그는 언제나

---

* 올리버 색스, 《아내를 모자로 착각한 남자》(알마, 2006).

개처럼 냄새 맡을 수 있는 능력이 있었고, 갈색 하나를 두고도 50가지의 다른 색조를 볼 수 있었지만 이전까지는 단지 몰랐으며 그 능력에 접근할 수도 없었을 뿐이라는 것이다. 어쨌든 과량의 필로폰 복용으로 그의 두뇌가 그런 부분으로 접근하는 관문이 열리게 된 것은 분명해 보인다.

내가 모든 사람이 고도의 지각 잠재력을 가지고 있다고 생각하는 또 다른 이유는, 동물은 고도의 지각력을 가지고 있고 사람도 동물의 두뇌를 가지고 있다는 점 때문이다. 사람은 하루 종일 동물의 두뇌를 사용한다. 그러나 사람은 그 안에 무엇이 있는지 모른다는 게 차이이다. 여기에 대해서는 이 책의 7장에서 다시 다룰 것이다.

동물이 보는 것은 사람도 전부 볼 수 있다. 그러나 사람은 자신이 그것을 보고 있는지 모른다. 대신 사람의 두뇌는 세상의 기초 데이터를 모아서 대략의 구도화가 이루어진 일반화된 개념으로 바꾼다. 그리고 그렇게 만드는 것이 '의식'이다. 50가지의 색조는 한 가지의 색깔로 통일된다. 그 뜻은 사람은 자신이 보고자 하는 것만 본다는 것이다. 왜냐하면 사람은 다듬어지지 않은 감각 데이터를 의식적으로는 느낄 수 없다. 드러난 데이터로부터 대략적으로 형상화한 것만 볼 뿐이다. 일반인은 윤곽만 볼 뿐이며, 원시적 감각 요소를 그렇게 볼 수는 없다.

사람도 동물이 하는 것과 똑같이 모든 것을 할 수 있다고 증명할 수는 없다. 하지만, 사람은 그들이 느끼는 것보다 훨씬 더 감각적인 데이터를 받아들인다는 확실한 증거가 있다. 그것이 '비의도적 부주의 맹점 실명' 연구에서 밝혀진 주요한 결과 중 하나다. 일반인은 고릴라 복장을 한 여자를 전혀 보지 못한다는 게 아니다. 그녀가 두뇌 속에서 의식화되기 전에 두뇌가 그녀의 모습을 지워 버리는 것이다.

우리는 내현 인식이나 역하 지각 같은 분야의 수년간의 연구 결과를 통해서, 사람은 보고 있다고 느끼지 못하는 것도 보고 있다는 사실을 알고 있다. 《부주의 맹점》을 저술한 맥 박사와 록 박사는 이런 연구 결과의 일부를 자신들이 진행하는 연구에 채택했다. 그들은 피연구가들에게 컴퓨터 화면에서 대략 0.2초 동안 스쳐 지나는 두 팔 중에서 어느 쪽이 더 긴지 물었다. 그리고 실험 중 일부 화면에는 Grace나 Flake 같은 단어도 같이 나왔다. 대부분의 사람들은 이 단어를 보지 못했다. 그들은 단지 팔이 교차한 부분만 집중해서 보았다. 그래서 못 본 것이다.

그러나 록 박사와 맥 박사는 그들 중 많은 사람이 무의식적으로 단어를 보았음을 확인시켜 주었다. 나중에 Gra와 Fla의 세 글자를 연구가들에게 주고서 떠오르는 단어로 완성해 보라고 했을 때 36%가 Grace와 Flake라는 단어를 적었던 것이다. 단어를 보여 주지 않은 대조군은 4%만이 Grace와 Flake라는 단어를 적었다. 이것은 의미 있는 차이이고, 잠깐 동안 Grace와 Flake라는 단어에 노출된 연구가들은 실제로 Grace와 Flake라는 단어를 보았다는 의미이다. 그들이 단지 못 느낄 뿐이었다.

이 실험을 통해 우리는 의식적으로 깨닫는 것보다 훨씬 많은 것을 받아들인다는 사실을 알 수 있다. 록 박사와 맥 박사는 부주의 맹점은 고도의 정신 과정에서 일어난다고 했다. 이 뜻은 뇌가 의식으로 어떤 것을 받아들이기 전 단계에서 많은 처리 과정이 벌어진다는 의미다. 사람의 두뇌는 감각 자료가 들어오면 중요성에 따라서 어떤 것인지 파악하고, 그다음에 말로 표현할지를 결정한다. 사람이 환경에서 어떤 현상을 의식적으로 인식하기 전까지 많은 과정이 이미 진행된다.

항상 의식으로 직행하는 것도 있다. 여러분의 이름이나 만화 영화의 스마일리 얼굴 등이다. 사람들은 다른 일에 얼마나 집중하든지 책 속에서도 자신의 이름은 금세 발견하고, 카툰의 스마일리 얼굴도 쉽게 알아 챈다. 그러나 당신이 얼굴 표정을 살짝 바꾸면 사람들은 눈치 채지 못한다. 이것은 여러분의 두뇌는 입력된 감각 자료를 의식화하기 전에 철저한 처리 과정을 거친다는, 더 확실한 증거다. 스마일리의 얼굴을 보면 여러분의 두뇌는 그 얼굴을 아는 단계까지 처리해야 하고, 얼굴이 밝은 표정으로 바뀐다고 느끼기도 전에 여러분의 얼굴은 웃고 있다. 그렇지 않으면, 여러분이 스마일리의 얼굴을 보면서도 찡그린 얼굴이 되는 것이다.

여러분의 이름에서도 마찬가지다. 여러분의 이름이 잭Jack이라고 하자. 잭이라는 이름은 페이지 한가운데에서도 불쑥 튀어 나올 것이다. 그러나 비슷한 지크Jick는 그렇지 않다. 이 말은 여러분의 두뇌가 의식적으로 잭이라는 이름으로 받아들이기 전에, 여러분의 이름임을 알아채는 과정으로 곧바로 처리한다는 것을 의미한다.

우리는 '사람한테는 부주의 맹점 현상이 있는지 알 수 있다'고 생각하지 않는다. 아마도 부주의 맹점은 주의를 산만하게 하는 것들을 걸러 내는 두뇌의 역할일 수 있다. 만일 여러분이 농구 게임과 고릴라로 분장한 여성이 나오는 화면을 본다고 가정하면, 여러분의 두뇌는 게임을 보려는 여러분의 의도와 그 여자가 관련이 없고, 또 그녀는 화면에 있을 것으로 설정되어 있지 않기 때문에 걸러 내 버린다. 여러분의 두뇌는 무의식중에 분장한 고릴라를 보지만, 주의를 산만하게 하는 존재라고 결정 내린다.

주의력 산만을 걸러 내는 것은 좋은 일이다. 그저 주의력 결핍성 과잉 행동 증후군을 보이는 사람들에게 물어보기만 해도 알 수 있다. 자신의 환경 속에서 사소한 감각성 사물이 계속해서 주의력을 분산시키면, 사람은 지적인 모습을 갖기 어렵다. 정보량이 과중해지는 것이다.

그러나 사람은 고릴라 옷을 입은 여자를 걸러 내는 능력을 발전시킨 대가는 치르고 있다. 즉 주의력 분산은 걸러 내지 못했다는 말이다. 일반적인 두뇌는 여러분이 원하든 원치 않든, 별 관계없는 사소한 것들을 자동적으로 걸러 내 버린다. 여러분은 여러분의 두뇌에다 대고 다음과 같이 요구할 수는 없다. '머릿속에 정상적으로 떠오르는 것은 무엇이든 확실히 알게 해 다오.' 두뇌는 그런 식으로 일하지 않는다.

자폐인과 동물은 다르다. 우리 자폐인은 생각을 걸러 낼 수 없다. 세상에서 수십조의 사소한 감각 요소들이 우리 의식 안으로 명료하게 들어온다. 그리고 우리는 그 속에서 압도되어 버린다. 다만 자폐인들의 감각적 인지가 동물의 그것과 얼마나 유사한지 알 방법은 없다.

그러나 나는 많은, 아니 자폐인들 거의 전부는 동물의 방식처럼 세상을 경험한다고 생각한다. 사소한 것들이 소용돌이치는 집합체로 말이다. 자폐인과 동물은 일반인은 아무도 할 수 없는, 모든 것을 듣고 느끼는 중이다.

〈젊은 시절의 템플 그랜딘〉
말과 대화를 나눌 정도의 영재도 아니었다. 나는 그저 말을 사랑했다. _15쪽

ANIMALS IN
TRANSLATION

동물의 느낌

수탉이 암탉을 죽인 이유는 무엇일까?

사람은 동물의 번식 과정에서 동물 정서 형성에 몇 가지 좋지 않은 일들을 자행하고 있다. 수년 전 닭을 이용한 연구를 막 시작할 무렵에 양계장을 방문했었다. 그곳에서 닭들이 모인 축사 바닥에 쓰러져 죽어 있는 암탉 한 마리를 보았다. 그 닭은 온몸이 부리에 쪼여 상처투성이였고, 죽은 지 얼마 되지 않아 보였다. 나는 돌아가서 농장주에게 물었다. "왜 이렇게 된 거예요?"

농장주는 수탉이 저지른 일이라고 대답했다. 수탉이 암탉을 죽인 것이다. 그는 대수롭지 않은 일처럼 말했다. 하지만 농장주도 자신의 수탉이 같이 지내는 암탉을 죽였다는 사실이 유쾌한 것 같지는 않았다. 그는 그저 일어날 수도 있는 일이라고 생각하는 듯했다.

그런 현상은 정상이 아니다. 자연환경에서 수탉이 암탉을 죽인다면 병아리가 어떻게 생기겠는가? 그러나 동물을 가두고 사육하는 사람들은 생명의 기본적인 사실을 종종 망각한다. 최근 낙타를 기르던 여인이 나한테 말하기를, 그녀가 기르는 수컷 중의 한 마리가 다른 수컷의 고환을 물어뜯었다고 했다. 나는 그녀에게 그런 행동은 절대로 정상적인 것이 아니라고 말해 주었다. 낙타가 서로 고환을 물어뜯는 짓을 한다면, 자연환경에서 낙타는 남아나지 않을 것이기 때문이다.

양계 농장주는 자신의 수탉 가운데 절반이 암컷과 강제로 교미한 뒤 죽이고 있다고 말했다. 그 얘기는 충격이었다. 자연계에서 수컷의 절반이 가임기인 암컷을 죽인다면 어떤 동물도 존재할 수 없기 때문이다. 조류들 사이에서 이런 문제가 발생한다면 무언가 심각한 잘못이 있는 것이다.

그래서 나는 돌아오자마자 집에서 양계업을 하는 한 학생과 대화를 시작했다. 학생의 집에서는 뒷마당에 소규모로 닭을 키우고 있었다. 그녀는 암탉을 죽이는 수탉 이야기는 들어 본 적이 없다고 했다. 그 후에 친한 친구이자 양계 전문가인 티나 위도스키에게 전화로 물었을 때, 그녀는 정상적인 수탉이 암탉을 죽이는 일은 있을 수 없다고 단언했다.

티나도 암탉을 죽이는 수탉 이야기는 알고 있었으며, 그 문제에 관한 처방을 알려 주었다. 캐나다 겔프 대학 출신의 이안 던컨이 수탉의 행동을 연구한 결과, 대략 절반의 수탉에서 암탉에 대한 구애 행위가 없어진 사실을 발견했다. 정상적인 수탉은 암탉과 교배하기 전에 구애의 춤을 잠깐 춘다. 그 춤은 수탉에게는 본능적인 것이다. 동물 행동학자들은 이를 '고착된 행동 양식'이라고 부른다. 모든 수탉이 이렇게 한다.

그 춤을 보면서, 암탉의 머릿속에서는 각인된 행동 양식이 촉발되는 것이다. 그리하여 암탉은 성적으로 받아들이는 자세를 취하기 위해 몸을 굽히게 되고, 그 위로 수탉이 올라가게 된다. 만일 암탉이 수탉이 구애하는 춤을 보지 못한다면 바닥에 주저앉으려 하지 않을 것이다. 이런 일련의 행동은 본능적으로 닭의 머릿속에 각인되어 있는 방식이다.

그러나 수탉 가운데 절반이 더 이상 이런 춤을 추지 않는다. 바꾸어 말해, 암탉도 수탉을 위해 몸을 낮추지 않는다는 이야기다. 그래서 수탉은 강제로 교미하는 모습으로 바뀌는 것이다. 그 녀석들은 암탉에게 달려들어 강제로 교접하려 한다. 그래서 암탉이 달아나려 하면 수탉은 부리나 발톱으로 공격하여 암탉을 죽이기까지 하는 것이다.

단일 형질화 육종

암탉과 강제로 교미하는 수탉은 단일 형질화 육종의 부작용이다. 단일 형질화 육종이란 동물의 원하는 속성만을 한두 가지 강화시키거나 감소시키는 방식으로 선택적으로 사육하는 것을 말한다. 예를 들자면, 속성 사육—사료값과 시장에 내다파는 시간을 동시에 절약하려는 목적— 혹은 근육의 증대—마리당 고기량 증대—를 예로 들 수 있다. 사육자들은 순전히 이러한 특성에만 초점을 맞출 뿐 다른 것은 안중에도 없다.

단일 형질화 육종이 그렇게 단순한 것만은 아니다. 빨리 자라면서 비대한 수컷, 빨리 자라면서 비대한 암컷을 짝짓는다고 되는 것만은 아니다. 그렇게 교배하려고 시도하면 수정이 잘 안 된다. 그래서 사육자들은 빨리 자라며, 고기량이 많고 가임성이 좋은 암탉과 빨리 자라며 고기가 많은 수탉을 교배한다. 그들은 수탉의 생식성은 고려하지 않는다. 왜냐하면 생식성이 떨어지는 수탉이라 하더라도 암탉의 생식성이 좋다면 수정은 가능하기 때문이다. 결국 두 가지의 서로 다른 품종을 섞어 놓은 교배종이 탄생하는 것이다. 우리가 얻는 모든 닭고기와 계란은 교배종에서 나온다.

단일 형질화 육종은 병아리의 경우 산란 기간이 짧으므로 신속하게 진행된다. 병아리가 달걀 껍데기를 깨고 나오는 데는 21일이면 충분하다. 새롭게 껍데기를 깨고 나온 병아리는 5개월만 지나면 알을 가질 수 있다. 닭에게 1년은 2세대에 해당하고, 대략 3~5년이면 유전자 라인이 완전히 바뀔 수 있다.

단일 형질화 육종의 문제는 하나의 특성만을 목적으로 사육하다 보니, 다른 특성마저 변화시키게 된다는 것이다. 사육 과정에서는 늘 의도하지 않았던 결과가 발생하기 마련인데, 그런 문제가 수탉에게 발생한 것이다.

암탉과 강제로 교미하는 수탉은, 사육자들이 수년에 걸쳐 최소한 세 가지의 단일 형질화 육종을 시행하기 전까지는 생기지 않았다. 양계 산업이 추구한 첫 번째 목적은 시장에 빨리 내다팔 수 있는, 즉 빨리 자라는 암탉이었다. 그래서 그들은 빨리 자라는 암탉과 빨리 자라는 수탉을 교배했고, 보란 듯이 빨리 자라는 병아리를 얻는 데 성공했다. 그들은 다양한 유전학적인 계산을 동시에 했으므로, 실제로는 이렇게 단순하게 진행된 것이 아니었다. 그러나 기본적인 접근은 빨리, 더 빨리 자라게 하는 것이었다.

단일 형질화 육종과 같이, 빠르게 자라는 병아리는 강제로 교미하는 수탉만큼은 아니어도 일부 예상치 못한 부작용을 초래한다. 빨리 자라는 병아리는 대개 허약한 다리와 심장을 가지는 경향이 있었던 것이다. 허약한 심장을 가진 닭은 몸통이 뒤집어진 채로 죽는 닭복수병flip-over의 유병률이 높았다. 닭의 죽은 모습이 몸통이 뒤집혀 하늘로 올라간 모습이므로 그렇게 이름 붙은 것이었다. 갑작스럽게 심장 마비가 일어나면 닭은 몸이 뒤집어진 채 죽는 것이다.

다음 목표는 사람들이 흰색의 육질을 좋아하므로 가슴살이 더 많은 닭을 기르는 것이었다. 이 프로젝트도 성공적이었다. 그들은 가슴살이 많은 닭을 얻었다. 그런데 이번에는 더 많은 문제가 생겼다. 왜냐하면 닭이 너무 크게 자라 제 다리로 몸통의 무게를 지탱하지 못했기 때문이다. 많은 닭들은 먹이통까지 걷지도 못할 정도로 다리를 절었다. 일부는 다리에 변형이 생기면서 관절에 물이 찼다. 닭은 아마도 끊임없이 고통에 시달렸을 것이다.

한 연구에서 다리를 저는 닭은 정상 먹이와 진통제를 섞어 놓은 먹이 가운데서, 쓴맛이 나는 진통제가 섞인 먹이를 먹으려 했다는 사실이 밝혀졌고, 이것은 닭들이 고통을 겪었다는 증거가 된다. 그 실험에 이용됐던 닭들도 닭복수병 유병률이 높았다. 그 이유는 닭의 심장이 비대한 몸에 혈액을 공급하기엔 너무나 작았기 때문이다. 이는 거대한 맥 트럭에 작은 폴크스바겐 엔진을 달고 움직이려는 시도나 마찬가지이다. 그리하여 닭들의 심장은 지쳐서 퍼져 버린 것이다.

가슴살이 많은 닭은 재앙이다. 그 누구도 다리를 절며 고통 받는 닭을 키우려 하지는 않았을 것이다. 비록 사람들이 닭의 복지에 관심이 없다고 해도 시장에서 변형된 닭다리를 팔 수는 없는 일이다. 그래서 업자들은 체력과 내구성을 갖춘 닭을 기르기 시작했다. 그 두 가지 요소는 닭들이 전반적으로 건강하며 빨리 죽지 않고, 건강하게 성장해서 살아남는 능력을 의미한다.

그렇다고 해서 가슴살의 함량이 적은 이전의 닭으로 돌아간 것은 아니었다. 왜냐하면 현재의 풍성한 가슴살은 계속 먹을 수 있기를 바랐기 때문이다. 그들은 빨리 자라고 가슴살이 많으면서 강한 다리와 튼튼한 심장을 가진 닭을 원했다. 양계 조합은 소프트웨어 회사처럼 생각했다. 만일 3.2 버전 닭에 문제가 있다면 3.1 버전으로 돌아가는 게 아니라 보다 개선된 3.3 버전을 만들어야겠다고 여긴 것이다.

그래서 수년 내에 그들은 크고 강하면서 굵고 단단한 다리와 튼튼한 심장을 가진 닭을 얻을 수 있었고, 드디어 그들이 꿈꾸어 왔던 닭을 얻은 것처럼 보였다. 그러자 이번에 자연은 인간에게 직구가 아닌 변화구를 던졌다. 그 변화구가 바로 강제로 교미한 뒤 암탉을 죽이는 수탉이었다. 아무도 심장과 뼈에 관여한 유전자가 짝짓기 유전자에 부정적인 영향을 미칠지 몰랐다. 이런 일들은 사육자들이 한 가지 특성만 지나치게 선택하고자 할 때 늘 발생하는 일이다. 왜곡된 개량이 생긴 것이다.

진짜 나쁜 점은 그러한 변화는 매우 느리게 나타나기 때문에 농부와 양계 조합에서 자신들이 괴물을 탄생시켰다는 사실을 깨닫지 못한다는 사실이다. 아무도 어떤 일이 발생한지 몰랐다. 수탉들이 더욱더 광포해지는데도, 사람들은 어쩌다 보면 정상적인 수탉도 그렇게 행동할 수 있으려니 하고 부지불식중에 자신들의 인식을 비정상적인 수탉의 습성에 맞추어 버리게 된다. 잘못된 결과가 정상적인 상황으로 인식되어 버리는 것이다. 이것이 맞춤식 사육에 도사린 커다란 위험이다. 나는 이런 사례를 많이 보아 왔다.

선택이라는 압력

우리가 원하든 원치 않든, 사람은 항상 동물에게 선택이라는 압력을 가한다. 선택이라는 압력은 어떤 종이 성공적으로 번식할 만큼 생존하느냐 그렇지 않느냐 하는 문제에 있어, 환경이 그 종을 선택하거나 생존에 영향을 주는 상황에서 쓰이게 되는 말이다. 선택이라는 압력은 특정 종에서 새로운 형질이 더 강해지거나, 더 널리 퍼지는 데 도움을 줄 수 있다. 반면에 선택의 압력이 없으면, 오래 지속되어 왔던 형질이 약해지거나 사라질 수도 있다.

구세계의 영장류에게도 이런 선택 압력이 발생했다. 아마도 그들은 무질서한 유전자 돌연변이를 경험하면서, 보다 뛰어난 색각을 얻게 되었던 것 같다. 일단 그렇게 되고 나자 뛰어난 색각이 먹이를 찾는 데 매우 유리했기 때문에 가장 뛰어난 시각을 가진 동물이 가장 오래 살아남게 되어 번식에 있어서도 유리하게 되었다. 그들의 새끼가 태어났고, 3색각을 가진 동물은 또한 자신의 새끼들에게 먹일 먹이를 구하는 데도 더 나은 기회를 갖게 되었다. 물론 태어난 새끼들도 거의 대부분이 3색의 시각을 유전으로 받았으며, 그 새끼들도 어른으로 자라나 번식하게 되었다. 선택의 압력이 어떤 형질을 강화시키고 있음을 보여 주는 좋은 사례이다. 색각 능력이 개선된 종이 생식에 있어서 유리해진 것이다. 세대가 이어지면서 종 전체로 장점을 가진 유전자가 퍼져 나가게 된 것이다.

동시에 먹이를 발견하는 데 시각이 중요해지면서 후각의 중요성은 점차 떨어지게 된다. 이 사실은 뛰어난 후각을 가진 어미 동물이 그렇지 않은 경쟁 동물보다 새끼를 가질 가능성이 떨어질 수도 있다는 의미이다. 모든 동물은 후각이 좋든 그렇지 않든 새끼를 가질 수 있다. 후각의 발달에 요구되던 선택의 압력은 사라져 버린 것이다.

직접적인 결과로 구세계에 사는 영장류의 후각은 점차 떨어진다. 유전자 돌연변이는 번식 때마다 항상 발생한다. 돌연변이는 유전자 염기 DNA 속에서 단순한 복사 장애만으로도 발생한다. 다만 어떤 돌연변이는 좋기도 하고, 어떤 것은 나쁘기도 하고, 어떤 것은 별다른 영향을 주지 못하기도 한다. 선택의 압력은 좋은 돌연변이는 구제하고 장려하지만 나쁜 것은 소멸시킨다. 일단 선택의 압력이 사라지면 그 특성은 점차 약해지게 된다. 그 과정은 그러한 특성을 나타내는 유전자가 약해지거나 심지어 소멸될 때까지, 각 세대별로 유전자 돌연변이가 축적되는 자연스러운 과정을 거치게 된다.

선택이 진화에 영향을 미친다고?

가축 입장에서 보면, 각각의 사람이 환경이다. 선택의 압력은 사람이 만들어 낸다. 여러분이 닭 사육자로서 빨리 자라는 수탉과 암탉만을 기르려 한다면, 여러분은 속성 성장하는 닭을 선호하는 선택의 압력을 행사하게 된다.

이런 경우는 의도적인 선택의 압력이지만, 사람들은 미처 깨닫지 못한 채로 의도하지 않은 선택적 압력을 가해 나간다. 예를 들자면, 환자가 처방대로 항생제를 복용하지 않는다고 불평하는 의사의 이야기를 들어 본 적이 있을 것이다. 의사가 처방한 기간만큼 항생제를 복용해야 하는 이유는, 치료 중간에 항생제를 임의로 중단했을 때 항생제에 내성이 생기는 세균의 탄생이라는 선택 압력을 아무 생각 없이 행사하는 결과를 초래하기 때문이다. 그래서 항생제를 복용하다 중간에 멈추면 약한 박테리아만을 죽이는 결과를 초래하여, 강력한 세균이 살아남아 번식하게 된다. 그런 식으로 박테리아가 몇 대를 거쳐 내려가면 항생제로도 죽일 수 없는 지독한 돌연변이가 생기게 된다.

우리 인간은 가축을 진화시키는 주 동력원이 된다. 우리는 항상 가축의 몸과 정신을 바꾸어 간다. 그리고 이런 변화는 생각보다 훨씬 빨리 이루어진다. 여기에 관한 가장 흥미로운 이야기는, 연구가들이 동일한 유전자의 쥐를 두 개의 실험실에 나누어 둔 다음, 실험실마다 일상적인 실험을 하면서 5년간 분리시켜 놓았던 실험에서 나왔다. 양 실험실의 쥐는 원래 유전 형질이 같았던 쥐의 자손이므로 서로 비교하는 데 적합하다.

5년이 지난 후에 연구가들은 쥐를 테스트하면서, 양쪽 후손들이 선천적으로 두려움을 타고나는 정도가 완전히 다르다는 사실을 발견했다. 연구가들은 이러한 사실을 개방된 공간을 이용한 실험을 통해 검증했다. 개방된 공간 연구에서 한 마리의 쥐를 빛이 환하게 비치는 큰 테이블 넓이의 공간에 놓아두고 쥐가 주위를 얼마나 활발히 다니는지 보는 것이다. 가장 대담한 쥐가 탁 트인 곳에서 많이 움직이고, 대부분의 쥐는 실험 공간의 한쪽 벽에만 붙어 있든지 꼼짝 않고 그냥 앉아만 있었다.

그 쥐들의 조상들도 똑같은 정도의 수동저인 탐색만 했었다. 그러나 5년이 지난 후 자손인 쥐들 중 한 그룹은 다른 그룹보다 훨씬 두려움에 사로잡힌 행동을 보였다.

재미있는 것은 양 실험실에 소속된 연구원 누구도 인위적으로 쥐의 성질을 변화시키려 하지 않았다는 것이고, 아무도 쥐에게 두려움을 느끼는 정도의 차이가 발생할 만큼 사육하지 않았다는 점이다. 두 그룹의 쥐들은 서로 다른 실험실로 분리되어 다른 조건에 반응하면서 각자 진화한 것이다. 이런 결과가 비의도적인 선택 사육 과정에서 발생한 것이다.

연구가들은 왜 쥐들이 서로 다르게 진화했는지 몰랐다. 그들은 무엇을 했는지만 알았다. 양 실험실 누구도 통상적인 심리학 실험에 쥐를 사용한 것 말고, 다른 실험은 하지 않았다. 그리고 두 실험실이 시행한 연구도 왜 쥐들의 성질이 서로 달라졌는가를 설명할 만큼의 큰 차이가 없었다. 내 추측에는 두 실험실의 연구원들이 쥐의 공격적인 행동에 대하여 부지불식중에 서로 다르게 반응했을 것으로 보인다.

말하자면 나는 첫 번째 실험실에 소속된 여자 연구원인데, 쥐에게 물린 경험이 두 번 있어서 쥐에게 공포를 느껴 쥐를 그냥 없애 버렸다고 가정해 보자. 그런데 두 번째 실험실에서도 유전 형질이 같은 쥐여서 사람을 깨무는 쥐가 있을 수 있다. 하지만 아마 두 번째 실험실에서는 큰 글러브를 착용한, 겁이 없는 연구원이 자신을 깨무는 쥐를 죽이지 않았을 수도 있다. 사람을 깨무는 쥐는 첫 번째 실험실에서는 유전자 풀에서 제거되었을 것이고, 두 번째 실험실에서는 살아남아 새끼를 낳았을 것이다.

그것이 공포와 공격성에 연관되어, 개방된 공간 실험에서 차이를 유발했을 것이다. 대부분의 경우에서, 겁먹은 동물은 덜 공격적이다. 왜냐하면 겁먹은 동물은 싸움에 휘말리기 싫어하기 때문이다. 그러나 공포에 질린 동물이 어떤 상황에서는 더욱 공격적일 수도 있다. 이 부분은 뒷장에서 언급하겠다.

전체적으로 보았을 때 공포는 공격성을 제한한다. 사람을 깨무는 쥐는 상대적으로 겁이 적다. 그래서 첫 번째 실험실에서 가상의 여성 실험원이 깨무는 쥐를 분리해 버려 겁이 많은 쥐만 선택적으로 키워졌을 수 있다.

가장 그럴듯한 설명이긴 하나, 그런 설명이 고의적이지 않은 것이라는 데 상관없이, 쥐들을 5년 만에 그처럼 드라마틱하게 갈라놓으려면, 한쪽 혹은 양쪽 모두에 의도하지 않은 선택적 압력이 있어야만 한다. 이런 결과를 얻는다고 해서 필연적으로 나쁜 것은 아니다. 비록 연구되지는 않았지만 우연한 선택적 압력이 동물에게 덜 위험하기 때문이다. 적어도 비의도적인 선택 사육에서 사람이 영향력을 미치는 진화는 동물의 한 가지 특성만을 의도적으로 변화시키려 하지는 않는다. 무의식적으로 연관된 행동을 묶어서 다듬으려 할 수도 있고, 자신들을 성가시게 하는 행동을 변화시키는 데 덜 집착할 수도 있는 것이다. 앞서 언급한 여성 연구원이라 하더라도 사소하게 공격적으로 행동하는 쥐까지 전부 제거하지는 않았을 것이고, 그래서 쥐의 유전자 풀은 과거에 행해졌던 선택적 사육 프로그램처럼 심하게 왜곡되지는 않았을 것이다.

자연이 의도한 바에서 단 하나의 육체적 특성만 바꾸려는 시도마저, 결국 동물의 정서적 행동 문제를 초래한다. 더해서 인간이 동물의 물리적 특성만을 바꾸려 할 때도, 동물의 정서적인 면에서의 행동적 특성까지 변화시키게 되는 것이다. 육체와 두뇌는 별개의 것이 아니고 두 개의 전혀 다른 유전자에 의해 지배된다. 심장과 장기에 작용하는 많은 종류의 동일한 화학 물질은 뇌에도 작용한다. 그리고 많은 유전자는 장기에서 하는 작용과 두뇌에서 하는 작용이 전혀 다르다. 그래서 만일 닭의 가슴살 크기를 바꾸려고 할 때, 두뇌와 신체 양쪽에 동시에 작용하는 유전자를 바꾸게 된다는 사실을 감안해야 한다. 다시 말해 닭의 두뇌에 영향을 미치는 유전자에도 손을 대는 셈이다.

이러한 사실은 동물을 선택 사육하는 데 있어 매우 심각한 문제가 된다. 수년 동안 나는 인간이 동물의 어떤 특성만을 지나치게 선택하려 한다면 결국 신경학적인 손상을 초래하게 되며, 신경학적인 손상은 거의 항상 정서적인 손상을 초래하거나, 적어도 중요한 정서적인 변화를 몰고 왔다는 사실을 배워 왔다. 우리를 맥 빠지게 만드는 것은 물리적 특성만을 고려한 단일 형질화 번식에 있어서, 육체적 특성의 변화에 뒤따라 당연히 불거지게 되는 정서적인 변화를 아무도 눈치 채지 못한다는 것이다. 왜냐하면 어느 누구도 정서적인 변화를 관찰하려 하지 않기 때문이다.

사육자들은 육체적인 변화만을 관찰한다. 정서적인 변화나 행동의 변화는 안중에도 없다. 그래서 사육자들은 동물의 행동이 극단으로 치달아 경고음이 울릴 때까지 정서적으로 얼마나 변화가 생기는지를 인정하지 못하는 것이다. 그렇게 되어 결국에는 해결하지 않으면 안 되는 커다란 문제를 떠안게 된다.

암탉과 강제로 교미하려 드는 수탉에게 좋은 소식은 사람들이 이제 그 문제에 주목하기 시작했다는 점이다. 나는 수개월 전에 그 닭들을 보았는데, 이제는 더 바랄 수 없을 만큼 순하게 행동하고 있었다. 나는 아마도 양계 회사에서 그런 행동을 보이는 수탉들을 가려 내지 않았을까 생각하지만, 확신은 하지 못한다. 왜냐하면 그런 조치를 취했다는 기록을 남겨 논문으로 나온 것은 없기 때문이다.

미치광이 암탉

캐나다에서는 계란을 생산하는 암탉한테서 정말로 잘못된 경우라 할 수 있는 진화가 발생했다. 흰색의 닭들은 갈색의 닭들보다 활동적이고 거칠지만, 갈색 닭에 비해 무시 못할 장점이 있었다. 같은 수의 계란을 생산하는 데 사료가 훨씬 적게 든다는 점이었다. 이것을 사료의 변환율이라 부른다. 내가 방문한 농장에서는 갈색 닭을 흰색 닭처럼 사료는 적게 먹으면서도, 보다 많은 계란을 생산하는 닭으로 품종을 개량하려 하고 있었다. 그래서 농장에서는 사료 효율이 훨씬 좋은 흰색 닭과 갈색 닭을 교배시켰다.

세대가 내려가면서 어떤 닭들은 여전히 갈색이었고, 일부는 갈색과 흰색의 혼종이었고, 그 나머지를 빼면 대부분 흰색, 그리고 기타의 순이었다. 갈색 닭들은 성숙한 깃을 가지고 있었지만, 흰색 닭들의 깃은 미성숙했고, 부드러우면서도 크기가 작았다. 깃의 중앙부는 짧았고, 부드럽고 잘 부러졌으며, 깃가지—깃의 중앙부에서 말단으로 깃털처럼 이어지는 부위—는 너무나 부드러워 마치 거위 털 같았다.

정서적으로 흰색 닭들은 지나치게 공격적이었고 조급했다. 여러분이 사육장으로 들어선다면 그 녀석들은 맹렬하게 울어 대고, 펄쩍펄쩍 뛰며 오르내릴 것이다. 그 닭들은 심하게 활동적이고 미친 듯이 움직였던 것이다. 그리고 나이가 들면 흰색 닭들은 닭장 벽에 기대어 자신들의 깃털을 털이 거의 반쯤 뽑힐 때까지 부러뜨리기 시작했다. 그 녀석들은 폭력적이었고, 기회가 찾아온다면 서로 쪼고 죽이기까지 할 것 같았다.

그러나 아무도 조치를 취하지 않았다. 변화가 매우 천천히 진행되어 사람들은 닭의 새로운 특성에 적응해 버렸고, 이를 자연스러운 것으로 받아들였기 때문이다. 나쁜 것이 정상적인 것으로 둔갑해 버렸던 것이다. 결국 한 사육장에서 후테리트종의 갈색 닭을 가져와 흰색 닭들 가까이에 붙여 놓자, 그 차이가 눈에 쏙 들어왔다. 갈색 닭들은 10%의 사료가 더 필요하긴 했지만, 생산하는 계란 수는 흰색 닭들과 차이가 없었다. 그렇지만 그 닭들은 온순했고, 성질을 부리거나 조급해하지 않았다. 나이가 들면서도 닭들의 깃은 온전히 유지되었다.

암탉의 경우, 나는 이들의 정신적인 문제가 암탉과 강제적으로 교미하려 드는 수탉의 경우보다는 덜 의문스러웠다. 순수하게 흰색의 동물은 검은 피부나 검은 털의 동물보다 신경학적 문제가 더 많다. 이유는 피부의 색깔을 결정짓는 멜라닌 색소 때문이다. 이 색소는 사람의 중뇌에서도 발견되며 뇌를 보호하는 기능을 한다. 여러분은 흰색의 동물에서 갖가지 문제를 보게 된다. 흰색 털의 비율이 높은 달마시안은 백반증에 가까운 경우다. 이 녀석들은 다른 개보다 훨씬 더 소리에 둔감하고, 여러분이 훈련시키기를 포기할 만큼 영리하지 못한 녀석들이다. 흑색과 흰색이 섞인 얼룩말도 문제가 있을 수 있다. 흰색의 말이 푸른색 눈을 가졌을 경우, 미쳐 버리는 일도 드물지 않다.

여러분은 파란 눈을 가진 동물의 문제점을 드물지만 꽤 볼 수 있다. 나는 한쪽 눈은 갈색이면서 다른 쪽 눈은 푸른색인 얼룩말을 본 적이 있는데, 사람의 반향반조증을 옮겨 놓은 듯했다. 60초마다 얼룩말은 자기의 의지와는 상관없이 몸을 뒤틀었다. 두 눈 모두 푸른색인 허스키*에게서도 문제가 많이 발생한다는 사실은 꽤 알려져 있다.

---

* 허스키: 러시아의 개 품종 중 하나로, 쫑긋한 귀와 적당한 근육을 지녔다. 추운 지방에서 살던 품종이라 털이 많고 크기는 중형이다.

동물의 피부색은 털 색깔보다 훨씬 중요하다. 만일 피부가 검다면 좋은 것이다. 개의 입안을 들여다보아도 대부분 검고 일부만 희다.

진성 백색증 동물은 훨씬 더 나쁘다. 유타 대학의 안과 및 시각 연구소의 연구 교수인 도넬 크릴은 백색증 동물에서 모든 문제점과 차이점을 관찰한 다음, 백반증 동물은 연구에 사용되어서는 안 된다고 결론지었다. 그 이유는 백반증 동물은 정상이 아니라는 것이다. 실험실에서 오랫동안 사용해 온 흰색 쥐들 같은 백반증 동물은 약물 실험에조차 적당하지 않다고 한다. 멜라닌이 약물에 포함된 화학 물질과 결합하므로, 백반증 동물이 약물에 보이는 반응은 피부에 멜라닌 색소를 지닌 동물과 완전히 다를 수 있기 때문이다.

야생에서 북극곰과 흰색 늑대를 빼고 온몸이 흰색인 동물은 드물다. 그러나 알고 보면 북극곰과 흰색 늑대는 모두 검은 피부를 가졌고, 털만 흰색이다. 그들은 백반증이 아닌 것이다. 문제는 피부가 전부 희거나 분홍색일 때 동물에게 문제가 발생한다는 것이다. 동물은 간혹 자연 상태에서 백반증으로 태어나기도 한다. 그러나 그런 동물의 생존율은 낮다. 나는 단지 아름답다는 이유로, 사람들이 백색의 도베르만핀셔*를 기르는 짓 따위에 대해서 단호히 반대한다. 이런 동물은 고통 받고 있는 것이다. 도레르만핀셔를 기르는 사람들 중에는 자신들의 개가 시각이 떨어지고, 햇빛을 잘 견디지 못하고, 피부병이 잘 생기고, 체온에 문제를 일으키고, 종종 공격적이라고 말한다. 한 조사에서 11%의 개 보호자가 자신들의 개가 다른 사람을 문 적이 있다고 했다. 사람과 지내는 다

---

* 도베르만핀셔: 개의 품종 중 하나로 골격이 견고하고 근육이 많아서 경찰견 또는 군용견으로 기르는 개다.

른 개와 비교했을 때 놀랄 만한 수치다.

이런 사례를 보면 백색의 깃털만을 가진 닭에게 정서적인 문제가 있을 것이라는 사실은 놀랄 일이 아니다. 비록 우리가 처음에 먹이를 덜 먹는 닭을 키우려다가, 닭의 피부와 깃털이 어떻게 변했는지 몰랐지만 말이다. 사료의 전환이 깃털 색과 어떤 관련성이 있을까? 우리는 모른다. 이러한 선택적인 사육 프로그램이 몰고 온, 의도하지 않은 행동 변화에 대해 좀 더 연구하면, 정서적인 생물학에 대해 보다 많이 배울 수 있을 뿐이다.

내가 강의에서 백반증 동물을 언급할 때마다 사람들은 백인과 흑인에 대해서는 어떻게 생각하는지 알고 싶어 한다. 대답은 '같지 않다'이다. 백인이라고 해서 완전히 흰 것이 아니다. 백인도 피부에 멜라닌 색소를 가지고 있고, 태양 아래에서 장시간을 보내면 검게 변한다. 백인의 피부는 다른 인종들의 피부가 진화한 것과 같은 방식으로 진화했다. 다만 자연이 선택하는 힘이 사람의 간섭을 배제한 채 작동되었을 뿐이다. 그래서 여러분은 완전히 백색인 동물한테서, 완전히 백색인 사람한테서는 보지 못하는 정서적인 차이와 행동 차이를 보게 되는 것이다.

자연이 달마시안을 진화시킨 것이 아니다. 달마시안은 인공적으로 흰색으로 길러졌으며, 정상적인 점박이 개보다 백반증에 가까워진 견종이다. 이 개는 본디 백반증 동물은 아니지만 점점 그렇게 되고 있다.

동물의 정서는 어떻게 바뀌는 것일까?

지금까지 나는 단일 형질화 육종에서 파생된 우연한 변화에 대해 대부분 언급해 왔지만, 사람들은 또한 오랜 시간 동안, 보다 자연적인 방식으로 동물을 변화시킨다. 그것은 사람이 가축의 생사여탈을 쥐고 있기 때문이고, 우리 사람은 어떤 동물이 번식하고 어떤 동물은 그럴 수 없는지의 결정에 대해 영향을 미치거나 그렇게 만들 수 있기 때문이다.

오랫동안 이러한 변화는 절대 나쁘지 않았다. 어떤 변화들은 여전히 좋은 상황이다. 실례를 들어 보자면, 수년 전 여러 지역에 위치한 어떤 회사의 종돈 증식소 돼지들을 둘러보았다. 종돈 증식소는 농장에 내다 팔 암퇘지를 키우고 있는 곳이다. 그 돼지들은 전부 하나의 유전적 특성을 가지고 있었으므로 유전적으로 유사했고, 사육자들은 동물의 혈통을 유지하기 위해 상당한 횟수의 근친 교배를 했다. 이들 증식소의 돼지들은 유전적, 육체적, 정서적으로 모든 점에서 똑같이 출발했다.

그런데 내가 돼지들을 보았을 때 두 군데 증식소의 돼지들은 서로 완전히 다른 성질을 보였다. 한 증식소의 돼지들은 훨씬 활발하고 움직임이 왕성했으며, 다른 한 곳은 온순하며 사람이 부리는 대로 잘 따랐다. 이것도 암탉을 강제적으로 교미하려 드는 수탉과 같은 이야기다. 그 곳의 사람 누구도 자신들이 종돈을 새로운 돼지로 탈바꿈시키고 있다는 것을 몰랐다. 그들은 상대방 증식소를 방문하지 않아서 돼지의 성격이 어떻게 바뀌고 있는지 몰랐던 것이다. 이것이 내가 자연 발생적인 진화라고 하는 이유다. 아무도 의도적으로 돼지에게 영향을 끼치지 않았다. 그냥 그런 일이 생긴 것이다.

두 종돈 증식소의 돼지들을 보았을 때, 나는 원인을 알 수 있었다. 온순한 돼지들을 생산한 종돈장은 별다른 생각 없이 평범한 기질의 돼지만 선택한 것이다. 각 종돈장에서 각각의 암퇘지는 종돈으로서 개별로 평가받았다. 작업원들은 무게를 재고, 이빨을 살펴보고, 유방을 확인하고 몸의 균형도를 측정했다. 몸의 균형도란 각 부분별로 좋은 비율이 유지되는 것을 말한다. 이들 두 종돈장의 유일한 차이점은 한 곳에서는 안정적인 저울을 사용하고 있었고, 다른 한 곳은 바닥이 불안정한 저울을 사용하고 있었다. 좋지 않은 제품을 쓰고 있던 종돈장에서는 심하게 움직이는 돼지의 무게를 정확히 측정하지 못한 것이다. 그래서 나는 아마 그들이 심하게 움직이는 돼지를 걸러 냈고, 그런 과정에서 온순한 돼지들이 모여들게 되었으리라 확신한다.

그들에게 요동치는 돼지들을 걸러 내려는 의도는 없었지만, 저울의 눈금이 엉망이었으므로, 그에 따라 자연스럽게 진행했을 뿐이다. 안정적인 저울을 사용한 종돈장은 돼지가 요동치건 가만히 있건, 안정적으로 무게를 잴 수 있었다. 요동치는 돼지를 배제하려는 압력은 없었다. 이 사실만으로도 여러분은 동물의 유전이라는 것이 환경에 얼마나 민감한지 알게 될 것이다. 종돈장에서 사용하는 저울의 눈금 같은 지극히 사소한 요인이, 돼지가 유전하는 정서까지 변화시키는 것이다.

돌발적으로 돼지의 유전 형질을 다듬어 보다 온순한 돼지로 탈바꿈시키는 것은 위험하지 않을 뿐 아니라 동물에게도 좋을 수 있는, 사람이 자연스럽게 행사하는 선택 압력이다. 사람과 가축은 오랜 기간 동안 같이 지내 왔다. 그리고 가축은 오랫동안 사람의 요구에 부응하여 진화해 왔다. 돼지가 사람 사회에서 진화되지 않는다면 돼지가 아니다. 그것은 야생의 멧돼지처럼 다른 종류의 짐승이 되는 것이다. 그래서 사람이 가해 왔던 우연한 선택의 압력 가운데, 사람에게 해가 없으면서 동물에게도 좋은 것들도 아마 많이 있을 것이다.

그럼에도 불구하고 내가 오늘날의 유전학적 발전에서 걱정하는 점은, 사람들이 기호에 맞춰 '문제투성이'의 돼지를 찾고 있다는 점이다.

강아지의 두뇌와 자라난 이빨

동물의 정서 형성에서 사람의 선택 압력이 가장 두드러지게 미친 사례는 아마 개일 것이다. 나는 사육자가 순종견에게 취하는 행동을 별로 좋아하지 않는다. 사육자들은 콜리*의 얼굴을 보다 가늘어지게 만들어왔고, 그 결과 두개골 속에 뇌가 놓일 공간이 점차 좁아졌다. 개한테는 뇌가 놓일 수 있는, 멋지고 훌륭한 두개골이 필요하다. 20세기 초반의 콜리 그림을 보면 요즘 콜리보다 이마가 넓다는 사실을 발견할 것이다.

1980년대 초까지 콜리의 머리는 점차로 좁아졌고, 1950년대부터 1960년대까지 콜리를 기르며 자랐던 내 친구는, 요즘의 콜리는 자기가 어릴 때 반려동물로 길렀던 콜리와 같은 종류로 인정하지 못하겠다는 말을 했다. 어쨌든 그녀는 이웃 주민들이 기르는 바늘처럼 가는 코를 가진 콜리는, 전혀 본 적이 없는 프랑스 혈통일 것이라고 했다.

문제는 단순히 콜리의 뇌가 놓일 두개골이 작아졌다는 데만 있는 게 아니었다. 진짜 문제는 두개골의 모양이 괴상하게 변했다는 것이다. 나는 점차로 좁아지는 콜리의 얼굴로 인해 뇌도 해부학적으로 변형되었을 것이라고 생각해 왔다. 그러나 원인이 무엇이든 간에 콜리는 지능이 떨어졌다. 그렇게 멋있고, 아름다운 개가 그러하리라고는 생각하기 어려운 일이다.

물론 콜리를 지능이 낮게 만들었다는 게 요점은 아니다. 콜리의 사육자들은 아마 콜리의 가장 특징적인 형상인, 길고 가는 코를 과장하고

---

* 콜리: 영국 스코틀랜드를 원산지로 하는 개의 품종. 얼굴은 길고 코끝으로 갈수록 좁아지는 특성이 있으며 목둘레에는 갈기 같은 털이 있다.

싶었을 것이다. 그러나 지나치게 긴 코를 만드는 과정에서 두개골의 모양도 망가뜨리게 됐다.

사람들은 잡종견에게는 보다 건설적인 선택 압력을 가하는 것 같다. 이는 사람을 물거나 눈에 띄는 모든 것을 씹어 대다 집을 망치는 잡종견의 유전자가 유전 풀에서 제거될 것임을 의미한다. 번식을 목적으로 교배된 개는 사람들과 지내는 데 잘 적응하고, 마당으로 나가 잘 노는 개를 말한다.

순종견에게 가해졌던 선택의 압력은 완전히 다르며, 많은 경우 부정적인 쪽이다. 사육자들은 항상 AKC^{미국 애견 협회} 표준에 부합하려고 애쓴다. 하지만 AKC의 기준은 외모적인 면에 너무 치우쳐 있고, 정서적인 면이나 행동적인 면은 고려하지 않은 것이다. 게다가 전문적으로 순종견을 분양하는 업자들은 여태껏 자신이 키운 멋진 개들이 보호자 집으로 가서 어떤 짓을 저지를지 생각해 보지도 않았고, 대부분이 개를 사간 보호자들에게 강아지 때 행동을 점검하기 위해 전화도 잘 걸지 않는다. 같은 어미에서 태어난 반려견들 모두가 정서적으로나 행동적으로 문제점이 생길 수도 있는데, 사육자들만 모를 뿐이다. 전문 사육자들이 그런 어미 개를 키워서 똑같은 문제를 가진 새끼를 더 만드는 것을 중단할 방법이 없어 보인다.

순종견의 유전자를 결정짓는 또 다른 요소는, 아름답고 비싼 개를 기르는 보호자들은 개들의 문제 행동에 대해 보다 인내심을 갖는다는 점이다. 개한테 약 1천 달러를 쓴 사람은 개를 얻는 데 한 푼도 들이지 않은 사람보다 고약한 짓을 하는 개에게 훨씬 더 인내심을 보인다. 그리고 그런 개를 기르기로 일단 결정하면, '그 개는 새끼를 가지게 해서는 안 된다'는 생각을 그만두지 않는다는 것이다.

이것은 단지 이론이지만, 순종견과 잡종견을 비교하여 잡종견이 선택 압력에 있어 더욱 건설적이라는 가설을 뒷받침하는 증거는 많이 있다. 하나를 예로 들면 잡종견은 순종견보다 훨씬 건강하다. 왜냐하면 순종견의 고관절 이형성증 같은 문제는 문제가 나타난 개에서 한두 세대만 벗어나면 없어져 버린다.

잡종견은 정서적으로 훨씬 더 안정되어 있다. 두 가지 이유에서다. 첫 번째로 부정적인 정서적 특성은 잡종견 사이에서 퇴화되는 경향이 있다. 공격적이라거나 심한 분리 불안 같은 주요한 정서 문제를 가진 잡종은 순종에 비해 보호소로 보내질 가능성이 더 높기 때문이다. 두 번째는 잡종견에게 단일 형질화 육종을 시키지 않는다는 점이다. 그래서 잡종견은 수탉의 경우와 같이 괴물로 바뀌는 일은 없다.

행동에 관해서 순종견과 잡종견의 가장 큰 차이를 들자면, 치명적인 개 교상은 대부분 순종견한테서 발생한다. 20년 동안 관찰한 어떤 연구 결과에 따르면 치명적 개 교상의 74%는 순종견에게서 일어났다고 한다. 미국에서 기르는 반려견에서 순종견의 비율이 40%임을 감안하면, 상당히 높은 비율이다.

여기에는 적어도 두 가지 이유가 있을 것 같다. 우선 나는 공격적인 잡종견은 순종견보다 훨씬 빨리 제거될 것이라고 확신한다. 그러나 순종견도 단일 형질화 육종으로 파생되는 부정적인 측면의 정서적·행동적 문제를 야기할 것으로 생각한다. 종종 사육자들은 한 혈통에서 뚜렷한 특성을 부각하고 싶어서 개들을 교배시킨다. 콜리의 길고 가느다란 코를 바라는 것처럼.

앞에서 언급했지만, 한 가지 특성만을 위해 선택 사육할 시점에 다다르면, 결국 신경계에 관련된 문제를 떠안게 된다. 일단 신경계에 문제가 발생했을 때, 그 문제점 중 하나는 개가 공격적으로 바뀐다는 사실이다. 그래서 나는 순종견이 잡종견보다 훨씬 더 공격적이라는 사실에 관해 그다지 놀라지 않는다.

아마 가장 안정적인 잡종견은 피부색이 어두운 교배종일 것이다. 지나치게 흰색의 잡종견을 볼 때마다 보호자들에게 물어보면 보호자들은 백이면 백, 흰 잡종견이 검은 잡종견보다 정서적인 문제를 훨씬 많이 가지고 있는 것 같다고 말한다. 털 속에 감추어진 피부 색깔을 확인할 방법은 없지만, 그들의 피부가 밝은 색이라 해도 나는 전혀 놀라지 않을 것 같다.

잡종견이 훨씬 덜 공격적이라는 사실은 잡종견에 대한 선택의 압력이 더욱 건전하다는 좋은 증거일 것이다. 나는 많은 부분에서 잡종견이 같이 지내기 훨씬 수월하다는 인상을 받는다. 잡종견이 순종견과 비교하여 얼마나 자주 신발을 물어뜯는가에 대한 정확한 자료가 있을 것으로는 생각하지 않지만, 적어도 어떤 순종견이 잡종견보다 훨씬 더 자주 문제를 일으킨다는 이야기는 흔하다.

내 친구 중의 한 명은 순종견과 잡종견의 물어뜯는 버릇에 관해 말해 주었다. 그녀는 두 마리의 검은 잡종견과 한 마리의 황색 래브라도 레트리버를 가지고 있다. 레트리버는 잘 물어뜯는 종으로 악명이 높다. 내 친구는 세 마리의 개를 반려용으로 키우고 있지만, 잡종견들이 심하게 물어뜯는 경우는 거의 없다고 했다. 반면 황색 래브라도는 이빨에 걸리는 것은 무엇이든지 물어뜯는다고 했다. 그 녀석은 신발, 장난감, 연필, 펜, 사무실 바닥 깔개의 모서리, 거실에 있는 동양 카펫의 술, 3개의 각기 다른 의자의 다리, 바닥에 있던 몇 장의 티셔츠, 2장의 담요, 2권의 책, 몇 개의 식품 용기, 한 벌의 스웨터, 집 안의 모든 공, 그리고 습기 제거기가 연결된 전기 코드를 절반이나 물어뜯었다고 했다. 그것이 내 친구가 머릿속으로 기억해 낸 목록이다. 이것은 실내에서만 사고 친 목록이다. 그 녀석은 바깥에서는 4백 달러짜리 욕조 덮개를 망가뜨렸고, 이웃집 그림창의 목재 프레임을 갉아 버렸으며, 라일락 나무의 몸통을 비버처럼 갉아서 이빨 자국을 뚜렷하게 남겨 버렸다. 그 녀석은 나이가 1년 6개월 되었고, 내 친구는 아직 키우고 있다. 이제는 그 녀석도 조금 나아졌다. 생가죽으로 만든 강아지용 뼈를 씹도록 훈련시켰고, 전보다는 좀 더 성숙해졌기 때문이다. 그러나 그 녀석은 아직도 파괴적이다. 내 친구는 래브라도가 최소한 1천 달러 정도의 재산적 손실을 끼쳤다고 추산했다. 수리할 수도 없고 바꾸려면 엄청난 돈이 드는 2장의 깔개는 포함시키지도 않았다.

모든 래브라도가 그렇게 씹어 댄다. 그들의 유전적 기질 때문이다. 그런 점에서 골든레트리버도 고약하기는 매한가지다. 래브라도레트리버처럼 이 녀석도 강박적으로 과식을 하지만, 아무도 왜 그런지는 모른다. 나는 '때맞추어 먹는 녀석'이라고 래브라도를 부르는 사람을 본 적이 있다. 래브라도는 주는 것만 먹어 치운다. 포도와 바나나까지도.

래브라도는 먹는 것을 너무 좋아하기 때문에, 앉히고 일어서는 훈련을 시킬 때, 몇 조각의 과자만 가지고도 가능할 것이다. 그 녀석들은 항상 배가 고프다. 무엇이든 먹게 하기만 한다면 그 잔해가 산을 이룰 것이다. 나는 먹을 것에 대한 본능 때문에 래브라도가 눈에 보이는 모든 것을 씹게 되었으리라 생각한다. 홀스타인종 젖소도 비슷한데, 홀스타인종은 더 많은 우유를 생산하기 위해 보다 많이 먹도록 키워졌다. 그래서 그 녀석들은 강박적으로 무엇인가를 빨고 입에 넣고 있으려 하고, 입으로 무엇이라도 물고 있으려고 한다. 아마 동물의 식욕을 증대시키려 한다면, 그와 동시에 이 녀석들의 입에 뭔가 물고 있으려는 욕구도 같이 올려 주어야 할 것이다.

물론 위의 이야기들로 볼 때, '래브라도는 왜 그토록 지독한 식욕을 가졌을까?'라는 의문이 생긴다. 나 역시 그 질문에 정확히 대답할 수 없다. 아마 래브라도는 원래 뉴펀들랜드에서 물고기를 잡도록 길러졌기에 추위와 고통에 무감각하며, 지방이 체온을 따뜻하게 유지하는 데 도움이 되었을 것이다. 나는 모른다. 선택적으로 키운 핑계가 왜 그렇게 매혹적인지. 만일 우리가 래브라도가 강박적으로 과식하게 된 이유를 알 수 있다면 다른 사람은 배가 부를 때 그만 먹지만, 배가 불러도 계속해서 과식하는 사람들의 원인에 대해서도 생각해 볼 수 있을 것 같다.

잡종견 이야기로 다시 돌아와서, 나는 잡종견이 래브라도처럼 물어뜯는다면 놀랄 것이다. 내 친구의 잡종견 두 마리는 래브라도처럼 집 안의 모든 물건을 물어뜯는 유전자는 갖지 않았다. 그녀의 첫 잡종견은 집 안의 어떤 물건도 물어뜯지 않았다. 아주 어릴 적에도. 두 번째 강아지도 자랄 때만 잠시 물어뜯었다. 그 녀석은 래브라도처럼 물건을 물어뜯는 본능을 타고나지는 않아 내 친구가 훈련을 시키자 쉽게 버릇을 고쳤던 것이다. 그 훈련이래야, 강아지가 물어뜯는 것을 보고 고함을 치는 정도가 고작이었다.

반려견은 또 다른 '자식'이다

래브라도가 가진 큰 문제는, 영원한 아이라는 것이다. 그 녀석들은 다 자란 이빨을 가지고서도 어릴 때처럼 물어뜯는다.

사람은 유형 성숙된—몸은 성견인데 버릇은 강아지— 개를 기른다. 사람은 그 사실을 깨닫지 못한 채 일생 동안 미성숙한 채로 개를 기른다. 야생에서, 늑대는 새끼 때 흐늘거리는 귀와 뭉툭한 코를 가지지만 성년이 되면 쫑긋한 귀와 긴 코를 가진다. 다 자란 개는 늑대 어미보다는 늑대 새끼에 가까운 외모를 가진다. 행동도 마찬가지다. 그래서 개를 아기 늑대라고 한다. 유전학적으로 개는 어린 늑대인 것이다.

우리는 UCLA 연구가인 로버트 웨인의 연구를 통해서 이런 사실을 알게 되었다. 그는 늑대와 개의 미토콘드리아를 비교해서 유전자 염기 서열을 연구했다. 개와 회색 늑대의 미토콘드리아 유전자는 불과 0.2%의 차이밖에 없었다. 개는 늑대와 외모상으로 차이가 나지만, 유전학적 레벨에서는 별다른 의미가 없다. 개도 여전히 늑대인 것이다.

데보라 굿윈 박사와 영국 사우샘프턴 대학 연구팀은 개와 늑대를 비교하는 흥미로운 연구를 시행했다. 그녀는 늑대와 외형이 유사한 개는 늑대와 다르게 자란 듯 보이는 개보다는 좀 더 늑대처럼 행동한다고 했다. 다르게 말하자면, 좀 더 늑대 같아 보이는 개가 좀 더 늑대 같은 행동을 한다는 말이다. 예를 들어, 킹 찰스 스패니얼 같은 개는 늑대가 하는 행동 중의 절반을 상실했다.

나는 이 사실을 가까이에서 보았다. 흑백이 섞인 잡종견이었고, 마치 늑대처럼 완벽하고 쫑긋한 귀에 긴 코를 가지고 있었다. 특이한 점은 절대 짖지 않는다는 것이다. 그 녀석은 짖을 수도 있었고, 음식을 달라고 요구하는 소리를 낼 수도 있었다. 그런 수단을 두고도 그 녀석은 짖지 않았다. 그 녀석은 침실 앞에서 거리를 확인하며 앉아 있곤 했다. 사람이 집으로 접근해도 다른 개들처럼 뛰쳐나가 미친 듯이 짖지 않았다. 일어나 코를 킁킁대는 게 다였다. 나는 그의 외관상 늑대 조상이 개의 모습으로 나타난 것이라 생각했다. 늑대는 짖지 않고, 늑대처럼 생긴 개도 짖지 않는다.

찰스 왕 시절의 연구에서는 새끼 늑대가 다른 공격적인 행동을 발전시키는 나이에 대해 살펴보았다. 으르렁거림부터 대열을 이루는 데까지는 대략 출생 후 20일이면 가능했고, 가장 나중에 생기는 공격적인 행동인 오래 노려보기는 생후 30일이면 가능했다. 여러분은 늑대들이 적에게 오랫동안 노려보는 그림을 본 적이 있을 것이다. 그 녀석들은 동물의 얼굴에 눈길을 맞추고 강렬하게 노려본다. 진짜 무섭다. 나는 어떤 웹 사이트에서 영국에 있는 야생 사파리 공원에서 늑대와 오랜 시간 동안 눈을 맞추었던 사람이 적은 글을 본 적이 있다.

잠시 후 늑대 3마리가 나타났다. 그 녀석들은 자동차 유리문 밖에 일렬로 늘어서서 내 눈을 노려보았다. 그 시선은 단호하면서도, 내 속을 꿰뚫어보고 있었으며, 계산된 응시였다. 상대를 꼼짝도 못하도록 만들어진 무기였으며, 그냥 호기심의 표출이 아니었다.

그다음 날 나는 사자와 호랑이는 쉽게 잊어버렸지만, 여전히 늑대들의 오랜 응시를 생각하고 있었고, 왜 나는 늑대랑 똑같이 사람을 지치게 하는 재주를 가진 개를 보지 못했을까 궁금해했다. 어쨌든 개는 길들여진 늑대다. 그런데 왜 페키니즈에게는 겁나는 응시로 보호자를 꼼짝 못하게 하는 재주가 없는 것일까?

굿윈 박사는 개가 오래 응시하지 못하는 이유로, 개는 정서적으로나 행동적으로 생후 30일의 아기 늑대에 해당하는 정도에서 성장이 멈추었기 때문이라는 사실을 발견했다. 다 자란 독일의 셰퍼드는 30일짜리 아기 늑대가 하는 모든 공격적인 행동을 한다. 그러나 그 이상 자란 늑대의 행동은 불가능하다. 굿윈 박사가 늑대처럼 오래 응시할 수 있는 개를 찾아낸 것이 허스키였다. 이 개는 늑대와 많이 닮았다. 치와와는 생후 20일의 아기 늑대 수준을 절대 벗어나지 못한다. 그러므로 허스키는 훨씬 더 유형 성숙화된 녀석이다.

개는 사람이 같이 살아갈 동물로 창조한 우연한 사육 프로그램의 극단적인 사례이다.

많은 전문가들은 사람과 늑대가 같이 살아갈 수 있는 이유로 고대의 수유기 어머니들이 고아가 된 늑대 새끼를 받아들여 자기 자식과 같이 젖을 물려 키웠기 때문이라고 한다. 이 이론에 따르면 개가 존재할 수 있었던 이유는 10만 년 전 사람이 정말로 새끼 늑대를 사랑했고, 우연히 정서 발육이 정지해 버린 다 자란 늑대가 새끼를 번식하도록 해 주었기 때문이라는 것이다. 늑대를 처음 길들인 사람들은 순종적이고 반려동물 같은 늑대를 선호했으며, 시간이 지나면서 순종적인 늑대들만 사람이 기른 것이다. 즉, 종돈장에서 바늘이 흔들리는 저울 덕분에 조용한 돼지를 얻었던 것처럼.

재미있는 질문은 '우리가 늑대를 다른 종류로 진화시켜 개를 만들었듯 개도 우리를 같은 시기에 다른 부류의 사람으로 진화시켰느냐?'하는 것이다. 이 부분은 뒤에서 언급하겠다.

동물은 양가감정을 느낄 수 없다고?

포유류와 조류는 사람과 똑같은 중심 감정을 가지고 있다. 연구가들은 최근에야 도마뱀과 뱀도 사람처럼 중심 감정을 공유하고 있다는 것을 발견했다. 두 가지 예를 들겠다. 오스트레일리아의 스컹크 도마뱀은 일부일처이며, 미국의 방울뱀 어미들은 포식자로부터 포유류가 그러한 것처럼 새끼들을 보호한다. 일부 어미 뱀들이 새끼를 보호한다는 사실은 매우 놀라운 일이다. 왜냐하면 연구가들은 뱀은 사회적이지 못하다고 믿어 왔기 때문에 어미는 출산 직후 새끼를 버린다고 생각했다. 그러나 이제 적어도 뱀들도 사회적인 생활을 한다는 것을 알게 되었다.

우리는 사람과 동물이 부분적으로 같은 중심 감정을 공유함을 알고 있다. 왜냐하면 우리는 우리의 중심 감정이 두뇌에 의해 어떻게 만들어졌는지 알기 때문이다. 그리고 동물이 우리처럼 그러한 생물학적 공유를 한다는 것에도 의문이 없다. 동물의 정서적 생물학성은 우리의 그것과 매우 밀접하기 때문에, 정서에 대한 신경학적 연구, 즉 정서적 신경과학의 실험은 동물을 이용한다. 가령 호랑이에게 잡아먹히고, 새끼들을 보호하는 상황이 닥치면 동물도 우리와 똑같이 느낀다.

사람과 동물의 정서의 주요한 차이점은 동물은 사람처럼 복합적인 감정이 없다는 것이다. 동물은 양가감정적이지 않다. 동물은 같은 종이나 사람을 미워하는 동시에 사랑하지 않는다. 그런 이유에서 사람은 그토록 동물을 사랑하는 것이다. 동물은 충직하다. 동물이 당신을 사랑하게 되면 어떤 일이 있더라도 당신을 사랑한다. 동물은 당신이 어떻게 보이든, 얼마의 돈을 벌든 개의치 않는다.

이것이 자폐증과 동물의 또 다른 연결 고리이다. 자폐인도 감정이 단순하다. 그래서 일반인들은 자폐인더러 순수하다고 한다. 말할 때 자폐인의 느낌은 직선적이고 개방적이다. 마치 동물처럼. 자폐인은 감정을 숨기지 않으며, 양가감정적이지 않다. 내가 같은 사람에게 사랑의 감정과 증오의 감정을 동시에 가지는 것은 상상할 수도 없다.

어떤 사람들은 자폐증에 대해 지금 이야기하려는 것을 모욕적이라고 생각할 수도 있겠지만, 내가 자폐인이라는 사실을 고맙게 생각하는 한 가지는 내 학생들이 느끼는 모든 미칠 듯한 감정이, 내 입장에서는 그럴 이유가 없다는 것이다. 나는 남자 친구와 헤어졌다는 이유로 학교에 나오지 않는 학생들을 알고 있다. 일반인의 삶에는 엄청나게 많은 사이코드라마가 있으나 동물에게 사이코드라마란 절대 있을 수 없다.

어린이도 마찬가지다. 정서적으로 아이들은 동물, 자폐인과 비슷하다. 왜냐하면 아이들의 전두엽은 여전히 성장하는 중이고, 이는 성년이 되기 전까지는 성숙되지 않을 것이기 때문이다. 나는 전두엽이 하나의 커다란 연합 피질이라고 이미 언급했다. 사랑과 증오 같은 감정을 하나로 묶는……. 이런 이유에서 개가 아이처럼 될 수 있다. 아이들의 감정은 직설적이고, 개처럼 충실하다. 7세 소년이나 소녀는 아버지가 집으로 돌아올 때면, 개가 그러는 것처럼 집을 뛰쳐나가 아버지를 반갑게 맞을 것이다. 나는 동물, 어린이, 자폐인 들의 두뇌는 감정의 연합성을 형성하지 못했기 때문에 단순한 감정을 가진다고 생각한다. 그래서 그들의 감정은 더 분리되고 구획화되어 있는 것이다.

물론 자폐인이 왜 감정을 연합하는 데 문제가 있는지는 누구도 모른다. 자폐인들의 전두엽도 정상 크기이니 말이다. 우리가 이 자리에서 알고 있는 전부는 연구가들이 말한 대로 대뇌 피질부 내에서 연결성이 떨어지고, 피질과 피질 하부의 연결성이 떨어진다는 정도이다. 내가 느끼기에 일반인의 두뇌는, 비유를 하자면 전화·팩스·이메일·메신저로 연락도 하고, 사람들이 이리저리 돌아다니며 이야기도 하는 거대한 회사와 같다. 회사 내부에는 한 곳에서 다른 곳으로 정보를 전달하는 수많은 수단이 있으니까. 자폐인의 두뇌는 똑같이 거대한 회사 건물이지만, 다른 사람에게 이야기하는 수단이 팩스밖에 없다. 전화도 없고, 이메일도 없으며, 메신저도 없고, 사람들이 다니면서 서로 이야기하지도 않는다. 단지 팩스뿐이다. 그래서 오가는 사람은 적고 모든 것이 꼬이기 시작한다. 어떤 메시지들은 제대로 전달되지만, 어떤 메시지들은 팩스가 잘못 복사하고, 종이가 접히면 작동이 안 되거나 잘 전해지지 않는다.

요점은 자폐인들도 정상 크기의 전두엽을 포함한 신피질을 가지고 있지만, 자폐인들의 두뇌는 마치 전두엽이 아주 작거나 제대로 발달되지 않은 정도로밖에는 기능을 하지 못한다는 사실이다. 자폐인의 두뇌는 어린이나 동물의 두뇌처럼 작동하지만, 그것은 다른 이유 때문이다.

두뇌의 각기 다른 부위가 어느 정도 분리되어 있고 서로 잘 연결되지 않으면, 여러분은 구획화로 인해 단순하고 명료한 정서를 가지게 된다. 아이는 어머니와 아버지에게 잠깐 동안 심하게 대들지만, 잠시 후에는 완전히 잊어버린다. 왜냐하면 화가 날 때와 행복할 때는 서로 분리된 감정 상태이니까. 아이들은 상황에 따라 이리저리 옮겨 다닌다.

여러분은 동물에서도 똑같은 모습을 본다. 동물이 강한 감정을 느낄 때는 대개 급작스러운 천둥과 같다. 그들은 흥분하다가 다시 진정된다. 같은 집에 사는 두 마리 개는 잠시 서로 으르렁거리다가도 조금만 지나면 서로 좋은 친구가 된다. 일반인은 분노의 감정을 이겨 내려면 오랜 시간이 필요하다. 심지어 일반인은 나쁜 감정을 이겨 낼 때도 나쁜 감정과 그를 화나게 만든 상황이나 사람과의 연결을 지속한다. 그가 사랑하는 사람이 자신을 엄청나게 화나게 만들 때도 그의 두뇌는 분노와 사랑을 서로 중계하고 기억한다. 고도로 발달된 전두엽 덕분에 모든 것을 다른 것과 연결시키고, 그의 두뇌는 사람과 상황에 대해 복합된 감정을 가지도록 배우게 된다.

　사람과 동물의 또 다른 큰 차이는 동물은 사람처럼 복잡한 감정을 가지지 않는다는 것이다. 예를 들면, 부끄러움, 죄스러움, 당황스러움, 탐욕스러움이나 자기보다 더 성공한 사람에게 불운이 닥치기를 바라는 것 따위이다. 단순 감정과 복합 감정에 대한 사고에 관해서 여러 학설이 있지만, 나는 두뇌에 기초해서 정의를 내린다. 단순 감정은 공포와 분노 같은 1차적 감정으로 파충류와 포유류의 두뇌에서 비롯된 것이다. 복합 감정 혹은 2차 감정은 파충류와 포유류의 두뇌에서 나오기도 하지만 신피질도 자극시킨다. 2차적 감정은 1차적 감정의 토대 위에 형성되며 보다 많은 생각과 해석이 포함된다. 예를 들자면, 부끄러움, 죄스러움, 당황스러움은 모두 분리 불안이라는 1차적 감정에서 출발한다. 이에 대해서는 나중에 잠시 더 언급하겠다. 여러분은 사회 문화와 가정 교육을 통해서 부끄러움을 느낄 때와 당황스러움, 죄스러움을 느낄 때를 배우게 되는데, 이 모든 것은 두뇌 속에서 홀로 떨어지는 고통을 느낌으로써 시작된다.

　나는 동물이 한 번에 한 가지 이상의 감정을 절대로 가질 수 없다는 인식을 심어 주려는 게 아니다. 뒤에서 나는 소가 호기심과 두려움을 동시에 느낀다는 사실에 대해 이야기할 것이다. 생물학적으로는 동물의 두뇌에서 동시에 한 가지 이상의 기본적인 감정이 활성화되는 것도 가능하다. 그래서 기술적으로는 동물도 복합적인 감정을 경험할 수 있다.

　그러나 실제 생활에서 한 가지 감정은 완전히 다른 감정으로 바뀌게 된다. 그리고 일부 핵심 감정은 아마도 다른 감정들을 잠재우게 된다. 예를 들어, 두뇌 연구에서 장난과 분노는 상반되는 감정이라는 사실을 보여 주는데, 이 사실은 개 두 마리가 장난치면서 동시에 싸우는 것을 본 사람이라면 누구나 말할 수 있는 것이다. 그러다 장난 반의 싸움이 진짜 싸움으로 바뀌어, 두 마리가 서로 친밀감을 내비치지 않게 되면 개는 화가 나서 싸우는 감정과 동시에 즐겁게 장난치는 감정을 경험하는 것이다. 일단 장난이 진짜 싸움이 되면 개의 모든 몸짓 언어와 소리 언어는 분노가 된다.

개들은 프로이트를 모른다

사람과 동물의 또 다른 큰 차이로서 동물은 방어 기제가 없는 것 같다. 지그문트 프로이트는 사람의 방어 기제를 투사, 교체, 억압, 부정으로 표시했고, 나는 동물한테서는 이런 것들을 볼 수 없다고 생각한다. 방어 기제는 분노로부터 자신을 지키는 것이고, 모든 방어 기제는 어느 정도 억압에 의존한다. 억압을 사용하여 여러분이 두려워하는 감정은 무엇이든 무의식적인 내면으로 몰아넣고, 의식적인 마음을 대리자에게 맞추게 된다. 혹은 보다 수준 높고 성숙한 방어 기제인 유머·이타주의·이지적 사고를 통해 여러분은 유머를 사용하고, 감정 이입을 한다. 비록 공포라는 진짜 감정은 밀쳐 낼지라도.

동물에게 프로이트의 방어 기제가 없다고 믿는 이유는 동물과 자폐아는 방어 기제로서 억압을 가지지 않은 것처럼 보이기 때문이다. 혹은 있다손 치더라도 그들은 매우 미약한 정도만 가지고 있다. 나 자신도 프로이트의 방어 기제를 가지고 있다고 생각하지 않는다. 그리고 나는 언제나 일반인들이 그러한 방어 기제를 가지고 있다는 사실에 놀란다. 일반인에 대해 항상 내 마음에 사무치는 것은, 어떤 사실에 대한 '부정'

이다. 문제가 있는 도축장 시설을 둘러볼 때면, 나는 이처럼 말한다. "저 시설은 제대로 작동할 것 같지 않은데요."

모든 사람은 그 즉시 내가 진짜 부정적이라고 생각한다. 그러나 나는 그렇지 않다. 그 상황과 무관한 사람들이 보기에는 잘 안 될 것이라는 게 확실해 보이지만, 그 상황에 놓인 사람은 마음속으로 방어 기제가 적절히 준비될 때까지 사실을 받아들이는 것을 방해하므로 사실을 보지 못하게 된다. 그런 방어 기제가 부정이지만, 나는 그 감정을 전혀 이해할 수 없다. 사실 나는 이것이 무엇을 의미하는지 상상도 하지 못한다.

그래서 나는 무의식을 갖지 못했다는 것이다. 일반인은 나쁜 것을 자신의 의식에서 끄집어내어 무의식의 세계로 밀어낼 수 있지만, 나는 그렇지 못하다. 일반인도 물론 나쁜 것을 항상 잠가 둘 수는 없지만, 최소한 그들은 부정적인 감정으로부터 나보다는 자유롭다. 그래서 내가 강간이나 잔혹한 장면이 나오는 폭력적인 영화를 보지 못하는 것이다. 그 장면들은 내 의식 속에 남아 버린다. 일단 그렇게 되면 그 장면을 마음속에서 지워 버릴 수도 없다. 나쁜 영상을 머릿속에서 떠올리지 않는 유일한 방법은 다른 것을 생각하는 것이다. 그러나 그렇게 해도 나쁜 모습은 마음속에 여전히 도사리고 있다. 마치 인터넷의 팝업 창처럼 말이다. 내가 그렇게 생각하는 이유는, 일반인의 두뇌에는 갑자기 튀어나오는 나쁜 이미지를 제거하는 장치가 있지만, 내 머리는 그렇지 못하기 때문이다. 이렇게 계속 튀어나오는 이미지를 없애려고 나는 끊임없이 머릿속의 다른 화면을 클릭해야 한다.

내 두뇌 속에는 왜 무의식이 없는지 모르겠지만, 아마도 나의 기본적인 언어는 그림이지, 말이 아니라는 점과 연관이 있지 않을까 싶다. 많은 연구에서 여러분 두뇌의 언어 영역은 그림 영역을 가로막고 있다는 사실이 밝혀졌다. 언어가 여러분의 화상 기억을 지우지는 않는다. 화상은 머릿속에 그대로 남아 있다. 그러나 언어는 화상이 말로 바뀌는 것을 가로막고 있다. 정신 분석학자들은 이것을 '언어의 감각 차폐 현상 verbal overshadowing'이라고 한다. 나한테는 왜 무의식의 세계가 없는 것인지 잠시 생각해 보면, 내 언어 문제가 두뇌의 언어 영역과 연관이 있는 것 같다. 언어는 나에게 주어진 재능이 아니었다. 그래서 내 두뇌 속의 언어 영역은 머릿속의 그림을 뒤덮을 만큼의 능력은 없는 것이다.

이렇게 말하면 내가 무의식이 없음을 언급하는 것으로부터 정신적 방어 기제가 없다고 말하는 것까지 사고적 도약임을 알고 있지만, 내 개인적 경험에 근거하면 이것이 사실이라고 생각한다. 아무도 동물이 방어 기제를 가지고 있는지에 대한 검증을 해 보지 않았다. 그러나 동물은 방어 기제를 가지고 있지 못한 것처럼 행동한다. 여러분은 동물이 위험한 상황에서 안전한 것처럼 행동하는 것은 보지 못했을 것이다. 여러분의 개가, 자신을 위협하는 개가 있을 때 두려워하지 않는 것처럼 보일지 모르지만, 이런 행동도 마음과는 다를 수 있다. 개는 위험이 있음을 알고, 두려운 개를 충동질하지 않으려는 자신만의 전략을 사용하는 것이다.

내 친구는 두 마리의 개를 기르고 있는데, 한 마리는 암컷 콜리고, 다른 한 마리는 용감무쌍한 골든레트리버였다. 내 친구가 산책할 때 콜리는 혼자서 두 마리의 사나운 독일산 셰퍼드의 곁을 지나며 거리를 걸었는데, 콜리는 앞으로 똑바로 내다보면서 마치 셰퍼드의 존재를 듣지도 보지도 못하는 것처럼 행동했다. 셰퍼드를 노려보면 그 개들을 자극할 것이기 때문에 그렇게 했던 것이다. 콜리는 그 개들을 도발하지 않으려고 시선을 맞추지 않은 것이다.

콜리는 두려움을 억누를 수 있었기 때문에 공포를 느끼지 않은 것이 아니라, 혼자 있을 때 다른 개들을 두려워하지 않는 척했던 것에 불과하다고 말할 수 있는 것은 콜리가 본능적인 지향 행동을 하지 않았기 때문이다. 모든 동물은 움직임을 지향한다. 이것은 자동적이다. 어떤 개도 똑바로 노려보는 독일산 셰퍼드를 그냥 지나칠 수 없으므로 콜리는 가장 원초적인 지향 반응을 의식적으로 억눌렀다. 적극적으로 다른 셰퍼드들을 무시해야만 했던 것이다.

네 가지 핵심 정서

연구가들은 네 가지의 핵심 정서에 대해 구분 짓고 상세히 기술했다. 이 네 가지 정서는 전부 동물들이 태어나서 얼마 되지 않아 성숙된다. 그것들은 다음과 같다.

1. 분노
2. 먹이를 쫓는 강한 욕구
3. 공포
4. 호기심, 흥미, 기대감

그리고 대부분의 동물들은 네 가지 핵심적인 사회적 감정을 가지고 있다.

1. 성과 욕정

2. 분리 불안(어머니와 아이)

3. 우정, 사랑, 상실

4. 놀이와 난동(어지럼힘)

우리는 분노, 공포, 먹이를 쫓는 욕구는 충분히 알고 있고, 이것들은 각기 따로 장을 만들어 다룰 만하다. 분노와 먹이에 대한 본능은 제4부에서 다룰 것이고, 공포는 제5부에서 다룰 것이다. 여기서는 호기심, 흥미, 기대감과 사회적 감정에 대해 이야기하려고 한다.

호기심: 중추 신경계

모든 포유류와 조류는 호기심이 강하고, 주변 환경에 관심이 있다. 그리고 그 동물들은 기대 심리를 강하게 드러낸다. 여러분은 개한테 먹이를 줄 때마다 개들이 얼마나 기대에 차서 좋아하는지를 눈으로 볼 수 있다. 여러분이 개 밥그릇에 먹이를 쏟아 붓기 시작하면, 개는 특유의 함박웃음을 지으며 최대한의 속도로 꼬리를 흔들어 댈 것이다. 개에게는 먹이를 막 먹으려 할 때가 제일 행복한 순간이다.

밥 먹을 때 꼬리를 흔들며 웃는 것은 가장 기본적인 감정에서 우러나온 것이다. 그 느낌을 딱 한 가지만으로 이름 붙일 수는 없다. 확실하게 느낌을 표현하려면 최소한 두 개의 단어는 필요할 것이고, 그렇게 하더라도 정확히 이름 붙이기는 힘들 것이다. 팬셉 박사는 자신이 붙일 수 있는 가장 최상의 언어는 강렬한 흥미, 빠져 드는 호기심과 강렬한 기대감이라고 말한다.

이런 두뇌 회로가 활성화되면 사람이나 동물은 상황에 따라서 아마도 이들 세 가지 호기심, 흥미, 기대감이 혼합된 감정을 느끼게 된다. 사람들은 두뇌에서 이런 감정을 담당하는 부분들을 전기로 자극시켜 어떤 것인지를 확인하려고 노력하지만, 대개는 무언가 매우 흥미로우면서도 짜릿한 것이 진행되고 있다는 정도를 아는 데 그친다. 호기심과 흥미 회로에 자극을 받은 동물들 또한 그렇게 느끼는 듯이 행동한다. 자극을 받자마자, 매우 생동감 있고 활동적으로 움직이면서 주위를 열심히 둘러보고 코를 킁킁거리며 먹이를 찾기 시작한다.

팬셉 박사는 이런 작용이 일어나는 두뇌 부위를 '탐색 회로'라고 명명했다. 동물과 사람은 삶에 필요한 것을 탐색하는 강렬하면서도 원초적인 욕구를 공통적으로 가지고 있다. 우리는 생존을 위해 이러한 감정에 의존한다. 왜냐하면 호기심과 주변 환경에 대한 능동적인 관심을 두게 되면서, 동물과 사람은 음식, 피난처, 짝과 같은 좋은 요소들을 찾는 데 도움을 얻게 되고, 포식자와 같은 위험 요인에서 피할 수 있기 때문이다.

우리는 두뇌 전기 자극 혹은 ESB^{Electrical Stimulation of Brain}라 불리는 연구 분야를 통해서 호기심, 흥미, 기대감의 혼합 감정 혹은 탐색 감정이 긍정적인 감정이라는 사실을 알고 있다. 두뇌 전기 자극 연구를 할 때 외과 의사들은 동물의 뇌에 전극을 이식하고, 뇌의 각기 다른 부위를 자극해서, 그때마다 동물이 보이는 행동을 관찰했다. 뇌의 탐색 부위는 대부분 뇌하수체에 위치하고 있다. 뇌하수체는 포유류의 두뇌이고 그 속에서 가장 중요한 화학 매개체는 도파민인데, 뇌하수체에 자극이 가해지면 도파민의 농도가 상승한다. 뇌하수체는 섹스 호르몬과 식욕을 조절하기 때문에, 탐색 감정이 뇌하수체에서 유발될 것이라는 판단은 이치에 맞다. 왜냐하면 모든 동물은 상당한 시간을 먹이와 짝을 찾는 데 보내기 때문이다.

우리는 자가 자극 실험을 통해 동물은 탐색 상태에 머무르기를 좋아한다는 것을 알고 있다. '자가 자극 실험'이란 동물이 직접 전극을 조절할 수 있게끔 장치하여 스스로 전극을 켜고 끌 수 있게 하는 실험을 말한다. 호기심, 흥미, 기대감에 해당되는 부위에 전극을 이식해 놓으면 동물은 전극을 작동시켜, 코를 쿵쿵거리고 주변을 맹렬히 둘러보는 등의 행동을 지쳐 떨어질 때까지 계속한다.

많은 사람들이 대학에서 이러한 실험 내용에 대해 접해 보았을 것이므로, 나는 최근에 이런 실험에 대한 해석이 완전히 바뀌었음을 지적하고 싶다. 연구가들은 탐색 회로는 뇌의 즐거움 중추라고 생각해 왔다. 가끔 이들은 탐색 회로를 보상 중추라고 부르기도 했다. 탐색 회로의 주 신경 전달 물질은 도파민이었으므로, 그들은 도파민이 즐거움을 느끼게 하는 화학 물질이라고 생각했다. 대략 그런 내용이 내가 대학 시절에 배운 것이다. 나는 이러한 실험을 배우면서, 두뇌를 전기로 자극받는 동물은 끝없는 오르가슴을 경험할 게 분명하다고 생각했다.

즐거움 중추일 것이라는 생각은 도파민이 많은 약물 중독에 연관되어 있다는 사실과 맞아 들어간다. 코카인, 담배와 모든 중추 신경 흥분제는 중추 신경계 내부의 도파민 농도를 증가시킨다. 연구가들은 약물이 여러분을 즐겁게 해 주기 때문에 약물에 금단 현상이 생기고, 그래서 도파민은 두뇌 속에서 즐거움을 느끼게 해 주는 화학 물질임에 분명하다고 가정했던 것이다.

이제 연구가들은 완전히 다르게 보고 있다. 우리는 코카인 같은 약물이 좋게 느끼는 것은 뇌의 탐색 중추를 강력하게 자극하기 때문이지, 어떤 즐거움의 중추를 자극하는 게 아님을 보여 주는 수많은 증거를 가지고 있다. 자기·자극 실험을 하는 쥐가 자극받는 것은 그들의 호기심·흥미·기대감 회로여서 좋게 느끼는 것이다. 어떤 것에 흥분되고 현재 진행되는 행동에 특히 호기심을 보이면서, 사람들이 인생에서 최고라고 말하는 상태까지 이르는 것이다.

이 새로운 해석에는 최소 세 가지 유형의 증거들이 존재한다. 하나는 이런 두뇌 부위를 자극받는 동물은 매우 강렬한 호기심을 지니고 행동한다는 사실이다. 두 번째는 이런 두뇌 부위를 자극받는 사람들은 자신들이 호기심과 흥미를 느낀다고 말한다는 사실이다. 세 번째가 결정적인 요인이다. 두뇌의 탐색 부위는 동물의 경우 먹이가 가까이 있을 것이라는 징후를 느끼면 작동하기 시작하고, 먹이를 눈으로 보게 되면 멈춘다. 탐색 회로는 음식을 찾으면서 작동하고, 최종적으로 음식을 찾아내거나 먹을 때는 작동을 멈추는 것이다. 바라는 것을 찾는 동안 기분이 좋아지기 때문이다.

생각해 보면 그리 놀랍지도 않다. 사람과 동물의 가장 기본적인 바탕 안에 먹이를 찾는 즐거움이 내재된 것이다. 그래서 사냥꾼은 그들이 잡은 것을 먹지도 않으면서 사냥하고 싶어 하는 것이다. 사냥꾼들은 사냥에 참가하는 것, 사냥 그 자체를 좋아한다. 사람들의 성격이나 호기심을 감안해 보면 어떤 식으로든 사냥을 좋아한다. 이런 사람은 벼룩시장에서 숨겨진 보물을 찾는 것도 좋아한다. 심지어 철학 세미나 혹은 교회에서도 인생의 궁극적인 의미를 사냥하길 바란다. 이런 심리는 모두 중추 신경계 내부의 동일한 시스템에서 나오는 것이다.

호기심: 동물과 아이

자연 속에서 동물은 각자 수준에 맞는 정도의 호기심을 가지고 있다. 예를 들어, 쥐는 엄청나게 두리번거린다. 쥐들은 매우 활동적이어서, 낯선 환경에 집어넣으면 작은 구석부터 모퉁이까지 전부 살핀다.

소는 상대적으로 호기심이 덜하다. 아마도 소들은 충분히 덩치가 크고 오랫동안 사람에게 길들었으며, 위험 요인이 그렇게 많지 않아서일 것이다.

그러나 어떤 소들은 다른 소들보다 호기심이 훨씬 많다. 홀스타인종의 소들은 매우 호기심이 많고, 혀를 이용해 이것저것 음미해 본다. 홀스타인종이 몰려 있는 목초지에 드러눕는다면 소들은 가까이 다가와 내 부츠를 핥기 시작할 것이다. 그 녀석들은 말한테도 접근해 가서 등을 핥을 녀석들이다.

가축들보다 야생 동물이 더 호기심 많다는 사실이 확인되더라도 내게는 놀랄 일이 아니다. 내 조수 마크가 기르는 작은 강아지 '레드 도그'는 야생의 카롤리나종으로, 유전적으로 미국 애견 협회의 순종견들보다는 야생의 조상에 가깝다. 레드 도그는 호기심이 많다. 만일 새로운 장소에 데려다 놓으면, 미친 듯이 킁킁거리면서 모든 것을 살펴봐야 직성이 풀릴 것이다. 우리가 애견 미용실로 데려갔을 때 바로 옆에 맥도널드가 있었는데, 레드 도그는 미친 듯이 킁킁거리며 살피기 시작했다. 그때부터 우리와 같이 움직이려고 하지도 않았다.

마크가 오래 길렀던 강아지 앤은 오스트레일리아산으로, 몸집이 작은 푸른 빛깔의 목양견이었다. 이 녀석은 훨씬 더 사교적이었다. 호기심이 있기는 마찬가지였지만, 애견 미용실 같은 곳에 데려간다면 우리와 같이 움직일 것이다. 만일 집에서 기르는 동물이 호기심이 적다고 가정한다면, 그 이유는 야생에서 스스로를 지키며 살아가야 하는 동물과 달리 집에서 기르는 동물에게 가해졌던 선택 압력의 결과 때문일 것이다. 가축은 사람이 보호하고, 먹이나 머물 곳을 찾아 헤맬 필요가 없다. 그래서 야생 동물에 비해 호기심이라는 감정을 그다지 많이 가지지 않는 것이다.

내가 신기함 추구novelty seeking, 동물이 새로운 것을 만지고 탐색하고, 반응하려는 욕구라고 부르는 것은 아마도 동물의 호기심과 같은 것이다. 동물들도 사람처럼 새로운 것을 좋아한다. 여러분이 동물에게 가지고 놀 만한 멋진 장난감을 한 아름 던져 주면 그 녀석은 지금까지 써오던 좋은 것이 있더라도 새로운 쪽으로 달려갈 것이다. 나는 일리노이 대학에서 돼지를 연구했을 때 그것이 사실임을 알았다. 나는 돼지들이 가지고 놀거리를 많이 가져다주었다. 그 놀거리란 돼지들이 헤집을 밀짚이나, 입으로 찢어 버릴 만한 전화번호부 책이었다. 그러나 내가 새로운 것을 주면 이 녀석들은 가지고 놀던 것은 내버려 두고, 새로운 장난감으로 몰려들었다. 모든 돼지가 앞서 가지고 놀던 밀짚 더미와 전화번호부 책같이 재미있는 장난감보다는, 씹을 수조차 없는 금속 사슬처럼 새롭고 하찮은 것을 더 좋아했다.

그래서 아이들은 아무리 장난감이 많아도 새것을 원하고, 어른들도 항상 새 옷과 새 차를 원한다. 새것은 그 자체로 즐거운 대상이다. 신기한 것을 좋아하는 것은 아마도 두뇌의 탐색 체계에서 발생하는 것 같다. 이것은 먹이나 거처를 찾으려는 목적의 호기심이라기보다는, 그저 호기심을 충족하기 위한 호기심이다. 사람과 동물은 자신만의 재능을 사용할 필요성이 있으며, 호기심은 중요한 재능이다. 그래서 사람과 동물은 자신들의 두뇌를 자극시켜 줄 새로운 대상을 원하는 것이다. 예를 들어, 앵무새가 새장 안에서 미쳐 버리지 않으려면 엄청난 양의 새로운 자극이 요구된다. 연구가들이 앵무새 한 마리를 연구하면서 새장 안으로 새로운 놀거리를 더 많이 넣어 주었더니 자신의 깃털을 뽑는 행동이 줄어들더라는 연구가 있었다. 깃털을 뽑는 행동은 스트레스와 연관되는 것이다.

잠시 왜 동물은 새로운 것을 두려우면서도 재미있어 하는지에 대해 내가 할 수 있는 최선의 설명을 하겠다. 우리는 두뇌 속의 탐색 체계에 대해 좀 더 알아야만 한다. 이것에 관해 내 친구에게서 들은 이야기가 있다. 그녀의 아들은 변화를 싫어하는 아이였다. 그래서 그녀는 아이와 시간을 함께 보내면서, 좀 더 상황에 유연해질 것을 가르치려 했다. 그 과정에서 아이는 자연스럽게 새로운 장난감을 좋아하게 되었다.

그래서 어느 날 그녀가 아이에게 새 장난감을 계속해서 사 달라고 조르면서도 새로운 경험을 싫어하는 것은 모순이라고 설명하자 아이는 '난 새 옷은 싫지만, 새 장난감은 좋단 말이야'라고 말했다. 동물의 행동 방식도 아이의 말과 똑같다.

동물의 미신

호기심은 동물이 필요한 것을 찾는 데만 도움이 되는 게 아니다. 학습할 때도 도움이 된다. 이 말은 그럴듯하긴 하지만, 호기심이 어떤 식으로 동물의 학습에 도움이 되는지에 관한 자세한 설명은 되지 못한다.

모든 동물과 사람은 학자들이 말하는 일치의 편견을 타고났음이 밝혀졌다. 사람과 동물은 두 가지 사건이 거의 동시에 생기면, 우연으로 치는 것이 아니라 첫 번째 사건 때문에 두 번째 사건이 일어났다는 믿음이 강하게 박혀 있다.

예를 들자면, 여러분이 새장에 비둘기를 넣고 먹이가 새장 안에 들어가기 직전에 반짝이는 키를 설치해 놓았다고 치자. 곧 비둘기는 먹이를 얻기 위해 반짝이는 키를 쪼기 시작한다. 그 녀석은 일치의 편견으로 인해 첫 번째 사건—키가 반짝임—이 두 번째 사건—먹이가 생김—을 유발했다고 믿기 때문에 그렇게 하는 것이다. 비둘기는 몇 번 더 키를 쪼고 그럴 때마다 먹이가 생긴다—왜냐하면 먹이는 키에 불이 들어오면 항상 나타나니까—. 그리고 이제 그 녀석은 불빛이 비칠 때 키를 쪼면 먹이가 생긴다고 결론짓게 된다.

비둘기가 하는 행동은, 자신이 행운의 토끼 발을 갖게 되면 응원하는 팀이 야구 시합에서 이긴다고 생각하는 사람의 행동과 똑같다. B. F. 스키너 박사는 이런 현상을 '동물 미신'이라고 부른다. 그가 토끼 발을 가지고 있을 때 투수는 몇 게임 동안 공을 잘 던졌다. 비둘기가 반짝이는 키를 쪼면 여러 차례 먹이가 생겼듯이 말이다. 두 경우 모두 원인은 연관 관계에 있다고 결론 내린 것이다.

일치의 편견은 사람과 동물의 두뇌 모두에 내장되어 있고, 우리의 학습에 도움이 된다. 우리는 사건 1에 사건 2가 밀접하게 뒤따르면 사건 1이 사건 2를 만들었다는 식의 틀린 가설을 배우게 된다. 우리가 부여하는 가설은 사건 1과 2가 동시에 일치되어 생긴다는 식은 아니다. 일치라는 개념은 사람과 동물 양쪽 모두에게 상당히 발달된 개념이다. 그래서 통계학 과정에서 상호 관계가 자동적으로 원인이 되는 것은 아니라고 학생들에게 가르쳐야만 하는 것이다. 우리의 두뇌는 어떤 일의 원인과 상호 관계를 같은 것으로 보려는 습성이 있다. 실제 생활에서 사건 1이 사건 2를 유발하는 경우도 많으므로, 우리는 일치의 편견을 통해 두 사건 간의 연관성을 쉽게 결론짓는 것이다.

머릿속에 내장된 일치의 편견 때문에 생기는 단점의 하나로, 여러분은 원인이 밝혀지지 않은 사건끼리도 서로 연결 지어 버린다. 이것이 미신이다. 대부분의 미신은 실제로는 연관 관계에 있지 않은 두 사건이 우발적으로 연관되면서 생기는 것 같다. 여러분이 파란 셔츠를 입었더니 수학 시험에 통과했다. 파란 셔츠를 입었더니 경시 대회에서 상을 받는 일도 벌어진다. 그러면 여러분은 파란 셔츠가 행운의 물건이라고 생각하게 된다.

일치의 편견 덕분에 동물은 늘 미신을 만든다. 나는 미신을 만드는 돼지를 본 적이 있다. 어떤 농장에서 돼지 축사 내부에 한 번에 한 마리가 먹이를 먹을 수 있게, 전기로 작동되는 식사 공간을 설치했다. 돼지들은 먹이를 두고 정말 지저분하게 싸우기도 하므로, 농부들은 돼지들을 조용하게 만들려고 이렇게 먹이 공급장을 설치했다. 모든 돼지의 목에는 전자 꼬리표가 부착되었는데, 호텔의 전자 키와 같은 방식이었다. 돼지가 식사 공간으로 접근하면, 스캐너가 꼬리표를 인식하면서 문이 열렸다. 한 마리가 들어가면 문이 닫혀 버리고 다른 돼지들은 들어갈 수 없었다. 먹이를 먹는 공간은 사방이 단단하게 설계되어 있었고, 돼지들은 먹이 공급장 안으로 코를 들이밀거나 먹이를 먹는 돼지의 엉덩이나 꼬리를 물어뜯을 수 없었다. 먹이 공급장 안으로 들어간 돼지가 여물통에 머리를 들이밀면 여물통에서 전자 스캐너가 ID를 확인하고, 돼지가 먹을 정확한 사료의 양을 계산한다.

어떤 돼지들은 먹이 공급장 안으로 들어가게 하는 것이 목걸이라는 것을 알게 된다. 그렇게 되면 만일 땅바닥에 떨어진 임자 없는 목걸이가 눈에 띄면, 돼지는 그것을 이용해서 먹이 공급장 안으로 들어가려고 할 것이다. 일치의 편견이 돼지들로 하여금 정확한 결론을 내리게 한 것이다.

어떤 돼지들은 미신을 만들었다. 이것 또한 일치의 편견에 근거한 것으로, 먹이 공급장 내부의 여물통에 관한 것이다. 나는 몇 마리가 먹이 공급장 너머로 접근해서 문이 열릴 때 들어가는 것을 보았다. 그러고는 여물통에 접근해서 의도적으로 반복해서 땅바닥에 발을 구르기 시작했다. 돼지들은 여물통의 스캐너가 인식표를 읽어 낼 만큼 머리를 접근시켰고, 먹이가 나올 때까지 반복했다. 확실히 돼지들이 발을 구르면, 두 번 정도 먹이가 공급됐다. 그러자 돼지들은 발을 굴러야 먹이가 나오는 것이라고 결론 내렸다. 사람과 동물은 똑같은 방식으로 미신을 만들어낸다. 우리 인간들의 두뇌는 연결과 연관은 보지만, 우연의 일치는 보지 못한다. 게다가 우리의 두뇌는 연관성이 원인이라는 생각에 사로잡히기 쉽다. 우리가 필요한 것을 알고 우리가 살아가는 데 요구되는 것을 찾는 것을 배우게 해 주는 뇌 부위는 망상과 음모론도 만들어 내는 부위인 것이다.

동물의 친구와 가족

네 가지 핵심 감정 위에 모든 동물과 조류는 네 가지의 기본적인 사회적 감정을 가지고 있다. 성적 매력과 욕망, 모성애, 사회적 친화성 및 놀면서 느끼는 즐거운 감정 등이다.

섹스는 사람이 개입해서 생기는 야릇한 진화 과정을 볼 수 있는 또 다른 분야다. 예를 들겠다. 미국의 사육자들은 보다 지방 함량이 적은 돼지를 찾기 시작했다. 이유는 미국인들이 기름기가 적은 돼지고기를 먹고 싶어 했기 때문이다. 지방질이 적은 돼지는 육체적으로 건강하기는 하지만, 성질은 건강한 것과 거리가 멀었다. 그 녀석들은 엄청나게 신경질적이었고, 신경과민이었다. 마이엘린이라는 물질과 관련이 있어 보였지만, 사람들은 왜 이런 일이 생기는지 몰랐다.

마이엘린은 신경의 축색을 싸고 있는 지방막으로서, 뇌에서 말초 신경까지 신호 전달을 원활하게 해 주는 역할을 한다. 마이엘린은 순수하게 지방으로 구성되었고, 그래서 여러분이 지방이 적은 돼지를 기르려고 하면 같은 이유에서 마이엘린의 형성까지 방해할 수도 있는 것이다. 저수치의 마이엘린은 신경 세포 사이에 억제 신호를 잘 흐르지 못하게 하여 결국 동물들을 흥분하게 만든다. 이런 동물은 조용히 앉아 있지 않는다. 어쨌든 이것이 하나의 이론이다.

저지방의 돼지는 성적인 면에서도 결함이 있었다. 중국의 돼지는 모두 살이 쪘다. 그리고 암돼지는 더 많은 새끼 돼지를 생산했다. 뚱뚱한 중국 암돼지는 21마리의 새끼를 낳았는데, 한 번에 10~12마리를 낳는 야윈 미국 돼지와 비견됐다. 그리고 뚱뚱한 중국 수돼지는 훨씬 성적으로 활발한 모습을 보였다. 그 녀석들을 일리노이 대학으로 데려왔을 때, 수돼지들이 마법처럼 축사에서 빠져나와 주변에 사람이 없을 때면 암돼지와 교미하려 했는데, 미국 돼지들은 이런 행동을 전혀 하지 않는다. 그들은 머릿속에 쉬지 않고 섹스를 하려는 생각으로 가득했다. 중국 돼지는 통통하게 살이 오르고, 너무나 온순했고, 성적으로는 매우 활발했다. 암돼지들 또한 좋은 어미였다.

섹스는 모든 동물에게 매우 강한 본능이다. 그래서 동물을 기르는 사람들은 항상 그들의 성적인 욕망을 한 가지 혹은 다른 방법으로 해결해 주어야만 한다. 동물들을 번식하지 못하게 하거나, 반대로 그들을 성공적으로 번식시키려는 것 모두 그 나름의 어려움을 안고 있다.

동물을 거세하는 방법을 통해 원치 않는 임신을 쉽게 막을 수도 있지만, 번식에 따르는 모든 행동들까지 막을 수는 없다. 특히 동물의 성숙된 성적 행동이 완성된, 비교적 늦은 시기에 거세를 시도하려고 하면 더욱 그렇다.

내가 어렸을 때, 우리 집의 샴 고양이 비리에게 그런 일이 생겼다. 우리 집의 고양이는 꽤 늦은 시기에 거세했다. 방뇨하는 버릇이 완성되고 나서야! 어느 날 우리는 새 집으로 이사했고, 모든 그림을 거실 벽에 걸기 전에 바닥에 쌓아 두었다. 비리는 그림의 유리에 비친 자신의 모습을 보고는 모든 그림에 오줌을 쌌다. 그림은 전부 35장이었는데 그중 20장을 완전히 망쳐 놓아, 버려야만 했다. 나머지 그림들도 냄새가 고약했지만, 참는 수밖에 없었다.

돼지를 사랑에 빠지게 만들 수 있을까?

모든 복합 행동이 그러한 것처럼 성적 유혹과 짝짓기도 학습에 달려 있다. 수탉이 구애의 춤을 추는 것처럼, 성적 행동 자체는 동물에게 강하게 각인된 행동 양식이다. 이런 행동은 타고난 것으로, 동물은 태어날 때부터 어떻게 해야 하는지 알고 있다. 그러나 어떤 상대와 짝짓기를 해야 하고 어떤 상대는 피해야 하는지는 다른 동물로부터 배워야 한다.

동물이 자신의 짝을 혼동한 사례를 수년간 관찰한 이야기들이 상당히 많다. 룻거 대학의 조류학자가 쓴《나를 소유한 앵무새》라는 책이 있다. 그녀는 보호자가 사망한 30년생 앵무새를 맡게 되었는데, 앵무새는 곧 새 보호자와 친밀해졌고, 그녀가 자신의 짝이라고 생각했다. 해마다 봄이면 앵무새는 그녀에게 구혼했다. 그 녀석은 신문을 찢어 새집을 만들었고, 그녀에게 키스하곤 했으며, 그녀에게 나누어 주려고 먹이를 쌓아 두기도 했고, 그녀의 남편이 그녀에게 애정 표현을 할 때면 남편을 공격하기도 했다. 나중에 앵무새는 남편에게 비열한 짓을 한 데 대해 유감을 표시했다. 또 다른 유명한 이야기로는 '제시카를 사랑한 큰 사슴'이 있다. 버몬트 주에 살았던 사슴의 이야기인데, 그 녀석은 제시카란 이름을 가진 헤리퍼드 암소에게 사랑에 빠져 26일 동안 암소가 지내는 풀밭에서 구애했다.

가축을 번식시키는 것은 쉬울 수도 있고 어렵기도 한데, 가축에 따라 다르다. 소와 양이 가장 쉽다. 어떤 소와 양은 알아서 번식한다. 그 녀석들은 목초지로 암수 한 쌍이 나가서 교미하고 돌아온다. 단, 주의해야 할 것은 수소의 우두머리에 대한 것이다. 지배자 격인 수소가 필연적으로 좋은 정자나 유전자를 가진 것은 아니다. 그래서 이 수소가 뛰쳐나와 모든 양질의 수소를 쫓아 버리는 것은 좋은 일이 아니다. 그래서 여러분은 모든 수소를 암소와 어울리게 하여 한 마리의 지배자가 모든 암소를 차지하지 않도록 배려해야 한다.

대부분의 목장에서 소의 번식은 인공 수정으로 이루어진다. 소들은 인공 수정이 쉽다. 암소에게는 특별히 할 것도 없다. 그저 수정관을 암소의 자궁에 위치시켜 정액을 주입하면 그걸로 끝이다.

브라만종의 수소들은 좀 더 복잡하다. 브라만종은 등에 커다란 살덩이가 있으면서 큰 귀를 가진 종이다. 브라만은 사람과 매우 친밀해서 만져 주면 좋아한다. 그저 먹기만 해도 나는 브라만 소를 사랑한다. 여러분이 소들을 잘 대해 주면 소들도 여러분을 잘 대한다. 여러분의 얼굴과 몸을 핥으려 할 때도 있지만, 여러분이 소들을 거칠게 대할 때는 정신 차려야 한다. 소들이 걷어차거나 덤벼들 수도 있기 때문이다.

브라만 수소들은 사람을 너무 따르기 때문에, 브라만 수소에게서 정액을 모으려면 우선 오랫동안 소들을 어루만져야 한다. 20분 정도 목과 엉덩이를 쓰다듬어 주길 바라기 때문에, 20분 동안은 그냥 정액을 주지 않으려 할 수도 있다. 가장 신경 써야 하는 부분이 이것이다. 그렇게만 해 주면 소들은 기꺼이 정액을 제공할 것이다. 소들은 편안하고 애정 어린 보호자의 애무를 받고 싶어서 정액 제공을 거부할 수도 있다. 일부 소들과는 그냥 떨어져 있거나 내버려 두라. 그렇지 않으면 정액을 얻지 못할 수도 있다. 여러분이 해야 하는 것은 소들로 하여금 정액을 제공하지 않으면 어루만져 주지 않겠다는 점을 깨닫게 하는 것이다.

돼지도 자연적으로 번식할 수는 있지만, 사육자들은 오랫동안 인공 수정을 이용했다. 돼지를 상업적으로 번식시키려면 고도의 기술이 요구된다. 나는 암돼지의 번식에 가장 성공적인 기록을 가진 남자와 대화를 나눈 적이 있는데, 그는 내가 아는 한 아직까지 책으로 나오지 않은 사실들을 말해 주었다.

돼지를 흥분시켜 정액을 채집하려면, 사람이 배려해 줘야 하는 각자의 특징이 있다. 그 녀석들 중 일부는 사람이 정액을 모을 때 등판의 각질을 벗겨 주는 것을 좋아했다. 이보다 더욱 사사로운 것들도 있는데, 돼지가 좋아하는 대로 성기를 잡아 주어야 할 때도 있고, 그 녀석들 중 일부는 말 그대로 자위를 해 주어야 할 때도 있다. 그가 말한 것 중에는 항문을 만져 주길 바라는 돼지도 있었다." 나는 그 녀석의 항문에 손가락을 집어넣어야만 했는데, 정말 좋아하더군요." 그 말을 하고 나서 그는 부끄러워서 얼굴이 홍당무가 되었다. 그의 입장이 곤란할 수도 있기 때문에, 이름은 말하지 않겠다. 그러나 그는 그 분야에 관한 한 최고 중의 한 사람이며, 기억해야 할 것은 우리가 언급한 내용은 그의 업무일 뿐이다. 수돼지가 다수의 암돼지들을 성공적으로 번식시키면 회사에 이익이 창출되는 것이다.

이 사람은 암돼지들도 같은 방식으로 다루어야만 한다고 말해 주었다. 암소의 경우는 여러분이 단지 삽입관을 이용해 자궁에 넣어 주기만 하면 새끼를 밴다. 암소가 발정하거나 섹스에 흥미가 있을 필요는 없다. 그러나 돼지를 번식시키려면 암돼지를 흥분시켜야만 정액을 자궁으로 주입할 수 있다. 만일 암돼지가 충분히 발정하지 않았다면 적은 수의 난자가 수정될 것이므로 한 배에 품는 새끼 숫자가 줄어든다. 그래서 사육자들은 암돼지가 준비됐을 때를 정확히 알 수 있어야 한다. 돼지가 수정을 받아들일 때가 됐다는 징후는 돼지의 귀가 번쩍이면서 쫑긋 서는 것이다. 이것을 쫑긋거림이라고 부른다.

또한 여러분이 돼지의 등에 무게를 실으면, 암돼지는 자신의 등에 수돼지가 있다고 느껴 꼼짝 않고 그냥 서 있게 된다. 사육자들은 이것이 수돼지를 받아들일 자세라고 한다. 우수한 사육자는 언제 자신의 암돼지들이 수돼지들을 받아들일 자세가 되어 있는지를 파악하고, 정액을 체내로 주입할 때는 암돼지의 등에 올라앉아 암돼지가 등에 무게를 느끼도록 해 준다. 일부 사육자들은 같은 효과를 위해 무게가 나가는 물체를 올려놓기도 한다.

과거에 돼지 사육자들은 이러한 정신적 요소들은 별로 신경을 쓰지 않았지만, 이제는 주의를 기울인다. 진짜 중요한 것은 번식 작업을 하는 사람들은 예방 접종이나 일부 수의학적인 처치같이 돼지가 싫어하는 불쾌한 것에는 어떤 것도 연관되어서는 안 된다는 점이다. 번식 작업을 하는 사람이 그런 불쾌한 행위를 하게 되면 돼지들은 사람을 거부할 것이다. 억지로 번식 작업을 할 수야 있겠지만, 그러면 돼지가 품는 새끼의 수가 줄어들 것이다. 오스트레일리아 출신의 폴 엠스워드는 사람을 두려워하는 암돼지는 그렇지 않은 돼지들보다 6%나 적은 새끼를 가졌으며, 새끼들도 체중이 잘 늘지 않았다고 말했다. 동물이 번식하는 데 관심이 있는 사람이라면 돼지들이 완전히 믿고 의지할 수 있는 사람이 되어야만 한다. 그래서 번식을 담당하는 직원들은 번식에 관한 일 말고는 맡으면 안 된다.

감옥에 갇힌 말

돼지 사육자들은 동물의 본성을 존중하면서, 동물들과 일을 잘해 나간다. 그렇지만 나는 말 사육자들에겐 불만이 많다. 그들은 수말들을 마구간에 하루 종일 가두어 놓는다. 그곳에서 말들은 할 일도 없고, 접촉할 말들이 없어서 미쳐 버리는 것이다. 말은 사회적 집단을 이루어 살아가는 동물이다. 그래서 다른 말들과 같이 있어야 하는데 최악의 감옥 같은 마구간에 가두어 두면 말들의 성욕을 망쳐 놓는다.

들판에서 짝짓기를 하고 싶어 하는 수말은 암말에게 다가가 구애를 한다. 그는 말한다. "저와 짝짓기 할래요?" 수말이 암말과 짝짓기를 하려면 매우 점잖아야 한다. 만일 암말이 협조하지 않으면 수말은 아무것도 할 수 없다.

그렇지만 마구간에 가두어 놓은 수말은 공격적으로 돌변한다. 목장 주들이 사용하는 짝짓기 방식도 놀라울 정도다. 그들은 암말이 도망가지 못하게 묶어 놓고, 그걸로도 모자라 암말이 수말이 마음에 들지 않아서 걷어차지 못하도록 다리에 줄을 매어 놓는다. 그런 상태에서 수말을 풀어 놓으면, 수말이 암말에게 달려들어 교미하는 것이다. 구역질나는 일이다.

나는 왜 사육자들이 자연적인 방식으로 번식시키려 하지 않는지 이해한다. 암말이 종마를 걷어차서 다치게 할까 봐 두려운 것이다. 그러나 수말을 억지로 교미하게 하는 것은 좋은 방법이라고 볼 수 없다. 정상이 아니다. 종마를 가두어 놓는 방식도 지독하다. 혼자 떨어져서 자란 경주마는 아마도 보호하기 위해서 혼자만 지내는 마사가 필요할 수도 있을지 모르지만, 사실은 이미 망가진 성격 때문에 격리해 둔 것이다. 말은 개인 축사가 필요 없다. 다른 말들이 필요할 뿐이다. 말 주인들은 먹이를 주고 우리를 제공하는 데는 돈을 아끼지 않지만, 오직 그뿐이다.

사랑의 호르몬 : 옥시토신, 바소프레신

우리는 성욕에 관여하는 두뇌적 기초를 꽤 많이 알고 있다. 모두 테스토스테론(남성 호르몬), 에스트로겐(여성 호르몬), 프로게스테론(황체 호르몬)에 대해서는 들어 보았으며, 대부분의 사람들은 남녀 모두 3개 호르몬 전부를 몸속에 가지고 있다는 것을 안다. 비록 각각의 분포 차이는 있지만, 그것 말고 또 다른 두 가지 중요한 호르몬은 그다지 잘 알려지지 않았다. 여성에게 중요한 옥시토신과 아르기닌-바소프레신(AVP) 혹은 바소프레신이다.

옥시토신은 어미가 새끼를 분만하기 직전에 과량 분비되어 좋은 어머니가 될 수 있게 도움을 주고, 바소프레신은 성행위 중에 남성과 여성의 두뇌에서 분비가 증가한다. 이것들은 매우 오래전부터 내려온 화학 구조물이다. 둘 모두 바소토신에서 진화되어 나왔다. 바소토신은 양서류의 섹스 행동을 조절한다. 개구리의 두뇌에 바소토신을 소량 주입하면, 개구리는 그 즉시 구애 행동을 시작하고 짝짓기에 들어가려 할 것이다. 바소토신과 옥시토신, 바소프레신은 염기 서열에서 단 한 가지, 아미노산만 다를 뿐이다. 그래서 섹스를 할 때도 여전히 우리 속의 개구리 두뇌가 작동하는 것이다.

바소프레신과 옥시토신은 섹스 호르몬이기만 한 것이 아니다. 이 호르몬들은 모성과 부성, 사랑의 호르몬이기도 하다. 몇몇 과학 저자들은 바소프레신을 일부일처를 만드는 호르몬이라고 하는데, 그 이유는 미국 대초원 들쥐는 부부가 되어 생활을 하고, 이들의 바소프레신 농도는 짝을 지어 생활하지 않는 자신들의 사촌 격인 저산지 들쥐보다 훨씬 높았다. 대초원 들쥐는 둥지를 같이 짓고 새끼를 같이 키운다. 바소프레신과 들쥐를 많이 연구한 신경 과학자 토머스 인셀은 바소프레신 농도가 높은 대초원 들쥐를 널찍한 공간에 같이 두었더니 암수 두 마리가 거의 하루의 반을 붙어 있었음을 발견했다. 그러나 바소프레신 농도가 낮은 저산지 들쥐는 같은 공간에 넣었더니 대부분의 시간을 혼자 지냈고, 불과 5%만이 다른 들쥐에게 육체적으로 접근했다는 것이다.

옥시토신은 모든 사회적 활동에서도 중요한 호르몬이다. 사회적 기억에 중요하기 때문이다. 옥시토신은 동물로 하여금 서로를 알아보게끔 기억시킨다. 옥시토신의 유전자가 없는 변종 생쥐를 실험했을 때 생쥐는 사회적 기억이 형성되지 않았다. 단지 좋은 것만 기억할 뿐이었고, 자신들의 우리에서 이미 본 적이 있는 쥐도 기억하지 못했다. 그리고 그 들쥐들이 마치 낯선 쥐들인 양 킁킁대기 시작했다. 이미 서로를 알고 있는 동물들은 오래 떨어져 있어도 절대로 처음 볼 때만큼 오래 킁킁대지 않는다. 그 생쥐의 사회적 기억은 없어진 것이다.

단언컨대, 만일 여러분에게 사회적인 기억이 없다면 여러분은 일부 일처가 가능하겠는가? 또한 헌신적인 어머니가 될 수 있겠는가? 만일 사회적 기억이 없다면 자신의 아기들을 알아보는 것도 어려울 것이다.

연구가들은 이런 사실을 바탕으로 일부 자폐인들은 불완전한 옥시토신을 가졌다고 심각하게 고려하게 됐는데, 그 이유는 자폐인들은 자주 전에 본 사람들을 기억하지 못하는 것처럼 보이기 때문이다. 그러나 그러한 현상이 발생하는 것은 '자폐인들에게 특히 어려운' 얼굴의 인지와 연관이 있는 것이지, 얼굴을 기억하지 못해서가 아니다. 비록 이런 사실을 뒷받침하는 뇌 단층 촬영 정보가 있기는 하지만, 아무도 이해하지 못하는 자폐인들의 또 다른 면이다. 일반인은 사물과 얼굴을 두뇌에서 인지하는 데 각기 다른 부분을 쓴다는 연구 결과도 있다. 반면에 자폐인들은 사물과 얼굴 둘 다, 두뇌의 사물 인지 구역을 사용한다고 한다. 나 또한 사람의 얼굴을 기억하는 것이 정말 어렵다. 그러나 사람을 다른 방법으로 기억하는 것은 별다른 어려움이 없다. 마치 목소리를 기억하는 것처럼. 옥시토신은 자폐증과 연관이 있는 것 같지만, 나는 자폐인들이 가진 얼굴 인지의 문제점은 다른 것에서 발생했다고 추측한다.

바소프레신은 대평원 들쥐를 성적인 면에서 적극적으로 만든다. 그 녀석들은 부부가 되어 서로를 지킨다. 그 말은 배우자에게 접근하는 다른 동물을 쫓아낸다는 뜻이다. 그 녀석들은 훨씬 더 영역적이고, 자신의 짝이 없더라도 다른 수컷에 대해 훨씬 공격적이다. 한 연구에서 바소프레신과 수컷 사이의 공격 성향에 대해 살펴보았다. 공격 성향이란 우리 속에 낯선 수컷을 넣었을 때 공격하려는 수컷의 성향을 말한다. 연구가들은 짝을 짓지 않은 총각 들쥐는 거의 절대로 공격적이지 않다는 사실을 관찰했다. 그러나 짝을 짓고 나서는 바소프레신 수치가 올라갔고, 영구적으로 공격 성향을 보여 주었다. 연구가들은 어떤 실험에서 새로 태어난 대평원 들쥐에게 7일 동안 바소프레신을 주입한 뒤 공격 성향을 측정했다. 약물이 투입된 들쥐는 훨씬 공격적이 되었고, 수컷만이 아니라 다른 암컷들에게도 공격적인 모습을 보였다.

저산지 들쥐는 바소프레신 수치가 낮은데, 수컷의 경우 자신의 짝이나 다른 수컷에게도 신경을 쓰지 않았다. 일단 암컷과 짝을 짓고 나면 다시 사라져 버렸다. 저산지 들쥐는 사회적인 동기 부여가 되는 녀석들이 아니었다. 저산지 들쥐 암컷들도 혼자 생활하기는 마찬가지였다. 옥시토신은 모성애의 호르몬이다. 그리고 저산지 들쥐 암컷은 대평원 들쥐보다 옥시토신 수치가 낮다. 저산지 들쥐는 새끼가 태어나면 바로 돌보지 않는다. 새끼는 이것으로 그다지 곤란을 겪지 않는다. 새끼들도 부모와 마찬가지로 별로 사회적이지 않기 때문이다.

어미 개가 새끼들에게 하는 모습과 비교해 보자. 마크의 개 애니는 잠시 부엌에 갇혀서 차고 안에 있는 새끼한테 갈 수 없었다. 애니는 격렬하게 문을 긁어 댔고, 부엌과 차고 사이의 벽에 몸을 심하게 부딪혔다. 워낙 급박했기 때문에 벽에 선명하게 발톱 자국을 남겼다. 애니는 불과 15킬로그램짜리 작은 개였지만, 새끼를 보호하려는 열망이 워낙 강했으므로 벽을 찢고 새끼에게 다가갔다.

아마도 개들은 상당히 높은 옥시토신 수치를 가진 듯하다. 개는 처음부터 고도로 사회적인 동물이었다. 동물이 고도로 사회적이기 위해서는 양호한 수치의 옥시토신이 필요하다. 늑대들은 종종 일부일처이고 비록 엄격하게 일부일처가 아닐 때에도 선차적으로 일부일처로 된다. 들개와 캐롤라이나 견들도 보통은 일부일처다.

한편으로 집에서 기르는 개는 전혀 일부일처가 아닌 것처럼 보인다. 속박되지 않은 개는 자신을 받아들이는 어떤 암캐와도 짝을 지으려 하고, 그런 다음 다른 장소의 또 다른 암캐와 짝을 지으려 떨어져 나간다. 그 이유는 개는 절대로 늑대만큼의 정서적인 성숙이 이루어지지 않기 때문일 것이고, 그래서 성년 늑대가 일부일처로 살아가는 능력을 발전시키지도 못한 것이다. 또한 우리는 개가 사람과 같이 지내지 않을 경우, 그들만의 사회적 삶이 어떠한지 확실히 모른다. 다른 개와 짝 짓는 반려견은 극소수다.

개의 옥시토신 수치는 보호자가 자신을 다독거릴 때 올라간다. 또 개를 다독거리면 보호자의 옥시토신 수치도 올라간다. 나는 처음부터 이러한 이유 때문에 많은 사람들이 개를 가까이했다고 확신한다. 나는 누군가 벌써 이런 사실을 연구했으리라고는 생각하지 않지만, 개가 사람을 좀 더 점잖은 사람으로, 더 나은 부모로 만든다는 사실은 발견하리라고 기대한다.

확실히 사람에게도 옥시토신은 중요하다. 여성이 아기를 임신했을 때, 분만 직전 시기에는 옥시토신 수치가 급격히 상승한다. 이렇게 올라간 수치는 산모의 체온 유지와 산후 건강에 필수적이라는 사실이 연구를 통해서 밝혀졌다. 옥시토신은 남성에게도 여성적 보호 본능을 일으킨다. 그래서 부모들이 개를 소유하고 다독이면, 좋은 부모가 되게 하는 옥시토신이 매일 솟아오르는 것과 같은 효과를 얻을 것이다. 같은 이유로 개들은 결혼생활에도 좋다.

바소프레신 연구에서 한 가지 흥미로운 지점은 우리가 공격성이나 성적 소유욕같이 나쁘다고 생각하는 경향이 있는 행동 방식이 아이들을 돌보고 배우자에게 충실한 것 등, 좋다고 생각하는 행동과 같이 나타난다는 것이다. 수컷 대평원 들쥐는 훨씬 더 공격적이고 배우자를 보호하려 하지만, 동시에 충실한 남편이며 좋은 아버지이다. 수컷 저산지 들쥐는 공격 성향이 약하고, 수컷으로서의 보호도 별다르게 하지 않는다. 또한 성적으로 문란하며 자식들에게도 관심이 없다. 공격성, 수컷으로서의 보호성을 박탈하면 충실한 배우자와 아버지로서의 모습도 같이 잃어버리게 된다. 그 둘은 함께하기 때문이다.

남성 호르몬과 부성 행동에 대한 연구에서 바소프레신만큼 명확한 결과는 없다. 많은 연구가들이 테스토스테론이 부성 행동을 저하시킨다고 결론 내렸지만, 최근의 대다수 연구에서는 일부일처의 동물에서 테스토스테론이 부성 행동을 강화시킨다는 사실을 밝혀냈다. 신체에서 테스토스테론이 에스트로겐으로 바뀌고, 이 에스트로겐은 새끼를 양육하게 만든다.

동물의 사랑

모든 새끼들은 어미로부터 떨어졌을 때 고도로 긴장된 구조 신호를 낸다. 동물의 새끼들은 완전히 어미들에게 붙어 있다. 그리고 다 자란 동물들은 특별한 친구나 자신이 속한 무리 속의 구성원과 강하게 밀착한다. 동물은 다른 동물을 사랑한다.

　동물은 친구들과 낯선 존재를 구분하며, 사람도 그렇다. 나는 얼마 전에 경매장에서 돼지를 훔치려던 사내의 이야기를 들은 적이 있다. 농부들은 돼지를 경매장에 가지고 나와, 도축 회사에서 나온 수집상에게 팔았다. 경매는 수일간 이루어졌고, 수천 마리의 돼지가 거래됐다. 이런 상황에서 아무도 모르게 한두 마리를 슬쩍하는 것은 어렵지 않을 것이다. 도둑은 이 점을 노렸다. 사람들이 도둑맞았다는 사실을 알게 된 것은 트럭에서 돼지가 빠지기 때문이었다. 트럭 한 대당 2백 마리의 돼지를 싣고 있었고, 농부들이 돼지를 트럭째 싣고 와서 하적장에 내려놓으면 하적장 관리인이 돼지를 세었는데, 그때 돼지 한 마리가 없어졌다는 사실을 발견했던 것이다.

　어떤 이가 한 축사에서 돼지들이 서로 멀찍이 떨어져 있는 것을 보고 나서 누가 도둑인지 찾아냈다. 그 우리 안의 돼지들은 전부 서로서로 거리를 두고 모르는 사이처럼 행동하고 있었다. 돼지들이 서로 낯설게 행동한 이유는 그들끼리 낯선 존재였기 때문이다. 그 우리 안의 돼지들은 서로 다른 농장에서 왔던 것이다.

　도둑은 경매장에서 하루에 한두 마리씩 수천 차례 훔쳐 온 직원으로 밝혀졌다. 그 사람은 훔친 돼지들을 뒤편 축사에 밀어 넣고 집에 가져갈 때까지 두었다. 그 축사는 다른 축사들과 겉으로는 똑같아 보였지만 돼지 스스로가 소속이 아님을 알아채고 데면데면하게 행동하지 않았더라면 누가 보아도 훔친 돼지들이라고 생각하지 못했을 것이다. 돼지들의 행동 양식은 서로를 멀찍이 떨어지게 만들었다. 돼지들은 친구가 아니었기 때문에 그렇게 행동한 것이다.

　사람들은 가축들에게도 친구가 필요하다는 사실을 항상 과소평가한다. 이런 동물들이 얼마나 사회적인지 이해하는 좋은 방법은 말, 소, 돼지, 양, 개, 고양이 같은 동물이 처음에 어떻게 길들여지는지 여러분 스스로에게 물어보는 것이다. 어떻게 야생마가 안장 위에 사람을 앉혀 놓고 고삐를 채우는 것을 받아들일까? 정말 놀랍지 않은가?

대부분의 전문가들은 동물들이 길들여지는 것은 '고도의 사회성' 때문이라고 한다. 동물은 타고난 사회성 때문에 사람과 잘 지낼 수 있으며, 결국 사람이 자신들을 소유하고 명령하는 것을 받아들인다고 한다. 이런 고도의 사회성은 우리가 키우는 모든 가축의 내면에 여전히 존재하고 있다. 고양이도 사람이 생각하는 것보다는 사회성이 있다. 출산 시에 자매 고양이들은 서로 돕는다. 모든 가축들은 유대 관계가 필요하다. 이것은 음식과 물만큼이나 필요한 요구 사항이다.

일부 목장주들도 이런 사실을 고려하기 시작했다. 과거에 나는 이곳 대학에서 송아지들이 3~6개월 정도 지나면 어미로부터 격리시키는 것을 보아 왔다. 송아지와 어미가 어떻게 반응하느냐에 따라 많은 차이가 있었다. 일부는 매우 흥분하기도 했다. 나는 미친 듯 울부짖으며 담을 뛰어넘어 새끼한테 돌아가려고 했던 어미를 기억한다. 새끼들도 스트레스를 받고 불안해하는 것이 확실했다.

이제 사람들은 스트레스를 덜 주면서 어미와 새끼를 떼어 놓으려 한다. 새끼와 어미를 분리시키지만 담을 통해 서로 코를 닿게 한다. 이 스킨십이 새끼를 돌보는 전부다. 새끼들은 보살핌을 원하지는 않는다. 그저 어미와 함께 있기를 원한다. 새끼들을 분리시키지 않고 그대로 두면, 암컷들은 아마 어미들과 잘 지내게 될 것이다. 야생에서 어머니와 딸인 소들이 같이 지내는 것을 많이 볼 수 있다. 또한 수컷들이 형제들과 잘 지내는 것도 볼 수 있다. 그리고 일부 동물들은 다른 수컷들과도 유대 관계를 형성한다.

개가 보호자에게 밀착하는 것은 새끼가 어미에게 들러붙는 것, 혹은 아이가 어머니나 아버지에게 안기는 것과 같다. 반려용 개는 낯선 상황에서 아이들과 똑같이 반응한다. 생소한 상황을 이용한 검사에서 연구가들은 어머니와 같이 있을 때 아이들이 낯선 환경에 어떤 반응을 보이는지 관찰한다. 또한 어머니가 없을 때도 관찰한다. 대부분의 아이들은 어머니가 옆에 있을 때는 낯선 환경에서도 자신만만하게 능동적으로 움직이지만 어머니가 방에서 떠나면 움직임을 멈추고 두려워하면서 어머니가 돌아오기를 기다린다. 개들도 똑같이 행동한다. 정식으로 51명의 개와 보호자를 검사했다. 대부분의 개들은 보호자가 떠나자 움직임을 멈추고 불안하게 행동했다. 그러다 보호자가 다시 나타나자 편안해하면서 다시 움직이기 시작했다. 개와 어린이가 같다는 말은 이런 측면에서 옳다.

연구가들은 사회적 애착에 관해서 뇌 전기 자극 실험을 시행한다. 뇌의 어떤 부위를 전기로 자극했을 때 동물이 고립 구조 신호를 내는지 여부를 알아보는 검사였다. 이런 방법으로 그들은 연관되는 회로와 화학 물질을 비교적 잘 파악할 수 있었다. 진화론적으로 사회적 고통은 두뇌 안 3군데의 원초적 시스템과 연관이 있다.

1. 통증 반응
2. 장소 애착: 자신의 거처, 사육 공간, 집에 대한 애착을 형성하는 동물의 영역(모든 동물의 새끼는 혼자 떨어져 있을 때 고통을 느낀다. 그러나 낯선 장소가 아닌 집에 혼자 있을 때는 덜 두려워한다)
3. 체온 조절: 신체 온도의 조절

이 세 가지는 사람들이 사회적 애착에 대해 이야기할 때 사용하는 언어와 행동 방식에서 알 수 있다.

사회적 분리와 고통의 연결은 아마도 우리의 언어에서 가장 명확할 것이다. 우리는 육체적 고통과 사회적 분리와 상실에 대해 정확히 일치하는 단어를 쓴다. 아픔, 고민, 고통, 고뇌까지.

장소 애착은 '집만 한 곳이 없다'와 같은 말에서 알 수 있다. 체온 조절은 사람들이 관계에 대해 이야기할 때 항상 나타난다. 우리는 '따뜻한 어머니 품'이라는 표현을 쓴다. 우리는 사람이 따뜻하다거나, 차갑다는 말도 사용한다. 따뜻한 사람들은 사랑스럽고 친절하고 사람을 잘 사귀지만 차가운 사람은 그 반대다. 또한 외롭다고 느끼는 사람과 동물은 접촉을 원한다. 야생에서 새끼들은 어미들의 몸에 밀착되어 체온을 유지한다.

나한테는 그 말이 생소하게 들리지만 연구가들은 사회적인 온기가 체온을 다루는 두뇌 체계에서 진화되었다고 믿는다. 그 사실은 사회적 밀착이 동물에게 얼마나 중요한가를 말해 준다. 모든 동물의 새끼들이 살아남으려면 어미와 강한 사회적 밀착을 가져야만 한다. 새끼 늑대는 육체적 접촉을 통해 체온을 유지하는 것만큼, 정서적으로도 포근하게 지내기 위해서 사회적인 접촉을 필요로 한다. 사회적인 애착은 신체를 따뜻하게 유지하는 생존 기전으로부터 부분적으로 진화된 것이다.

사회성 실험: 날트렉손 투여

대부분의 사람들은 두뇌에는 엔도르핀이라 불리는 고유의 진통제가 있음을 안다. 엔도르핀은 자연판 모르핀이나 헤로인이라고 보면 된다. 엔도르핀을 분비하는 두뇌 회로를 오피오이드계라고 말한다. 두뇌는 다쳤을 때 통증을 줄이려고 엔도르핀을 분비하고, 또한 그 엔도르핀은 사랑하는 사람과 있을 때나 사랑하는 누군가가 어루만질 때도 분비된다. 많은 신경 과학자들은 '우리가 모르핀이나 헤로인의 금단 증상과 같은 방식으로 사람에게 의존하거나 빠져드는 게 아닐까?' 하고 생각한다. 서로에게 애착을 갖는 사람들은 사회적으로 의존하고, 육체적으로 두뇌에서 분비하는 자연 발생적인 아편에 바탕을 두고 있는 것이다.

아편계 약물 길항제인 날트렉손이라는 약물을 이용하여 사랑과 우정의 약물 가설에 대해 흥미로운 연구가 많이 이루어졌다. 잭 팬셉이 이 분야에서 가장 알려진 사람이다. 나도 투츠 대학의 수의학과 교수이면서 《너무나 사랑하는 개》의 저자인 니콜러스 도드먼과 공동으로 실험을 했다. 의사들은 헤로인과 알코올 중독에 날트렉손을 사용한다. 그러나 동시에 이 약물은 엔도르핀 분비도 차단한다. 그래서 연구가들은 동물의 오피오이드계가 작동하지 않을 때 사회적인 애착과 구조 요청에서 어떤 일이 발생하는지 알아보기 위해 실험적으로 날트렉손을 사용한다. 연구가들이 발견한 것은 동물은 날트렉손을 투여했을 때 훨씬 사회적이더라는 것이고, 이것은 연구가들이 찾고 싶어 하던 결과였다.

날트렉손은 두뇌에서 오피오이드의 작용을 차단하고 슬프게 느낀다. 기능적으로 말하자면 여러분의 오피오이드를 차단하는 것은 오피오이드 수치가 낮다는 것과 같다. 사회적인 접촉은 두뇌에서 오피오이드 수치를 상승시키고 좋은 느낌을 갖게 된다. 이론적으로 날트렉손을 투여한 동물은 날트렉손이 자신들의 오피오이드계를 차단하기 이전의 레벨로 엔도르핀 분비를 회복시키기 위해, 사회적인 접촉을 더욱 많이 가지려 할 것이다. 엔도르핀 수치가 낮은 동물은 헤로인 수치가 낮아져서 더 많은 헤로인을 찾으려는 사람과 같은 이치로, 엔도르핀 수치를 올리기 위해 더 많은 사회적 접촉을 가지려 한다.

그것이 실험에서 발견된 현상이었다. 날트렉손을 투입한 개들은 더욱 꼬리를 흔들어 댔고, 원숭이들은 서로 밀착했다. 날트렉손을 투입한 동물은 더욱 사교적이 되었다.

일반인에게 날트렉손을 투입한 실험에 대해서는 들어 보지 못했지만, 팬셉 박사는 자폐인을 대상으로 날트렉손을 이용한 실험을 했다. 일부 자폐인은 두뇌 속에 자연 발생적인 오피오이드가 너무 많을 것으로 생각했기 때문이다. 오피오이드가 너무 많으면 사교적인 욕구가 떨어진다. 그래서 헤로인과 모르핀 중독자들이 사회적 접촉과 멀어지고, 다른 사람의 필요성을 느끼지도 못한다. 팬셉 박사는 일부 자폐아는 헤로인 중독자와 같다고 생각했다. 그 아이들은 자신들의 오피오이드 수치가 너무 높아서 다른 사람과의 상호 작용은 필요치 않다고 느낀다.

그는 일부 자폐아들이 통증에 대한 감각이 비정상적으로 떨어진다는 사실에 착안했다. 그 이유는 지나치게 높은 오피오이드 수치 때문이라 생각했고, 또한 일부 자폐아에게 진짜 눈물을 흘리는 울음이 없다는 사실도 감안했다. 여러분이 동물에게 오피오이드를 주면 동물은 전혀 울지 않는다. 그래서 울 때 눈물을 흘리지 않는 자폐 아동은 오피오이드 체계에 문제가 있다는 가정이 가능한 것이다.

팬셉 박사는 또한 양념이 강하거나, 짜고 매운 음식을 좋아하는 자폐아들은 원래 오피오이드 수치가 높았을 것이라고 생각했다. 그래서 그들은 사회적인 날트렉손을 더 얻으려 할지도 모른다고 여겼다. 그는 저농도의 날트렉손을 사용하여 치료한 자폐아의 절반이 더 사회적으로 변했다는 사실을 발견했다.

압박이 미치는 영향

보정틀 속의 소들을 본 나는 압박기를 만들기로 마음먹었다. 처음에는 강한 압력을 통해서 차분해질 효과만을 생각했다. 그래서 쿠션이나 덧받침 없이 2개의 단단한 합판만을 가지고 만들었다. 모든 자폐인은 강한 압력을 좋아한다. 그들 중 일부는 압력을 느끼려고 조이는 벨트나 작은 모자를 착용한다. 그리고 많은 자폐아는 소파 쿠션 아래에 눕는 것을 좋아하고, 쿠션 위에다 사람을 앉혀 놓기도 한다. 나도 어렸을 적에는 소파 쿠션 아래로 들어가는 걸 좋아했다. 그 압력이 나를 편하게 해 주었다.

그런 다음 점차 합판에 부드러운 덧받침을 대면서 압박기를 개선하자, 단순히 편안해지고 조용해지는 느낌과는 다른 새로운 느낌을 얻게 되었다. 그 덧받침은 나에게 사람들에 대해 친절함과 정중함, 즉 사회적인 감정을 느끼게 해 주었다. 나는 멋진 꿈도 꾸게 되었다. 반려동물을 쓰다듬거나 숙모님의 농장 풀밭에 누워 머리 위에 뜬 하늘을 바라보는 꿈을 꾸었다. 딱딱한 판은 나를 육체적으로 조용하게 만들었지만, 부드러운 덧받침은 보다 사회적인 느낌을 가지게끔 해 주었다. 나는 사람들을 좋게 느끼는 감정을 가질 수 있었다.

이런 경험을 통해서, 나는 과거 1960년대 위스콘신 대학의 해리 할로우의 실험을 떠올리게 되었다. 그는 새끼 원숭이에게 철사로 만든 모조 어미와 부드러운 천으로 만든 가짜 어미 중 어느 것을 더 좋아하는지에 관해서 실험했다. 모든 새끼 원숭이들은 부드러운 천으로 만든 어미를 선택했다. 비록 우유는 전부 철사로 만든 어미 모형에서 나오는데도 말이다. 접촉하며 느끼는 편안함이 먹이보다 중요했던 것이다.

나 역시 부드러운 패드를 사용한 압박기에서 뭔가 다른 점을 느꼈었다. 부드러운 압박기를 쓰면서부터, 사용한 다음 날 기분이 좋지 않을수록 더욱 압박기에 들어가고 싶은 생각이 간절했다. 단단한 합판을 덧댄 압박기를 쓸 때는 없던 일이었다.

오늘날에 이르러 이 당시를 되돌아보면, 내가 생각하기에 부드러운 압박기는 나의 오피오이드계를 활성화시켰기에, 그때 내가 부드러운 압박기를 더욱 간절하게 원했던 게 아닌가 한다. 이것은 나에게 사회적인 감정을 느끼게 했다. 생리적으로 사람들이 엔도르핀 레벨을 올리려고 사회적인 접촉에 의존하듯, 더욱 기계에 의존하게 되었다. 압박기를 사용하면서 오피오이드가 올라가면 며칠간 그 기계를 사용하지 않았다. 그러면서 금단 증상이 생긴 것이다. 압박기에 사회적인 의존성이 생기고 있었다.

압박기는 감정 이입을 할 수 있도록 도와주었으며 동물을 좀 더 잘 이해하게 해 주었다. 처음 부드러운 압박기를 사용할 때의 내 나이는 십 대 후반이었다. 나는 고양이들이 진짜 좋아하게 하려면 어떻게 쓰다듬어야 하는지 몰랐고, 항상 고양이들을 지나치게 쥐어짜려고 했다. 그러다 부드러운 압박기를 쓰면서 생각했다. '내가 고양이가 되는 것과 똑같은 느낌을 가져야 해.' 방에서 나가니 고양이가 거실에 있었다. 나는 고양이를 쓰다듬으며 압박기에서 가졌던 감정을 이입하기 시작했다. 부드러운 압박기를 쓰기 전에는 항상 으스러지게 껴안았기 때문에 비리는 나를 보면 도망갔다. 그러나 그날 밤 그 녀석은 나에게 비비고

기분 좋게 가르랑거렸다. '고양이가 나를 좋아하게 쓰다듬을 수 있게 됐어.' 내가 부드러운 압박기를 쓰고 나서 생긴 그 순간을 정확히 기억한다.

자폐인들은 어떻게 동물을 쓰다듬어야 하는지 모른다. 대개 그들은 동물을 지나치게 꽉 껴안으려 한다. 나는 고양이에게 아스퍼거스 증후군Aspergers syndrome을 가진 젊은 여성과 대화를 나누게 했다. 아스퍼거스 증후군이란 자폐증의 일종으로, 아이큐는 정상이고 언어도 제때 발달한다. 그녀는 내게 자신의 고양이는 껴안아 주는 것을 좋아하지 않는 것 같다고 말했다. 그러나 그녀는 그 행동을 좋아했기 때문에 계속하고 있었다. 나는 그녀에게 말했다." 고양이를 꽉 껴안으면 안 돼요." 그러고 나서 고양이를 어떻게 만져야 하는지 보여 주려고 그녀의 팔을 쓰다듬었다.

많은 일반인들도 동물을 톡톡 두드리지 말고 쓰다듬어야 한다는 사실을 깨닫지 못한다. 동물은 톡톡 두드리는 걸 좋아하지 않는다. 어미가 새끼를 핥아 주듯 쓰다듬어야만 한다.

아직까지 아무도 감정 이입과 오피오이드계에 관해서 연구하지 않았다. 연구가들은 구조 신호 정도나 측정했을 뿐이다. 그러나 고양이에 관한 내 경험을 통해서 볼 때, 사회적 지능은 단순히 사회적 애착이나 의존만이 아니라, 부분적으로 오피오이드계와 연관이 있을 수 있음을 입증할 수 있으리라 추측해 본다.

압박: 팬셉과 니콜러스의 실험

　동물 압박기의 사용에 대한 두 가지 실험이 있었다. 하나는 팬셉 박사의 것이고 다른 하나는 나와 니콜러스 도드먼의 것이었다. 팬셉 박사는 실험 때 발포성 재질로 만든 사각형의 중앙부를 파서 공간을 만든 압박기를 설계하여 생후 1일 된 병아리에게 사용했다. 그는 솜털이 이는 작은 병아리를 발포 재질 박스에 집어넣고 머리는 바깥으로 빼내 고정시켰다. 그리고는 어미와 떨어지면 병아리가 얼마나 자주 구조 신호를 내는지 측정했다. 발포 상자 내에서 병아리는 덜 울었고, 잭 박사가 예상한 결과와 일치했다. 부드러운 압박이 병아리 두뇌에서 오피오이드를 증가시킨 것이다. 동물에게 오피오이드가 생성되면 울음을 멈추기 때문이다. 이것은 단지 두뇌에서 엔도르핀이 올라가는 사회적 밀착이 아니다. 사회적인 접촉이 엔도르핀을 올라가게 한다는 방증이다.

　나와 니콜러스가 시행한 연구에서는 산뜻하게 결과가 드러나지 않았다. 우리는 발포 고무로 둘러싼 2개의 합판으로 돼지에게 실험할 압박기를 만들었고, 위 덮개로는 회색 플라스틱을 사용했다. 반대편으로는 새끼 돼지를 한 마리 두어 압박기 내부의 새끼 돼지와 문을 통해 마주보고 서로 코를 맞댈 수 있도록 했다. 우리가 다른 새끼 돼지를 한 마리 더 둔 이유는, 만일 그렇게 하지 않으면 혼자 있는 새끼 돼지가 불안해서 미쳐 버릴 수도 있기 때문이다. 우리는 돼지의 오피오이드계를 차단하기 위해 날트렉손을 투입하면 새끼 돼지가 스스로 발포벽에 몸을 비비는지 여부를 알아보고자 했기 때문에, 압박기 속의 돼지에게는 압박을 가하지 않았다. 우리 생각에는 날트렉손을 투여한 돼지는 신체적인 접촉으로 엔도르핀이 분비되더라도 날트렉손의 엔도르핀 차단 작용으로 인해 전혀 엔도르핀 효과를 느끼지 못할 것이므로, 돼지는 자기 스스로 발포벽에 몸을 비비지는 않을 것이라 예상했다. 스스로 몸을 비빈다고 해도, 그렇게 하지 않는 것보다 나을 것 같아 보이지 않았다.

새끼 돼지는 서로 엉겨 붙는 것을 좋아한다. 만일 취급 도중 두려워하거나 불안해지면 그 녀석들은 서로 달라붙어 떼어 놓기가 불가능할 것이다. 이런 모습을 보고 돼지를 키우는 농부들은 '찰싹 달라붙어 울부짖는다'고 표현한다. 그래서 정상 새끼 돼지를 압박기에 넣어 놓으면 그 녀석은 발포벽에 바싹 달라붙어 잠이 드는데, 그것은 아마도 분비된 엔도르핀의 작용으로 잠들기 때문일 것이다. 이것은 헤로인 금단 증상인 꾸벅꾸벅 조는 것과 유사하다. 이는 그저 자연스럽고 건강한 현상이다.

그래서 우리는 날트렉손이 새끼 돼지가 발포벽에 밀착해서 자는 현상을 막아 줄 것이라고 예측했다. 돼지는 두뇌에서 상승한 엔도르핀 효과를 느낄 수 없어서 잠을 잘 수 없을 것이기 때문이었다. 돼지는 잠들지 않고 서 있을 것이었다.

그러나 결과는 예상과 완전히 빗나갔다. 처음에 돼지는 편하게 주저앉지 못했다. 그때까지는 우리의 예상이 옳았지만, 잠시 후 돼지는 자기 스스로 조절했다. 날트렉손의 모든 작용은 접촉 안락 반응을 지연시킨 것으로 보였다. 잭 팬셉 박사는 병아리를 이용해서 같은 결과를 얻었다. 그가 병아리의 오피오이드 체계를 완전히 차단했지만, 그래도 병아리는 결국 자리를 잡고 앉아서 잠이 들었다.

나는 그 설명은 옥시토신과 연관을 지어야만 한다고 생각한다. 옥시토신은 언제나 신체적 접촉과 같이 간다. 그리고 내가 생각하기에 발생 가능성이 있는 것은 돼지가 부드러운 발포벽에 스스로 잠깐씩 압박할 때마다, 옥시토신 농도가 서서히 올라가 잃어버린 오피오이드의 작용을 충분히 보충하게 되었다는 것이다.

　이 연구는 자폐증을 가진 사람에게도 중요하다. 대개 자폐아들은 누가 만지면 서 있지 못한다. 나도 어릴 적엔 그랬다. 나는 누가 부드럽게 어루만져 주는 느낌을 원했다. 그러나 그것은 나를 압도했다. 그것은 나를 잠재우는 파도처럼 밀려드는 느낌이었다. 나는 이 느낌이 자폐증을 겪지 않은 사람한테는 의미가 없다는 것도 안다. 그리고 내가 이 느낌을 묘사하기 위해 생각할 수 있는 유일한 방법은 대양에서 계속해서 커지는 파도가 여러 부위로 덮쳐든다는 정도이다. 처음에 파도는 편안한 느낌이며 부드럽고 안락하다. 그러나 파도가 점차 거세지면 물에 빠져드는 것 같고, 미칠 것 같은 느낌을 받는다. 다른 사람이 어루만지면 참을 수 없을 만큼 강렬한 느낌이 드는데, 그러면 서둘러 그 혼란에서 빠져나와야만 했다.

　그래서 나는 소파 쿠션 아래로 들어간다. 그곳에서는 그런 감정을 조절할 수 있다. 좋은 느낌이 몸을 적시게 할 수도 있고, 너무나 강렬하다면 멈출 수도 있기 때문이다. 그러나 사람들이 나를 껴안을 때, 그들은 멈추려 하지 않는다. 나는 이런 감정을 매우 감정적이며 크고 뚱뚱한 아주머니에게서 느꼈는데, 그녀가 나를 껴안았을 때 아주머니의 냄새가 나를 압도해 버렸다. 나는 벗어나야만 했다.

　내가 만든 압박기를 처음 사용했을 때도, 나는 그 느낌에 압도됐었다. 나는 스스로 그 속에서 나를 편안하게 했고, 편안한 느낌이 나를 적시도록 했다. 오늘날 나는 자폐아들에게 접촉에 대한 감각을 무디게 해 주는 것이 매우 중요하다고 생각하지만, 주의해야 한다. 아이들의 신경계가 조절할 수 없는 상황까지 오지 않도록 조절해서 말이다. 많은 직업 치료사들은 자폐아들에게 접촉이 일어날 때 덜 강렬하게 느끼도록 해 주는 방법을 시도한다. 그래서 접촉을 더 정상적으로 느낄 수 있도록 만들어 준다. 이 작업은 매우 중요하다.

비자폐인들에게도 물론 접촉 문제가 있을 수 있다. 나는 몇 년 동안, 어떤 남자아이들은 압박기 안에서 느끼는 느낌에 굴복하고 싶지 않아서 압박기를 거부한다는 흥미로운 사실을 발견했다. 여자아이들은 남자아이들보다 좋아했다. 덩치 큰 용감한 아이들과 폐소 공포증이 있는 아이들은 압박기를 싫어했다. 나는 많은 남자아이들이 동물을 어떻게 다독일지 모른다는 점도 발견했다.

그들은 너무 거칠게 동물을 두드리고, 동물은 난폭한 접촉을 좋아하지 않는다. 최소한 내 경험으로 볼 때 남자들은 개와 거칠게 논다. 애무가 오피오이드나 옥시토신과 연관이 있는지 혹은 둘 다와 연관이 있는지는 모른다. 그러나 남자는 여자보다 옥시토신 수치가 낮아 여자들보다 동물을 거칠게 만지는 것 같다. 남자들이 전체적으로 낮은 옥시토신 수치를 가졌는지는 생각해 보지 않았지만, 남자들의 테스토스테론이 옥시토신의 반응을 떨어뜨리는 것은 사실이다.

놀이와 두뇌 발달

아무도 동물이 왜 그렇게 놀기를 좋아하는지 모른다. 그렇지만 모든 동물이 그렇다. 그 이유는 즐거운 감정이 두뇌의 놀이 회로에서 나오기 때문이다. 겨우내 축사에서 지낸 큰 목장의 암소를 봄에 바깥으로 내보내면 새끼들처럼 온 들판을 뛰어다닌다. 그 느낌은 어린 동물이 놀 때 느끼는 것과 똑같다.

우리는 호기심과 사랑, 섹스에 관해 아는 만큼, 놀이에 대해서는 두뇌적인 기초를 알지 못한다. 우리가 확실히 아는 것은, 놀기 위해서는 어떤 신피질도 필요하지 않다는 것이다. 놀 때는 신피질이 전혀 작동하지 않는다는 말이 아니다. 아마도 작동할 것이다. 그러나 신피질을 제거해도 동물은 여전히 논다. 그리고 신피질 중에서 의사 결정을 주로 담당하는 전두엽의 손상을 입어도, 실제로 동물은 더 잘 논다.

이 사실은 모든 아이들이 자라나면서, 전두엽이 성숙해지면 집 안을 난장판으로 만드는 장난을 점차 덜 하게 된다는 사실과 맞아 들어간다. 아마 전두엽이 더욱 성숙해질수록 여러분은 더욱 진지해지고, 덜 놀려고 할 것이다. 여러 자극이 전두엽의 기능을 향상시키면 자연적으로 놀이를 덜 하게 된다. 결과적으로 매우 활동적인 아이들ADHD, 주의력 결핍 과잉 행동 장애을 둔 부모는 아이들이 리탈린이나 다른 자극제를 복용하면, 아이들의 놀이성이 너무 떨어진다고 불평한다. 어린 동물에게 흥분제를 투입해도 덜 놀게 된다. 그러므로 확실히 놀이는 신피질의 기능과 무관한 것이다.

놀이성을 감소시키는 다른 화학 물질들도 있다. 여기에는 스트레스 호르몬과 옥시토신이 포함된다. 우리는 또한 노는 중에 다량의 오피오이드가 분비된다는 사실을 알고 있다. 그러나 아무것도 뇌생물학의 명확한 밑그림을 그리는 데 도움이 못 되고, 행동 연구 역시 우리에게 왜 동물이 놀이를 하는지 설명하지 못한다. 그러나 두뇌의 발달 연령에 맞추어, 아이들이 논다는 사실은 놀이가 두뇌의 성장 혹은 사회화에 중요한 역할을 한다는 것을 의미한다.

아이다호 대학의 존 바이어스와 유타주 딕시 주립 대학의 쿠르트 워커는 운동성 놀이locomotor play라는 재미있는 이론을 개발했다. 운동성 놀이란 어린 동물이 혼자 있을 때 쫓는 시늉을 하고 뛰어다니면서 방향 전환하는 놀이를 말한다. 바이어스 박사와 워커 박사는 운동성 놀이의 목적이 소뇌 안 신경 세포들 간의 연결에 도움을 주는 데 있을 것이라고 생각했다. 소뇌란 자세와 균형과 협동 동작에 관여하고, 두개골의 바닥에 위치하는 작은 공처럼 생긴 구조물이다.* 그들의 연구에서 생쥐, 들쥐, 고양이 들이 운동성 놀이를 시작할 때가 소뇌에서는 신경 세포들 사이에서 수많은 새로운 신경 연결이 이루어지기 시작하는 때라는 것을 밝혀냈고, 신경 접합 발달이 정점에 달할 때 운동성 놀이 역시 최대에 달한다는 것도 밝혀냈다. 그래서 생쥐는 태어나서 15일째 운동성 놀이를 시작해서, 4~10일이 지나면 극에 달하고, 고양이는 출생 4주에 시작해서 12주면 극에 달한다. 생쥐와 고양이에서는 운동성 놀이가 가장 왕성한 시기에 두뇌의 성장도 가장 왕성하다.

소뇌는 육체적 조화를 담당하므로, 어린 동물과 사람의 소뇌에서 신경 연결이 새롭게 형성되는 시기에는 폴짝 뛰고, 달리고, 무엇을 쫓는 데 많은 시간을 보내는 게 이치에 맞는 일이다. 또한 운동성 놀이기는 근섬유가 속근이나 지근으로 바뀌는 시기와 일치한다. 속근은 단거리 달리기 같은 폭발적이면서 단기 지속형의 운동을 가능하게 하고, 지근형 섬유는 마라톤 같은 지구력과 장기 지속형 운동에 필요하다. 사람이 죽지 않으려면 심장은 지근형 섬유를 가져야 한다.

여기까지의 발견은 우연의 일치였으며, 여러분은 이런 우연의 일치에서 운동성 놀이가 소뇌를 발달시키는지 아니면 반대로 소뇌 발달이

---

* 뇌의 3위일체설을 다루면서, 내가 이 책에서 언급한 두뇌의 여러 부위들을 잘 나타낸 웹 사이트로서, 오리건 주에 거주하는 정신과 의사 짐 펠프스가 관리하는 다음의 사이트도 있다. http://www.psycheducation.org/

운동성 놀이를 유발시키는지 혹은 모두인지 아니면 둘 다 아닌 건지 알 수가 없다. 그러나 내 추측은 놀이가 아마도 두뇌 발달을 확실히 돕는 다는 것이다. 그래서 나는 오늘날 아이들이 즐기는 모든 컴퓨터 게임에 우려를 갖는다. 미국 어린이들이 하는 운동성 놀이가 모두 사라져 버렸 는지는 모른다. 그러나 사라지고 있다면 좋은 일이 아니다. 내가 어릴 적에는 컴퓨터, 케이블 TV, 게임기가 없었다. 우리가 학교 다닐 때는 점 심시간같이 뛰어놀 수 있는 시간이 요즘과 달리 하루에 두 번씩 있었 다. 한 주 동안 아이들이 만화 영화를 보는 것은 일요일 오전뿐이었다. 이것은 우리 세대가 아마 운동성 놀이를 더 했을 거라는 의미이다. 그 때는 달리 할 게 없었기 때문이다. 운동성 놀이가 두뇌 발달에 중요하 다면, 요즘 아이들은 충분히 그렇게 하고 있는지 의심스럽다.

이런 우려는 단지 아이들이 잘 조화된 성인으로 자라날 수 있느냐 없느냐의 문제를 넘어 큰 의문이다. 육체적 활동은 아마 거대한 학문적, 사회적, 정서적 지식의 양을 받아들이는 바탕이 될 것이다. 장 피아제 를 포함하여 많은 저명한 심리학자들은 움직임이 학습의 기초라고 말 했는데, 나도 거기에 동의한다. 내가 맡고 있는 학생들은 자신의 손으로 그림을 그리도록 배운 적이 없다. 그래서인지 컴퓨터 화면 상에 보이는 것을 연필로 종이 위에 전혀 그리지 못했다. 여러분은 우선 손으로 그 리는 것을 배운 뒤, 그다음에 컴퓨터로 넘어가야 한다. 눈으로 그리는 것은 진짜 그림을 대체할 수 없다. 나는 이런 사실을 자주 보게 된다. 피아제는, 아이들은 물리적으로 사물을 만지고 어떻게 그것들이 작동하 는지를 보며 배운다고 했다. 그래서 만일 요즘 아이들이 과거처럼 충분 한 운동성 놀이를 하지 못한다면 신체 균형의 문제만이 아니라 학습의 문제도 야기될 것이다.

육체적 움직임은 처음에 두뇌를 발전시키는 근원이며, 사실《소용돌이 속의 나》라는 책을 쓴 UCLA의 신경 과학자 로돌포 리나스 박사는 생명체는 사물에 부딪히지 않고 움직이는 데 도움을 줄 필요성으로 뇌가 진화하게 된다고 말했다. 그는 두뇌를 가진다는 것이 무엇인지를 보여 주는 궁극적인 예로 멍게를 제시했다. 멍게는 3백 개의 뇌 세포를 가졌는데 발생 시에는 올챙이처럼 보이다가 끝날 때는 순무 뿌리처럼 보인다. 이 녀석은 태어날 때 주변을 헤엄치면서, 착상할 영구 장소를 찾아 헤맨다. 그러나 일단 착상 장소를 발견하고 나면, 여생 동안 움직이지 않는다.

여기서 재미있는 부분이 있다. 헤엄칠 동안은 원시 뇌신경계를 가지고 있지만, 어디든 부착하면 스스로 뇌세포를 먹어 치운다. 그다음에 꼬리와 꼬리 근육도 먹어 치운다. 기본적으로 멍게는 올챙이 같은 모양과 올챙이 같은 두뇌를 가진 생활에서 벗어나 굴처럼 고착된 생활을 하게 된다. 그래서 멍게는 더 이상 움직이지 않고, 두뇌도 필요 없게 된다.

리나스 박사의 이론은 사람은 두뇌를 가지고 있기 때문에 움직일 수 있다는 의미가 된다. 만일 우리가 움직이지 않는다면 두뇌는 필요 없으며, 두뇌를 가지려고 하지도 않을 것이다. 그래서 나는 만일 놀이의 기본 목적이 두뇌를 발달시킨다는 바이어스와 워커 박사의 주장이 옳다고 입증되더라도, 별로 놀라지는 않을 것이다.

놀이와 싸움

누구도 왜 어린 동물들과 아이들이 형제들이나 친구들과 어울려 노는지 모른다. 우리는 언제나 사회적인 놀이는 심한 장난의 의미로 알고 있다. 그래서 다수의 행동학자들은 장난 싸움이 동물들에게 커서 싸워 이기는 법을 가르친다고 생각한다. 이 말을 들어 보면 항상 논리적으로는 옳은 소리 같다. 어린 수컷은 어린 암컷에 비해서 장난 싸움을 훨씬 더 많이 하기 때문이다. 같은 이치로 성년 수컷은 암컷보다 더 많이 싸운다. 행동학자들은 장난 싸움을 실전에 대비한 연습으로 이해했다.

그러나 연구가들이 다람쥐원숭이를 이용해서 어릴 적 장난과 성년 때 싸움과의 직접적인 연관성을 확인하자, 그 둘에서는 어떠한 연관성도 찾을 수 없었다. 가장 심하게 장난친 원숭이가 어른이 되어서 더 많이 싸워 이기지도 않았고, 어릴 적 장난 싸움에서 가장 자주 이겼던 녀석이 큰 뒤 진짜 싸움에서 반드시 이긴 것도 아니었기 때문이다. 어떤 식이든 연관 관계는 없었다. 이 사실은 가설을 기각하지도 못하지만, 그렇다고 지지할 수도 없다.

또 재미있는 사실은, 장난 싸움은 진짜 싸움과 전혀 다르다는 것이다. 실전에서 나타나는 수많은 동작이 장난 싸움에서는 전혀 일어나지 않는다. 그리고 행해지는 동작의 순서도 다르다.

우리는 또한 공격성의 두뇌 회로가 놀이 회로와 분리되어 있음을 알고 있다. 공격성을 증가시키는 테스토스테론은 장난 싸움에서는 효과가 전혀 없으며, 실제로는 오히려 공격성을 감소시킨다. 때때로 난장판 놀이는 진짜 싸움으로 번지기도 한다. 그러나 두뇌 속에서 장난 싸움과 진짜 공격은 서로 다른 의미다.

장난 싸움이 이기는 법을 배우게 하는 것이 아니라는 또 다른 증거는 모든 동물이 장난 싸움에서 이기기도 하고 지기도 한다는 사실이다. 어떤 어린 동물이라고 해도 모든 장난 싸움에서 이기려 들지 않는다.

그럴 수 있다고 친다면, 아무도 놀아 주지 않는다. 청소년기 동물이 커지고, 힘이 세지고 나이가 들면서 같이 장난 싸움을 하던 어린 동물에 비해 지배적이 되면, 스스로 드러누워 의도적으로 일정한 시간 동안 져준다. 소위 자기 불구화 현상인데, 모든 동물이 그렇게 한다. 그렇게 하지 않으면, 힘이 약한 친구들이 놀아 주지 않을 것이기 때문이다. 이것은 소위 '역할 반전'이다. 승자와 패자의 역할이 뒤바뀌는 것이다.

역할 반전은 동물들이 물어뜯기 같은 놀이를 할 때 나타나는 난장판 놀이의 기본 같은 것이다. 내 친구는 그녀가 기르는 잡종견 이야기를 해 주었는데, 개가 한 살이 되어 다 자라자 이웃집의 4개월 된 래브라도와 놀았다. 3분의 1 크기였는데도 어린 래브라도는 상대의 덩치에 주눅들지 않고, 겁 없이 덤벼들었다. 그 개들은 친구의 테라스 바깥에서 줄을 이용해 서로 물어뜯기 싸움을 즐겨했다. 물론 내 친구 개가 훨씬 컸기 때문에 경쟁이 되지 않았다. 그 녀석이 힘을 다해 당기면 강아지는 테라스 주변에서 원반처럼 빙빙 돌아가는 모양이 될 것이었다.

그러나 그런 일은 생기지 않았다. 얼마 안 가서 내 친구는 작은 래브라도가 줄 물어뜯기 싸움에서 이기는 것을 볼 수 있었다. 우선 내 친구의 개는 테라스를 가로질러 뒤쪽으로 강아지를 밀곤 했다. 그러면 강아지도 뒤로 밀어붙이곤 했다. 내 친구는 같이 놀려고 자기 개가 강아지를 계속 배려하는 것 같았다고 했는데, 내 생각도 같았다.

일부 행동학자들은 모든 동물들의 자기 불구화 현상은 장난 싸움의 목적이 동물에게 어떻게 이기는 법을 가르치려는 목적은 아니라고 말한다. 그러나 이기고 지는 것을 배우는 것도 그러한 놀이를 통해서라고 한다. 모든 동물은 지배하고, 복종하는 역할을 익힐 필요가 있다. 왜냐하면 어떤 동물도 처음부터 우두머리는 아니었고, 어떤 동물도 일생토록 꼭대기에서 지배하며 살아갈 수는 없기 때문이다. 결국 우두머리가 될 수컷조차도 시작은 어리고 매우 취약한 것이다. 동물은 적절한 복종적 행동을 어떻게 하는지 놀이를 통해 배워야만 한다.

놀이와 놀람

체코 공화국의 동물 연구가 마렉 스핑카는 동물의 놀이에 관한 일반 이론을 창시했다. 그의 이론은 놀이가 어린 동물에게, 균형을 잃을 때와 갑작스러운 공격같이 새롭고 놀라운 순간에 대처하는 법을 가르친다는 것이다.

만일 스핑카 박사가 옳다면 그것은 왜 장난 싸움이 진짜 싸움과 다른지를 설명하는 이론이 될 것이다. 장난 싸움은 어린 전사에게 신기한 것에 반응하게끔, 끊임없이 놀라게 해 주는 것이다. 스핑카 박사의 이론은 자기 불구화 현상과도 맥을 같이한다. 이유는 장난 싸움 한가운데서 역할을 바꾸는 것이 정상적으로는 갖지 못하는 상황에 자신을 놓이게 하는 것을 의미한다. 보통 상황에서라면 지배자 격인 동물이 스스로 피지배적인 자세를 취하고, 그렇게 됨으로써 피지배 동물은 자연스럽게 지배자의 위치에 오르는 것이다. 흥미로운 상황이다.

스핑카 박사의 이론은 뇌와 행동에 대한 리나스 박사의 연구와 연관이 있다. 리나스 박사는 뇌가 그 소유자를 움직이게 하려면 세 가지를 해야만 한다고 말한다. 목표를 정하고―어디로 움직일까?―, 예상을 하고―이렇게 움직이면 나무와 충돌하지 않을까?―, 엄청난 분량의 입력 정보를 신속히 처리해야만 한다. 그래야 예상을 실현하고, 소유자가 원하는 장소로 한 번에 도달하게 하는 것이다.

이런 모든 것들은 어린 동물의 놀이에서 무엇이 일어나는가에 대한 꽤 훌륭한 묘사이다. 그 놀이가 보행기 놀이인지 사회적 놀이인지 혹은 목적을 가진 놀이인지, 예를 들어 공이나 막대기 같은 것을 가지고 놀든지 간에 말이다. 언젠가 나는 레드 도그가 마크의 집 옆 마당에서 플라스틱 가방을 가지고 노는 것을 본 적이 있다. 바람 부는 날이었는데, 그 녀석은 가방을 물고 바람을 안고서 담으로 달려갔다. 그러나 가방을 땅바닥에 두면 또 바람에 날려 마당을 지나 다른 곳으로 날아갔다. 강아지는 가방을 쫓아서 마당을 가로질러 벽에 부딪힌 가방을 물어 올려 다시 바람을 가로질러 와서, 집어 올 수 있는 곳에 내려놓았다. 그러면 놀이가 완전히 다시 시작될 수 있었다. 목표를 정해 놓은 즐거움이 없고서는 이런 게임의 이유를 알기 어렵다. 예상을 하고 마당을 가로질러 달리면서 생기는 엄청난 입력 감각 정보를 재빨리 처리해야만 한다. 목적을 가진 놀이를 하는 것을 볼 때, 그 녀석들은 마치 자신의 기본적인 두뇌 기능을 향상시키려고 행동하는 듯 보인다.

사회적 놀이는 어린 동물들의 놀이와 비슷하다. 마크는 레드 도그와 함께 낚시 놀이를 즐겼다. 마크가 생가죽 채찍 같은 것의 끝을 앞으로 획 던지면 레드 도그가 그것을 문다. 그러면 마크는 '큰 녀석을 낚았어'라고 말한다. 이것은 사회적인 놀이이면서, 완전한 운동성 놀이이다. 사람들이 어린 동물들이 놀 때 무슨 행동을 하는지 보면서, 한편으로 동물은 소뇌 안에서 신경 연결이 가장 활발한 시기에 육체적으로 가장 활동적이라는 사실을 대입해 보면, 우리는 언젠가 동물에게 있어 활발한 신체 활동을 이끄는 두뇌 기능의 가장 중요한 수단은 놀이라는 사실을 아는 날이 오리라고 생각한다.

호기심과 두려움

지금까지의 연구는 분노, 먹이를 쫓는 본능, 두려움과 호기심·흥미·기대감 같은 핵심 감정들은 두뇌 속의 각기 다른 회로에서 다루어진다는 사실을 보여 주고 있다. 이 사실은 내가 앞에서 언급했듯이 동시에 하나 이상의 회로가 작동되지 못함을 의미하지는 않는다. 혹은 하나의 감정이 다른 감정을 유발하지 못한다는 사실을 이야기하는 것도 아니다.

내 친구 남편이 2개월간의 해외 탐사 여행에서 집으로 돌아왔을 때, 6개월 난 강아지가 보였던 반응을 이야기해 주었다. 그녀의 남편을 보자, 개는 두려움과 즐거움을 동시에 느꼈다. 강아지는 두려워서 바닥을 치고, 울고, 소리 질렀다. 동시에 눈을 치켜들고 남편을 쳐다보며 반가움에 미친 듯이 꼬리를 흔들어 댔다. 그러고는 머리를 급히 뒤로 잡아당겨 몸에 바싹 붙이고는 계속해서 소리를 지르면서 움츠렸다. 그사이 몸을 땅바닥에 붙이고 남편 쪽으로 기어갔다. 친구는 마치 개가 유령을 본 것 같은 광경이었다고 말했다. 개는 동시에 놀라우면서도 너무 즐거웠던 것이다. 다시는 못 볼 것 같다고 생각한 누군가를 본 것처럼.

이 사건은 동물도 한 번에 서로 상충되는 두 가지 감정을 가지고 있음을 잘 보여 준다. 그리고 이런 경우는 드물게 볼 수 있기 때문에, 더욱 눈에 띄는 것이다. 실제 생활에서 동물은 한 번에 한 가지 감정만 가지는 것처럼 보인다. 그러나 예외는 있다. 공포와 호기심이다. 뇌 자극 연구에서 호기심과 공포는 뇌 안의 다른 회로에서 시작된다는 사실이 밝혀졌다. 그러므로 전기 자극을 통해 다른 것을 작동시키지 않고도 하나씩 분리해서 작동시킬 수 있다. 그러나 나는 종종 먹이 동물이 동시에 두 가지 감정을 느낀다는 사실을 관찰해 왔다. 포식 동물도 호기심과 두려움을 동시에 경험하는지는 모르겠다. 그러나 그들도 아마 그럴 것이라고 생각한다.

암소는 자신의 환경에서 새로운 것을 볼 때마다 호기심과 두려움을 가지고 움직인다. 여러분이 소 떼가 있는 풀밭에 서 있으면 그 녀석들은 자신들의 풀밭에 들어온 이 새로운 사람을 살펴보고 싶어서 접근하기 시작한다. 그러나 여러분이 손이라도 까딱한다면 이 녀석들은 화들짝 놀라 뒤로 물러선다. 그렇다고 멈추지도 않는다. 여러분이 가만히 있으면 그 녀석들은 다시 접근하기 시작한다. 그 녀석들은 1미터 정도까지 접근한 다음 일단 멈추어 서서 최대한 머리를 쭉 앞으로 뺀다. 더 이상은 접근하려 하지 않는다. 그리고 혀를 쭉 빼서 20센티미터 정도 더 접근해서 여러분을 기분 좋게 핥고는 쿵쿵거린다. 그 녀석들은 그래도 두려워한다. 바람이 여러분의 머리를 흩날리게 하거나 여러분의 재킷을 흔들리게 해도 그 녀석들은 다시 놀라 움찔거린다.

이렇게 15분에서 20분 정도 흐르면 그 녀석들은 싫증을 낸다. 나는 사진사에게 말한다. "사진을 찍으려면 15분밖에 없어요." 이제 그 녀석들은 다시 오려 하지 않는다. 그리고 여러분이 그 녀석들에게 접근하게 내버려 두지도 않는다. 여러분이 다가가려 하면 그냥 자리를 떠 버린다.

소들이 행동하는 방식이 너무 인상적이어서, 나는 소들에 대해 아무것도 모르는 사람을 한 명 이상씩 초원으로 데려가서 말한다. "소는 궁금해하면서도 두려운 듯이 행동해요." 이것은 소들이 흥미를 끄는 자극에 어떻게 반응하는지를 완벽하게 표현한 말이다. '흥미롭게 두려워한다.' 이것이 내게는 당연하게 보이는, 동물이 양가감정을 가졌다는 단적인 예이다.

공포와 사회적 복귀

뇌 자극 연구들을 제외하고, 핵심적인 감정에는 각자 독립 회로가 있다는 사실을 보여주는 또 다른 중요한 증거는, 여러분이 다른 것을 변화시키지 않고도 선택적인 품종 개량을 할 수 있다는 사실이다. 이는 프랑스의 장-미셸 포르 박사가 시행한 메추라기 실험에서 알 수 있다. 포르 박사는 두 가지의 서로 다르게 유전되는 감정을 보았다. 공포를 느끼는 것과 소속 집단으로의 복귀가 바로 그것인데, 이것은 동물이 자신의 짝과 가까워지려는 경향을 의미한다.

그들은 실험에서 한 무리의 메추라기를 넣어 둔 새장에 쳇바퀴의 한쪽 끝을 걸어 두고 메추라기 한 마리를 새장과 반대 방향으로 움직이는 쳇바퀴 위에 올려 두었다. 혼자 떨어진 메추라기가 새장 속의 동료들에게 돌아가려면 반대로 움직이는 쳇바퀴 위에서 열심히 위로 걸어 올라가야만 했다. 연구가들은 친구들에게 돌아가기 위해 메추라기가 얼마나 열심히 시도하는지를 측정했다.

그들은 각 메추라기가 느끼는 공포의 정도를 측정했고, 그런 다음 '공포와 사회적 복귀'를 연관시켰다. 그들의 첫 번째 결과는 예측한 것과 정확히 일치했다. 고도의 공포와 고도의 사회적 복귀는 비례했던 것이다. 두려움을 더 느끼는 새가 무리로 돌아가기 위해 쳇바퀴 위에서 더 열심히 움직였다. 이런 현상은 안전해지기 위해 무리에 눌러 붙어야 할 이유가 없는 포식 동물을 포함해 모든 동물한테서 볼 수 있다. 오렌지 줄무늬 고양이는 고양이치고는 겁이 많고 또한 고도로 사회적이다. 아무도 이유를 모르지만, 사실이다. 그들은 서로 애정이 넘친다. 다른 어떤 고양이들보다 더 서로 입으로 애무한다. 여러분이 재빠른 동작을 취한다면 그 녀석들이 제일 먼저 달아난다.

실험의 다음 부분이 정말 중요하다. 그들은 공포와 사회적 복귀를 구분할 수 있는지, 또 쉽게 가능한지를 보기 위해 선택적인 품종 개량을 사용했다. 자신의 짝에게 접근하는 데 관심이 없는 두려움이 많은 메추라기로 품종을 개량하거나 아무것도 두려워 않는 고도의 사회적인 동물로 키우는 것은 전혀 어렵지 않았다. 실제 생활에서는 둘이 같이 가지만 뇌에서는 서로 분리되어 있다.

우리는 사람에게서도 이런 증거를 가지고 있다. 다양한 연구에서 긍정적인 감정과 부정적인 감정은 뇌 속에서 각각 다른 화학적 체계에 의해 이루어질 것이라는 결과가 나왔다. 놀랍지는 않지만, 흥미로운 것은 긍정적인 감정과 부정적인 감정은 역비례 관계라는 사실이다. 일반인에게서 부정적인 감정을 줄이려 팩실Paxil이나 프로작Prozac 같은 항우울제를 써도 자동적으로 그의 긍정적인 감정을 끌어 올릴 수 없다. 이것이 분리된 시스템이다.

의도적이든 아니든, 사람은 종종 선택적인 품종 개량 프로그램을 이용해서 정상 상태에서는 같이 가는 동물의 감정—분노와 공포—을 분리시킨다. 예를 들어, 두려워하지 않는 동물을 기르려는 생각을 가졌다고 하자. 일견 좋은 아이디어처럼 들린다. 두려움이 많은 동물은 민감하고 신경 쇠약적이며, 다루기 어렵기 때문이다. 그러나 공포는 중요한 감정이다. 그리고 사람이든 동물이든 비정상적으로 두려움이 없으면 위험할 수 있다. 정상적으로는 공포가 공격성을 위에서 감시하기 때문에, 오히려 너무 두려움이 없는 사람은 위험하다. 보통의 두려움을 가진 개도 라이벌과 싸우려고 할 수는 있다. 그러나 다치는 게 두려워 꼬리를 내리는 것이다. 두려움이 전혀 없는 개는 두 번 생각하지 않고 덤벼든다.

사람에게서도 이런 모습을 볼 수 있다. 두려움이 많은 소년은 그렇지 않은 아이보다 덜 싸우려 한다. 두려움이 많은 아이는 화도 내지 않는다는 게 아니다. 그럴 수 있다. 분노와 공포는 독립된 감정이다. 그리고 겁이 많은 사람이나 동물도 그렇지 않은 사람과 동물만큼 분노를 느낀다. 차이는 두려움은 분노한 사람이 일을 그르치지 않게 해 주는 데 있다.

남자와 여자를 비교한 재미있는 실험도 있다. 남자는 여자보다 물리적인 싸움을 더 자주 한다. 그러나 여자도 똑같이 분노한다. 그리고 어떤 연구에서는 여자는 간접적인 공격을 많이 한다는 사실을 보여 주었다. 예를 들어 자신이 싫어하는 사람을 험담한다든지, 모임에서 제외시킨다든지 등의 행동을 남자보다 더 많이 한다. 지금까지 심리학적 연구에서 밝혀진, 여자도 남자만큼 분노를 느끼지만 물리적 싸움까지 가지 않는 이유는 여자는 분노한 상태에서도 두려움을 많이 느낀다는 데 있다. 공포는 물리적 공격성을 제어하는 장치다.

사람은 보다 겁이 없는 개를 키우려고 할 때 위험을 무릅쓴다. 결국 매우 위험한 동물을 얻게 될 수도 있다. 다른 한편으로, 지금까지 우리는 사냥개인 래브라도한테서 겁을 없애려고 했다. 그러나 래브라도는 겁이 없고 공격성도 떨어지는데, 여러분은 이 모습을 자연스럽게 보아서는 안 된다. 나는 래브라도의 공격성이 낮아진 이유가 사람들이 분노와 공포 모두가 낮아지게끔 선택 개량해 왔기 때문이라고 확신한다. 적어도 나는 사람이 두 가지 특성을 선택한 것이라고 생각한다. 래브라도에서 사람들은 개의 특성이 유전과 관계 있음을 보기 시작한다.

문제는 우리는 조용하고, 또 조용하고, 아주 조용한 개를 기른다는 사실에서 발생한다. 그리고 비정상적일 만큼 조용한 래브라도를 얻으려

하는 데서 나온다. 여러분이 그 녀석의 턱살을 잡아끄는 공격적인 행동을 해도 그 녀석은 반응하지 않는다. 사람은 래브라도로부터 당황스러움을 끄집어내고 성질을 바꾸었다. 그래서 자동차의 라이트가 비치면 래브라도는 놀라서 뛰쳐나가지 않고, 자기가 이끌기로 되어 있는 맹인과 함께 피하는 것이다. 그런 특성 때문에 래브라도는 거칠고 예상하기 힘든 아이들에게 좋은 친구가 되어 왔다.

래브라도는 고통도 덜 느낀다. 비록 고통을 덜 느낀다는 사실이 항상 그래 왔던 특성이어서, 뉴펀들랜드에서 사역견이었을 당시에는 차가운 얼음물 속으로 뛰어 들어가 그물에 걸린 고기를 물어 올려야만 했다. 여러분은 오늘날에도 래브라도에서 이런 성질을 볼 수 있다. 어린 래브라도 강아지가 아이들이 노는 풀장에 뛰어 들어가 미친 듯이 앞발로 물장구 치는 것을 보면, 마치 풀장에 있는 물고기를 잡으려는 것처럼 보인다.

개를 그처럼 조용하게만 만들려고 했을 때 발생하는 문제는, 사람들이 여러 가지 성질 중에서 정숙함에만 동기를 부여하게 된다는 점이다. 나는 안내견 양성 학교의 어떤 여자와 대화를 나누었는데, 그녀는 어떤 래브라도는 전혀 주의를 기울이지 않아서 쓸모가 없다고 했다. 사람들은 훈련도 시킬 수 없는 개를 만들었다는 데 우려하고 있었다. 더욱 나쁜 것은 일부 개들이 발작을 보였다는 것이다. 지나치게 품종 개량한 어떤 개에서든지 발작이 생길 수 있다. 그런 일이 스프링거 스패니얼에게서 일어났다. 지금은 광폭한 스프링거라고 한다. 그들은 매우 경계심이 강하게 키워졌다. 그리고 그 결과는 뜬금없는 공격성이 생기는 발작의 형태로 나타났다.

일반적으로 말하면 래브라도는 특이한 개다. 겁이 없고, 공격성도 낮으며, 매우 사회적이다. 이런 특성들은 정상적인 조합이 아니다. 그리고 여러분이 자연적으로 탄생한 것으로부터 진짜 다른 종류의 동물로 만들려고 품종 개량을 시도한다면, 여러분은 예상하지 못한 부분에서 깜짝 놀랄 만한 결과를 초래할 수도 있다. 나는 사람들이 품종 개량을 감독할 때 좀 더 주의를 기울이고 경계해야 한다고 생각한다.

래브라도 사냥개를 거부한다는 인상을 남기고 싶지는 않다. 래브라도는 우리가 가진 최상의 순종견 중의 하나이다. 그들은 좋은 가족견이며, 좋은 사역견이기도 하다. 다만 나는 개의 선천적 특성을 우리가 잘 지키길 바랄 뿐이다.

동물들도 친구가 필요하다

동물을 소유하고 관리하는 사람들은 동물의 감정에 대해서도 생각해야만 한다. 동물도 우리처럼 핵심 감정을 가지고 있기 때문이다. 건강을 유지해 주고 잘 먹이는 게 전부가 아니다. 동물에게 보다 정서적인 보통의 삶을 보장해 주기 위해서는 다른 동물과의 사회적 접촉 기회를 충분히 보장해야 한다.

동물의 암컷, 그리고 일부 동물의 경우, 수컷은 자신의 새끼들을 사랑한다. 거의 모든 동물이 흡사 우정의 형태를 가지고 있다. 이제 사람들이 그런 주제들을 연구하면서, 기린 같은 비사회적으로 보이는 동물들도 보다 친밀한 사회적 구조를 가지고 있음을 입증하는 우정이 존재한다는 사실이 밝혀졌다. 조지아 공대의 메레디스 바쇼라는 연구원은 애틀랜타 동물원에서 9년간 같이 산 수컷이 떠나 버리자 매우 불안해하는 암기린 두 마리를 연구하기 시작했다. 암컷 모두 수컷과 짝짓기를 하지 않았다. 사람들이 보아 온 바에서는 기린 3마리가 별로 친밀하게 지낸 것 같지도 않았다. 그래서 아무도 수컷이 떠나고 암컷들이 그렇게 불안해할 것이라고는 예상하지 않았다. 그러나 암컷 두 마리는 매우 불안해했으며, 계속해서 담을 빨아 대는 스트레스 징후를 보였다.

기린에게 친구가 없다고 보는 이유는 1970년대의 연구 결과에서 개개별의 기린은 다른 기린과 친밀한 접촉을 형성하지 않는다고 결론을 내렸기 때문이다. 바쇼는 '기린은 여러분의 커피 잔 속의 분자들이 떠도는 것처럼 아프리카 평원을 움직이는 것 같아요'라고 말했다. 그러나 애틀랜타에서 암기린들이 그렇게 불안했던 이후에, 바쇼는 기린들이 90에이커의 공원에서 자유롭게 돌아다니는 샌디에이고 동물원으로 가서, 일부 기린들이 다른 기린들과 친밀하게 붙어 지내는지를 관찰할 수 있었다.

그녀는 기린들도 우리가 알고 있는 다른 사회적인 동물처럼 짝이 있다는 사실을 알게 되었다. 기린은 일생 동안 15%의 시간을 친구와 풀을 뜯으며 보내고, 5% 동안은 시간만 다른 기린들과 가까이서 풀을 뜯으며 지낸다는 것이다. 기린의 우애를 1970년대부터 연구한 또 다른 동물 전문가 줄리안 페네시도 나미비아 사막에 사는 앙골라 기린 중에서 어떤 암기린은 일생의 2분의 1에서 3분의 1의 시간을 암컷 친구들과 보낸다고 말한다.

모든 초식 동물 무리에서 여러분은 어미와 딸이 짝을 지어 다니는 모습도 발견할 수 있다. 그러나 별 관계 없는 다른 동물과도 교분을 유지하는 것을 발견한다. 페네시 박사는 또한 주로 수컷만으로 이루어진 그룹에서 수컷들도 우정을 가지고 있음을 연구했다. 동물 연구가들은 대부분의 동물과 모든 포유류에서 동물의 우정을 발견한다. 저산지 들쥐들에게도 우정이 있는지는 모르겠다. 그러나 여기에서 우리는 거의 모든 포유류는 우정을 가지고 있다고 믿는다.

사람에게 혼자만 떨어지라고 말한다는 것은, 여러분이 가할 수 있는 가장 가혹한 벌이다. 동물도 다르지 않다. 동물도 친구와의 우정을 필요로 하고, 물론 사람도 친구와의 우정이 있어야만 한다.

〈소 농장에서의 템플 그랜딘〉
나는 소들이 내 손을 핥아도 그냥 둔다. 아마도 소들이 사람의 피부에서 우러나는 소금기를 맛보고 싶어서 그러는 것이라고 생각한다. 나는 종종 소들의 코에 입을 맞춘다. _79쪽

ANIMALS IN
TRANSLATION

동물의 공격성

개 주인들은 자신이 키우는 동물이 아무 힘도 없는 솜털이 보송보송한 동물을 죽이는 것을 보면 엄청난 충격을 받는다. 나는 친한 친구 티나가 기르는 골든레트리버 '아비'가 일리노이 대학 실험실에서 다람쥐를 죽이는 장면을 목격했던 날을 기억한다. 티나는 동물 행동에 관해 학위 수료 과정 중이었지만, 얌전한 강아지가 숙련된 암살자같이 다람쥐를 해치우는 모습을 보고는 큰 충격을 받았다.

　재미를 위해 죽이는 것은 더 충격적이다. 내 친구 데이브는 조깅할 때마다 30킬로그램짜리 셰퍼드·하운드 잡종견 맥스와 같이 달리는데, 하루는 맥스가 마멋^{그라운드호그}* 한 마리를 보고 목을 깨물어서 죽을 때까지 거칠게 흔들어 대는 모습을 보고 큰 충격을 받았다. 개는 내 친구의

---

*　groundhog. 북미에 서식하는 마멋의 한 종류. (역주)

존재를 완전히 잊어버렸고, 친구는 뒤에서 '그만둬!'라고 소리치며 달려갔다.

맥스는 입에 신발을 물고 있을 때 '그만둬!'라는 명령에 어떻게 복종해야 하는지 확실히 알고 있다. 그러나 맥스는 살아 있는 마멋을 놓아 준 경험이 없었다. 가장 당혹스러웠던 것은 맥스가 자신이 죽인 동물을 먹는 데에는 전혀 관심이 없었다는 점이다. 맥스는 죽인 마멋을 물고 와서 데이브의 발치에 내려놓았다. 맥스는 환하게 웃고 있었다. 보호자도 좋아하기를 바라는 게 확실해 보였다. 어떤 의미에서 데이브는 그런 생각도 들었다. 맥스는 자신의 두 살배기 아들과 친절하게 놀아 주는 믿음직한 개였는데, 보호자의 눈앞에서 일단 동작에 들어가자 누구도 멈출 수 없을 만큼 악랄한 포식자로 돌변했다고. 그 사건 이후, 데이브는 아무리 생각해도 사람과 개가 함께 살아가는 이유를 모르겠다는 생각이 들기 시작했다고 말했다.

미국에서만 6천만 마리의 반려견이 사람들과 함께 살고 있다. 그 개들은 전부 잠재적인 포식자로, 살해 본능을 가지고 있다. 그런데 왜 사람에 대한 치명적인 개의 습격 같은 무시무시한 기사가 매일 신문에 나지 않을까? 1997년과 1998년 통계를 기준으로 봤을 때, 그런 유형의 사건은 1년에 15건 정도에 불과했다. 이 말은 그런 개의 비율이 4백만 마리당 한 마리 꼴이라는 말이다. 그러니 크게 우려하지 않아도 된다. 4백만 명당 1명씩 걸리는 질환이 있다고 가정하면 전 미국을 통틀어 70명의 그런 환자가 있다는 말이 된다.

내게 같은 이야기를 해 준 또 다른 친구가 있었다. 그녀가 셰퍼드와 래브라도 잡종견이라 생각되는 개를 보호소에서 데려왔을 때, 그녀의 아이들은 아직 어렸다. 개가 충분히 자라게 되자 개의 특징과 행동에 로트와일러의 성질이 두드러지다는 사실이 명확하게 드러났다. 로트와일러는 지배 성향이 강한 동물이다. 강아지 적부터 가족들이 걸터앉은 침대로 뛰어올라 같이 TV를 보는 것보다, 개집에서 혼자 저녁 시간을 보내는 걸 좋아했다. 이 모습은 지배적 성향을 띤 개의 전형적인 모습이다. 여러분이 지배적 성향을 가진 개를 상대하려고 하면 그 녀석은 여러분을 거부하려고 한다. 단지 자신이 원할 때만 반응할 뿐이다. 그 녀석이 흥미를 보인다면 여러분은 그 사실을 알게 될 것이다.

더 나쁜 것은 거리에서 만나는 사람들이 그녀의 개가 핏불의 기질도 가진 것으로 본다는 점이다. 내 친구가 우발적으로 핏불의 자손을 입양했다고 생각한 것은 아니지만, 그녀는 개가 자라면서 외양이나 행동이 로트와일러처럼 보이게 되자 약간은 불쾌했다. 2000년 9월에 발표된 한 연구에 따르면 치명적인 개 교상 사건에서 핏불과 로트와일러가 압도적으로 많은 데다가, 그중에서도 로트와일러가 단연 최고의 사고뭉치라고 한다. 둘 중에서는 로트와일러가 단연 일등이다. 그런 원인들 가운데 한 가지는 로트와일러가 한때 워낙 인기가 있어 많은 수가 주변으로 퍼져 나갔다는 데서 비롯된다. 그러나 그것이 다는 아니다. 1997년과 1998년의 통계에서 핏불과 로트와일러는 모든 치명적인 교상 사건의 67%를 차지했지만, 로트와일러와 핏불이 전체의 67%를 차지한다는 의미는 아니다. 근처에도 미치지 못한다. 법 아래 동물 소유자들의 권리는 동등하게 보호받는다는 이유를 포함해서, 여러 가지 이유를 들어 연구가는 핏불이나 로트와일러 사육을 금지하는 법안에는 찬동하지 않았다.

내 친구는 얼마나 개가 지배적인지를 눈으로 보게 되자, 개와 사람의 전반적인 관계에 대해 의문을 품기 시작했다. 그녀는 개와 같이 자랐고, 부모가 된 지금에도 얼마나 개를 신뢰하고 있는지 느끼고 있었다.

사람들은 본인의 인생, 그리고 아이들과의 생활에서도 개를 신뢰한다. 여러분이 이런 사실을 생각하면 상당히 믿기 어려울 것이다. 나도 친구가 걱정했던 만큼은 불안해 할 필요가 없다고 생각한다. 래브라도와 같이 공격성이 낮다고 알려진 소수의 순종을 빼면, 로트와일러 잡종견이 아마 다른 개보다 위험하지는 않을 것이다. 단, 내가 '아마'라는 단서를 붙이는 이유는 사람을 공격해서 죽이기까지 하는 로트와일러 잡종견의 숫자에 관해서, 우리에게 가용한 자료는 다듬어지지 않은 원 자료 수준에 지나지 않기 때문이다. 그렇지만 전체 개 가운데 로트와일러 잡종견의 숫자가 얼마나 되는지 모르기 때문에 정확한 해석을 내리기란 불가능하다. 내가 볼 때 숫자만 따진다면 로트와일러의 잡종견은 다른 잡종견들보다 위험하지는 않을 것 같지만, 그렇다고 확신할 수는 없다.

내 친구는 강아지가 좀 더 사회적으로 바뀔 수 있도록 가르쳐야겠다고 생각했다. 그래서 그녀는 개를 개집에서 데리고 나와 침대에 올려놓고 가족들과 같이 지내도록 했다. 개는 계속해서 침대에 붙어 있기는 했지만, 노는 방식은 믿을 수 없을 만큼 공격적이었다. 내 친구는 그 녀석이 입을 열고 닫을 때 마치 작은 악어를 보는 것 같다고 말했다. 그녀가 일생을 개와 같이 지내 왔지만, 강아지가 물어뜯고 으르렁거리는 모습을 보고는 스스로 생각했다고 한다. '내가 왜 이 짐승을 우리 아이들과 한 침대에 있게 했지?'

개 훈련사들 누구나 지배 성향이 강한 개는 계속 사람 아래에 두어야만 한다고 조언한다는 사실을 감안하면, 내 친구는 침대 위에 개를 두지 말았어야 했다. 지배적 성향이 강한 개는 절대로 사람의 눈높이에 두어서는 안 된다. 그런데 요즘 그 강아지는 귀염성 있고, 성질이 온순해서 이웃들과 손님들이 보고 싶어 하는 개로 자랐다. 하지만 지배 성향은 여전하기 때문에, 가족들은 아직도 개에게 사람이 절대자라고 인식시키고 있다. 이제 그 녀석은 명랑하고, 헌신적인 가족의 일원이다.

어떻게 이런 일이 생겼을까?

공격하는 모습을 상상하다

동물의 행동을 이해하려면, 생각에서 시작해 실행으로 옮겨야 한다. 수년 동안 동물 행동학자들은 이러한 선택권을 갖지 못했고, 동물 행동을 분류하고 확정 짓는 데만 매달려 왔다. 특히 동물의 공격성은 종류가 너무 많아서 분류하기도 어렵다.

자연스럽게 여러 연구가들은 핵심적인 공격 행동 리스트에 의지하게 되었다. 일부 리스트는 오래 사용되었지만, 어떤 것은 그렇지 못했다. 어떤 연구가는 수컷 간의 공격성—한 수컷이 다른 녀석의 우리에 들어갔을 때 두 녀석 사이에 싸우는 경향—과 영역적 공격성—종종 다른 수컷이 자신의 영역을 침범했을 때 일어나는 싸움을 의미하고, 암컷도 영역적 공격성과 관련이 있을 수 있다—을 확실히 구분 지으려고 한다. 하지만 다른 학자는 수컷 간의 공격성과 영역적 공격성이 실제로는 같은 것이라는 결론을 내리려고 한다.

두뇌 연구로 이 모든 문제가 해결되는 게 아니다. 그 이유는 서로 다른 행동도 동일한 신경계에서 발생할 수 있기 때문이다. 그러나 최근 들어 공격성과 뇌 신경계의 연관성은 충분히 밝혀지고 있고, 사람과 동물 사이에서 공격 성향의 특성이 좀 더 명확해졌다.

우리는 오늘날 포식적 공격성과 정서적·감정적 공격성이라는 2개의 핵심적인 공격성이 있음을 알고 있다. 포식적 공격성은 먹이를 먹기 위해 쫓아가서 죽이는 것을 말하고, 정서적·감정적 공격성은 그 나머지 것을 말한다.

포식적 공격성부터 살펴보자.

치명적인 공격

포식적 공격성은 단순히 포식 동물에만 있는 것이 아니다. 비록 자주 활성화되지는 않아도, 분명 먹이 동물의 머릿속에도 포식적 공격성을 담당하는 신경 회로가 존재한다.

먹이 동물에 해당하는 쥐를 이용한 실험에서, 고양이 같은 포식 동물이 먹이 동물을 물어 죽이도록 조절하는 두뇌 부위를 쥐한테도 똑같이 자극하여 공격을 유발시킬 수 있다. 야생에서 쥐는 먹이를 거의 사냥하지 않지만, 그런 행동을 할 수 있게끔 타고난 것이다. 《정서 신경 과학》의 저자 잭 팬셉은 연구가들이 실험 대상으로 사용한 모든 들쥐에게 공격성을 유발시킬 수는 없었으며, 단지 생쥐 같은 잠재적 먹이 동물에 접근해서 열심히 탐색하는 경향이 원래부터 강한 녀석들한테만 공격성을 유발할 수 있었다고 했다. 이 녀석들 또한 보통 들쥐였다. 특히 공격성이 강한 들쥐들에게서 물어뜯는 공격성을 유발시킬 수 있었다는 점은, 모든 들쥐에게 공격성이 있다는 사실을 의미한다. 단지 유발되지 않았을 뿐이다. 먹이를 쫓는 강한 본능이 잠재적 행동으로서 모든 동물에게 존재한다는 것은 거의 확실하다.

숨통을 끊어 놓는 공격은 절대 바뀌지 않는 순차적 행동이다. 각 동물은 태어날 때부터 어떻게 물어 죽이는지를 알고 있으며, 모든 동물 종마다 방법이 동일하다. 마멋을 물어 죽인 래브라도 사냥개의 모습과 독일 셰퍼드의 사냥 방식은 똑같다. 실험실에서 여러분은 두뇌의 포식 회로에 전극을 이식하여 자극함으로써, 입으로 물어뜯는 치명적인 교합성 공격을 유발할 수 있다. 이때 동물은 배고플 필요도 없고, 먹이 동물이 눈에 띌 필요도 없다.

모든 포식 동물에 강하게 각인된 치명적 살상 본능이 있으며, 교합성 공격은 종마다 방법이 약간씩 다를 수 있다. 개와 고양이는 먹이를 일단 깨물고 나서 흔들어 죽이고, 대형 고양이과 동물인 사자는 영양같이 큰 짐승의 목을 깨문 다음 질식해서 죽을 때까지 그대로 물고 있다. 사자가 그렇게 하는 이유는 영양은 깨물어서 죽을 때까지 흔들기에 덩치가 너무 크기 때문이다. 이렇게 죽은 동물의 대부분은 죽고 나서 출혈 흔적을 보기가 힘들다. 죽은 동물은 외관상으로는 멀쩡하다.

과학자들은 치명적인 살상 같은 일련의 행동을 '고착된 행동 양식'이라고 부른다. 왜냐하면 행동 과정이 항상 같기 때문이다. 고착된 행동 양식은 신호 자극이나 반응 유발 매개체해빌 인자에 의해 개시된다. 모든 포식 동물에게 있어 재빠른 움직임은 포식자의 추격과 살상을 자극하는 반응 유발체가 된다. 최근 수년간 길든 호랑이나 사자에게 부상을 당하거나 죽임을 당한 사람들에 관한 다양한 보고서를 읽어 왔다. 사람들이 갑자기 넘어진다든지, 허리를 숙인다든지, 연장을 집어 드는 급작스러운 행동이 포식자들의 고착된 행동 패턴을 촉발시켰다. 나는 '성급하게 움직이지 마시오'라고 적힌 라인은 경찰한테서 나온 것이라고 확신한다. 사람도 동물과 똑같이 재빠른 움직임에 대한 본능적인 반응을 가지고 있고, 긴장된 상황에서의 급작스러운 움직임은 무기를 가진 사람에게 무기 사용을 촉발시킬 수 있다.

고착된 행동 양식이 항상 같은 데 반해서, 정서는 같은 종 내에서도 동물마다 다를 수 있다. 만일 데이브가 한 마리가 아닌 두 마리의 개를 키우고 있다면 두 마리 중에 한 마리는 다른 한 마리에 비해 마멋을 사냥해서 죽이는 데 보다 동기 부여를 한다는 사실을 관찰할 수도 있다. 마멋이 눈에 슬쩍 비치기만 했는데도 한 마리는 추적해서 죽이는 본능을 촉발할 수 있고, 다른 한 마리는 그 동물이 자신의 얼굴에 반복해서 얼쩡거리지만 않는다면 그냥 무시해 버릴 수도 있다. 두 마리 다 죽일 때는 똑같이 움직일 것이다. 그렇지만, 그런 상황에 이르기까지 각자의 동기는 각각 다를 수 있다.

사냥 학습

동물의 포식성 살상은 어느 정도가 학습에 의해서이고 어느 정도가 본능적이냐는 의문을 갖게 만든다. 대답은 '종마다 다르다'는 것이다. 크고 복잡한 뇌를 가진 침팬지 같은 동물은 도마뱀같이 단순한 뇌를 가진 동물보다 학습에 훨씬 더 많이 의존한다. 개, 고양이, 말, 소의 경우는 대략 침팬지와 도마뱀의 중간 정도 된다. 이런 동물의 두뇌는 사람이나 침팬지만큼 복잡하지 않고, 닭이나 도마뱀보다는 복잡하다. 따라서 개나 고양이는 닭보다는 학습에 의존하고, 침팬지보다는 본능적으로 각인된 행동에 더 의존한다.

다음으로 알아야 할 것이 고착된 행동 양식과 고착된 행동 양식에 동기를 부여해서 작동시키는 감정 사이에 차이가 있다는 사실이다. 먹이를 쫓는 감정과 먹이를 죽이는 행동은 두뇌 안의 서로 다른 회로에서 조절된다.

이 문맥에서 감정이란 용어를 보면 일부는 놀랄 수도 있으므로 조금만 언급하려 한다. 동물 전문가들은 본능에 대해 이야기하곤 하는데, 여기서 본능이란 고착된 행동 양식을 말한다. 그들이 언급하는 '강한 동기'란 음식이나 섹스같이 사람과 동물에게 있어 필수적인 항목에 관해서 몸속에 내재된 강박 관념으로 정의된다. 본능과 강한 동기는 외부의 시각에서 사람과 동물을 잘 묘사한 것이긴 하지만, 강한 동기라는 개념은 연구가들이 뇌를 지도화하는 작업에 착수하고 나서는 그다지 지지받지 못하고 있다. 이 개념은 너무 광범위하고 추상적이며, 연구가들이 정의한 '강한 동기'를 내재한 통합된 두뇌 회로를 찾는 데 실패했다.

예를 들어, 허기 본능에 대한 통합된 회로를 찾는 대신에 그들은 2개의 다른 회로를 발견했다. 하나는 배고픔에 대한 물리적 측면이었고, 다른 하나는 정서적 측면이었다. 배고픔은 물리적 측면에서 보면 신체 요구 상태를 말하는 것이며, 동물이 무엇인가를 먹어야 한다는 신호인 저혈당 같은 것을 말한다. 대뇌에서는 신체의 필요성을 다루는 독립된 회로가 존재한다. 그러나 몸이 필요로 한다는 것만으로는 충분치 않다. 이 사실은 거식증을 겪는 사람에게는 확실한 것이다. 앞 장에서 언급했지만, 사람과 동물은 자신을 움직여 사냥을 하고 몸이 필요로 하는 먹이를 모으게끔 '동기'를 부여하는 추구 감정도 필요하다.

연구가들은 사냥의 감정을 유발하는 허기 같은 신체적 요구가 얼마나 필요한지 정확히 모른다. 그것이 오늘날 사람들이 연구하는 이유 가운데 하나다. 그러나 연구가들은 사람과 동물의 모든 행동은 실제로는 어떤 느낌에 의해 주도되는 것이라고 강하게 믿고 있다. 우리는 동물의 두뇌에 대한 뇌 자극 연구를 통해서 감정이 얼마나 중요한지를 파악하고 있으며, 뇌 손상을 입은 환자의 근접 관찰을 통해서도 역시 알고 있다. 《데카르트의 오류》라는 훌륭한 저작을 출간한 안토니오 다마시오는 추론과 결정 과정에서 분리된 정서를 가진 사람에 관해서 연구했다. 이 환자들은 저녁을 먹으러 어떤 식당에 가야 할지도 결정하지 못했으며, 자신들이 배고파서 먹어야 할 때도 마찬가지로 결정을 내리지 못했다. 두뇌에서 정서와 배고픔은 분리된 회로로 존재한다. 행동으로 옮겨지기 위해서는 둘 다 필요하다.

요약하면, 고착된 행동 양식은 타고난 것으로, 뇌에 기반을 둔 행동이며 같은 종에 속하는 모든 개체에서 항상 같다. 감정은 타고난 것이고, 뇌에 기반을 둔 동기이다. 강도의 차이가 있으며, 아마도 개체에 따라 표현 빈도의 차이가 있을 것이다. 여전히 가끔씩 강한 동기 본능에 대해 언급하는 학자를 접할 수 있지만, 만일 여러분이 단지 동물의 행동만을 묘사하려고 동기 본능을 인용한다면 틀린 것은 아니다. 다만 허기 본능과 섹스 본능 같은 광범위한 개념은 사랑이나 음식을 사람이 찾으려 할 때 작동되는 특정 두뇌 회로와 일치하지 않는다. 두뇌에서는 언제나 하나 이상의 회로가 관여한다.

그래서 우리는 생물학적으로 뇌 안에 고착되지 않은 것은 어떤 것인지를 안다. 감정은 머릿속에 강하게 뿌리박힌 것이지만, 고착된 행동 양식을 제외한 감정에 따르는 동물의 모든 행동은 학습에서 비롯된다. 개는 태어날 때부터 마멋을 죽이는 법을 안다. 그러나 개는 마멋이 먹이라는 사실은 모른 채 태어난다. 마멋이 먹이라는 사실은 다른 개들로부터 배워야만 한다.

포식 동물들도 본능에 강하게 각인된 포식 행동을 누구에게 발산할지에 대해서는 다른 동물한테 배워야 한다. 만일 강아지가 집에서 반려용 마멋과 같이 자란다면 강아지는 마멋이 먹이가 아니라고 배울 것이고, 절대 공격하지도 않을 것이다. 그래서 강아지는 걸음마를 시작하는 어린 아이들과 같이 자라야 하는 것이고, 적어도 아이들을 보기라도 해야 하는 것이다.

걸음마를 시작한 아이들은 먹이 동물이 하는 것처럼 갑자기 재빨리 움직이는, 돌발적인 행동을 하는데, 그런 행동은 개들에게 포식 행위를 촉발하기 쉽다. 그러므로 강아지때부터 걸음마 아이들이 먹이가 아니라는 것을 배워야 한다.

개들에게 어떤 것은 먹이가 되지만, 어떤 것은 먹이가 아닌지 가르치는 것은 어렵지 않다. 단지 여러분이 하는 행동에 확신만 가지면 된다. 우리 집은 내가 어릴 때 지독히도 고양이를 물어 죽이던 골든레트리버를 키웠다. 로니는 아이들에게 더할 나위 없이 사랑스러운 개였다. 내가 네 살 때 로니의 등에 타려고 했을 때 로니가 절대 반항하지 않았던 것을 기억한다. 그러나 로니는 고양이를 볼 때마다 미쳐 날뛰면서 바로 쫓아가서 죽여 버렸다. 로니는 강아지 때부터 걸음마를 시작한 아이들과 항상 접촉했다. 그래서 아기들을 다치게 하면 안 된다는 것을 알고 있었다. 그러나 로니는 고양이를 본 적이 없어서 고양이는 죽여도 되는 동물이라고 결론 내렸다. 개한테서 먹이와 먹이가 아닌 것의 구분은 타고난 행동이었기에, 로니는 그런 방식으로 자신만의 먹이 분류를 확신했다.

무엇을 먹고 무엇을 먹지 않아야 함을 배우게 되자 사람과 동물은 적응에 유연성을 가지게 되었다. 만일 동물이 먹기 위해서 본능에만 의존한다면, 갑자기 먹이가 사라지거나 줄어들 때가 생기면 굶게 될 것이다. 또한 다른 동물의 행동을 모방할 수도 없을 것이다.

마멋을 죽이면 재미있을까?

짧게 대답하면 '그렇다'.

우선 동물 행동학자들은 포식 살상을 '조용히 숨통 끊어놓기'라고 부르는데, 그 이유는 포식 살상은 동물이 분노한 상태에서 이루어지는 것이 아니기 때문이다. 우리는 동물의 두뇌 연구를 통해 살해 동작이 이루어지는 동안 두뇌의 분노 회로는 활성화되지 않는다는 사실을 알고 있으며, 관찰을 통해서 진정한 킬러는 항상 침묵한다는 사실도 알고 있다.

물어 죽이는 동작은, 같은 동물 두 마리가 싸우면서 소리 지르고 시끌벅적한 모습이 전혀 아니다. 그러나 영토 싸움을 하는 동안은 분노 회로가 작동한다. 그리고 동물이 분노에 찬 공격을 하면 시끄럽다. 그러나 포식자가 사냥을 할 때는 단지 치명적으로 깨문 다음 사냥감이 죽을 때까지 흔들어 댈 뿐이다. 맥스가 마멋을 물어 죽이는 걸 즐긴다고 생각한 데이브의 느낌은 옳았다. 우리는 이런 사실을 앞에서 언급한 뇌 자극 연구를 통해 알고 있다. 동물은 포식을 목적으로 죽이는 회로가 작동될 때를 즐긴다. 그리고 동물에게 그 방법을 보여 주면 스스로 작동시키려고 한다. 어떤 모습이 포식 살해 행위인지 한번 생각해 보면 당연히 좋다고 느낄 것이다. 즉, 고양이에게 쥐를 물어 죽이는 것은 영장류에게는 먹음직스럽게 익은 바나나를 먹는 것만큼이나 즐거운 일이다.

잭 팬셉에 따르면 포식 살해 행위가 이루어지는 두뇌 부위는 내가 앞 장에서 언급한 호기심과 강한 흥미와 강렬한 기대를 포함하는 즐거운 느낌이 만들어지는 탐색 회로와 본질적으로 똑같은 곳에서 비롯된다는 사실이, 뇌 자극 연구를 통해서 밝혀졌다. 추구 회로가 작동하면 동물과 사람은 먹이와 거처를 찾았거나, 혹은 백화점에서 멋진 바지를 구매하고 물리학에서 더 나은 성적을 받은 것 같이 자신이 원하고 필요한 것을 찾게 된다. 사람과 동물은 사냥을 즐기는 것이다.

그러나 분노할 때 느끼는 공격성은 기분 좋은 느낌이 아니다. 동물과 사람은 분노 회로가 작동되는 것을 좋아하지 않는다. 그리고 가능하면 피하려 한다. 분노는 고통스러운 감정이다. 두뇌 속에서 포식 살해와 분노 공격성은 같은 감정이 아니다.

즐거운 사냥꾼

개가 동물을 죽이는 장면을 한 번이라도 본 사람은 개가 죽이고 나서 즐거워하는 듯 보인다고 확신한다. 그러나 개가 마멋을 죽이는 것을 볼 기회는 드물기 때문에, 여러분이 정말로 동물이 사냥을 즐긴다는 사실을 알고 싶다면 고양이를 이용해서 실험해 보라. 고양이는 가축의 수준을 넘어서는 사냥꾼이다. 특히 고양이들은 레이저 마우스가 발사한 붉은 점을 보면 발톱을 휘두르며 달려든다. 레이저 마우스란 건전지로 작동되는 레이저 포인터의 일종으로 홀에 모인 많은 청중 앞에서 천장에 매달린 스크린에 사용한다. 만일 본 적이 없다면, 강의 시간에 천장에 걸린 스크린의 어떤 부분을 가리킬 때 붉은 점이 비치는 레이저 포인터를 생각하면 된다. 레이저 마우스에서 나오는 점은 모양이 쥐처럼 생겼다. 쥐 모양으로 만든 것은 상업성을 고려한 것이었다. 레이저 마우스를 쫓는 고양이는 레이저 포인터의 점도 추적한다.

일부 고양이들은 레이저 포인터의 점을 쫓는 데 너무 열중한 나머지 뼈가 부러지거나 관절이 탈골될 정도라고 한다. 뉴욕에 사는 친구 로잘리의 아파트를 방문했을 때, 나는 그녀가 기르는 고양이 두 마리가 그렇게 하는 것을 보고 놀란 적이 있다. 릴리와 할리라는 고양이였는데, 레이저 마우스를 뒤쫓고 있었다. 여러분도 릴리와 할리를 아파트 내에서 죽을 둥 살 둥 달리게 할 수 있다. 카운터에 뛰어오르고, 바닥으로 구르고, 책장에 기어오르게 하려면 고양이를 보내고 싶은 곳으로 레이저 점을 쏘기만 하면 된다. 그 녀석들이 워낙 맹렬해서 나는 동작을 급반전시키지 않도록 신경 써야만 했다. 릴리가 워낙 점에 열중해 있었기 때문에 내가 하기에 따라 릴리의 허리가 꺾일 수도 있기 때문이었다.

나는 집에서 기르는 고양이가 다른 장난감을 그처럼 맹렬하게 쫓는 것을 본 적이 없고, 또한 바깥에서 살아 있는 먹이를 그런 식으로 쫓아가는 고양이를 본 적도 없다. 릴리와 할리는 행동학자들이 말하는 '먹이를 쫓는 본능이 작동하여 과잉 행동 상태'로 빠져든 것이다. 그 녀석들은 아무 생각 없이 몰두하고 있었기에 다칠 수도 있었다. 나는 고양이가 레이저 점을 발사한 마우스를 눈으로 볼 수는 있지만 발로 잡을 수 없었기 때문에 그런 일이 생긴다고 생각한다. 고양이가 점 위에 발을 올려놓아도 느낄 수 없고, 잡을 수 없다. 레이저 점은 고양이에게 쫓아서 잡는 과정을 끝내게 할 수 없었기 때문에, 추적 본능이 완전히 잠재워지지 않았다. 계속해서 추격하도록 연달아 자극하는, 초자극이 된 것이다.

점을 한자리에 고정시키고 나면 고양이의 추적 행동을 잠재울 수 있을 것으로 생각했지만, 고양이는 조용해지기는커녕 계속해서 발광하듯 바닥에다 앞발을 휘두르고, 할퀴는 동작을 계속한다는 사실에 당혹스러웠다. 고양이들은 점과 놀고 있는 것이 아니라 먹이를 가지고 장난치는 듯이 보였다. 여전히 머릿속에는 추적 모드가 작동하는 듯했다. 나는 릴리와 할리가 움직이지 않는 점에 그렇게 몰두했던 이유가 내 손의 미세한 떨림이 점을 진동시켜 고양이로 하여금 계속해서 빠져 들게 했기 때문이라고 생각한다. 나는 할 수 있는 한 손을 고정시켜 보려고 했지만, 쥐 모양의 점이 바닥 위에서 미세하게 움직였다. 그래서 고양이는 그처럼 과잉 반응을 보였던 것이다.

나는 일부 고양이는 레이저 점을 쫓지 않는다고 들은 적이 있는데, 그 사실은 흥미를 끈다. 내가 보기에 그런 고양이들은 릴리나 할리같이 실내에서 생활하는 고양이들보다는, 살아 있는 먹이를 추적하고 사냥하는 법을 더 많이 알고 있기 때문인 것 같다. 릴리와 할리는 바깥으로 나갈 수 없었고, 어미 고양이로부터 사냥하는 법을 배우지 못했다. 반면에 정상적으로 바깥에서 자란 고양이는 언제 무엇을 쫓아야 하는지를 배운다. 야생 고양이는 자신의 추적 본능을 절제하여 먹이를 충분히 잡을 수 있을 만큼 조심스럽게 접근하는 법을 배운다.

이 모든 것을 배운, 집 밖에 사는 고양이는 두 가지 이유 때문에 레이저 마우스에 흥미를 느끼지 않을 것이다. 첫째로, 레이저의 점은 먹이가 아니며 그런 고양이들에게는 추적해서 먹는 사이의 어떤 연결이 만들어져 있다. 두 번째로, 고양이는 자신의 추적 본능을 절제하는 법을 안다. 고양이는 릴리와 할리가 하는 것처럼 재빠른 움직임에 맹종하는 노예가 아니다. 어떤 고양이들은 죽기 살기로 매달려 부상도 무릅쓰는

데 반해, 일부 고양이들이 레이저 포인트를 쫓지 않는다는 사실은 동물의 추적 행동은 학습이지, 본능이 아니라는 점을 보여 준다.

나는 고양이가 점에 집착하는 것을 보면서 자폐인의 집착을 떠올렸다. 그 집착은 전혀 생각 없는 짓이다. 마치 세상에 아무것도 존재하지 않는다는 듯 한 가지에만 몰두하는 일이다. 모든 세상이 작은 점이 된다. 어릴 적에 나도 그랬다. 주먹에 모래를 한 줌 쥐고 조심스럽게 틈을 만들어 땅으로 떨어뜨리면 세상의 모든 것이 사라져 버렸다. 나는 모래 입자가 손에서 빠져나가면서 주는 느낌에 취해 버렸다. 가끔 손에서 떨어지는 모래를 뚫어지게 응시하곤 했는데, 그것은 나를 압도하던 주변의 모든 자극을 차단하기 위해서였다.

내가 그랬던 것은 릴리와 할리를 흥분시켰던 것과 같은 종류의 먹이 추적 회로 속에 빠져 들었기 때문이다. 고양이처럼 불규칙한 움직임에 내 관심이 끌린 이유는 내 주의력을 잡아끄는 그림자의 쉴 없이 변화하는 움직임 때문이었다. 자폐인의 두뇌는 다른 모든 두뇌들처럼 재빠르고 불규칙한 동작에 관심이 끌리는 듯 보인다. 차이는 우리 같은 자폐인은 거기에서 좀처럼 떨어질 줄 모른다는 것이다.

깃발은 나를 매혹시키는 또 다른 움직이는 물체이다. 그리고 나는 일부 자폐인들이 돌아가는 팬을 좋아하는 것도 이런 범주에 포함되는 게 아닌지 궁금하다. 나 자신은 움직이는 팬에 관심이 없는데, 내 눈에는 팬이 돌아가는 움직임이 불규칙하게 보이지 않는다. 팬 블레이드를 아주 좋아하는 자폐인들은 대개 지능이 떨어지고 시각적 감각을 처리하는 과정이 보다 세분화되어 있다. 아마 일부 자폐인들에게 팬 블레이드가 돌아가면서 빛이 차단되고 다시 들어오는 과정은 마치 불규칙한 운동으로 보일 것이다. 그래서 그들은 거기에 빠져 드는 것이다.

동물은 어떻게 야생의 공격성을 조절할까?

호랑이나 다른 포식 동물이 야생에서 먹이를 사냥할 때는 릴리나 할리처럼 행동하지 않는다. 그러면 살아남을 수 없다. 우선 모든 야생 동물에게 먹이는 한정되어 있다. 움직이는 모든 동물에게 달려들어 죽이는 야수는 곧 먹이가 될 모든 동물을 빠르게 고갈시켜 버린다.

야생에 사는 동물이 절제하는 또 다른 이유는 먹이가 될 수 없을 동물을 추적하는 데 에너지를 소모해서는 안 되기 때문이다. 맹수가 먹을 수 없는 동물을 죽이려 한다면, 놀이 삼아 먹이를 쫓고 죽이는 데 사용한 에너지를 보충하기 위해 더 많은 동물을 죽여야만 한다.

그러나 릴리와 할리같이 목적도 없이 쫓기만 하면, 동물이 먹이를 잡을 가능성은 더 떨어진다. 그래서 지능적인 접근 행동이 필요하다. 고양이는 먹이를 덮치고 잡기에 가장 좋은 위치를 확보하려고 조심스럽게 접근한다. 고양이는 쥐를 사냥하려고 하지, 릴리나 할리가 하는 것처럼 쥐를 쫓으려고 영원히 제자리를 맴도는 짓은 하지 않는다. 그래서 포식자들은 먹이를 잡기 가장 좋은 위치가 되는 먹이 동물의 후방에 자리잡을 때까지 쫓아가려는 충동을 억제할 수 있어야만 한다.

결과적으로 동물은 쫓으려는 충동을 억제할 수 있어야만 한다는 것이고, 다른 동물로부터 언제 어떻게 그런 행동을 해야 하는지를 배워야만 한다는 것이다.

포획되어 길러지다 다시 야생으로 돌아간 동물의 행동을 통해서, 그것이 사실임을 알고 있다. 〈호랑이와 생활하기〉라는 TV 프로그램에서는 사람에 의해 길러졌다가 야생으로 돌아간 두 마리 새끼 호랑이에 관한 대단한 에피소드를 보여 준다. 처음에 야생으로 돌아간 새끼 호랑이들은 배고프건 아니건 눈에 보이는 모든 것을 쫓아다녔다. 하룻밤 사이에 광란의 살육으로 7마리의 영양이 희생됐다. 이것은 릴리와 할리가 레이저 점을 보고 한 행동과 같다. 새끼 호랑이들은 그저 움직이는 게 눈에 띄면 쫓아가서 하나하나 물어 죽였다. 그러나 단지 죽이기만 했을 뿐 먹지는 않았다. 결국 사람들은 새끼 호랑이들을 다시 잡아와서 먹고 싶은 것만 죽이도록 가르쳐야 했다.

사람들은 또한 무엇을 먹어야 하는지도 가르쳐야 했다. 죽은 얼룩말을 보여 주자 호랑이들은 곧바로 달려들어 목을 물어뜯었다. 그 얼룩말은 꼼짝도 하지 않는 게 확실한데도 호랑이들이 왜 그렇게 했는지는 모르겠지만, 아마 얼룩말이 땅에 누워 있었기 때문에 그랬을 것이라고 추측한다. 동물의 누운 모습이 호랑이의 공격성을 유발한 것이다.

그러나 죽이려고 문 다음에는 먹으려 하지 않았다. 호랑이들은 얼룩말이 먹이라는 사실을 몰랐다. 그들에게 있어 먹이는 트럭 짐칸에 실려 오는 것들이었다. 이것이 바로 데이브의 개가 마멋에게 했던 것과 같은 문제이다. 아무도 개에게 마멋이 고기라고 말해 주지 않았다. 사람은 새끼 동물들에게 자신들이 쫓는 동물은 훌륭한 먹이가 된다는 사실을 가르쳐 주어, 가죽을 입으로 뜯어서 내장을 먹도록 가르쳐야 한다.

이들 호랑이의 사례는 고착된 행동 양식이 어떠한 것인가와 고착된 행동 양식이 동물을 실생활에서 얼마나 멀어지게 하는가에 대한 좋은 교훈이다. 호랑이 새끼들은 태어날 때부터 물어 죽이는 행동을 할 수 있다. 그러나 그게 다다. 그 나머지는 배워야만 한다. 나는 정상적인 동물은 어미와 동료로부터 먹으려는 동물만 사냥하는 방법을 배운다고 생각한다. 비록 그게 사실인지는 모르겠지만.

그러나 우리는 대부분의 동물이 분별없이 먹이 동물을 죽이지 않는다는 사실을 잘 알고 있다.

이러한 룰에서 가끔 벗어나는 예외로, 내가 본 유일한 동물은 코요테이다. 대부분 코요테는 자기가 죽인 동물만 먹는다. 그러나 코요테는 가끔 양을 죽이는 것을 즐긴다. 20마리의 양을 죽여서 한 마리만 먹는 것 같다. 나는 코요테가 사람 거주지에 근접해서 살고 있고, 사람이 사는 곳에는 코요테의 먹잇감이 넘쳐나므로 코요테가 자신들의 포식 행동의 경제성을 상실해 버렸기 때문에 그러한 것으로 믿고 있다. 20마리의 양을 죽여서 한 마리만 먹는 코요테가 그다음 주에는 더 많은 양을 찾아 떠돌아다녀야만 할 것 같지는 않다. 모든 양 목장에는 마음만 먹으면 쉽게 잡을 수 있는 양이 수백 마리씩 있을 것이고, 코요테는 이 사실을 안다. 결과적으로 야생의 코요테는 먹이를 낭비해서는 안 된다는 지식을 잊어버린 것이다.

감정적 공격성

감정적인 공격은 포식성 공격과 완전히 다른 것이다. 감정적 공격은 맹렬하고, 분노에 의해 지배되는 공격이다. 포식성 공격과 비교해 보면, 감정적 공격에서 동물의 감정은 달라진다. 행동도 다르고, 몸도 달라진다.

고양이의 분노 회로가 전기적으로 자극되면, 고양이는 공격적인 자세를 취하고 위협음을 발산한다. 그리고 털이 곤두서게―이것을 털의 모낭이 직립한다고 하여 모근 직립이라 부른다― 된다. 심장 박동이 빨라지고, 아드레날린 시스템이 박차고 나온다.

똑같은 고양이이지만 포식 회로가 자극될 때, 고양이의 몸은 반대로 침착성을 유지한다. 잭 팬셉은 이때의 고양이는 조직적 접근성과 세밀히 겨냥된 공격 자세를 취한다고 말했다. 그렇지만 고양이의 몸 안에서 스트레스 호르몬이 올라가지는 않는다. 사람은 이 두 가지 상태가 섞이는 경향이 있다. 이유는 결과가 같기 때문이다. 작고 약한 쪽이 죽게 된다. 그러나 포식성 공격과 분노성 공격은 공격자에게 더 이상 다를 수 없을 만큼의 차이가 있다.

동물 행동학자들은 대개 공격을 유발하는 자극으로 생기는 분노성 공격의 여러 형태를 분류해 놓았고, 여러 전문가들은 약간씩 다른 목록을 제시해 왔다. 아래는 내 분류다.

1. 단정적 공격: 지배성 공격과 영토적 공격이 포함.
2. 공포가 바탕이 된 공격: 새끼를 지키기 위한 어미의 공격이 포함.
3. 고통이 원인인 공격
4. 수컷 간의 공격: 테스토스테론 수치에 지배를 받는다.
5. 성급함 혹은 스트레스가 유발하는 공격: 재방향성 공격이 포함.
   − 어떤 고양이가 닿을 수 없는 바깥에서 모습을 보여 흥분했을 때
   − 같은 장소에 있는 다른 고양이나 사람을 공격하는 경우
6. 혼합성 공격: 예를 들어, 공포가 단정적 공격과 결합한 경우.
7. 병적 공격

1. 단정적 공격성

단정적 지배성 공격은 지배성 공격—한 동물이 다른 동물을 서열상에서 지배적 위치를 쟁취하거나 유지하려 할 때 공격하는 것—과 영토

적 공격—어떤 동물이 침입자로부터 자신의 영토를 보호하기 위해 공격하는 경우—을 말하고 두 가지 모두가 포함된다.

단정적 공격은 매우 직접적으로 세로토닌 시스템과 연관이 있는 것 같다. 세로토닌 수치가 낮을수록 동물은 더 공격적이 된다. 프로작 같은 항우울제는 세로토닌 수치를 상승시키는데, 반려동물의 지배적 공격성을 감소시킨다.

불행하게도 세로토닌과 지배적 공격성과 실제적인 사회적 지배 혹은 집단 내에서 우두머리가 되는 것의 연관은 여전히 따로 분류되어야만 한다. 긴꼬리원숭이 무리에서 우두머리 원숭이는 세로토닌 수치가 가장 높고, 종합적인 공격성이 가장 낮은 점이 이러한 사실을 뒷받침하는 강한 증거가 된다. 서열이 가장 낮은 동물은 마구잡이식의 충동적인 공격성을 보인다. 지도자 격의 동물은 침착하고, 냉정하며, 집단을 지켜야 할 때만 공격성을 띤다.

우리는 마이클 롤리가 긴꼬리원숭이를 3마리씩 12집단으로 나누어 진행한 연구를 통해서 이런 사실을 알 수 있다. 그와 연구 팀은 수컷인 리더 격 원숭이를 12집단 모두에서 제거했다. 그러고서 남은 두 마리 중에서 한 마리에게 세로토닌 수치를 상승시켰고, 그 나머지는 세로토닌 수치를 저하시켰다. 이제 각 그룹은 12마리의 세로토닌 수치가 높은 원래 지배받던 원숭이와 12마리의 세로토닌 수치가 낮은 원래 지배받던 원숭이가 존재하게 되었다.

지배받던 원숭이 중에서 세로토닌 수치가 올라간 녀석이 두 마리 중에 우두머리가 되었다. 그다음에는 약 처방을 반대로 하여 먼저 인공적으로 세로토닌 수치를 낮추었던 원숭이에게 세로토닌 수치를 높여 주자, 반대가 우두머리가 되었다.

이 분야의 연구가 워낙 혼란스럽기 때문에 완전히 다른 두 가지 분야의 연구를 듣는다고 이해할지 모른다. 개의 지배적인 공격성을 연구한 사람들이 마이클 롤리의 긴꼬리원숭이 연구와 같은 사실을 말하고 있는지에 대해서도 알지 못하기 때문에, 당분간은 내가 사용한 단정적 공격성의 표준적 정의로 임시변통하겠다.

2. 공포가 바탕이 된 공격성

분노가 지배하는 공격은 동물과 사람이 살아가는 세상에서 엄청난 폭력과 파괴를 발생시킨다. 나는 종종 스스로에게 '무엇을 위한 분노인가'라고 되묻는다.

왜 우리는 분노 회로를 가져야 하는가? 여러분이 야생에 사는 동물을 보면 대답은 단순해진다. 분노는 가장 기본적이며 야만적인 수준에서 생존에 필요한 에너지이다. 분노는 들소가 역습을 가해 사자가 뿔에 받혀 죽게 만들기도 하며, 사자에게 잡힌 얼룩말이 탈출을 위해 최후의 발길질을 하게 만들기도 한다. 나는 가축으로 기르는 소가 사자의 공격으로부터 빠져나오기 위해 살아 있는 사자에게 발길질을 가하는 비디오를 본 적이 있다. 내가 지금까지 보아 온 것 중에서 가장 강력한 발길질이었다. 분노는 자신의 생명이 치명적인 위험 앞에 놓였을 때 모든 동물이 쥐어짜는 최후의 방어 수단이 된다.

동물이 있는 곳에서 사람의 안전을 생각해 보면, 두려움은 두 가지 방식으로 나타난다. 공포는 동물 혹은 사람을 공격으로부터 억제시킨다. 자주 그렇게 된다. 사람 중에서 가장 잔인한 암살자는 비정상적일 만큼 두려움이 없는 자이다. 공포는 공격을 당할 때 여러분을 지켜 주고, 공격할 때는 여러분의 충동을 억제한다.

그러나 두려움은 두려움에 빠진 동물을 공격에 나서게 하기도 한다. 이런 곳에서는 두려움이 없는 동물은 공격하지 않으려 하며 구석에 몰린 동물이 극도의 공격적 성향으로 바뀔 수 있다. 그래서 우리는 벽을 등지고 있는 사람은 공격하지 말라는 격언을 배우게 된다. 벽을 등진 동물은 생명에 위협을 느껴 공격 외에는 선택이 없음을 느끼게 된다. 먹이 동물인 말이나 소는 개와 같은 포식 동물보다는 두려움이 바탕이 된 공격성을 보인다. 이 사실은 별로 놀랄 만한 것도 아니다. 먹이 동물은 더 오랜 시간 동안 두려움에 떨어 왔으니까.

나는 모성이 바탕이 된 공격성에 있어서는 다른 연구가들과 다르게 분류한다. 나는 이것을 공포 부분에 포함시킨다. 나는 모성의 공격성은 마음에서부터 두려움에 지배된 것으로 생각한다. 언제나 신경이 쇠약한 동물은, 한가롭고 조용한 홀스타인종과 같이 목장에서 지내는 소보다는 자신의 새끼를 지키기 위해 훨씬 더 격렬히 싸우는 모습을 수년 동안 보아 왔기 때문이다. 많은 농장주들은 무리에서 가장 성미 급하고 신경질적인 소가 새끼를 가장 잘 보호한다고 말한다.

성질이 급하건, 침착하건 간에 어떤 어미라도 자신의 새끼를 지켜야 할 때는 싸우려고 한다. 그래서 농장에서 부모들은 아이들에게 어미 동물에게서 떨어져 있으라고 주의를 주어야 하는 것이다. 그러나 항상 겁이 많고 신경이 예민한 어미가 가장 강한 모성의 공격성을 보인다는 사실을 통해서, 나는 모성의 공격성은 공포에 의해 발동한다고 생각하게 되었다. 동물이 본래 온순할 때도. 자신의 새끼가 위험에 처했다고 생각하면 어미의 두려움은 공격성으로 바뀌게 된다. 그게 나의 결론이다.

그러한 결론을 얻게 되자, 나는 공격성에 관한 문제를 풀려고 노력할 때마다 스스로에게 원론적인 의문을 제시하게 된다. 공격성은 공포에서 생기는가? 아니면 지배성에서 생기는가? 그 사실이 중요한 이유는 처벌은 두려움에 떠는 동물을 더 악화시키고 반면에 공격적인 동물을 순화시킬 때는 필요할 수 있기 때문이다.

3. 통증과 공격성

이 사실은 단순하면서, 누구나 느끼는 것이다.

고통은 사람을 미치게 만든다. 사람은 아파서 참을 수 없게 되면 주위 사람을 부여잡기 시작한다. 그러나 동물은 고통스러울 때 쉽게 공격적으로 변한다. 수의사들은 고통을 겪고 있는 모든 동물에게서 고통이 바탕이 된 공격성을 주의해야만 한다. 자동차에 치인 개는 아파서 보호자에게 달려들어 물 수도 있다. 관절염이나 다른 고통스러운 질병을 가진 동물은 아픈 부위나 관절을 만지면 공격적으로 변할 수 있다.

4. 수컷 간의 공격성

수컷 간의 공격성은 테스토스테론 수치와도 관계 있다. 그 사실은 왜 수컷을 거세하면 다른 수컷에 대한 싸움을 중단하는지 알 수 있는 이유가 된다. 그러나 거세하더라도 개의 지배적 공격성은 바뀌지 않는다. 그래서 팬셉 박사는 수컷 간의 공격성은 실질적으로 세 번째의 기본적인 공격성에 포함될 수 있다고 했다. 다른 포식성 공격성과 감정적 공격성과는 분리되고 차별화된다는 것이다. 이 궁금증을 해결하는 데는 시간이 필요할 것이다.

5. 스트레스가 유발하는 공격성

고도의 스트레스를 받는 환경에서 살아가는 동물은, 적절하고 조용한 환경에 사는 동물에 비해 훨씬 공격적일 가능성이 높다. 나는 스트레스가 유발한 공격성의 무서운 실례로서, 보더 콜리가 자신의 새끼를 먹어 치워 버렸다는 이야기를 들은 적이 있다. 보더 콜리는 매우 민감하고 신경질적인 개다. 그래서 장시간 여행한 후 새로운 집에 도착하고 나자 자신의 새끼를 먹어 치워 버린 것이다. 이미 개의 스트레스 수치가 매우 올라간 데다, 개가 사는 집에는 잠시도 자리에 앉아 있지 못하는 과활동성의 십 대 아이가 있었다. 확실한 것은 장시간의 여행과 낯선 환경으로 인해 개가 자신의 새끼들에게 공격성을 표출했다는 것이다. 동물은 벼룩 감염같이 늘 일어나는 사소한 자극만으로도, 스트레스로 유발되는 공격성이 나타날 수 있다.

6. 혼합 공격성

실제 생활에서 동물은 한 가지 이상의 공격성을 유발시키는 요인을 상당히 자주 경험한다. 특히 우리는 공포가 바탕이 된 공격성과 단정적 공격성은 개한테서 동시에 일어날 수 있음을 알고 있다. 팬셉 박사는 혼합 공격성은 일부 사례에서 아마도 모성 공격성과 연관되어 발생할 것이라고 생각한다. 거기서 어미는 다시 공포로부터 벗어나고 영토를 방어하려고 공격에 나서게 된다.

또한 팬셉 박사는 만일 수컷 간의 공격성이 또 다른 독립된 형태의 공격성으로 증명되거나, 두뇌에서 분노 회로로부터 분리된다는 사실이 증명된다면, 아마 수컷 간의 공격성만으로 유발되는 공격성의 경우는 자주 일어나지 않을 것이라고 생각했다. 마치 2명의 권투 선수가 챔피언 자리를 두고 싸우는 것처럼 두 마리의 수컷끼리는 치열하게 싸울 수도 있지만, 분노는 한 마리 혹은 두 마리 모두가 두려움이나 좌절, 고통을 느끼기 시작하도록 표출될 수도 있다. 그러면 여러분은 수컷 간의 공격성을 감정적 공격성의 잠재적인 세 가지 다른 종류들과 섞을 수 있다.

7. 병적 공격성

의학적으로 발작이나 머리 손상이 발생한 동물은 병적 공격성이 유발될 수 있다. 이런 사실은 사람도 마찬가지다. 예를 들어, 우리는 흉악한 범죄를 저지른 범죄자들 가운데서, 살아온 어느 시점에서 머리 손상을 입은 경우가 많다는 점을 들 수 있다.

공격성의 유전적 경향

일부 동물은 환경에 관계없이 다른 동물보다 높은 공격성을 타고난다. 다친 동료를 죽이는 말의 혈통도 소수 존재했고, 소의 사육자들은 어떤 유전 혈통의 황소가 다른 황소들보다 훨씬 공격적이라는 사실도 목격했다. 나는 단일 형질화 육종으로 생기는 행동 문제를 이미 언급했다. 암탉에게 강제로 교미하려는 수탉이 가장 극적인 경우지만 많은 돼지들도 천성적으로 보다 공격적이 되기도 한다. 퍼듀 대학의 연구에서는 살이 덜 찌도록 사육된 돼지가 살이 찌는 유전 혈통을 가진 돼지들보다 더 자주 싸운다는 점도 확인되었다.

공격성의 유전은 특히 개한테는 곤란한 이슈다. 대부분의 사람들은 핏불이나 로트와일러 같은 개가 존재한다는 사실을 믿고 싶어 하지 않는다. 그 녀석들은 상대적으로 다른 개보다 공격적이다. 대개 이런 사람들은 성질이 온순하고 양호한 핏불이나 로트와일러를 알고 있거나 가지고 있다. 그래서 그들은 개들이 공격성을 보이면 보호자가 문제이지, 개한테는 문제가 없다는 결론을 내린다. 그러나 통계적으로 볼 때 이런 해석은 사실이 아니다. 비록 개가 무는 사건의 통계가 신속하고 확실한 것이 아니긴 하더라도 말이다.

개 교상 보고서에는 많은 문제가 있다. 그 하나로 핏불이라 불리는 여러 종류의 개들이 있는데, 그중에는 미국 스태퍼드셔 테리어 같은 순종견이나 일부 잡종견도 섞여 있다. 또 다른 문제는 큰 개들이 사람을 물면 더 큰 상처를 입히고, 그래서 통계적으로 더 부각될 듯싶다. 또한 많은 순종견의 보호자들이 미국 애견 협회에 등록을 하지 않아 얼마나 많은 순종 로트와일러가 있는지 파악하는 것과, 로트와일러가 저지른 사건을 공식적으로 보고된 숫자와 비교하기 어렵다.

개의 개체 수 자료는 부정확하기 때문에, 아무도 다른 종류와 비교하여 각각의 견종이 일으키는 사고 건수가 얼마나 되는지 정확히 결정지을 수 없다. 그래도 개가 만든 교합성 상처에 대한 의학적 자료를 통해 어떤 개가 가장 두려운지 대략적인 상상은 그려 볼 수 있다. 평균적으로 볼 때 로트와일러와 핏불은 다른 개들보다 훨씬 더 공격적이어서, 이런 개들의 높은 사고 발생률을 나쁜 보호자들 탓만으로는 절대로 설명할 수 없을 것 같다. 그리고 이야깃거리 수준의 증거들만 살펴보면 길들여지지 않은 로트와일러와 핏불을 기르는, 멋지고 유능한 보호자들 사례도 많이 있다. 핏불에 관한 기록을 살펴보자. 니콜러스 도드먼은 이렇게 말한다.

핏불은 본디 끈질김과 공격성만을 위해 사육되었고, 한 번 열 받으면 꽉 깨물고 놓아 주지 않으며, 마치 안전 장치가 풀린 권총같이 언젠가 사고 칠 가능성이 있는 위험한 녀석…… 어느 정도 길들여서 충성심을 불어넣을 수도 있고, 시간을 같이 보낼 만하기도 하다. 하지만 사고를 칠 가능성이 언제 어디서나 항상 잠복해 있고, 그것은 타고난 유전자와 사육 방식에 따른 결과이다.

뉴욕 변두리의 유명한 독일 셰퍼드의 훈련사들로 《강아지를 키우는 특별한 기술》이라는 책을 쓴 뉴스케테의 수도승들은 모든 종류의 개마다, 보다 공격적인 개를 생산하는 변종 혈통이 있다고 한다. 어떤 사람들은 경비견이나 경찰견으로 들이기 위해 보다 공격적인 성향을 가진 개를 항상 번식시킨다. 또한 마약상이나 불법 투견 도박 집단 같은 곳에는 일부러 사나운 개를 키우려는 사람들이 있다. 이런 개들은 머리카락만 닿아도 격발되는, 안전장치가 없는 총처럼 위험하다.

2000년 9월 발간된 연감에서, 지금 현재 가장 위험한 종은 로트와일러와 핏불이라고 밝혔다. 둘 다 합산하면 치명적인 사람 살상에서 최악의 기록을 훌쩍 뛰어넘었다. 앞서 말했듯이, 현재 사람을 공격하는 가장 고약한 녀석들은 로트와일러와 핏불이다. 로트와일러와 핏불의 숫자가 많아지기 전까지, 사람에게 가장 위험한 종은 독일산 셰퍼드였다. 그리고 차우차우도 개 교상 통계에서 다른 견종보다 마리당 훨씬 높은 사고율로 두각을 나타냈다. 같은 연구에서 수캐가 암캐보다 사람을 6.2배나 더 많이 물었고, 일반인 개는 거세한 개보다 2.6배 사람을 더 물었다고 밝혔다. 결국 일부의 개를 포함해, 몇몇의 동물들은 원래부터 문제가 있었다. 이런 문제는 그 동물이 속한 종의 문제도, 보호자의 문제도 아닌 해당 동물의 문제이다. 그들은 그렇게 태어났고, 말 그대로 '위험한 개'

인 것이다. 공격성이 가장 낮은 개를 구입하거나 입양하려 한다면, 암컷이면서도 잡종 성견이 가장 양호한 선택이 될 것이다.

특히 개가 무는 문제를 걱정한다면 나는 검은색이나 갈색의 잡종 성견을 권한다. 그러나 반려견을 고를 때 개가 무는 습성이 유전될 것인가에 대해 지나치게 따질 필요는 실제로 없다. 심각한 교상은 매우 드물게 발생하고 1979년에서 1994년까지 미국 인구의 불과 3%만이 병원을 찾을 정도였다. 감옥에 있거나 집에서 거동하지 못하는 인구를 뺀 모든 미국인이 늘 개한테 노출된다는 사실을 고려하면 매우 낮은 수치다. 한 마리의 순종견이나 한 마리의 잡종견이 생활에 어떤 식으로 조화를 이룰지에 대한 생각은 접는 게 낫다.

동물의 폭력

동물을 사랑하는 사람들은 동물이 공격적이지만 폭력적이지는 않다고 종종 생각한다. 그들은 단지 사람만이 강간하고, 사람을 죽이고, 전쟁을 일으킨다고 한다.

그러나 이것도 사실이 아님이 밝혀졌다. 일부 침팬지는 잭 팬셉 박사가 '미니 전쟁'이라 부르는 싸움을 실제로 한다. 이 싸움은 조직적이며 폭력적인 행동이다. 라이벌인 두 집단이 양 영역의 경계선에서 만나 싸운다. 이 미니 전쟁에서 워낙 많은 수의 수컷이 죽기 때문에, 수컷과 암컷의 성비가 1:2를 초과하는 곳도 많다. 제인 구달은 자신이 사랑하는 침팬지들이 그렇게 엄청난 일을 저지른다는 사실을 발견하고 매우 당혹했다고 말했다. 전쟁은 사람 사이에서만 일어나는 일이 아니다.

나는 농장의 동물들 사이에서 일어나는 폭력적인 행동에 대한 이야기를 많이 들었다. 내가 만난 여성은 작은 취미 농장—주인이 동물을 상업적 목적이 아닌 소일거리로 키우는 곳—에서 사들인 값비싼 숫양에 대해 이야기해 주었다. 그 숫양은 완벽히 길들여 온순했다. 그녀는 숫양이 멋지다고 생각해 그녀가 가진 암양 20마리와 같이 축사를 내주었다. 그 암양들은 이미 교배한 상태여서 임신 초기였고, 발정기가 없었다. 그런데 숫양은 이 암양들의 옆구리를 들이받아 모조리 죽여 버렸다.

많은 동물들이 무시무시할 정도로 폭력적이 되어 버린다. 단순히 죽이고 싶어서 혹은 괴롭힐 목적으로 말이다. 한 예로, 돌고래는 사람에게 영원히 미소 짓는 바다의 생명체라고 여겨졌지만, 사실은 그렇지 않다는 것을 아는 데는 오랜 세월이 걸렸다. 돌고래는 집단으로 강제 교미를 진행하고, 아기 돌고래를 잔혹하게 죽이고, 참돌고래를 집단으로 학살하는 큰 두뇌를 가진 동물이다. 라첼 스몰커는 그녀의 저서 《야생의 돌고래와 접촉하기》에서 수컷 돌고래들이 무리를 지어 암컷을 뒤쫓고, 강제로 교미했다고 적어 놓았다. 암돌고래들은 수컷들처럼 무리를 짓지 않는다. 책을 읽으면서 나는 인간 세상의 조직 범죄와 돌고래의 조직 범죄 간 유사점을 발견했다.

수년 동안 새끼와 참돌고래를 죽이는 돌고래들의 증거가 있었지만, 연구가들은 그 사실을 알지 못했다. 돌고래들은 보트나 낚시 그물에 걸려 죽은 것으로 생각했다. 그러다 바다에서 죽은 참돌고래들을 인양했을 때, 돌고래의 이빨 자국과 일치하는 상처를 발견했다. 스코틀랜드의 돌고래 전문가 벤 윌슨은 〈뉴욕타임스〉에 기고한 글에서 참돌고래를 죽인 것이 결국 돌고래임을 알았을 때 자신이 보였던 반응이 '주여! 내가 10년간 연구한 동물이 이 참돌고래들을 죽이고 있습니다'였다고 했다.

동물 행동학자들은 새끼를 죽이는 행위를 그다지 나쁘지 않게 보려고 애써 왔다. 공식적인 설명은 수컷은 암컷의 발정기가 돌아오도록 해서 자신의 새끼를 갖게 하려고 어린 새끼들을 죽인다는 것이다. 사실일 수도 있다. 그러나 새끼를 죽이는 행위와 다른 동물들의 폭력과 같이 놓고 보면, 다 큰 수컷들이 자신의 종족 혹은 자신이 속한 집단의 새끼들까지 죽이는 것이 그저 진화론적으로 설명 가능한 일인지 의심하게 된다. 동물이 새끼를 죽이는 것이 정말 자연의 의도인가? 아니면 잠시 자연의 의도에서 벗어난 것인가?

나는 범고래의 포식 행동을 담은 비디오를 보고 나서 동물의 공격성을 달리 보게 되었다. 고래 무리들마다 그들만의 살해 기술을 개발했다. 어떤 녀석들은 낚싯줄에서 훔친 참치를 죽였고 일부는 물개를 죽였다. 일부는 단지 물고기를 먹기만 할 뿐 적극적으로 죽이려 하지는 않았다. 그저 물고기 무리를 삼킨 것이다. 한 마리는 어떻게 펭귄을 죽일까 고안하기까지 했다. 새의 한쪽 구멍을 물고서 나머지 구멍을 향해 내장과 근육이 다 삐져나올 때까지 짜 들어가 가죽과 털만 남겼다. 그러고는 내장물을 먹었다. 마치 치약 튜브에서 치약을 짜내는 듯 말이다.

이 중 한 마리는 놀이 삼아 죽이는 녀석이었다. 카메라가 다른 종류의 고래 새끼 한 마리를 어미로부터 떼어 내어 죽이는 것을 촬영했다. 그들은 새끼 고래 위에서 계속 몸을 부딪치며 물속으로 밀어 넣었고, 결국 새끼 고래는 물에 빠져 죽었다. 새끼 고래를 죽이는 데 6~7시간이 걸렸다. 그러고는 새끼 고래의 혀만 먹고 나머지는 먹지 않았다. 끔찍한 장면이었다.

그 보고서는 고래들이 수컷인지는 밝히지 않았지만, 나는 수컷들일 것으로 예상한다. 우리는 범고래에서 일어나는 폭력의 대부분이 사람의 청소년기 연령에 해당하는 고래들이 저질렀음도 알고 있다. 사회학자들은 15~24세의 남자들이 다른 연령군에 비해 폭력을 저지를 가능성이 높다고 한다. 범고래들이 저지르는 살해 행동은 진화론적인 것이 아니라 아마 미성숙한 두뇌의 부작용일지도 모른다.

대다수의 연구가들은 돌고래가 저지르는 대부분의 살상 행위가 진화론적인 목적에 부합하지 않는다는 결론을 내렸다. 돌고래들은 한 번에 수백 마리의 참돌고래를 학살한다. 떠올릴 만한 진화론적인 이유는 참돌고래와 부족한 먹이 자원을 다투기 때문이라는 것이다. 그러나 그게 아니다. 참돌고래와 돌고래의 먹이는 다르다. 참돌고래를 죽이는 이유는 돌고래들이 살아남아서 번식할 기회를 더 갖기 위함이 절대로 아니다. 유일한 결론은 돌고래들이 그저 그러고 싶어서 참돌고래를 죽인다는 것이다.

나는 왜 동물에게 공격성이 생기는지 모른다. 그러나 연구 논문들을 숙독하면서 가장 복잡한 두뇌를 가진 동물이 가장 지저분한 행동에 관여한다는 대목을 읽었을 때, 충격을 받았다. 나는 사람과 동물이 복잡한 두뇌를 가진 대가를 치르게 되리라고 생각한다. 한 예로, 복잡한 두뇌에서는 나쁜 행동으로 이끌 실수를 각인할 기회가 더 많다. 다른 가능성은, 보다 복잡한 두뇌는 융통성 있게 행동할 여지가 많으므로 복잡한 두뇌를 가진 동물은 좋음·나쁨·중간 등 새로운 행동을 개발하는 데 자유롭다. 사람은 위대하게 사랑하고 헌신할 수 있지만, 엄청나게 잔혹한 일을 저지를 수도 있다. 동물도 마찬가지다.

개는 왜 사람을 물지 않을까?

동물마다 공격성을 제어하는 방식이 있다. 이것은 진화를 통해 이루어진 것이다. 공격성은 그의 경쟁자를 죽이는 개별 동물에 있어 좋은 본성일 수도 있다. 그러나 반대로 공격성으로 말미암아 정상적인 동물이 서로 싸워 죽게 된다면 그 종에 있어서는 좋지 않다. 사람과 떨어져 사는 얼마 남지 않은 다 자란 동물들이 서로 치열하게 싸워 그중의 하나가 죽는 것이다.

개는 과도한 살상에 대해 태생의 보호 장치가 있는데, 이를 교합 억제라고 한다. 전형적인 개는 강아지 적에 놀면서 교합 억제를 배운다. 미국 인도주의 협회의 마이클 폭스 박사에 따르면, 먹이를 물어 죽이고 머리를 흔들어 대는 동작은 생후 4~5주가 된 강아지가 놀 때 처음 나타난다고 한다. 강아지 두 마리가 노는 것을 보면, 정말 폭력적이다. 서로 때리고 으르렁거리며 서로의 목줄을 향해 달려든다. 나는 강아지 한 마리가 다른 녀석의 기도를 잡아 물고 내리누르면서, 머리를 격렬히 흔들어 대는 것을 보았다. 마치 물어 죽이려는 것처럼. 그러나 잠시 후에 목을 깨물린 강아지가 끽끽 울어 대면, 목을 물고 있던 강아지는 그냥 놓아준다. 강아지들은 서로서로 물어도 되기는 하지만, 더 이상 세게 물면 안 된다는 것을 배운다. 모든 포식 동물에게는 지나친 교합을 제어하는 기전이 아마 있을 것 같다. 그 이유는 이빨로 무장한 동물은 자신이 물고 있는 것을 뜯어내 버리기 전에 공격을 중단할 수 있어야 하기 때문이다.

개들이 서로에게 허용되는 공격성이 어느 정도인지를 배우는 또 다른 방법이 있다. 강아지 한 마리가 너무 과격하면 다른 강아지가 갑자기 끼어들어 그대로 두면 죽게 될 상황을 차단한다. 그러고는 무리를 지어 과격한 강아지를 견제한다. 그런 식으로 다른 강아지의 행동도 멈추게 한다. 마치 타임아웃이라고 표현하는 듯하다.

어리고 덩치도 작은 강아지가 보다 크고 오래 자란 강아지와 주위를 어지럽히면서 노는 장면에서 이런 경우를 흔히 볼 수 있다. 두 녀석 다 강아지이고 어리지만, 그중 한 녀석이 덩치와 나이를 앞세워 과격해진다. 그런데 두 녀석이 서로의 체격과 연령에 재빨리 맞추어 나가는 걸 보면 놀랍다. 작은 강아지는 사나워지고 큰 강아지는 순해지는 것이다.

개들과 난폭하게 노는 보호자들에게 개들이 과격해지지 않는 것도 교합 억제 때문이다. 훈련사들은 개들과 난폭하게 노는 것이 현명하지 못하다고 말한다. 개들은 즐겁게 놀다가도 너무 흥분하면 화가 날 수 있다는 것이다. 그것이 개를 여러 마리 키우는 집의 고민이다. 모든 훈련사들이 보호자들에게 개와 너무 거칠게 놀면 안 된다고 말했음에도 불구하고, 보호자들은 그 조언을 대부분 한 귀로 흘려버린다. 그리고 나는 개와 심하게 놀다가 물렸다는 말을 들어 본 적이 없다는 사람을 보지 못했다.

야단법석을 치는 놀이는 개들끼리는 정상이고, 아마 사람과 개 사이에도 정상적일 수 있을 것이다. 개와 너무 심하게 노는 사람들을 보긴 했지만 말이다. 한 번은 개를 너무 거칠게 다루며 놀다가, 더 이상 개와 놀지 못하게 된 사람을 보았다. 느슨한 개의 목덜미 가죽을 너무 바싹 잡아당겨 들자, 개는 그에게 으르렁거리며 대들었다. 개를 아프게 한 것이다.

나는 훈련사들이 권고하는 기준 가운데 다음의 한 가지는 따르지 않고 내버려 두었으면 한다. 터그 놀이는 사람들이 생각하는 것만큼 나

쓰지 않다. 대부분의 훈련사들은 여러분에게 개와 터그 놀이 하는 것은 개한테 여러분과 동등하다는 인식을 심게 하므로 나쁘다고 말할 것이다. 다른 훈련사들은 시각이 조금 다른데, 만일 여러분이 개가 이기게 해 준다면 개는 덜 복종적이 될 것이고 여러분이 이겨 버리면 개는 좀 더 복종적이 된다는 것이다.

그러나 영국에서 골든레트리버 14마리를 2년 동안 연구한 결과에서 위의 두 가지 모두 사실이 아님이 입증되었다. 적어도 실험에 참가한 14마리의 레트리버에서는 둘 다 사실이 아니었다. 연구가들은 사람들에게 터그 놀이에서 져 주거나 이기거나 하게 한 다음 개의 행동을 관찰했다. 놀이에서 진 개들은 사람에게 복종했다. 그런데 승자도 마찬가지였다. 모든 개가 사람과 터그 놀이를 하고 복종하게 된 것이다. 어떤 개도 갑자기 더 지배적이 되지 않았다. 놀이에 이긴 개는 꼬리를 치켜올린다거나 이긴 사람에게 뛰어오르려는 따위의 지배적인 행동을 전혀 하지 않았다. 이 실험 하나로 모든 것을 증명할 수는 없다. 그러나 나는 개와 터그 놀이를 해도 안전하고 재미있다고 생각한다. 이것은 개한테도 좋다. 단지 한 가지만 명심하라. 실험에서 놀이를 할 때마다 졌던 개는 게임에 흥미를 잃었다는 것이다. 확실히…….

돼지의 서열 정리

돼지에게는 자신의 공격성을 다스리는 기전이 있고, 나는 그것을 '수퇘지 경찰boar police'이라고 부른다. 돼지는 정말 나빠질 수 있다. 농장에서 자란 모든 아이는 특히 어미 돼지와 떨어져 있으라는 주의를 반복해서 받는다. 좋은 충고이다. 내가 본 바로는, 돼지에게 저작 억제 기전이 없었기 때문이다. 아마 돼지는 무는 것보다는 씹는 것을 좋아하는 듯하다. 돼지 축사를 방문했을 때, 돼지들은 내 신발에 입을 대기 시작했다. 그러고는 '아야!' 하고 비명을 지를 때까지 씹어 댔다. 그 녀석들은 '아야!' 같은 비명을 사회적 신호로 받아들이지 않았다. 돼지가 아프게 씹어 대면, 그 녀석들의 등 위에라도 올라타야 할 판이었다.

돼지들이 깨물면 별로 좋지 않다. 다행스럽게 돼지 중에서 성숙한 우두머리 격의 수컷이 싸움을 막을 것이다. 비록 제대로 연구되지는 않았지만, 다른 여러 종의 동물처럼 말이다. 우리는 코끼리가 그렇다는 사실을 잘 알고 있다. 남아프리카의 동물학자 마리안 가라이는 어리지만 육체적으로 성장한 젊은 수코끼리들의 공격성이 나이 든 코끼리의 통제 하에 조절되는 현상을 관찰해 왔다.

나는 콜로라도의 돼지 농장에서 나이 든 수돼지를 그룹에 두면 젊은 돼지들이 덜 싸우는지를 확인해 보려고 실험을 했다. 돼지들은 지독한 싸움꾼이 될 수 있는데, 낯선 돼지를 서로 섞어 놓으면, 그 녀석들은 종종 새로운 지배 서열이 결정될 때까지 서로를 다치게 할 수 있다. 나는 텍사스 공대의 존 맥글론의 연구를 통해 이 사실을 진작부터 알고 있었다. 그는 나이 든 수돼지의 소변 냄새를 뿌려 놓는 것만으로도 싸움을 줄일 수 있다는 사실을 발견했다. 그래서 살아 있는 수돼지를 넣어 보면 어떤 반응이 생기는지를 확인해 보고 싶었다.

수돼지를 우리에 데려다 놓자 냄새만 뿌려 놓았을 때보다 싸움이 훨씬 잘 통제됐다. 수돼지가 그곳에 있자, 그의 냄새와 존재가 어린 돼지들을 통제하였던 것이다. 두 마리가 싸우려 하면 수돼지가 그들을 향해 이동했다. 단지 그 녀석들에게 걸어갈 뿐이었다. 싸움을 방해한 것은 그의 위풍당당한 존재와 시선에 불과했다.

수퇘지가 다가오는 것을 보자 젊은 돼지들은 싸움을 멈추었다. 마치 젊은 깡패들이 경찰을 보자 잠시 싸움을 멈추는 것과 똑같았다. 젊은 돼지들의 싸움이 사람들과 똑같다고 하는 것은, 이 녀석들은 싸우기 전에 경찰 격인 수퇘지의 존재부터 확인하려 한다는 점이다. 그 돼지가 근처에 있으면 싸움을 시작하려 하지 않았으나, 우리 반대편 끝에 있으면 돼지들은 서로 공격에 나설 태세였다.

동물의 사회화

동물과 관련이 있는 사람은 동물의 공격성을 어떤 식으로 다룰지 알아야만 한다. 두 가지 행동이 필수적인데, 우선 동물이 다른 동물에게 사회화되었는지를 확인해야 한다. 그리고 동물이 사람한테 적절하게 사회화되었는지도 확인해야 한다.

동물이 다른 동물에게 사회화되었는지를 확실히 해 두어야만 하는 이유는 동물이 일생 동안에 하는 행동은 다른 동물로부터 배우기 때문이다. 다 자란 동물은 새끼들한테 어디서 먹는지, 무엇을 먹는지, 누구와 사귀어야 하는지, 누구와 교미를 해야 하는지를 가르친다. 어른은 새끼에게 사회적 규칙을 가르치고 자신의 종족을 존중해야 한다고 가르친다. 만일 동물이 어릴 때 이러한 룰을 배우지 못하면 성장하고 나서 온갖 문제가 발생할 것이다.

모든 가축들에게 가할 수 있는 최악의 행동은 한 마리만 무리에서 떨어져 뒤처지게 하는 것이다. 많은 사람들이 수말들은 통제 불가능한 공격적인 변태라고 잘못 믿고 있는데, 그것은 우리가 그런 식으로 만들 때만 발생하는 일이다. 나는 50마리의 야생 수말을 보유한 토지 관리국 채용 센터 소유의 마구간을 방문했을 때 받았던 충격을 기억한다. 그 말들은 너무나 조용했으며, 거의 싸움이 없을 정도로 평화로워 보였다. 매년 토지 관리국은 잉여 분의 말을 모아서 양육하는데, 말들이 한 지역에서 지나치게 많은 풀을 뜯지 않게 조절하기 위해서이다. 그리고 토지 관리국을 방문하는 사람들은 50마리의 종마들이 실제로 서로 잘 공생한다는 믿기 어려운 사실을 발견한다. 그러나 그것은 어떤 종이든 간에 잘 사회화된 동물들 사이에서 흔히 볼 수 있는 행동 방식이다. 야생에서 계속해서 싸우는 동물은 정상이 아니다.

초원에서 복종적인 말들은 독신자 집단과 함께 살아간다. 모든 암말을 소유하는 우두머리 격인 수말이 있다. 마치 하렘처럼. 그러나 그 나머지 수말은 모두 한데 뭉쳐 다른 집단으로 살아간다. 독신자 집단은 우두머리 수말이 나이가 들거나 병으로 약해지는 그날까지 하렘 그룹과 평화롭게 지낸다. 그러다가 젊고 튼튼한 수말로 지배자가 바뀌는 시점에만 젊은 수말들이 우두머리에게 도전할 수 있다. 그전에는 안 된다.

수말들은 살아남기 위해서 서로 같이 지내야만 한다. 초식 동물은 집단으로 살아간다. 그게 생존하는 방식이다. 야생마들은 무리에서 순번을 돌아가며 자고 포식자를 감시한다. 만일 혼자만 살아가야 한다면 잠자는 동안 잡아먹힐 것이다.

마지막 장에서 자세하게 다룰 것이므로, 여기서는 간단히 언급하겠다. 현대식의 멋진 마구간은 말한테는 지옥 같은 감옥이다. 혼자 떨어져 자라면 말은 정상적인 사회적 행동을 절대 배우지 못하고, 다른 말들에게 위협이 된다.

망아지 때는 사회적 행동에서 주고받는 것이 있다는 것을 배운다. 말이 어떻게 지배 서열을 확립하고 유지하는지도 배운다. 무리 지어 사는 모든 동물—거의 대부분의 동물—은 지배 서열을 확립하는 것이 보편적이다. 연구가들은 지배 서열이 평화를 유지하기 위해 진화된 것이라고 가정했다. 이유는 각각의 동물이 자신의 위치를 알고 그 위치에서 충실하면, 먹이와 짝을 두고 덜 싸울 것이기 때문이다.

왜 한 가지는 진화하는데 다른 것은 진화하지 않는지 아무도 확실히는 모른다. 그러나 야생에서 일단 지배 서열이 확립되면 안정적이다. 싸움의 빈도도 줄어들고 새로운 동물이 나타나거나 쇠약해진 늙은 우두머리가 젊고 힘센 녀석에게 밀려날 때까지 싸울 필요가 없다. 만일 지배 계급의 동물들이 너무 비슷하다면, 확실한 승자가 나타나지 않아서 싸움이 계속되는 상황을 보게 될 것이다. 그런 일도 드물지 않지만 정상적인 것은 아니다. 지배 서열은 싸움을 최소화하는 기제로 보인다.

지배 동물은 똑같다. 다른 말들과 자라면서, 젊은 망아지는 일단 어떤 수말이 서열에서 위치가 정해지면 더 이상 다른 말을 차거나 물지 않아야 한다는 점을 배운다. 또한 이길 수 있는 기회가 아니라면 우두머리에게 도전하지 않는다는 규칙도 배운다. 말들의 지배 서열은 개인 종목이나 팀 경기에서 승리를 목적으로 하는 사람의 스포츠와는 다르다. 복종적인 말들은 누군가 운이 좋아 이길 때까지는 우두머리 수말에게 도전을 하지 않는다. 그저 우두머리가 물러날 때까지 기다린다. 그게 규칙이다.

말은 규칙을 알고 태어나는 게 아니라, 다른 말들한테서 배우는 것이다. 멋지게 보이는 마구간에서 혼자 떨어져 지내는 수말은 정상이 아니다. 그 말은 특히 비정상적인 공격성을 보일 것이다. 혼자 뒤처진 동물은 적절한 사회적 에티켓을 배우지 못하기 때문이다. 말은 사회적 동물이다. 멋지고 훌륭한 수말이라도 너무나 오랫동안 혼자 떨어져 있었다면 미치광이 싸움꾼이 될 수도 있다. 그런 녀석은 두뇌에서 분노와 공포 회로가 더 쉽게 작동될 것이다.

내가 고등학교 때 어떤 종마도 다른 수말들과 같이 지낼 수 없다는 우리끼리의 이야기는 사실로 보였었다. 왜냐하면 내가 다니던 학교에서 러스티라는 이름을 가진 종마를 마구간에 넣었을 때, 난장판이 되어 버렸기 때문이다. 마구간에는 거세한 말과 암말들만 있었는데, 그전까지는 아무 문제가 없었다.

이 말들은 서로 충분히 떨어져서 움직일 공간이 많은 너른 들판에 있었다. 말들은 서로 충분한 공간을 두고 신체적 접촉을 하지 않았지만, 러스티는 다른 말들에게 거칠게 대들고, 물어뜯고 발로 찰 기세였다. 곧 러스티는 다른 말들과 같이 지낼 수 없음이 명백해졌다. 그래서 그 녀석은 마구간과 젖소 우리 사이에 있는 독방으로 쫓겨났다. 러스티는 망아지 때 사회적인 집단에서 자라지 않아 공격적이었다.

망아지들은 나이 든 거세마가 많은 풀밭에서 자라면, 예절을 배우고 보통 말처럼 사람이 탈 수 있는 멋진 종마로 자란다. 환상적인 말을 가진 사람들은 너무 관심을 기울인 나머지 독방에 가둬, 의도와는 달리 학대하게 되는 것이다. 젊은 말이라면 바깥으로 나가서 다른 말들과 같이 지낼 기회를 가져야만 한다.

혼자 자라게 되면 공격적으로 되는 것은 단지 수말만이 아니다. 몇 년 전에 나는 30에이커의 말 목초지가 있는 포트 콜린스 서쪽에 부동산을 취득했다. 현재는 내 조수 마크 데싱이 그곳에 머물면서 말들을 기른다. 내가 부동산을 샀을 때, 그 땅에서는 몸집이 큰 검은색 거세마가 위탁 사육되고 있었는데, 그 녀석은 일생 동안 그 목초지에서 홀로 자라고 있었다. 블래키는 7~8세 정도의 나이에 육체적으로 완전히 성숙했고, 사람에게 매우 친절했으며, 다독거려 주는 걸 좋아했다. 그래서 나도 계속해서 블래키를 맡아 키우기로 했다.

그러나 큰 문제가 따로 있었다. 블래키는 반사회적인 성격이어서 암말이든 수말이든 곁에 있으면 죽이려고 했다. 30에이커의 목초지에서 다른 말을 한쪽 코너로 몰아붙이고 뒷발로 계속해서 가격했다. 나는 블래키가 일단 우두머리가 있다면 더 이상 싸우지 않아야 한다는 사회생활의 기술을 배우지 못했기 때문이라고 생각했다.

마크가 농장 건물로 들어갔을 때, 그도 자신의 말과 블래키를 같이 두면 그 녀석이 자신의 말을 공격한다는 사실을 알게 되었다. 우리는 그 말을 계속해서 위탁시킬 방법이 없었다. 그래서 마크는 말 주인에게 연락하여 블래키를 보내 버렸다.

내가 생각하기엔 고양이도 혼자 떨어져 지내면 문제가 생긴다. 콜로라도 대학 동물 병원에서 수차례나 고양이의 폭동으로 연구원들이 심한 공격을 당한 적이 있다. 나는 차트에 쓰인 내용을 실제로 보았다. '조수가 고양이를 홀 바닥에 내려놓자 폭발했다.' 아마도 고양이가 홀로 보호받는 생활에 젖어, 동물 병동에서 개를 처음 보고 미쳐 버렸을 것으로 생각된다.

내 웹 사이트를 방문한 줄리는 이런 무시무시한 고양이들에게 심각한 공격을 당해 손에 감염이 됐다. 그녀는 매우 얌전한 고양이를 입양했는데, 하루는 고양이가 개를 보자마자 온몸에 털이 곤두선 괴물로 돌변해 그녀의 손목을 뼈까지 깨물어 버렸다.

그 고양이는 어릴 때 개와 자주 접해 서로 익숙해질 필요가 있었다.

그러나 오늘날 개를 보고 배우는 고양이는 점점 적어진다. 어떤 동물 보호소는 심지어 고양이의 새 보호자에게 절대 집 밖에 내보내지 않겠다는 약속을 요구한다. 그렇게 하면 고양이가 차에 치이는 일은 막아 주겠지만, 동물 병원에 고양이를 데려가면 어떤 일이 생길까? 반려동물 보호자들은 강아지나 새끼 고양이를 집에 데려오면 가급적 빠른 시간 안에 다른 동물에게 사회화시켜 줄 필요가 있다. 그 동물들이 다른 동물과의 접촉 없이 자란다면 때는 너무 늦어 버린다.

나는 개도 지나치게 혼자 떨어져서 키우게 되면 공격성의 문제가 발생할 수 있다고 생각한다. 모든 마을마다 합의 된, 개를 묶어 두도록 한 규정은 개의 사회성 형성에 있어서는 예기치 못한 몇 가지 문제를 야기할 수 있다. 보호자가 노력하지 않으면 개들은 다른 개나 사람에게 적절하게 사회화될 수 없기 때문이다. 우리는 이런 법률이 필요하다. 통제받지 않는 떠돌이 개는 위험할 수 있고, 특히 떠돌이 개가 무리를 지어 스스로가 한 집단이라고 생각하기 시작하게 된다면 더욱 그렇다. 개가 몇 마리 모이면 혼자 있을 때보다 더 위험하다. 무리 심리가 생기기 때문이다. 그러나 개를 묶어 놓도록 규정한 법률에도 대가가 따를 것이다.

내가 어릴 적에는 모든 개가 주변에서 묶이지 않고 돌아다녔다. 개끼리 치열하게 싸우는 경우는 매우 드물었고, 사람을 무는 경우 또한 전혀 없었다. 우리 집에서 키우는 골든레트리버 래니는 이웃집 개 라이트닝에게 복종적이었다. 래니는 자신의 위치를 알았고, 라이트닝이 근처에 오면 슬그머니 꼬리를 내리고 조용해졌다. 나는 라이트닝이 우리 래니를 무는 것을 본 적이 없다. 모든 이웃 개들이 서로서로 사회화되어, 그들은 자기들끼리의 지배 서열 속에서 제 위치를 알고 있었던 것이다.

우리가 키웠던 개는 래브라도, 골든레트리버, 독일 셰퍼드, 몽그렐종이었다. 핏불이나 로트와일러는 없었다. 이웃에서 가장 겁나는 개가 와이머라너*였는데, 이 녀석은 집 안을 미친 듯 휘젓고 다녔다. 와이머라너인 버치는 충분히 운동하지 못했고, 집 안에 하루 종일 갇혀 있어서 매우 과민했다. 언제든지 사람이 벨을 누르면 현관문 옆의 창문으로 달려 나왔다.

버치는 다른 개들을 죽이는 개로 밝혀졌다. 하루는 버치와 경찰의 독일 셰퍼드가 보호자와 함께 공원에서 걷고 있었는데, 버치가 뛰쳐나가서 경찰견을 물어 죽였다는 것이다. 이것은 어릴 적 다른 개들과 사회화되지 못했을 경우 어떤 일이 생기는지를 보여 주는 불행한 사례다.

나는 개를 묶어 두는 법안이, 다른 개와 사회성을 잘 이루는 개들까지도 개끼리의 공격성을 유발할지 모른다는 점에서 조금은 걱정된다. 내 친구는 30킬로그램 정도 나가는 수컷인 잡종견을 키우는데, 이웃에는 35킬로그램짜리 골든레트리버를 키운다. 그 녀석도 매우 지배 성향이 강하다. 두 녀석은 어릴 적부터 같이 놀며 커 와 아주 가까운 친구다. 그러나 그 녀석들의 테스토스테론 수치가 차츰 올라가면서 싸우기 시작했다. 심지어 거세가 되고서도 싸움은 계속됐다.

싸우다가 두 마리 다 수의사가 상처를 봉합해서 살펴봐야 할 정도로 심한 부상을 입기도 했다. 더 심한 것은 두 마리가 서로 다치게 할 정도로 심하게 싸우기 때문에 싸움이 벌어지면 보호자가 나서서 뜯어말려야만 한다는 것이다. 두 마리 다 서로 물러나려 하지 않는다. 이것이 잘 사회화되고, 보살핌을 받으며 잘 키워졌으며, 정상적이고, 건강한 데다 강아지 적부터 이웃에서 같이 자라 온 개들의 모습이다. 이제는 서로

---

* 와이머라너: 독일의 귀족이 19세기 초 개량한 품종으로 늘어진 귀와 푸르고 잿빛이거나 호박색 눈을 지닌 견종이다.

죽이려할 뿐이다. 내가 자랄 때는 이런 일이 전혀 없었다.

나는 잡종견도 골든레트리버만큼 사나울 수 있다는 사실이, 잡종견과 순종견을 비교하여 어떤 의미를 두려는 것은 아님을 밝혀 둔다. 이유는 잡종견에 대한 선택 압력은 잡종견을 사람에게 잘 사회화되도록 한 것이지, 다른 개와 잘 사회화되도록 만든 것이 아니기 때문이다. 이 특이한 잡종견은 그의 가족과 가족의 친구 및 이웃에게 완벽하게 사회화되었다. 그러나 문제는 다른 개와의 관계였다.

내가 개를 묶어 두는 법안이 일부 문제가 될 수 있다고 생각하는 것은 두 마리의 개는 항상 각자의 마당에서 떨어져 지내야만 한다는 것이다. 나는 개를 묶어 두는 법안이 야생에서 동물 행동의 일부 핵심 원리를 차단한 것이 아닌지 추측하고 있다. 자연에서와 같이 자유롭게 이리저리 움직이는 환경에서, 동물은 절대로 친숙한 다른 동물을 심하게 다치게 하지 않는다.

그러나 담장으로 나뉘어, 이웃에서 지내는 개들이 기회만 닿으면 서로 해치려는 모습을 보았다. 수년 동안 서로 알고 지내 온 경우임에도 말이다. 이것은 적절한 사회화가 도움이 되지 않는 사례일 것이다. 개들은 적절하게 사회화되어 왔지만 자신의 환경, 즉 담장으로 둘러쳐진 마당은 부적절했던 것이다.

어미 없는 동물들

동물 구조 활동은 동물의 공격성에 있어서 심각한 문제점이 있다. 사람들이 구조하는 어린 동물은 대개 어미가 없다. 자신의 종족과 같이 자랄 기회를 박탈당하고, 코끼리만의 적절한 사회적 생활 방식을 배울 기회를 갖지 못한, 어미 없는 코끼리에게는 심각한 문제가 있었다. 수컷들이 특히 심하다. 그 녀석들은 자신을 지도해 줄 경험 있고 나이 든 코끼리가 없이 성장할 경우, 행동이 포악해지고 이상해진다. 어릴 적 부모를 잃은 코끼리를 야생으로 돌려보내는 일은 재앙을 의미한다. 그들은 종종 다른 코끼리를 발견하고 죽이거나 무력으로 짝지으려고 할 것이다. 이것은 완전히 정신 나간 행동이다. 자신과 같은 동물과 적절히 사회화되지 못한 동물은 단지 동물한테만 위험한 것이 아니다. 사람에게도 위험할 수 있다. 무리를 지어 풀을 뜯는 말, 사슴, 소와 같은 동물에게는 사람 손에 키워진 수소가 가끔 가장 위험한 존재가 된다. 문제는 동물이 스스로의 정체성을 착각하는 것이다. 사람 손에 키워진 황소는 자신이 송아지가 아니라 사람이라고 생각한다.

그런 소가 두 살이 되어 성적으로 성숙해질 때까지는 별 문제가 없다. 그 이후로 바깥으로 나가서 자신의 지배성을 세우려고 다른 황소들과 싸우지 않고 오히려 자신을 키워 준 사람을 공격하는 것이다. 황소들은 서로 머리로 들이받아 지배 서열을 결정한다. 어떤 사람도 5백 킬로그램이 넘는 동물에게 머리를 받혀서는 살아남을 수 없다. 수송아지에게 자신의 정체성을 깨우치게 해 주는 것이 필수적이다. 그들은 소지, 사람이 아니다.

목장주들은 송아지가 스스로 사람과 동일시하는 현상을 막기 위해 송아지를 소 떼 속의 어미들 뒤를 따라다니도록 한다. 캘리포니아 대학의 에드 프라이스의 연구는, 어미에 의해 키워진 수송아지들은 절대 사람을 공격하지 않는다는 사실을 보여 준다. 그러나 작은 우리에서 혼자 자라난 소는 어른이 되어서 종종 사람을 공격한다.

오스트레일리아를 방문했을 때, 나는 새끼 사슴을 어른으로 키워 낸 사람의 비극적인 이야기를 들었다. 하루는 보호자가 사슴을 촬영하기 위해 무릎을 굽혔는데, 그 사슴은 사람이 무릎을 굽히는 동작이 다른 사슴이 자신에게 도전하기 위해 머리를 숙이는 동작으로 해석했다. 그리하여 사슴은 뿔로 들이받아 보호자를 사망하게 했다. 사슴을 어미와 함께 자라게 하는 것은 정말 중요하다. 어린 수송아지나 어린 사슴이 자신의 종족과 자라나면 그 녀석들은 지배성을 결정하는 공격을 자신의 종족에게 행하기 때문에 사람을 공격하지 않는다.

이 사실은 아마 놀라움으로 다가오겠지만, 소와 같이 커다란 사회적 동물이, 실제로 호랑이같이 홀로 지내는 포식 동물보다 다루기가 더 위험할 수 있다는 것이다. 황소는 지배성을 얻고자 사람을 공격할 수 있지만, 호랑이는 그렇지 않다. 호랑이는 지배성에 관심이 없기 때문이다. 사회적 서열 안에서 늘 아웅다웅하는 그런 부분이 호랑이의 삶에는 없기 때문이다. 여러분은 대형 고양이과 동물의 포식성 공격성을 유발하지 않도록 조심하기만 하면 된다. 매년 몇몇 목장주들과 낙농인들이 소에게 죽음을 당한다. 사람에게 치명적인 공격을 예방하는 제일 좋은 방법은, 소나 말같이 매우 사회화된 초식 동물은 반드시 자신의 종과 성장하게 해야 한다는 것이 내 견해이다. 사람을 공격하도록 다른 소를 선동하는 소는 무척 위험하다.

사회화되지 않은, 초식 동물 수컷으로부터 공격을 피하려면 어릴 적에 새로운 어미와 붙여 주거나 일찍 거세해야 한다. '일찍'이란 의미는 동물이 육체적으로 성장을 완료하기 전에 거세해야 한다는 의미다. 거세는 초식 동물의 공격성을 상당히 감소시킬 것이다. 수송아지를 어린 나이에 거세하면 송아지는 여러분의 뒷마당에서 안전하게 성장할 수 있다. 그래서 4H 소년단이나 FHA^{미국의 미래 농부} 소속 어린이들은 매년 수천 마리의 거세한 소를 품평회에 내놓는다. 그들은 황소를 키우는 게 아니다.

동물의 사회화: 개와 사람

가축도 사람에게 사회화시켜야 한다. 우리는 개를 사람의 가장 친한 친구라 부르지만, 미국에서는 매년 150만 마리의 개가 보호자와 같이 살 수 없을 정도의 행동 때문에 안락사당한다. 이런 문제의 대부분은 무는 습성이다. 개를 키우면서 집 안이나 마당에 가두어 놓으면 사람을 무는 문제가 예방될 수 있다고 생각해서는 안 된다. 개는 거의 항상 아는 사람을 물기 때문이다. 대개는 매우 잘 아는 사람을. 대략 1년에 450만 명이 개에게 물린다. 질병 관리 센터 보고서에 따르면, 이런 유형의 사고를 일으키는 개의 75%는 같이 지내는 가족이나, 가족의 친구를 문다고 한다.

포식 동물은 다른 동물을 사냥하고 죽이는 본성을 가지고 태어난다. 그리고 먹이 동물에 비해 겁이 적다. 그래서 개한테는 사람에게 잠재적으로 위험한 두 가지 이유가 있다. 한 가지는 사람이 갑자기 움직일 경우 개의 포식 살상 본능을 촉발할 수 있다. 그리고 포식 동물은 분노를 나타냄에 있어 덜 두려워한다. 그러한 본능적인 요소를 빼고서라도 개는 다른 개, 고양이, 사람에게 위험할 수 있고, 원하기만 한다면 개를 무시무시할 정도로 사납게 훈련시킬 수도 있다. 개가 천성적으로 워낙 사나워서 뉴스케테의 수도승들은 경비견을 훈련시키는 것은 실탄이 장전

된 총과 같으며, 일반 가정에서는 그런 개와 지낼 수 없을 것이라 말한다. 단지 전문가들만이 경비견이나 경찰견과 안전하게 지낼 수 있다.

이 사실은 포식 동물과 먹이 동물의 차이에 관해 많은 사실을 시사한다. 원한다고 해서 말을 공격 무기로 훈련시킬 수는 없다. 비록 말이 위협을 느낄 때는 공격적일 수 있기는 해도 여러분은 개와 같은 포식 동물을 공격형 동물로 만들어 버릴 수도 있다. 그래서 개를 키우려면, 개가 사람을 무는 것은 용인되지 못함을 가르쳐야만 한다.

어린이와 함께 사회화 적응을 시키는 것이 특히 중요하다. 대부분의 치명적인 사고는 어린이에게 일어난다. 어린이는 키가 작아서 땅에 가깝고, 주변을 많이 뛰어다니기 때문이다. 개는 뛰어다니는 어린이를 먹이로 착각하고 공격한다. 모든 포식 동물은 어떤 동물이 먹이가 되고 그렇지 않은지를 배워야만 한다. 개는 강아지 때 신경 써서 가르쳐 놓지 않으면 두 살배기 아이가 먹이가 아니라는 사실을 모른다.

또한 다른 사람의 두 살배기 아이도 먹이가 아님을 가르쳐야 한다. 방법은 간단하다. 여러분과 같이 살지 않는 어린아이를 개한테 보여 주기만 하면 된다. 많은 아이들이 낯선 강아지에게 뛰어가 안는 것을 좋아하므로, 이를 교육하기 위해서는 많은 부모들이 아이들을 데리고 나오는 공원으로 강아지와 산책만 나가면 된다. 아니면 이웃의 가족들을 보여 주어도 된다. 바깥에서 몇 명의 아이들만 보게 되어도 강아지는 어린아이들이 먹이가 아님을 알게 된다. 나는 강아지를 다른 가족의 아이들에게도 보여 주는 과정이 필수적이라고 강조하고 싶다. 개들은 여러분의 두 살배기 아이와 다른 집의 두 살배기 아이를 다른 범주로 인식하기 때문이다. 그것은 개한테는 오렌지와 사과 같은 것이다. 강아지에게는 '조니를 공격하면 안 된다'가 '조이를 공격하면 안 된다'로 이어지지 않는다.

훈련

여기서 서열에 관한 문제가 나온다. 무리를 이루고 사는 모든 동물
과 대부분의 포유류는 서열을 구성한다. 동물은 민주적이지 않아서 항
상 지배자 격인 동물이 있고, 종종 서열 2위의 동물도 있다. 개 역시도
다른 개를 지배하는 서열 1위가 있고, 서열 1위에 뒤따르는 서열 2위도
있다.

보호자들은 스스로를 개의 우두머리로 확실하게 인지시켜 두어야 한
다. 이것은 절대 무시해서는 안 될 규칙이다. 집 안에서 자신이 서열 1
위라고 생각하는 동물은 위험하다. 개는 서열이 낮은 무리가 자신에게
도전하면 언제나 싸우려고 하기 때문이다. 개가 집 안에서 서열 1위가
되었을 경우, 개는 먹이나 자신의 주거 공간 주변같이 자신에게 중요한
공간에서 특히 위험해진다. 사람이 밥그릇에 접근하거나 자신이 낮잠을
잘 때 소파에 가까이 앉으면 물기도 한다. 또한 동물 병원에 가지 않으
려 할 것이다.

이런 일은 생각보다 자주 일어난다. 개가 집 안에서 서열 1위인 집
이 많이 있다. 암캐를 키운다고 해서 이 문제에서 벗어나는 것은 아니
다. 미국 수의사 협회에 따르면 지배적 공격성으로 동물 병원을 찾아오
는 경우의 80%가 거세한 수캐이며, 암캐도 마찬가지다. 비록 불임 시술
을 받았건 받지 않았건, 니콜러스 도드먼은 공격적인 암캐가 불임 시술
을 받으면 공격성이 더 심해진다고 말한다. 그 이유는 난소를 제거하면

암캐의 공격성을 잠재울 황체 호르몬 분비가 줄어들기 때문이다.

거세하지 않은 수캐들이 가장 많이 문다고 하지만, 일단 물기 시작한 수캐를 거세한다고 해서 문제가 해결되지는 않는 듯하다. 동물에게서 처음부터 공격성을 차단하는 것과 일단 생기고 나서 중단하려는 것 사이에는 큰 차이가 존재한다. 도드먼 박사는 그의 경험을 통해서 수캐를 거세한다고 해서 덜 공격적이 되는 것도 아니고 사람을 덜 물게 되는 것도 아니라고 한다. 사나운 개를 거세하면 다른 개들에 대한 공격은 차단할 수 있다. 물론 그 개가 훈련했기 때문은 아니다. 거세는 개와 개 사이의 공격성을 줄이는 것 같다. 그 이유는 거세된 개는 수컷처럼 냄새가 나지 않아서 다른 개들이 전보다 덜 덤벼들기 때문이다. 중성화된 개로 바뀌고 나서 덜 공격적이 된 게 아니다. 다른 수캐들이 훈련을 받았기 때문이다.

수년 동안 내가 보아 온 것 중에서 가장 곤란한 상황 하나가 어떤 가족에게서 발생했는데, 아빠가 어린 두 남자 아이와 엄마를 막 대하는 집이었다. 아빠는 항상 아이들과 개가 보는 앞에서 엄마한테 심한 말을 했다. 그리고 아이들이 어릴 적에 이 가족은 결국 뿔뿔이 흩어졌다. 엄마는 아이들과 개를 데리고 다른 주로 이사 가서 대학원에 진학하려 했다.

그런데 얼마 지나지 않아 개가 광폭해졌다. 개는 목걸이를 당겨서 어떤 곳에서 빼내려 하면 엄마를 물려고 위협하기 시작했고, 항상 엄마를 집에서 떠나 있게 하려 했다. 선거일에 차를 타고 투표하러 갈 때 개는 뒷좌석에 뛰어올라 내려가지 않으려 했다. 으르렁거리며 짖고, 개를 바깥으로 끌어내려 목걸이를 당기려 할 때마다 얼굴을 사납게 물었다. 결국 개는 그날 내내 차 안에 앉아 있었다. 그 녀석이 이제 나갈 시간이라고 스스로 생각할 때까지, 엄마가 개를 통제하는 유일한 방법은 개를 내보내려 할 때마다 스테이크 한 조각을 던져서 꾀어낸 다음 차 문을 재빨리 닫는 것으로, 무척 엉망이었다. 심지어 그녀의 친구들도 개한테 위협을 받았다.

아이들도 엄마를 존중하지 않았는데, 그 아이들을 본 아동 심리학자는 아빠가 엄마를 워낙 함부로 대해서 아이들이 엄마가 자신들을 돌볼 수 있다고 신뢰하지 않는다고 했다. 아이들은 두려워했던 것이다.

이것은 아마 가족을 존중하지 않는 행동이 아이는 물론이고 개한테도 영향을 미친 경우일 것이다. 남편은 개의 시각에서는 서열이 높은 사람이었을 것이다. 그리고 개는 자신이 그다음 서열이라고 생각했을 것이다. 그 이유는 아내가 항상 남편에게 당해 왔기 때문이다. 그래서 남편이 없어지자 개는 서열 1위 자리를 두고 아내에게 도전한 것이다. 무척 위험한 상황이다.

개한테 '지배성을 확립하기'는 쉽다. 많은 사람들은 지배성을 확립하는 것은 동물을 때려서 복종하게 만드는 의미라고 생각한다. 전혀 사실이 아니다. 나는 항상 보호자가 왕임을 인식시키려고 동물을 거칠게 뒤집는 행위를 반대한다. 아직도 일부 경찰은 경찰견 훈련을 이런 방법으로 한다. 이런 방법을 시행하면 사람은 개를 등을 땅바닥에 대고 눕게 해서 자세를 유지한다. 뒤집어 누워서 배를 드러내 보이는 것은 개에게 있어 매우 강한 본능적 행동이다. 잘 사회화된, 다 자란 개는 보통 애무를 받기 위해 등을 대고 드러눕는다. 그게 사람들이 개를 그런 자세를 취하도록 하는 이유이다. 등을 땅에다 대고 누운 자세는 개가 사람을 따른다는 사실을 확인시킨다.

그러나 강제로 그렇게 해서는 안 된다. 같은 무리의 두 마리의 개 중에서 훈련된 개는 스스로 몸을 뒤집으려 하지만, 다른 개는 자발적으로 몸을 뒤집지는 않으려 할 것이다. 이런 개가 사람에 의해 배를 보이는 자세를 강요받게 되면, 뒤집어진 상태에서는 본능적으로 각인된 자세를 떠올리게 된다. 하지만 다시 일어나 앉았을 때, 자세를 강요당했다는 점을 잊지 않는다. 그러므로 사람이 등을 보이면 갑자기 엉덩이를 깨물어 버릴 수도 있다.

개를 훈련시키는 더 나은 방법은 뒤집어 누웠을 때 배를 쓰다듬거나 긁어 줌으로써 즐거운 놀이로 만드는 것이다. 개가 몸을 뒤집었을 때 먹이를 주면 개는 싫어하는 기색 없이 배를 보이는 자세를 취하게 된다.

동물의 훈련에서 처벌에 관한 전반적인 문제점도 이야기하고 싶다. 나는 새로운 기술을 동물에게 가르치기 위해 처벌을 사용하는 것을 전적으로 반대한다. 대부분의 경우에서 동물은 긍정적인 방법을 사용해도 묘기나 새로운 기술을 개발해 낼 수 있다. 다만 예외는 있다. 달리는 사람, 자전거 타는 사람, 자동차를 뒤쫓는 등 위험한 먹이 추구 본능을 차단할 때이다. 이런 상황에서는 전기 충격 목걸이가 필요하다. 개가 사람이나 자동차를 뒤쫓지 못하게 훈련시키려고 충격 목걸이를 사용한다면, 개가 충격을 주는 것이 목걸이라는 사실을 알아서는 안 된다는 점이 중요하다. 그래서 충격을 주기 전에 며칠간 목에 걸어 두어야만 한다. 여러분의 개가 사람을 뒤쫓는 행동을 교정할 때, 개가 그렇게 된 원인을 모르는 게 바람직하다.

최상의 방법은 먹기 전에 개를 조용히 앉게 하는 것이다. 개는 보호자의 방식대로 먹는 것을 훈련받아야 한다. 여러분은 개가 들어가기 전에 문 안으로 먼저 들어가는 것 같은 행동을 할 수 있다. 개가 먹는 동안 밥그릇에 손을 댈 수도 있고, 놀면서 달랠 수도 있고, 뒤집어 눕게 할 수도 있다. 일부 개 훈련사들은 개의 행동을 교정할 때 으르렁거리거나 입에 재갈을 물리라고 권하기조차 한다. 이 말이 위험하게 들리기는 하지만, 강아지를 훈련시킬 때는 사용할 만하다.

적어도 약간의 훈련은 시켜야 한다. 훈련은 단지 몇 가지 명령에 개가 따르게끔 가르치는 것이다. 명령은 원하는 어떤 것이든 상관없다. 순종견과 잡종견을 가리지 않고 가능하고, 훈련에 따라 목양견으로 만들 수도 있고, 슬리퍼를 물고 오게 해도 되고, 발레리나 옷을 입혀 빙글빙글 돌아 보도록 할 수도 있다. 뭐든 상관없지만 중요한 것은 '개는 보호자의 명령에 따를 수 있어야 한다'는 것이다.

생활환경이 어떠하든 훈련은 시켜야 한다. 개가 맘껏 뛰어다닐 수 있을 만큼 넓은 목장에 살더라도, 개는 반드시 훈련을 받아야 한다. 개는 여러분이 보호자고 여러분이 개한테 위험한 상황을 가져다줄 수도 있음을 배워야 하기 때문이다. 그것이 훈련의 전부다. 개에게 묘기를 가르치라는 게 아니다. 훈련은 보호자를 서열이 높은 대상으로 만들어 준다.

개를 훈련시키는 일은 놀라울 정도로 쉽다. 내가 대학에 있을 때 친구 집에 갔었는데 그 집에는 완전히 지배자가 된 하운드, 버니가 있었다. 버니가 제일 편한 의자를 원하면 그 의자는 그에게 주어졌다. 그 녀석은 모든 손님에게 다리를 들고 오줌을 싸는 버릇도 있었다. 버니는 집의 폭군이었다.

그러나 절대 오줌을 싸서는 안 되는 손님이 한 명 있었는데, 그 사람이 바로 나였다. 그 녀석은 나에겐 절대 으르렁거리지 않았다. 내 의자를 원하지도 않았다. 나는 절대로 그런 개에게 위축된 모습을 보이지 않았기 때문이다. 이것은 개가 사람에게 어떤 식으로 맞추는지를 보여 준다. 그 개는 알았다. 나를 관찰하고서, 내가 소변을 싸고, 으르렁거리고, 다른 밉살스러운 행동을 하는 일을 용인하지 않는다는 것을.

무리 심리

서열 정리를 확고하게 했을 때조차 여러분은 개들과 여전히 문제가 있을 수 있다. 이웃의 개나 다른 집의 개들과……. 개는 친구를 원한다. 그리고 여러분이 하루 종일 일 때문에 집을 떠나야 한다면, 나는 가급적 암수 한 쌍으로 두 마리를 키울 것을 권한다. 그러나 두 마리 이상은 반대한다. 한 집에서 두 마리 이상의 개를 키우면 크기, 나이, 힘이 서로 너무 비슷할 경우 골치 아픈 문제가 발생한다. 서로 비슷비슷한 동물들 사이에선 지배 서열이 확립되지 않을 수 있다. 서열 높은 개가 나서지 않고, 서로서로에게 덤벼들기 때문이다. 한 마리 이상의 개를 가지고 싶다면 두 마리에서 멈추라. 그리고 암수 한 쌍으로 하라.

개를 두 마리까지만 키우라는 또 다른 이유는 개는 무리 지어 있을 때가 혼자일 때보다 더 대담하고 더 공격적이기 때문이다. 무리 심리 때문이다. 앞서 보호자와 산책할 때 두 마리의 짖어 대는 셰퍼드를 못 본 척하는 콜리에 대해 언급했다.

산책 시 겁을 먹던 콜리는 다른 개들과 함께 산책하자 전혀 다른 개가 되어 있었다. 그들이 독일 셰퍼드가 사는 곳을 지날 때 셰퍼드 두 마리가 담으로 달려오자, 콜리는 미쳐 날뛰었다. 콜리도 벽으로 달려가 부딪히며 짖어 댔고 다른 개들 역시 매달린 담벼락을 여기에서 저기로 뛰어다녔다. 콜리는 확실히 욕을 퍼부어 대고 있었는데, 그것은 콜리가 무리 속에 있었기 때문이다.

콜리는 그 자리에서 벗어나지 않으려 했다. 다른 세 마리 개들은 담장 안에 갇혀 있는 개들을 놀리는 데 완전히 싫증을 내고 콜리의 관심을 돌려서 계속 산책하려 했다. 그래도 콜리는 움직이려 하지 않았다. 마치 그간의 잃어버린 시간을 보상받으려는 듯 보였다. 결국 내 친구가 콜리를 질질 끌고 가야만 했다.

무리를 지은 개는 사람에게 매우 위험할 수 있다. 2년 전에 위스콘신에서 10세 소녀가 친구 집 앞에서 놀다 여섯 마리의 로트와일러에게 습격을 당해 죽은 사건이 발생했다. 그 집에는 두 마리의 성견과 네 마리의 강아지가 있었다. 이것은 한 집당 세 마리 이상의 개는 키우지 못하도록 제한하는, 시 법령을 어긴 것이다. 소녀가 강아지 한 마리를 쓰다듬자 성견들이 질투해 무리를 지어 소녀를 문 것이었다.

두 마리 이상의 개를 키울 경우 평화를 어떻게 유지하는가에 대해 사람들의 의견이 갈린다. 비록 전부는 아니어도 대다수의 사람들은 우선 리더 격인 개를 항상 먼저 배려하고, 쓰다듬으라고 말한다. 궁극적인 서열 1위는 당신이어도 무리의 우두머리인 개는 먼저 대접해 주라는 것이다. 개의 자연적인 지배 질서를 존중하지 않으면 나머지 개들을 위험에 빠뜨리게 된다. 도드먼 박사는 체서피크만 사냥개 무리에 관한 끔찍한 이야기를 들려주었다.

어떤 여자가 개들을 떠받들어 모시듯이 키우면서 전혀 훈련을 시키지 않았다. 그녀는 홀로 살았기 때문에 개들은 그녀에게 가족이나 마찬가지였다. 보통의 가정에서 아이들은 자연스럽게 예의를 갖추면서 자리에 앉는다. '감사합니다' 같은 말을 하면서 말이다. 아이들만 해도 적절한 훈육이 필요하듯, 개도 마찬가지이다.

이 집의 개들은 자연스럽게 서열을 형성했다. 두 마리의 리더 격인 개가 있었고, 중간 계급으로 두세 마리, 나머지 두 마리가 가장 서열이 낮았다. 그러나 여자는 그들의 서열을 무시하고 집에 올 때마다 항상 가장 약한 두 마리의 개한테만 주의를 기울였다.

그런 배려는 우두머리 개를 충동질하여 두 마리의 약한 개를 치명적으로 공격하게 만들었다. 도드먼은 그녀에게 집에 가면 우선 우두머리인 개부터 반겨 주고 먹이를 주라고 충고했다. 하지만 그녀는 듣지 않고, 계속해서 약한 개를 편애했고 결국 비극으로 막을 내렸다. 우선 가장 약한 개 한 마리가 심하게 다쳤고, 그녀는 상황을 해결하는 길은 다친 개의 안락사뿐이라고 결정했다. 나머지 한 마리 약한 개도 끔찍할 정도로 다쳤기에, 결국 그녀는 우두머리 격이었던 두 마리까지 함께 안락사시켰다. 결국 그녀가 지도를 따르지 않아서 세 마리의 개가 죽은 것이다.

동물의 습성을 이용해서 일하기: 농장의 동물들

동물의 보호자는 반려동물을 이해하고 존중할 의무가 있다. 개와 고양이는 포식 동물이다. 개는 고도로 사회화된 포식 동물이고 지배 질서 속에서 산다. 그 질서에 끼어들면 서열이 낮은 개(들)은 그 무리의 동료들에게 죽음을 당한다. 동물의 정서적 짜임새에 맞추어 일해야지, 거기에 반하며 일해선 안 된다.

돼지나 소, 말 같은 가축들은 개만큼 사회적 자극만으로는 잘 통제되지 않는다. 그래서 이런 동물은 서열을 정리하는 것이 특히 중요하다.

이런 교훈을 얻게 된 것은 내가 동물 행동학에서 석사 실습의 한 부분으로 돼지를 키울 때였다. 내가 키운 돼지 새끼들은 밀짚으로 꾸민 디즈니랜드에 살았는데, 그 속에는 돼지들이 파헤치고 씹어서 뜯을 것들이 다양하게 구비되어 있었다. 나는 몇 시간 동안 앉아서 돼지들을 관찰하곤 했다.

내가 멜로 돼지라고 이름 붙인 한 마리는 배를 긁어 줄 때 항상 몸을 뒤집었고, 사람에게 배를 어루만져 달라고 적극적으로 졸라 대곤 했다. 그러나 우리에서 가장 큰 돼지는 전혀 애무를 반기지 않았다. 그 녀석은 축사에서 우두머리 격인 암돼지였다. 그 녀석은 자신이 축사를 소유한다고 생각했다. 몸 색깔은 일리노이 농부들이 파란색 엉덩이로 부르는 색깔이었다. 앞쪽은 흰색이었고, 뒤쪽은 파란 잿빛이었다. 나는 그 녀석을 빅 길트라고 불렀다.

빅 길트의 몸무게가 50킬로그램 정도 되었을 때, 내가 우리에 들어갈 때마다 물어뜯는 일이 시작됐다. 다른 돼지는 애무와 어루만짐을 원했지만 빅 길트는 그런 행동을 멸시했다. 그 녀석은 단지 우두머리이길 바랐다. 점점 무는 버릇도 고약해져, 나는 그 행동을 중지시켜야만 했다.

나는 팔을 휘두르고 고함을 쳤지만 전혀 소용없었으며, 절망한 나머지 파랗고 커다란 엉덩이를 한 차례 때리기도 했다. 그러나 그것도 별로 효과가 없었다. 결국 나는 내가 돼지처럼 행동해야 된다는 사실을 깨달았다. 나는 다른 덩치 큰 돼지들이 하는 방법대로 그 돼지의 목 한쪽을 깨물고 밀어붙여서 서열을 정리하기로 했다.

그래서 다른 돼지들이 빅 길트의 목을 물고 밀어붙이는 것을 자극하기 위해 45센티미터 길이에, 폭이 2.5센티미터, 두께가 10센티미터 크기인 나무로 찌르며 그 녀석을 벽 쪽으로 밀어붙였다. 그것은 승자인 돼지가 하는 행동이었다. 이긴 돼지는 진 녀석을 밀어붙이거나 벽 쪽으로 몰고 간다. 나는 나무의 끝으로 그 녀석의 목을 반복해서 찔러, 내가 더 힘이 세다는 것을 확실히 보여 주었다. 성인은 50킬로그램의 돼지를 몰아붙일 수 있으며 동물을 다치게 하지 않고도 제압할 수 있다.

그러자 일이 마술처럼 풀렸다. 빅 길트는 나를 깨무는 짓을 멈추었고, 나는 서열 높은 암퇘지가 된 것이었다. 돼지에게 강하게 각인된 본능적인 행동 양식을 사용하는 것은 때리기보다 효과적이었다. 이 방법에서 유의할 점은 단지 쉽게 돼지를 밀어붙일 수 있을 만큼 돼지가 어릴 적에 사용해야 한다는 것이다. 다시 한 번 나는 그 돼지를 때리지 않았음을 강조하고 싶다. 돼지는 정확한 지점에 압력을 가한 강자에게 굴복한 것이다. 목에다 들이댄 그 나무가 그 녀석의 본능에 각인된 굴복 행동을 반응시킨 것이다.

그 사건 이후로 빅 길트는 내가 우리에 들어갈 때 공손하게 굴었고, 절대 물지 않았다. 그러나 여전히 애무는 좋아하지 않았다. 하루는 내가 멜로 돼지의 배를 어루만지다 빅 길트의 배도 주무르기 시작했다. 이제 내가 우두머리였기에 그 녀석은 도망가지 않았지만 확실히 좋아하지도 않았다. 낯선 일이 발생한 것이다. 강한 본능과 뚜렷한 의식이 충돌한 것이다. 배를 어루만지자 본능적으로 뒤집는 행동이 촉발되었지만 빅 길트는 뒷다리 부분만 뒤집었다. 앞쪽은 여전히 뒷다리가 땅에 닿음에도 불구하고 서 있으려 했다. 내가 그 녀석을 쓰다듬는 내내 그 녀석의 목구멍에선 불쾌한 신음 소리가 새어 나왔다. 나는 배를 어루만지는 즐거운 반사 본능을 자극했지만, 빅 길트는 굴복하지 않으려 한 것이다. 빅 길트는 나를 감히 물려고 하지 않았고, 달아나려 하지도 않았지만, 그것을 좋아하지도 않았다.

공격성 예방하기

내가 동물에 대해 좀 더 알았더라면, 곧 나의 서열을 확실하게 자리 매김하고 나서 출발했을 것이다. 전에도 말했지만, 처음에 공격적인 행동을 예방하는 것이 일단 생긴 행동이나 습성을 중지시키려고 하는 것보다 쉽다.

일단 공격적인 행동을 하고 나면 대부분의 경우 포식 동물보다 먹이동물이 좀 더 해결하기 쉽다. 좋은 예가 내 친구 마크의 말 사라이다. 사라는 말구유 옆에서만 지독하게 굴었다. 사라는 뒤에 혼자 떨어져 있지도 않았다. 블래키 같이 문제가 있는 녀석도 아니었다. 단지 먹이를 먹을 때의 행동을 바로잡아야 했을 뿐이다. 나는 혼자서 먹으려고 다른 말을 내쫓으려 하는 말을 많이 보았다.

마크가 사라의 고약함을 다스리려면 그 녀석을 제일 늦게 먹이면 된다. 먹이를 얻고도 여전히 다른 말들을 쫓으려 한다면 사라만 쫓아내면 된다. 그렇게 2주가 지나자 일이 마법처럼 풀렸다. 사라는 먹이통 앞에서 완벽한 예절을 갖추게 되었다. 다시 고약해지면 마크는 똑같이 대응했다.

나는 자신이 기르는 말에 문제가 있는 수의학과 학생에게 방법을 약간 달리 하라고 말했다. 말들이 구유 앞에 나란히 서고 귀를 앞으로 도열할 때까지 먹이를 주지 말라는 것이었다. 그리고 동시에 먹이를 먹였다. 만일 어떤 녀석이든 누군가에 의해 머리가 뒤로 당겨지면 모든 말에게 먹이를 주지 않는 것이었다. 말들의 귀를 앞쪽으로 정렬시키는 것은 그리 어렵지 않다. 그것은 말이 여러분에게 주의를 기울일 때 자연스럽게 나오는 행동이기 때문이다. 단지 기다리기만 하면 된다. 모든 말들이 자신의 먹이에만 집중해 먹을 때까지! 그 수의학과 학생은 먹이를 주고 나서, 다른 말을 내쫓는 말이 생길 경우에만 마크의 해결 방법을 사용했다. 그리고 사고를 일으킨 말은 제일 나중에 먹였다. 그녀는 이 시스템이 정말 잘 돌아간다고 연락해 주었다.

핵심은 먹이 동물에게 정신적 손상을 지나치게 가하면 킬러로 돌변한다는 것이다. 종마를 일생 동안 홀로 마구간에 가두어 두고, 전혀 사회화시키지 않으면 그 녀석은 공격적으로 돌변한다. 달려들어 사람을 칠 수도 있으므로 무척 위험하다. 수말은 몸집이 큰 동물이기 때문이다. 말은 사람을 죽이려고 발길질을 하는 게 아니다. 물론 예외도 있지만.

나는 최근 폴란드에서 어떤 종마가 이웃의 암말 때문에 흥분해서 자신을 통제하려는 주인을 공격해 죽인 사실을 읽은 적이 있다. 그 보고서에는 말이 주인의 대경정맥을 물어뜯었고, 목뼈에도 손상을 줄 만큼 매우 치명적인 공격이었다고 했다. 그래도 말이 주인을 공격해 죽인 이야기는 워낙 흔치 않기 때문에 폴란드에서 발생한 일을 책에서 읽고 있는 것이다.

황소도 사람을 죽인다. 하지만 그들도 사람을 죽이려고 작심하고 달려들지는 않는다. 그들은 지배권을 놓고 사람에게 도전한다. 황소는 지배권을 놓고 싸울 때 서로를 죽이지 않는다. 다만 지배권을 다툴 때는 머리를 들이받는 식으로 싸우기 때문에, 사람이 벽에 몰려 받히게 되면 치명적이다. 황소는 자신이 얼마나 크고 힘이 센지 알지 못한다.

비록 전부는 아니더라도, 대다수의 먹이 동물에서 공격적 행동을 조절할 수 있다. 그래도 처음부터 그러한 행동이 생기지 않게끔 예방하는 편이 훨씬 좋다. 먹이 동물은 좋은 훈련과 사회성을 받고, 기르지만, 그 자체가 지배 훈련을 의미하는 것은 아니다. 나는 과거에 많은 동물 관리자들이 그 차이를 이해하지 못했다고 생각했다. 그 사람들은 훈련사가 힘을 가지고 있으므로 어떤 종류의 훈련이든지 지배 훈련을 의미한다고 생각했다. 그래서 말의 기를 꺾어 버리는 훈련법도 나온 것 같다. 여러분은 어떤 동물이든, 개나 말이든 기를 꺾어선 안 된다. 신경이 예민한 말이나 소 같은 가축은 제압할 필요는 없다. 소나 말은 말 그대로 훈련이 필요한 것이지 지배가 필요한 것이 아니다. 개는 훈련이 필요하다. 그렇지 않으면 자신이 서열 1위가 되려 한다. 초식 동물이 공격적이 되더라도, 또 고약한 성질을 가진 말이라 하더라도, 이런 동물을 다루는 일은 그다지 어렵지 않다.

공격적인 개를 다루는 일은 무척 어렵다. 사람을 무는 성견을 다룰 수 있는 유일한 사람은 개의 공격성을 전공한 전문가들이다. 그런 다음에도 개의 성질을 쉽게 고치기 어렵다. 텍사스 A&M의 수의학과 교수이며 동물 행동 전문가인 보니 비버 박사는 사람을 제압하려는 개의 전형적인 공격성은 악화된다고 설명했다. 또한 지배적 공격성을 치료하는데 지배적 공격성을 가진 개의 3분의 2는 훈련 뒤 매우 개선된다고 보고했다. 기존의 방법으로 재훈련을 해도 나머지 3분의 1은 여전히 문제를 안고 있다. 비록 그들 중 대부분이 혼자 있을 때보다는 주변에 누군가가 있을 때 더 안전하긴 하지만, 많은 개가 전혀 개선되지 않으며 매우 위험하다.

만일 개들이 보호자를 계속 제압하려 든다면, 사람을 무는 개로 변하기도 쉽다. 개를 처음부터 물지 않도록 가르치기는 매우 쉬워도, 일단 물기 시작하고 난 다음 물지 못하게 가르치는 것은 왜 그리 어려운 것일까? 왜 여러분은 개들의 발달 시계를 돌려 놓지 못하는 것이며, 강아지를 훈련시키듯 사나운 개를 훈련시키지 못하는 것일까?

도드먼 박사는 그런 문제가 일부의 경우에서는 보호자에게 있음을 나타내는 연구를 진행했다. 정이 많은 보호자는 자신의 개를 재훈련시키는 프로그램에 몰두할 수 있는 차갑고 이성적인 보호자보다 재훈련 프로그램에서 성공률이 낮다. 마음이 너무 따뜻해서 강인한 훈련사와 군기반장이 될 수 없는 사람은, 동물 행동학자들이 그렇게 되어야만 한다고 요구하는 훈련사로 갑작스럽게 바뀔 수 없기 때문이다. 개가 매우 어릴 적에, 보호자를 서열 1위로 각인시키면 훗날에도 그 개는 사람을 물지 않을 것이다. 일부 개는 암탉과 강제로 교미하려 드는 수탉이나 위험한 새와 같이 유전적으로 불량하고 위험하기도 하다. 그런 동물은 안락사시켜야 한다. 그러나 정상적인 개를 키우고 있다면, 보호자의 말에 따르도록 하는 훈련을 통해 충분히 공격성을 예방할 수 있다.

나는 여러분이 개를 공격적으로 바꾸는 것만큼 쉽게 개를 공격성에서부터 벗어나게끔 훈련시키지 못하는 것은, 요술램프에서 이미 지니가 나와 버린 것과 같다고 생각한다. 모든 개는 공격하려는 자연적인 본능이 있다. 보호자들은 자신들의 개에게, 개가 사람을 공격하는 것은 불가능하다고 가르쳐야만 한다. 그런 생각은 올바르지 못할 뿐만 아니라 불가능한 것이다. 일단 개가 자신이 사람을 지배할 수 있다고 자각하면 되돌릴 방법이 없다. 그렇지 않으면, 그저 보호자와 서열을 두고 다투게 되고, 물려는 충동을 스스로 자제할 정도의 훈련마저 쉽지 않을 것이다.

이것은 고양이에게서도 생긴다. 영화 〈아웃 오브 아프리카〉에서 아이작디네센은 패디라는 이름을 가진 어린 반려용 사자 이야기를 한다. 패디는 길들여졌고, 자신이 살고 있는 목장에서 모든 사람에게 친절하다. 비록 아이들에게 전혀 사회화되진 않았지만. 그러던 어느 날 어떤 사람이 작은 소녀에게 사자를 보여 주기 위해 데려왔을 때, 패디는 갑자기 소녀를 쓰러뜨렸다. 패디는 소녀를 공격한 게 아니었고, 일부러 그렇게 한 것도 아니었다.

그날 밤 패디는 초원으로 뛰쳐나가 살아 있는 짐승들을 죽였다. 패디는 자신이 사자임을, 집 안에서 사는 큰 고양이가 아님을 알았다. 작은 소녀를 쓰러뜨렸을 때, 그는 다른 생명을 압도할 수 있는 자신의 힘을 느꼈고, 그것만으로 자신의 본성을 일깨우는 데 충분했던 것이다.

포식 동물의 공격 본성을 촉발시키는 것은 정말 위험하다. 텔레비전 쇼와 영화에서 사람을 쓰러뜨릴 때는 훈련받은 사자나 호랑이를 이용한다. 훈련된 사자나 호랑이가 조심스럽게 명령을 내리는 사람에게 뛰어들 때도 한순간에 위험해질 수 있는 것이다.

사자 훈련사들이 알아야 하는 교훈은, 이 동물이 스스로 3백 킬로그램이 나간다는 사실을 깨닫게 하지 말라는 것이다. 자신의 힘과 강인함을 느낄 기회를 주지 않음으로써 동물의 정서적 발달을 차단할 수는 있지만, 일단 동물이 알아 버린 다음에는 스스로의 공격성과 힘을 알지 못했던 상태로 되돌릴 수 없다.

공격성 조련하기

사람을 무는 모든 개가 공격적인 성향은 아니다. 얌전한 개는 두려워서 사람을 물기도 한다. 공격적이고 싶어서 그러는 게 아니다. 사람을 무는 독일 셰퍼드는 얌전하지만 대부분 신경이 예민하다.

조심스레 무는 동물들은 공격적인 동물보다 덜 위험하다. 그들이 위험할 때는 주로 보호자가 용기를 북돋워 줄 때다. 겁이 많은 동물은 혼자 있을 때 낯선 사람이나 이웃을 보면 대부분 그냥 도망가려 한다. 도망갈 수 없으면 사람을 뒤에서 문다. 그렇게 무는 것이 사람의 눈을 노려보며 무는 것보다는 덜 두렵기 때문이다. 겁 많은 개는 누구와도 눈을 맞추려 하지 않지만, 보호자와는 어떤 일이 있어도 눈을 맞추려 한다. 그게 전부다. 모든 것을 감안할 때 부끄러움을 타는 개는 보기보다 덜 위험하다.

공격성이 있으면서 겁을 먹은 개는 다르다. 공격적이며 두려움을 느끼는 개는 언제 어디서나 물 수 있다. 그 녀석들은 보호자가 있어도 물고 보호자가 없어도 문다. 그리고 물 때는 똑바로 얼굴로 달려든다. 자연적으로 공격 성향이 강하고 도망가는 성향은 없기 때문이다. 나는 왜 겁 많고 공격 성향이 강한 개가 그처럼 위험한지 정확히 아는 사람이 있다고는 생각하지 않는다.

나는 매우 공격적이면서도 겁이 많은, 거세한 개 한 마리를 잘 안다. 그 녀석은 겁 많은 공격자가 아니었다. 보호자는 개가 어릴 적부터 얼마나 공격적이었는지를 알고 있었고, 모든 조치를 올바르게 했다. 그래서 개는 자신이 서열 1위가 아니라는 것을 안다.

그러나 이 개는 산책할 때나 애견 공원에서 항상 다른 개를 공격하려 했다. 강아지 때는 다른 개와 사회화가 잘 이루어졌다. 그러나 성견이 되고 난 이후로는 성격이 워낙 공격적이어서 이웃집 개 두 마리와 틈만 나면 싸움을 했다. 처음엔 이겼지만, 다음엔 졌다. 그리고 다른 개들에게 더욱 위협적으로 행동한다.

만일 그 녀석이 천성적으로 공격적인 개가 아니었다면 문제가 되지 않았을 것이다. 그 개는 자신을 겁준 개를 피했을 것이기 때문이다. 그러나 천성적으로 공격 성향이 강한 개였기 때문에 다른 개로부터 위협을 받는다고 느끼는 순간 공격하는 것이고, 늘 위협을 받는다고 생각한다. 단지 제 할 일만 하는 개라도 눈에 띄면 위협적으로 느끼는 것이다.

이 개의 행동은 나에게 매우 잘 알려진 불안증의 아이들과 반항적인 아이들의 비교 연구를 떠올리게 했다. 이 두 그룹의 아이들은 두 가지로 해석 가능한 상황에서 정상 아이들보다는 좀 더 위협적으로 해석했다. 그러나 불안증이 있는 아이들은 위협을 피하려고 대처하는 상황에서 반항적인 아이들보다 공격적이 되었다. 공격적인 개가 반항적인 아이와 같은 점이 있는지는 모른다. 그러나 내가 아는 두려움이 많으면서도 공격적인 개는, 위협을 과장하면서도 일단 마음속에서 두려움을 발산하고 나면 공격적으로 반응했다.

무엇이 겁 많고 공격 성향이 강한 개를 화나게 하든지 간에, 일단 어떤 개든 두려움에서 벗어나 물어 대기 시작하면 다시는 확실히 안전해질 수 없게 되는 것이다. 어떤 동물도 공포에서 완벽히 벗어나는 훈련을 시킬 수는 없기 때문이다.

개와 지낸 적이 없는 사람이라면, 지금까지 읽어 오면서, 작은 고양이보다 큰 동물과는 멀리 떨어져 지내는 게 제일 안전할 거라고 생각할 수 있다.

그러나 이는 올바른 결론이 아니다. 가축과 사람의 관계는 멀리 거슬러 올라간다. 사람은 생존을 위해 동물이 필요했다. 최근까지 대부분의 전문가는 약 1만 4천 년 전부터 사람이 개와 함께 살았다고 믿었다. 그러나 2002년 개 DNA에 관한 연구에서 사람과 개는 10만 년 이전부터 같이 지내 왔음이 밝혀지고 있다. 개는 정말로 사람에게 있어 가장 오랜 친구인 것이다.

개가 자기들 버릇보다 사람을 덜 무는 이유는 사람들이 뛰어난 훈련 사이기 때문이 아니다. 많은 보호자들이 처음에는 훈련하는 방법을 모르는 것 같다. 개가 사람을 물지 않는 이유는 10만 년의 진화 기간 동안 개가 사람에 대해 공격성을 억제하는 훈련 방법을 많이 발전시켜 왔기 때문인 것이다. 그리고 사람도 개의 공격성을 통제하는 능력을 많이 발전시켜 왔다. 나는 아마 사람들이 개의 언어를 해석하는 어떤 선천적인 능력을 진화시켜 왔거나, 적어도 개의 의중을 빨리 간파하는 방법을 익혀 왔을 것으로 생각한다.

내 친구는 여기에 관해 재미있는 이야기를 해 주었다. 그녀는 동물보호소에서 강아지를 입양했는데, 이 녀석은 자신이 매우 공격적인 개가 될 운명임을 보여 주는 징후를 빨리 보이기 시작했다고 한다. 태어난 지 불과 몇 개월밖에 안 되었을 때 그녀의 일곱 살 난 아들에게 으르렁거리기 시작했고, 그로부터 2주 후에는 화장실을 고치러 온 180센티미터가 넘는 건장한 배관공에게 이빨을 드러내며 으르렁댔다.

강아지가 아들에게 처음으로 으르렁거렸을 때, 내 친구는 다른 방에 앉아 있었다. 그래서 친구는 아들을 불러내서 물었다. " 왜 버디가 너한테 으르렁거리는 거니?"

그녀의 아들은 개와 한 번도 지내 본 적이 없었다. 그는 사실 그대로 이야기했다. " 내가 버디의 의자에 앉았기 때문이에요."

아이가 옳았다. 버디는 자기가 제일 좋아하는 의자에 꼬마가 편안히 앉아 있었기에 으르렁거린 것이다. 그런 의자는 집에서 제일 크고 푹신한 의자다. 어떻게 보이든 간에 자기는 집 안의 서열 1위인데, 감히 꼬마가 내 의자에 앉다니……. 버디는 그 꼬마의 행동이 맘에 들지 않아, 아이에게 확실한 의사 표현을 한 것이다.

그리고 아이도 이해했다. 아이는 배운 적도 없었으면서, 왜 버디가 자신에게 짖었는지를 알았다. 그런 행동에 대해 생각해 본 적도 없었지만, 아이는 개한테서 메시지를 전달받은 것이다.

사람과 살아온 오랜 세월 동안 개들은 사람의 마음을 읽는 능력을 발전시켰고, 사람이 무엇을 생각하는지를 알고, 사람이 무엇을 하려는지 읽어 내는 능력을 발전시켰다. 우리는 이런 사실을 개와 늑대의 비교 연구로부터 알 수 있다. 사람의 손에 키워진 늑대라 하더라도, 사람의 표정을 읽어 내는 능력은 습득하지 못한다. 사람이 키운 늑대라 해도 보호자의 얼굴을 바로 보지 못한다. 보호자의 도움이 간절히 필요할 때도 말이다. 개들은 언제나 사람의 얼굴에서 정보를 얻는다. 특히 도움이 필요할 때면 더 그렇다.

나는 개가 어떻게 사람의 마음을 읽는지 배워 온 것처럼, 사람도 개들의 마음을 읽는 방법을 배워 왔다고 생각한다. 개가 사람을 더 자주 해치지 않는 이유는 사람과 개가 함께하기 때문이다.

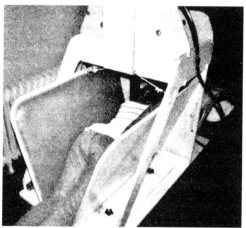

⟨집에 있는 직접 고안한 압박기(위)와 그 안에 들어가 있는 템플 그랜딘(아래)⟩

멋지게 만들어진 압박기에 들어갈 때마다 나는 훨씬 편안해진다. 나는 아직도 이 장치를 사용하고 있다. _17쪽

5부

통증과 고통

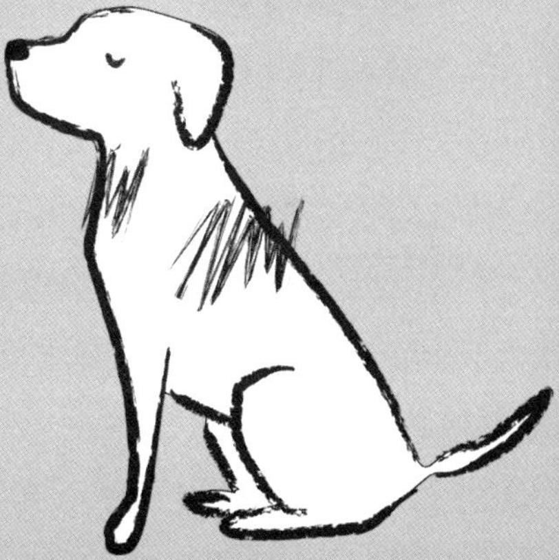

ANIMALS IN TRANSLATION

통증과 고통

반려동물을 사랑하는 사람들은 자기들의 반려동물이 행복하게 살아가려면 어떤 것들이 필요한지 잘 안다고 생각한다. 반려동물이 살아가는 데 필수적인 것들은 사람과 똑같다. 음식, 안전, 유대 관계 등.

　시작은 그 정도로도 괜찮지만, 여러분이 동물을 아는 것이 그 정도가 전부라면 곤란한 문제에 봉착할 수 있다. 당장 머릿속에서 떠오르는 한 가지 예만 들자면, 보더 콜리에게 마음이 끌리는 사람들은 보더 콜리의 리스트에서 한 가지 중요한 것을 빠뜨리고 있는데, 그것은 보더 콜리가 하는 일이다. 보더 콜리는 원래 레저를 목적으로 길러진 개가 아니다. 무엇이든지 일거리를 주기만 하면 그 일에 몰두할 있는 녀석이다. 불행하게도 사람들은 개를 직접 사기 전에는 이런 사실을 모른다. 일단 개를 들이게 되면 사람들은 그다음 10년 동안 자신의 반려견에게 뭘 해주면 좋을까를 궁리만 하는 것이다.

수많은 동물을 관리해야 하는 농장주나 축사 관리자는 물론 수의사까지도 동물을 책임감 있게 돌보려면 무엇을 해야 하는지 정확히 알기 쉽지 않다. 도축장으로 향하는 가축이 행복한 삶을 보내게 하려면 무엇이 필요할까?

내 바람은 인간이 채식주의자로 진화되어, 먹기 위해 동물을 죽일 필요가 없어지는 것이다. 그렇지만 그런 일은 불가능할 것이고, 사람이 조만간 채식주의자로 바뀔 수 있을지도 알 수 없다. 나도 채식을 하려고 노력해 왔지만, 육체적으로는 채소만 먹고 지낼 수 없었다. 나는 사람들이 저혈당일 때 느끼는 증상을 느끼기도 한다. 어지럽고, 머리가 가벼워지면서 생각을 명료하게 못 한다. 우리 어머니도 똑같았다. 그리고 감각 처리 과정에 장애를 가진 많은 사람들도 그런 반응을 경험했다고 말했다. 그래서 나는 감각 처리 과정의 문제와 저혈당 증상 간의 상호 연관이 존재하는가에 대해 항상 의문을 가져 왔다. 만일 감각 처리 체계에 뭔가 다른 게 존재한다면 신체 대사에서도 다른 점이 존재한다는 것인가?

그럴 수 있다. 두뇌의 차이는 대사 작용의 차이와 관련이 있을 수 있다. 왜냐하면 일부 유전자는 같은 신체라 해도 장소에 따라 다른 작용을 할 수 있기 때문이다. 자폐증에 영향을 미치는 유전자는 대사 작용의 차이에도 영향을 미치거나 다른 차이를 유발시킬 수 있다. 자폐아의 부모들도 항상 아이들이 많은 신체적 문제를 가졌다고 말한다. 대개는 소화 기관의 문제가 발생하는데, 주류 학자들은 이 문제에 관해 별다른 관심을 기울이지 않았다.

그래서 어떤 사람들이 이 문제를 증명하기 전까지, 나는 적어도 일부의 사람은 신체 대사 활동을 위해 고기를 먹어야만 한다는 가정 하에서 연구하고 있다. 그렇지 않다고 해도 사람이 식물성과 동물성 음식 모두를 먹도록 진화됐다는 의미는 대부분의 사람은 앞으로도 두 가지 모두를 먹을 것이라는 사실이다. 사람도 동물이고, 우리는 우리의 동물 본성이 하라고 명령하는 대로 행동한다.

그 의미는 우리가 앞으로도 가축 사육장과 도살장을 유지해 나가야 한다는 것을 의미하고, 질문은 '인간적인 사육장과 도살장은 어떠해야 할까?'가 되어야 하는 것이다.

동물의 복지에 관여하는 모든 사람은 인간적인 도살에 관해서는 다음과 같은 원론적인 답변만을 준비하고 있다." 동물은 고통을 느끼지 못합니다. 동물은 최소한의 고통만 느낄 것입니다. 그래서 최대한 신속하게 숨이 끊어지게 됩니다."

그러나 이런 원리가 확실하다고 하더라도 실제로 대입해 보면 그렇지 않다. 이유는 동물이 얼마나 고통을 느끼는지 알기 어렵기 때문이다. 사람을 그런 상황에 놓고 생각해 보더라도, 얼마나 고통을 느낄지는 알기 어렵다. 적어도 사람은 두렵다는 말이라도 할 수 있지만 동물은 그조차도 할 수 없다.

그리고 문제는 동물이 말을 못한다는 단순함뿐만이 아니다. 동물도 고통을 숨긴다. 야생에서는 어떤 동물이든지 부상을 입으면 포식자에게 당하게 된다. 그래서 아마도 동물은 부상을 입어도 전혀 아프지 않은 듯 행동하는 태도로 진화해 왔을 것이다. 특히 덩치도 작고 힘도 약한 양이나 염소, 영양 같은 동물은 극도의 고통을 참아 낸다. 반면 포식 동물은 덩치 큰 아기가 되어 버린다. 고양이는 아프면 고개를 숙이고 신음을 하며 개는 사람이 모르고 발을 밟으면 피맺힌 비명을 지른다. 아마도 개와 고양이는 잡아먹힐 것을 두려워한 나머지 있는 힘껏 소리를 지르는 것 같다.

먹이 동물은 믿을 수 없을 만큼 잘 참아 낸다. 수년 전에 내 연구생 홀리와 함께 거세당한 수소 무리들을 본 적이 있다. 그때 수의사는 고무 밴드를 이용해서 시술했는데, 수소의 고환 주위를 고무 밴드를 묶어 놓고, 며칠간 그대로 두었다. 지독하게 들리겠지만, 그렇게 하는 것이 수술보다는 소에게 덜 손상을 주므로 수의사는 그 방법을 사용했다. 비록 소마다 반응이 다르긴 했지만, 어떤 소는 보통 때와 다름없이 정상적으로 거동했고, 어떤 녀석들은 반복해서 발을 쿵쿵 찧어 댔다. 나는 발을 쿵쿵거리는 행동을 지독하게 고통스러워서라기보다는 불편함의 발로로 해석한다.

어떤 소는 위기에 처한 것처럼 반응하기도 했다. 그 녀석들은 땅바닥에 낯설고 쭈그린 자세로 드러누워서 신음 소리를 냈는데, 단 그 녀석들이 혼자만 있을 때였다. 우리가 그 사육장에 있을 때 수소들은 매우 고통스러운 몸짓을 했지만, 홀리가 축사로 들어가자 벌떡 일어나 마치 아무 일도 없는 것처럼 맞이했다. 나머지 수소들은 거세했음에도 별다른 고통을 느끼지 않는 듯 일상 행동이 바뀌지 않았다. 그렇게 행동했던 소들은 혼자 있다고 느낄 때도 별다른 행동을 하지 않았다.

가장 잘 참는 동물은 양이다. 나는 한때 매우 고통스러운 뼈 수술을 받은 양을 관찰해 본 적이 있다. 내가 생각하기에, 양의 행동 방식만 보아서는 동물이 어느 정도의 고통을 느끼는지 알 방법이 없을 듯했고, 배고픈 늑대도 그 양을 무리 속에서 발견해 낼 만한 이유가 없을 것 같았다. 다쳐서 엄청난 고통을 겪고 있는 동물도 먹이를 먹으려 했다. 모든 스트레스 이론에서 우리가 배우는 현상은 일어나지 않는 것이다. 생리학적으로 심한 외상과 고통은 심한 스트레스를 불러오고, 심한 스트레스로 인해서 신체의 에너지원은 먹이를 먹는 것과 생식에서부터 다른 곳으로 전환되는 게 정상적이다. 나는 수의사에게 이런 내용을 늘 환기시켰다. 여러분이 다친 동물과 같은 방에 있어도 그 동물이 얼마나 아픈지 알기는 힘들다. 동물은 고통을 숨겨 버린다.

개와 같은 포식 동물은 고통을 덜 감춘다. 그러나 어느 정도는 그렇게 하기도 하지만, 고통을 감춘다는 사실 때문에 많은 수의사들은 암캐에게 중성화 수술을 하고 나서 진통제도 맞히지 않고 집으로 돌려보낸다. 복부 수술을 받은 모든 환자는 참을 수 없을 만큼 고통스럽다고 말할 것이다. 하지만 수의사들은 개가 사람이 느끼는 것처럼, 고통스러운 느낌을 받는지 확신하기 어렵다고 말한다. 우리는 개들이 스스로 통증을 감추는지 혹은 사람이 겪는 정도로 고통을 느끼지 못하는 것인지 알 수 없다.

어쨌든 문제다. 왜냐하면 동물도 회복되기 위해선 어느 정도 고통을 느껴야만 스스로 행동을 자제할 것이기 때문이다. 만일 개한테 외과 수술의 고통이 가려지게 된다면 정말 위험하다. 왜냐하면 개는 고통을 피할 수만 있다면 혼자 떨어져 시간을 보내려 하지 않을 것이기 때문이다. 많은 수의사가 잠시라도 개들이 느리게 움직이도록 고통을 느끼게 하려면 진통제를 주지 않는 게 좋다고 말한다. 그런 소리는 사람을 수술한 의사에게서는 들어 본 적이 없을 것이다.

내 친구가 매우 어려운 방법으로 이 문제를 밝혀냈다. 그녀는 다른 세 마리의 어린 개와 놀아 주는, 어린 암컷 래브라도를 키우고 있었다. 아주 어린 개들을 같이 두면 조금은 거칠지만 아기자기한 장난을 보게 된다. 그게 내 친구 집 뒷마당에서 매일 벌어지던 일이었다. 래브라도는 그날 저녁 수술을 받고 집으로 돌아왔다. 수술로 완전히 기진맥진해 있었지만 집에 돌아와서 제일 먼저 한 행동이 소파로 뛰어 올랐다가 다시 보호자의 침대로 뛰어 올라간 것이다. 어떤 사람도 복부 수술을 받고 불과 5시간 만에 소파에 뛰어 올라갈 수는 없다.

내 친구와 그녀의 남편은 며칠 동안 개가 안정을 취할 수 있도록 안정제를 주었다. 그러나 그 녀석은 여전히 다른 강아지들과 열심히 놀았고, 상처는 잘 아물지 않았다. 그래서 수술 부위는 가느다랗고 빨간 흉터 대신, 폭이 넓어지면서 푹 파이고 표면은 윤기가 나면서 습기가 촉촉한 조직으로 변해 갔다.

불행히도 내 친구는 그 상처가 무엇인지를 몰랐고, 제대로 아물지 않는다는 사실을 알았을 때는 너무 늦은 뒤였다. 내 친구는 상처가 감염되지 않는지 매일 살폈지만, 별로 좋아 보이지 않았을 때도 상처가 곪지는 않은 상태였다. 그녀는 점점 걱정하기는 했지만, 자신이 너무 과민하게 반응하는 것으로 생각했다.

결국 내 친구는 너무 걱정이 된 나머지, 개를 다시 수의사에게 데려갔다. 수의사는 수술 부위를 살펴보고 나서, 내 친구에게 오늘 데려오지 않았다면 개의 복벽이 터져서 내장이 쏟아져 나왔을 것이라고 말했다. 감염은 없었지만, 피부 조직이 완전히 망가졌고, 내장을 복부에 잡아 두고 있는 매우 얇은 막 하나가 있을 뿐이라고 했다. 내 친구는 대경실색했다. 이제 여러분은 수의사가 왜 개들이 고통을 많이 느끼는 것보다 적게 느끼는 것을 우려하는지 이해할 수 있을 것이다. 래브라도가 아픈 내색을 하지 않았기 때문에, 그리고 단 하루도 다른 강아지들과 어울려 노는 사회적 활동을 멈추지 않으려 했기 때문에, 평범한 수술을 받고서 죽을 뻔했던 것이다.

동물은 고통을 느낄까?

짧게 대답하면 '그렇다'. 동물은 아픔을 느낀다. 새도 마찬가지고, 물고기들도 통증을 느낀다는 증거가 있다.

우리는 동물도 고통을 느낀다는 사실을 행동 관찰 실험과 동물에게 진통제를 사용한 실험을 통해서 알고 있다. 행동 실험부터 살펴보면 개, 고양이, 쥐, 말은 다리를 다치면 모두 절고, 다친 다리에 체중을 싣지 않는다. 이것을 통증 보호라고 한다. 그 녀석들은 다친 다리를 더 이상 다치지 않게 하려고 사용을 제한하는 것이다. 닭도 부리를 다듬어 놓으면 훨씬 덜 쫀다. 이것도 다른 형태의 통증 보호이다. 농장주들은 닭들의 부리를 갈아 놓는데, 닭들이 치열하게 싸우다 서로 쪼아서 죽일까 봐 그러는 것이다. 그런데 우리는 곤충들은 다친 다리로 계속해서 걷는 것을 보고, 곤충은 고통을 못 느낀다고 생각한다.

물고기가 고통을 느끼는지는 아무도 몰랐다. 그러나 스코틀랜드에서 두 명의 연구가가 물고기도 확실히 그러하다는 사실을 밝혀냈다. 그들은 행동 관찰을 보강해서 뇌 단층 촬영을 이용해 실험했다. 우선 일부 물고기를 마취시키고 뇌를 단층 촬영하면서 물고기의 몸에 열이나 기계적 압박 같은 통증 자극을 가했다. 그들은 물고기의 중추 신경계는 통증 자극에 있어 사람의 두뇌가 반응하는 것과 매우 유사하다는 사실을 밝혀냈다. 이 연구 결과를 재현할 수 있다고 생각하면, 물고기도 최소한의 통증 감각 구성 요소를 가지고 있다는 말이 된다. 비록 물고기가 의식이 있을 때도 통증을 느끼는지 알려 주는 것은 못 되더라도……. 어떤 종류의 뇌 손상을 입은 사람들은 고통의 요소는 없으면서, 통증 감각 요소만 가질 수도 있다.

실험의 제2단계에서 연구가들은 물고기가 어떤 것을 느끼는지 이해하기 위해 행동 관찰 실험을 사용했다. 연구가들은 물고기의 입술에 식초와 벌독을 주입했다. 이 물질들은 사람과 동물에게는 고통을 유발하므로, 물고기가 어떤 행동을 보이는지 관찰했다. 물고기는 포유류가 고통을 느낄 때와 똑같이 반응했다. 물고기가 먹이를 다시 먹기까지, 통증을 유발하지 않는 식염수를 주입한 물고기보다 한 시간 반 이상이 더 걸렸으며, 이 결과는 전형적인 통증 보호 반응이었다. 물고기는 입술이 아파서 먹고 싶지 않았던 것이다. 물고기들에게서 또 다른 고통 징후도 볼 수 있었다. 물고기들은 동물원의 동물들이 다쳤을 때처럼 몸을 떨면서, 입술을 수조의 벽과 바닥에 비볐다.

물고기의 뇌 조직이 포유류의 두뇌와 다르다고 확실하게 말할 수는 없지만, 이런 식의 확실한 행동 변화는 물고기도 의식이 있는 상태에서 고통을 느낀다는 강한 증거가 된다. 물고기는 신피질이 전혀 없는데, 대다수의 신경학자들은 뚜렷한 의식을 가지려면 신피질이 필요하다고 생각한다. 그렇다고 해서, 신피질이 없다는 사실이 물고기는 고통을 뚜렷하게 느끼지 못한다는 의미가 되어서는 안 된다. 왜냐하면 동물들은 각자 뇌 구조와 신경 체계가 달라도, 비슷하게 감각할 수 있기 때문이다.

우리는 프랜시스 C. 콜파르트가 1980년대 초반에 동물과 진통제 투입에 관한 연구로부터 동물이 고통을 느낀다는 더 많은 증거를 얻었다. 그는 사람에게 매우 아픈 것으로 알려진 관절염 발작을 일시적으로 유발하는 세균을 쥐에게 주입했다. 그리고 나서 쥐가 좋아하는 달콤한 액체와 쓴맛의 진통제를 선택하게 했다. 쥐는 단맛보다 쓴맛의 진통제를 선택했는데, 이 결과는 쥐들의 선택 기준이 맛이 아닌 진통 목적이었음을 보여 주는 매우 훌륭한 증거였다. 쥐들은 맛으로 약을 선택하지 않은 것이다.

일단 관절염 증상이 없어지자 쥐는 다시 달콤한 것을 골랐다. 이 사실은 쥐가 고통을 이겨 내기 위해 진통제를 선택했다는 또 다른 증거이다. 단순히 즐길 목적으로 진통제를 선택했다면—일부 사람은 진통제를 환각 목적의 약제로 사용한다—관절염이 사라진 후에도 계속 선택해야 했을 것이다. 하지만 관절에 염증이 생겼을 때만, 쥐들은 맛이 지독한 진통제를 선택한 것이다. 콜파르트의 실험을 물고기한테도 해 볼 필요가 있다. 그렇게만 되면 더 많은 결과를 시사할 것이다.

동물이 느끼는 통증은 어느 정도일까?

진짜 궁금한 것은 동물이 통증을 느끼는가 아닌가가 아니다. 동물이 통증을 느끼는 것은 확실하다.

진짜 질문은 얼마나 고통스럽냐는 것이다. 사람과 같은 손상을 당한 동물은 사람이 느끼는 만큼 아플까? 우리는 통증의 절대치가 아닌 느끼는 정도를 가지고 이야기해야 한다.

사람과 같은 손상을 입은 동물이 사람만큼 아프다고 느끼느냐는 질문에 대한 나의 대답은 가끔은 '아니요'라고 생각한다. 두 가지 이유 때문이다. 첫 번째 이유로, 항상 그렇지는 않아도 대개 동물은 혼자 있을 때도 같은 손상이나 질병을 당한 사람이 느끼는 만큼 아프지 않은 것처럼 행동하기 때문이다. 이 반응이 중요하다.

첫 번째 사실에 덧붙이자면, 우리가 두뇌에 관해서 알고 있는 많은 지식들은 나로 하여금 동물이 느끼는 고통의 경험은 사람과 다를 것이라고 생각하게 만든다. 나는 약 1년 전에 참석했던 어떤 강연회에서 만성 통증은 전방 전두엽에서 광범위하게 발생하는 과민 활동성과 연관이 있다는 내용을 듣고, 충격을 받았다. 그 내용은 놀라웠다. 내가 생각하는 통증에 관한 기본적인 개념은, 모든 생명체가 외상으로부터 스스로를 보호하기 위해 가져야만 하는 원시적인 반응이었다. 나에게 통증은 먼 과거로부터 전해져 온 두뇌 밑바닥의 작용으로 보였던 것이다. 그래서 여러분도 알고 있듯이 전두엽은 고도의 기능을 처리하는 위치에 오른 것이고, 그래서 나는 극도의 통증이 고도의 전두엽 활동성과 연관이 있다는 내용을 접하게 되리라고는 미처 예상하지 못했던 것이다. 그 연구 결과를 접하게 되자, 나는 동물이 의식이 든 상태에서 느끼는 통증이 사람보다 덜 강한지에 대한 의문을 갖게 됐다. 동물의 전두엽은 덜 발달되고 크기도 작기 때문이다.

전두엽과 통증에 관한 문헌을 찾아보기 시작하면서 정신 의학자들은 수년 전부터 이런 내용을 알고 있었음을 깨닫게 되었다. 전두엽의 활동이 활발할 때 심한 통증이 발생한다는 개념은 상당히 잘 정리되었는데, 1940년과 1950년대 극소수의 정신 치료자들이 참을 수 없을 만큼 심한 통증을 느끼는 환자를 대상으로 전두엽과 나머지 두뇌를 외과적으로 분리하는 치료를 시도하면서부터였다. 그들은 전두엽 절제술을 시도했고, 이 수술은 범위가 작은 뇌 반구 절제술이었다. 뇌 반구 절제술이 전두엽을 완전히 없애 버린다면, 이들이 실시한 전두엽 절제술은 전두엽의 위치는 그대로 두면서 전두엽과 뇌 속 다른 부위의 연결만을 차단한 것이다.

두 가지 수술 모두 엄청나게 무서운 부작용을 내포하고 있지만, 통증으로 고통 받는 환자들에겐 마법과 같았다. 수술 후 이틀이 지나면 고통으로 장애를 겪던 사람들이 자리에서 털고 일어나 자신이 하던 일을 할 수도 있었다. 환자의 회복이 너무 드라마틱해서 수술을 고안한 안토니오 에가스 모니츠는 1949년에 노벨상을 수상했다.

나는 이런 경우 어림짐작으로 '수술 후의 회복'이란 말을 쓰는데, 그 이유는 엄밀히 말해서 전두엽 절제술을 받은 환자는 회복된 것이 아니기 때문이다. 환자들은 단지 회복된 것처럼 움직일 뿐이다. 그러나 느낌이 어떠냐고 물어보면, 여전히 그들은 항상 머릿속에는 통증이 남아 있다고 대답할 것이다. 수술 후에 달라진 점은 통증 그 자체가 아니다. 통증에 관한 느낌이 달라지는 것이다. 환자들은 더 이상 통증에 주의를 기울이지 않는 것이다. 안토니오 다마시오는 그의 저서 《데카르트의 오류》에서 이런 환자 중의 한 명을 기록하고 있다. 다마시오 박사가 처음 보았을 때 환자는 '심대한 고통으로 쪼그리고 앉아 거의 움직이지도 않고, 다른 통증이 유발될까 두려워하는' 상태였다. 수술하고 이틀이 지나자, 그 환자는 의자에 앉아서 다른 환자들과 카드 게임을 즐겼고, 완전히 편안해진 모습을 보였다.

다마시오 박사가 어떠냐고 물었을 때 그의 대답은 '예, 통증은 그대로인데 기분은 좋아요. 감사합니다'였다. 여러분은 이와 똑같은 이야기를 전두엽 절제술과 통증에 관한 문헌에서 여러 차례 볼 수 있다. 수술 후에 환자들은 자신의 통증에 대한 걱정을 중단했다. 다마시오 박사는 비록 환자들에게 통증은 남아 있었지만, 고통은 사라졌다고 말한다.

심한 통증이 있으면서도 그것 때문에 고통 받지는 않는다는 느낌이 어떨지는 상상하기 힘들다. 왜냐하면 우리에게 심한 통증은 심한 고통을 의미하기 때문이다. 그것들은 별개의 것이다. 일반인의 전두엽은 감각성 통증 경로와 고통을 느끼는 감정 경로를 완벽히 통합하므로, 사람은 이들 각기 다른 두 가지를 전혀 분리된 것으로 느끼지 못하기 때문이라고 확신한다. 우리가 늘 보는 입체시도 똑같은 것이다. 여러분이 두 눈으로 사물을 볼 때, 왼쪽 눈을 감지 않는 다음에야 오른쪽 눈만으로 보는 시야를 분리해서 볼 수 없다.

우리는 전두엽 절제술을 시행한 환자가 무엇을 느끼는지 느낄 수조차 없지만, 아마 그들은 여전히 어느 정도의 통증은 느끼는 것처럼 보인다. 왜냐하면 그들은 여전히 진통제를 요구하니까. 다른 한편으로 수술 후에 그들은 가장 강력한 진통제인 모르핀 같은 마약류는 요구하지 않는다. 그저 아스피린 정도로 충분하다. 그 환자들이 나머지 무시해도 될 만큼의 통증과 유사한 정도의 통증은 느낄 가능성이 있다. 가벼운 통증이라 하더라도 여전히 통증은 남아 있다고 해야 하지만, 여러분의 인생을 망칠 정도는 아니다. 반면에 고통은 여러분의 주의 체계를 낚아채 버린다. 그 정도는 되어야, 모든 사람의 주의력을 통제해 버리는 심한 통증의 정의라 할 만하다.

전두엽 절제술을 한 환자가 여전히 진짜 통증을 느낄 것이라는 또 다른 증거를 알아보기 위해 핀 같은 것으로 갑자기 찌르면 환자는 아파서 비명을 지를 것이다. 실제로 그들은 정상 통각을 가진 일반인보다 더 크게 소리 지른다. 대다수의 연구가들은 이런 현상이 생기는 것은 그런 환자들이 심한 고통을 느끼기 때문이 아니라 불량한 충동 조절 때문이라는 의견을 제시한다. 전두엽은 아플 때 비명을 포함해서 모든 종류의 감정 표출을 검열하고 조절하므로, 이런 환자들은 정신적인 제어장치를 상실했기 때문에 가볍게 찌르기만 해도 비명을 지른다.

나는 다친 동물이 느끼는 통증의 정도는, 아마도 일반인과 전두엽 절제술을 받은 환자의 중간 정도에 해당하지 않을까 생각한다. 동물도 통증을 느낀다. 가끔 심한 통증을 느낀다. 동물의 두뇌 속의 전두엽은 다른 부분과 외과적으로 분리되어 있지 않기 때문이다. 그러나 동물은 사람과 비교할 때 동일한 상황에서, 사람만큼 통증에 대해서 당황하지는 않을 것이다. 이유는 동물들의 전두엽은 사람만큼 부피가 크거나 영향력이 있지 않기 때문이다. 동물은 행동을 제약할 만큼 심하게 통증을 느끼지는 않는다. 나는 동물이 사람만큼 통증은 느끼지만, 고통을 덜 받을 가능성이 있다고 생각한다.

자폐증과 통증

많은 자폐인들이 고통을 덜 느끼는데, 그것이 내가 동물은 평균적으로 사람보다 고통을 덜 느낀다고 생각하는 또 다른 이유다. 이미 앞에서 언급한 것처럼 동물과 전두엽의 문제를 안고 있는 일반인의 차이를 발견할 때마다, 나는 자폐인에서도 비슷한 차이를 발견했다. 우리 자폐인은 동물과 많은 공통점이 있다. 그래서 나는 통증 감각에 있어서도 같은 사실을 발견하기를 기대한다.

꼭 동물처럼, 어느 정도의 자폐인들은 비자폐인에 비해 통증을 적게 느끼는 것처럼 행동한다. 이런 일은 매우 자주 발생하는 것으로, 자폐증의 증상 목록표의 대부분에 통증에 대한 무감각함 항목이 들어 있다. 특히 자해를 하는 아이들은 충격적이다. 일부는 손으로 자신의 머리를 때리고도, 전혀 아프지 않은 듯이 행동한다. 자폐 아동이 뜨거운 화덕에서 자기 손을 태우면서도 아픔을 못 느꼈다는 보고도 있지만, 다행히 많지는 않다. 자폐 아동이라도 부지불식간에 스스로 위험에 빠지게 할 만큼 통증에 둔감한 것은 아니다.

또 다른 흥미로운 예를 들면, 많은 부모들이 자신의 아이들이 추위에 무감각하다고 말한다. 다른 아이들은 그저 물장구나 치다가 춥다며 건물로 들어가는데, 그 아이들은 차가운 수영장 바닥에 들어앉아 있다. 동물이 전반적으로 추위에 둔감한지는 모른다. 북극에 사는 동물은 사람들보다 추위를 잘 견딘다. 그러나 그런 동물들은 체온을 유지하는 두꺼운 털이 몸을 감싸고 있기 때문이고, 사람은 그렇지 못하다. 늑대 털은 워낙 두꺼워서 눈이 내려도 털 아래의 피부에서 녹지 않는다.

나는 동물과 자폐인의 추위 감각을 어떤 식으로 비교해야 그 차이를 알 수 있을지 뾰족한 방법이 없었다. 나는 자폐아들의 부모나 교사나 다른 누구에게도, 자폐인들이 자신에게 발생하는 모든 것에 무감각하다는 암시를 주려는 게 아님을 정확히 하고 싶다. 동물의 감각 체계는 동물에게는 정상이지만, 자폐인의 감각 체계는 일반인의 기준에선 비정상적이다. 나는 자폐인과 동물 감각 체계의 유사점이 어디부터 어디까지인지 모른다. 다만 어떤 자극에서는 일반인에 비해 자폐인들이 통증을 덜 느끼지만, 특정한 소음은 자폐인들이 더 고통스럽게 느낀다는 것은 잘 안다. 자폐증을 앓는 어떤 여성이 먼 바다에서 들려오는 소리가 매우 고통스럽다고 내게 말했던 것을 기억한다*.

어릴 적 고통에 어떻게 반응했는지는 기억하지 못한다. 그러나 어른

---

* 우리는 잘 모르지만 그런 사소한 것도 자폐인들에겐 더욱 위험할 수 있다. 수년 전에 나는 자폐증을 연구하는 여성과 대화를 나눈 적이 있다. 그녀는 일부 자폐인은 열에 훨씬 민감하다는 사실에 관해 관심을 두고 있다고 말했다. 그런 얘기는 전에 들어 본 적이 없었다. 그녀는 그러한 증상을 보이는 두 가정의 결과를 근거로 해서 그런 말을 한 것인데, 나는 부모들이 이런 사실까지 걱정되길 바라지는 않는다. 내가 이 사실을 소개하는 이유는 자폐인들이 느낄 수 있는 모든 불편함을 축소시키지 않고 싶어서이다.

이 되어서 나는 일반인들보다 통증에 둔감하다는 말은 들어 보았다. 난소 절제술을 받고 나서, 나는 수술을 받은 사람보다는 오히려 앞에서 말한 내 친구의 래브라도처럼 행동했다. 간호사는 내게 다른 환자에게 사용하는 정맥 주사용 진통제를 전혀 쓰지 않았다고 말했다. 그리고 집으로 돌아왔을 때도, 한 알의 경구용 진통제를 먹은 것이 다였다. 더 이상 진통제가 필요하지 않았던 것이다.

병원에서 나는 나 자신을 대상으로 작은 실험을 했다. 간호사가 내 주위에 없다는 확신이 들 때면, 침대에서 내려와 개처럼 네 발로 엎드렸다. 의료진들이 나를 보았다면 광분했을 것이다. 나는 계속해서 그 자세를 취하는 것이 일어서거나 앉아 있는 것보다 통증이 덜하다는 사실을 발견했다. 땅바닥을 기는 것은 매우 고통스럽긴 했으나 걷는 것보다는 나았다. 나는 네 발로 엎드려 있긴 했지만 소파로 뛰어오르고 싶지는 않았다. 내가 래브라도처럼 통증에 무감각하지 않다는 것은 너무도 확실했기 때문이다.

다시 한 번 말하지만, 어떤 개라 할지라도 래브라도처럼 통증에 무감각하진 않다. 래브라도는 아픔에 무감각하기로 유명하다. 그래서 아이들의 곁에 주로 함께하는 반려동물이 될 수 있는 것이다. 작은 아이가 그 녀석의 배 위에서 점프하고 반쯤 죽을 때까지 귀찮게 해도 개들은 별다른 고통을 못 느낀다. 개의 앞발을 한 번 밟게 되면 여러분이 개를 죽인 게 아닌가 하는 생각이 들 만큼 귀청이 찢어지는 소리를 듣는다. 그러나 래브라도는 발을 밟아도 눈 하나 깜짝 안 한다. 래브라도는 사냥감을 물어 오기 위해 가시덤불과 관목 숲을 뚫고 달리고, 물고기를 잡아 올리려고 영하의 차가운 물속을 뛰어들도록 타고났다. 어떤 난관도 그 녀석들을 막을 수 없다.

내 경험으로 돌아와, 두발짐승이 아닌 네발짐승은 육체적 손상으로 발생하는 고통을 약하게 해 주는 무엇이 있을 것이라는 생각도 가능할 것 같다. 그러나 그게 사실이라 하더라도 그런 생각은 왜 동물은 우리와 같은 부상을 당해도 고통을 덜 느끼는 듯 행동하는지를 설명하는 데서 그쳐야 된다. 결국 행동의 차이에 관한 진정한 해답은 두뇌 속의 차이에 있다.

공포보다 괴로운 고통

그동안 동물들의 고통을 덜어 주는 시스템을 만들기 위해 많은 노력이 계속되어 왔다. 그 결과 동물은 고통에 그리 시달리지 않고 죽음을 맞게 되었다. 상대적으로 말해서 그 부분은 쉽다. 사람들이 동물에게 고통을 없애 주는 것과 순간적으로 죽음을 맞도록 하는 게 전부라고 확신한다면, 오늘날 거의 대부분의 도살장은 충분하다고 할 것이다.

그러나 고통을 없애는 것만으로는 충분치 않다. 우리는 동물의 육체적 삶 외에 정신적 삶도 고려해야 한다. 우리는 도살장으로 향하는 동물들에게 책임이 있다. 그 동물들은 사람을 위해서가 아니라면 도살장으로 가야 할 이유가 없다. 그래서 우리는 육체적 고통을 없애는 것 말고도 무언가를 더 해야만 한다.

여러분이 동물에게 정신적으로 할 수 있는 최악의 일은 겁을 먹게 만드는 것이다. 동물에게 공포는 너무 가혹하다. 나는 이것이 고통보다 더 나쁘다고 생각한다. 나는 이 말을 할 때마다 항상 두려운 표정을 짓는다. 모든 사람에게 지독한 통증과 무시무시한 공포 중 하나를 선택하게 한다면 아마 대부분 공포를 선택할 것이다.

나는 그래서 사람이 동물보다 공포에 대한 조절력이 뛰어나다고 생각한다. 그러나 동물과 일반인이 공포와 통증에 직면하게 된다면 정반대의 반응을 보일 것이다. 그것은 전두엽 기능의 정도 차이 때문이다. 이 생각은 내가 공포와 고통 속에서 전두엽의 반응에 관한 연구 결과들을 계속 읽어 나갈 때 떠올랐다. 내가 떠올린 것은, 활발한 전방 전두엽의 활동성은 통증의 증가와 연관이 있으며 한편으로는 공포의 감소와도 연관이 있다는 생각이었다. 공포와 통증은 적어도 이 연구에서는 반대였다.

물론 단순한 이야기는 아니다. 하지만 우리가 더 많이 알게 되기 전까지, 동물은 사람보다 고통은 적게 느끼고 공포는 더 느낀다고 믿을 만큼 사실에 가깝다. 내가 적어도 어느 정도는 믿는 또 다른 이유는 이 사실이 자폐인들과 일치한다는 점이다. 일반적인 룰에서 일반인에 비해, 우리 자폐인은 고통은 적게 느끼고 공포는 많으며 두뇌의 다른 부위에 대한 전두엽의 통제력이 약하다. 이 세 가지 특징은 함께 간다.*

동물이 공포를 얼마나 두려워하는지 알려면 반드시 동물과 일해 봐야 한다. 바깥에서 보기에는 공포가 고통보다 더 심한 것 같다. 완전히 혼자 떨어져 심한 고통을 표출하는 동물도 반쯤 제정신을 잃고 두려워하는 동물보다는 덜 무기력하게 행동한다. 지독한 통증을 느끼는 동물도 여전히 제구실을 한다. 너무나 잘 돌아다녀서, 전혀 이상이 있는 것으로 보이지 않는다. 그러나 공포에 질린 동물은 전혀 제구실을 못한다.

---

* 나는 자폐인들이 전혀 통증을 못 느끼고, 그래서 진통제가 필요 없다는 것을 말하는 게 아니다. 나는 그런 인식이 심어지기를 바라지 않는다.

나는 또한 동물은 사람보다 극심한 공포를 훨씬 쉽게 학습한다고 생각한다. 동물은 포식 동물이든 먹이 동물이든 간에 어떤 형태로든 위협에 직면했을 때 극심한 공포를 느낀다.

모든 동물이 폭력에 압도당할 수 있지만 소, 사슴, 말, 토끼 같은 먹이 동물은 포식 동물보다 더 오래 두려움에 떤다. '헤드라이트 빛에 눈이 마주친 사슴 같은 이'란 표현을 들어 보았을 것이다. 그 표현은 먹이 동물의 심리를 매우 잘 요약한 것이다. 먹이 동물은 매우 예민한 편이며, 이들이 야생에서 살아남는 길은 달아나는 것뿐이다. 먹이 동물은 사자가 움직이기 전에 먼저 달리기 시작해야 한다. 이 사실은 먹이 동물은 위험을 경계하기 위해 항상 고도로 긴장해야 한다는 것을 의미한다.

먹이 동물은 부드럽게 다뤄야 한다. 나는 주인의 거칠고 무지막지한 관리로 동물을 손상시키고 망치는 경우를 너무 많이 보아 왔다. 대표적인 예로, 말을 길들이겠다는 생각이다. 여러분이 말을 다치게 하면 말은 망가진다. 말은 일생 동안 상처를 입게 되고, 대개 그 이후에는 누구도 그 말을 찾지 않을 것이다. 내가 다녔던 학교에 있던 말들이 그랬다.

그것이 바로 자폐인들과 동물의 또 다른 공통점이다. 자폐인들은 특히 공포에 관해서 오래 기억한다. 클라라 바르톤은 유명한 말을 했다. "나는 그 사실을 망각했다는 것을 뚜렷하게 기억한다." 어떤 자폐인도 그런 말을 해 오지 않았다. 우리는 의도적으로 나쁜 기억을 지울 수 없다. 동물도 그렇다.

그렇기 때문에 자폐인인 나는 최대한 소와 같은 먹이 동물과 연관 지어 설명하려는 것이다. 이유는 내 정서 형성 과정과 유사하기 때문이다. 공포는 자폐인에게 심각한 문제다. 공포는 보통 외부의 위협에 대한 반응이고, 불안감은 내부로부터의 위협에 대한 반응으로 정의된다. 여러분이 뱀을 밟으면 공포를 느낄 것이다. 그리고 여러분이 뱀을 밟았다고 생각하면 불안할 것이다.

공포와 불안감의 근원적인 두뇌 체계가 같은지는 확실치 않다. 나는 대부분의 연구가들이 그렇게 가정한다고 생각한다. 그러나 2002년 메디슨 소재 위스콘신 대학의 심리학자 네드 칼린의 연구에서 무서운 자극에 대한 초기 반응과 불안한 감정 사이에는 차이가 존재함이 밝혀졌다. 뇌 해마체는 공포 자극을 담당하고 전방 전두엽 부위가 불안감에 반응한다. 즉, 뇌 해마체가 손상되어도 불안감은 사라지지 않는다.

동물과 나 자신에 대한 관찰에 기초하여, 나는 자연은 적어도 공포를 다루는 두 가지의 감정 체계를 창조했다고 생각한다. 그 두 가지는 공포에 맞서 싸우거나 도망가는 것, 내가 제3장에서 언급한 정향 반응이다. '싸우거나 도망가는 반응이 공포에 대응하는 것이라면 정향 반응은 불안감 혹은 불안한 느낌에 대응하는 것이 아닐까?' 하는 의문을 갖는다.

내가 창조주여서 동물을 만든다면, 나는 동물에게 싸우거나 도망가는 시스템만 부여하지 않을 것이다. 나는 동물이 계속해서 주의를 기울일 수 있도록 조심성도 같이 부여하고 싶다. 내가 두 개의 다른 체계를 원하는 이유는 만일 동물이 늘 모든 잠재적인 위협으로부터 도망치기만 한다면, 곧 에너지가 바닥나 버릴 것이기 때문이다. 내가 조심성이 불안감과 연결될 수 있다고 생각하는 이유는, 불안감을 느끼는 사람들은 항상 경계심을 보이고 늘 문제 발생을 경계하기 때문이다.

연구 결과가 어떨지는 모르겠지만, 내가 항우울제를 복용하면 공포 반응으로부터 정향 반응이 분리된다는 것은 잘 알고 있다. 항우울제를 복용하면 공포감은 없어지지만 정향 반응은 여전히 남아 있기 때문이다. 그런 사실을 통해서 나는 두 가지 반응이 두뇌 속에서는 서로 다른 체계에 기반하고 있다고 생각한다. 쓰레기차가 후진할 때 사용하는 고성의 알람을 가정해 보자. 내가 약을 먹기 전까지 그 소리는 나를 혼란에 빠지게 하는 공격적인 감각 자극이 된다. 약을 먹으면 두려움에 빠지지는 않지만, 경고음은 나의 정향 반응을 작동시킨다. 그 반응은 멈추지 않는다. 내가 잠들려고 애쓰면 내 머릿속에서 저장된 후진 경고음이 들린다. 나는 주의를 빼앗기고, 잠들 방법이 없다. 마치 약물이 내 두뇌 체계를 화학적으로 분리하는 것 같다. 극도의 두려움은 사라져도 정향 반응과 고도의 경계심은 여전히 남는다.

자폐인들은 자발적인 공포와 불안감이 너무나 많고, 어릴 적에는 야생의 어린 동물과 비슷한 것 같다. 나는 그런 사실이 보편적이라고 쉽게 말할 수 있다. 수년 동안 사람들은 자폐 아동은 통제 불가능이어서 가르칠 수 없다고 생각했다. 또한 많은 사람들이 우리가 오랫동안 들어왔던, 늑대에 의해 키워진 소년은 실제로 자폐아라고 생각한다. 누구도 오늘날 자폐아를 야성적이라 부르지 않는다. 그러나 '야성적'이라는 말은 과거에 자폐아들을 겪어 보지 않았던 일반인들이, 전부는 아니어도 상당수의 자폐아들에게 느꼈던 점을 상당히 그럴듯하게 묘사한 어휘다.

자폐아들은 많은 이유에서 야성적으로 보이지만, 그렇게 보이는 것이 동물과 모두 연관이 있다는 것은 아니다. 자폐아들의 큰 문제는 동물은 그렇지 않지만 감각 처리 과정이 뒤죽박죽이라는 것이다. 세상은 똑바로 다가오지 않는다. 그래서 자폐 아동은 헬렌 켈러가 야성적으로 보였던 것과 같은 이유로, 결국 야성적으로 보이는 것이다. 부모님과 선생님들은 그들에게 다가갈 수 없다. 어떤 점에서 자폐아들은 스스로 성장하는 것처럼 보인다. 오랜 시간이 지나면서, 자폐아들은 여러 단편적인 사실들을 통합하기 시작하고 많은 수가 훌륭하게 성장한다. 한 어머니는 나에게 자기 아들은 보는 법을 배워야만 할 것 같은 느낌이 들었다고 했다. 나는 그 말이 사실이라고 확신한다. 그러나—그 아이는 스스로 깨쳐야만 한다.

자폐 아동이—적지 않은 수의 자폐증을 앓는 어른들도—교육이 불가능하다고 보이는 큰 이유 중의 하나는 너무 많은 것에 두려움을 느끼기 때문이다. 자폐아들에게는, 가령 치과에 가거나 머리를 깎는 일 같은 과거에 해 본 적이 있는 일도 일상생활에서 두려움을 없애는 데 수년이 걸릴 수 있다. 이를 치료할 때 전신 마취를 부탁하는 자폐 성인들도 많다. 그들은 두려움을 극복해 본 적이 없다. 이것이 자폐인과 동물의 공통적인 부분이다. 자폐인의 공포 체계는 일반인은 느끼지 않는 것에도 반응한다. 야성으로 가는 공포이다.

사춘기 때, 나에게도 나를 압도하는 불안감이 닥쳐왔다. 11세 때부터 항우울제를 처방받기 시작해 33세 때까지, 나는 논문 심사에서 심사 위원의 질문에 자신의 논문을 변호할 때 느끼는 것과 똑같은 두려움을 느꼈다. 매일, 그것도 하루 종일 느꼈다. 나는 날마다 응급 상황 속에서 살고 있다. 그것은 끔찍한 일이다. 약물이 없었다면 나는 절대 살아갈 수 없을 것이다. 확신하건대, 내 경력도 쌓을 수 없었을 것이다.

공포로부터의 자유

크게 봐서 동물과 자폐아는 둘 다 공포에 과민한 구조를 가진 것 같이 보인다. 이유는 정상 집단에 비해 전두엽의 기능이 약하기 때문이다.

전두엽의 전방 피질부는 사람에게 행동의 자유를 가져다주는데, 그중에는 공포로부터의 자유도 포함된다. 대개 일반인은 동물과 자폐인에 비해 공포를 억누르는 능력과 공포에 직면했을 때 결정을 내리는 능력 모두 훨씬 낫다.

전두엽은 두 가지 방법으로 공포와 싸운다. 첫째로 전두엽은 제동기다. 전두엽은 중뇌부에 위치하면서 고대로부터 진화되어 온, 공포를 느끼는 작은 구조물인 해마체를 억누른다. 해마체는 뇌하수체에게 코르티솔 같은 스트레스 호르몬을 방출하라고 말한다. 전두엽 전방 피질부에서는 뇌하수체에게 스트레스 호르몬 분비를 천천히 하라고 말한다. 자폐나 동물은 전두엽의 제어 시스템이 일반인보다 약하다는 것이 사실인지는 알 수 없지만, 나는 그럴 것으로 추측한다. 우리는 동물마다 공포를 조절하는 전두엽의 능력이 다르다는 사실을 발견하게 될 것으로 확신한다.

동물의 전두엽도 사람의 전두엽처럼 스트레스 호르몬의 분비를 잘 억제한다는 사실을 발견한다 치더라도, 전두엽은 공포와 맞서 싸울 때 두 번째 수단을 동원한다. 그런데 그 수단이 바로 우리가 사람과 동물의 차이라고 확신하는 것이다. 그 두 번째는 '언어'이다. 일반인은 두려움에서 벗어나기 위해 스스로에게 말할 때도 언어를 사용한다.

앞에서 말했던 것보다는 두 번째와 더 관계가 있는 것 같다. 나는 내 경험과 많은 저작물을 통해 언어보다는 정신적 형상이 공포와 혼란에 더 연관되어 있다고 믿게 되었다. 서부 온타리오 대학의 심리학과 조교수인 루스 라니우스는 외상 후 스트레스 장애로 고통 받는 사람을 대상으로 뇌 단층 촬영을 실시했다. 그녀는 성적 학대, 구타, 자동차 사고로 외상 후 스트레스 장애가 발생한 11명과, 같은 사고를 당했지만 외상 후 스트레스 장애가 없는 13명의 사람을 조사했다. 그녀가 두 집단에서 발견한 가장 큰 차이점은 한 집단은 사고를 시각적으로 기억했고, 다른 집단은 이야기처럼 언어적으로 기억했다는 사실이다. 스캔의 결과도 이 사실을 뒷받침해 주었다. 외상 후 스트레스 장애를 앓고 있는 사람은 사고를 기억할 때 뇌의 시각 부분이 작동했고, 그렇지 않은 사람들은 언어적 부분이 강조되어 나타났다.

어쨌든 말은 덜 무서운 쪽이다. 이 말은 '그림 한 장에 천 마디 말의 가치가 있다'는 속담이 가지는 의미 가운데 하나이다. 두려운 것을 그림으로 표현하는 것이 말로 표현하는 것보다 훨씬 무섭다. 아무도 왜, 혹은 어떻게 말이 덜 두려운지 모른다. 어떻게 언어가 뇌에서 작용하는지도 모른다. 그러나 나는 공포를 스스로 통제해야 하는 순간이 닥치면, 동물과 자폐인들은 생각을 그림에 의존하므로 매우 불리할 것이라 생각한다.

사람보다 동물에게 상처를 더 쉽게 입힐 수 있다는 것이 사실인지 아닌지는 모른다. 아마 그럴 것이라 생각한다. 나는 일단 상처 입은 동물은, 그 상처로부터 벗어나는 것이 불가능함을 아주 잘 안다. 동물은 나쁜 기억을 지워 버리지 못하기 때문이다.

정신이 절반쯤 나가 두려움에 떠는 동물은 이성이 없다. 여기에 적당한 예가 있다. 내 친구는 콜리를 기르고 있는데, 이 녀석은 어릴 적에 지하실을 너무 무서워했다. 내 친구의 부모님은 강아지가 집을 어지럽히지 않도록 지하실에 두었는데, 강아지는 지하실에 있을 때 심하게 아팠던 적이 있었다. 그 후로 개는 지하실을 심한 고통과 연관 지었다.

그 개는 지하실의 공포를 극복하지 못했고, 일생 동안 지하실을 향해서는 한 발도 내디디려 하지 않았다. 슬프게도 친구 아버지의 사무실은 지하실에 위치해 있었다. 개는 아버지와 잠시도 함께 있으려 하지 않았다. 내 친구는 아버지가 지하실 계단 끝에 서서 세상에서 제일 부드러운 목소리로, '래시, 래시. 이리 오렴'이라고 불렀던 것을 기억한다.

래시는 지하실로 향하는 계단 끝에 서서 아버지를 노려보면서도 미친 듯 꼬리를 흔들었다. 아버지를 보려고, 너무 내려가고 싶어서 끙끙대기도 하고 울기도 했다. 그러나 결국 래시는 내려가지 못했다. 만약 즙이 흐르는 큼직한 스테이크를 계단 가운데다 두었어도 그 녀석은 내려가지 않았을 것이다. 움직이려 하지 않았던 것이다. 그리고 누군가가 들어다 계단 아래에 내려놓으려 하면 콜리는 미쳐 날뛰었다. 지하실을 너무나 두려워한 나머지 목숨을 걸고 저항했던 것이다.

중증 외상 후 스트레스 장애를 앓는 사람들은 회복되지 않았다. 하지만, 가벼운 외상을 입은 사람은 자신이 느끼는 두려움을 다루는 데 어느 정도 여지를 가진다. 콜리를 기르던 그 친구는 6년쯤 후에 자동차 추돌 사고를 당했고, 외상 후 스트레스 장애가 발생했다. 그녀는 운전할 때마다 반쯤 환각을 느꼈다. 그리고 고속도로를 주행할 때마다 극도의 긴장과 공포를 느꼈다. 나는 그녀가 사건을 회상하고 있다는 느낌을 가지고 있지 않기 때문에 절반의 환각이라고 말한다. 그녀는 어떤 장소든 운전할 때마다 사고를 세세히 기억하고 있다는 편이 더 맞았다. 그리고 가끔은 주변에 차량이 거의 없을 때도 그렇게 느꼈다. 그녀의 기억은 모두 시각적이었다. 라니우스 박사의 실험처럼.

그녀는 2~3년간 그러한 증상을 겪은 뒤, 이제는 극복했다. 차만 타면 자동적으로 사고의 기억을 떠올리지는 않게 되었고, 사고가 난 바로 그 길을 운전해 다닌다. 동물은 이렇게 할 수 없다. 어떤 동물도 한 번 자신의 혼을 빼놓을 정도로 어려움을 겪게 한 사람이나 장소, 그런 상황에서는 침착한 행동으로 되돌아가지 않는다. 그런 일은 생기지 않는 것이다.

겁 없는 물고기

전체적으로 봐서 동물은 자폐인보다 공포에 잘 적응하는 편이라고 생각하지만, 모든 외상을 펼쳐 놓고 볼 때 우리 자폐인이 어디쯤에 자리매김할 수 있을지는 모른다. 동물은 그저 적당한 정도의 공포만 느끼지만, 자폐인들은 대부분의 환경에서 공포를 많이 느낀다.

내가 적당한 공포라고 하는 것은 두려움은 목적이 있으며, 사람이나 동물에게 두려움이 없다고 하는 것은 하나의 장애이기 때문이다. 두려움의 목적은 살아남기 위한 것이다. 이런 사실은 여러분이 겁이 없을 때 어떤 일이 생기는지를 판단해 보면 잘 알 수 있다. 랜돌프 M. 네세와 조지 C. 윌리엄스는 그들의 저서 《왜 우리는 아픈가?》에서 공포와 생존에 관한 연구를 기록해 놓았다. 연구가들은 피라냐가 든 수족관에 한 무리의 거피를 집어넣었다. 거피들은 대개 세 부류로서 겁이 매우 많은 녀석, 약간 겁이 있는 녀석, 전혀 겁이 없는 녀석들로 나눌 수 있었다. 겁이 없는 녀석들은 정면으로 피라냐를 노려보았다.

겁이 없는 거피들이 제일 먼저 잡아먹혔다. 여러분이 거피라 치자. 드러난 곳에서 유유히 헤엄치는 것도 모자라서, 겁먹지 않고 감히 피라냐를 똑바로 노려본다면, 오래 살기 힘들다. 그다음으로 먹힌 녀석들은 겁이 약간 있는 고기들이었는데, 피라냐를 직접 노려보지는 않았지만,

그렇다고 전력을 다해 도망치려고도 하지 않은 녀석들이었다. 가장 겁이 많았던 거피들이 제일 오래 살아남았다. 그 녀석들도 잡아먹히긴 했다. 그러나 다른 모든 거피들이 잡아먹힐 때까지는 살아남았다. 그 녀석들이 가장 오래 살아남은 것은 두려움 때문이었다.

여러분이 피라냐와 함께 물속에서 헤엄치는 거피라 가정하면, 두려움이 생존에 얼마나 도움이 되느냐는 사실은 매우 명확해진다. 연구가들은 생쥐를 이용한 유전자 조작 실험 방식으로 밝혀냈다. 유전자 조작이 이루어진 생쥐는 하나의 유전자만을 제거하는 조작을 받은 것을 말한다. 유전자의 한쪽 혹은 한 쌍 모두를 제거할 수 있다. 일단 유전자의 성질이 바뀌고 나면, 연구가들은 어떤 사소한 것이든 간에 변화가 있는지 살펴보기 위해 생쥐를 실험하는 것이다.

공포와 생존 사이의 연결 고리는 학습에 관해서 유전자 결손 실험을 진행하던 중에 튀어나왔다. 연구가 6개월 정도 진행되었을 때 생쥐 군집에서는 이상한 일이 벌어지고 있었다. 연구가들은 아침에 연구실로 와서 제일 먼저 우리 속의 죽은 생쥐를 찾곤 했다. 생쥐들의 등이 부러지고 사방에 피가 뿌려져 있었다. 생쥐끼리 서로 싸우다 죽은 게 분명했다. 이런 일은 생쥐들 사이에서는 매우 드문 일이다. 생쥐는 서로 싸우는 것을 피하거나 한 마리가 죽기 전에 대개 싸움이 끝난다.

연구가들은 일부 학습 내용에 있어서 빠뜨린 사실을 발견했다. 연구가들이 또한 공포도 없애 버렸던 것이다. 정상 생쥐가 정상적인 두려움을 느낄 때는 죽을 때까지 싸우지 않는다. 생쥐는 다칠 때까지만 싸우거나, 질 것 같아 보이면 항복한다. 공포가 생쥐를 살리는 것이다. 공포가 없어진 생쥐는 겁을 완전히 상실했고, 죽을 때까지 싸웠던 것이다.

연구가들은 생쥐들에게서 다른 몇 가지 흥미로운 사실을 발견했다.

정상 생쥐는 자신의 영역에서 침입자와 싸운다. 실험실에서 이 부분을 확인한 결과 매우 명확했다. 다른 생쥐의 우리에 새로운 쥐를 넣으면 원래 있던 쥐들은 자신의 집을 지켜야 하므로 공격한다. 이것을 방어적 공격이라고 한다. 침입자가 되어야 했던 쥐는―갑자기 다른 쥐의 우리에 투입된 쥐―싸우려 하지 않았다. 이 녀석은 달아나거나 자신을 지키기 위해 방어 자세로 서 있기만 한다.

제거된 유전자를 한쪽에만 가진 쥐는 달랐다. 그 녀석들은 워낙 문제가 많기 때문에 공포에만 국한해서 특징을 잡아내기가 불가능할 정도이기 때문이다. 이들 쥐는 낯선 쥐가 우리 속으로 투입되었을 때, 정상적인 방어적 공격성을 나타냈다. 즉, 자신의 집을 지키려고 싸운 것이다. 그러나 이 녀석들은 자신들이 침입자로 바뀌었을 때도 싸웠다. 이 녀석들은 낯선 쥐가 이미 머물고 있는 우리에 떨어졌을 때도 도망가는 대신 싸우려 했다. 이 녀석들은 머물고 있던 쥐를 공격하는 것 외에 탐색전이 지나고서도 다시 기존의 쥐들에게 덤벼들었고, 완전히 새로운 싸움을 걸었다. 이것은 정상적인 쥐들에게서는 볼 수 없는 현상이다. 정상적인 쥐는 다른 쥐의 영역이라는 사실을 알면 겁을 먹고 싸우려 하지 않는다.

연구가들은 이런 쥐들은 모든 종류의 상황에서도 두려움을 덜 느낀다는 것을 입증하는 여러 실험을 통해서, 그런 행동의 원인은 두려움이 감소되었기 때문이라는 사실을 밝혀냈다. 예를 들어, 유전자가 삭제된 쥐는 자신이 공격당한 우리에 다시 들어가도, 정상적인 쥐들이 보이는 만큼의 위축 반응을 보이지 않는다. 연구가들은 고통을 받은 사실을 쥐들이 얼마나 기억하는지도 시행했다. 쥐들이 고통을 당한 장소를 기억하는지, 못하는지를 가리기 위해서 실험장 한가운데 쥐가 뛰어넘을 수 있는 턱을 설치했다. 쥐들은 장애물의 한쪽에서는 충격을 받았지만 나머지 한쪽에서는 아니었다. 모든 쥐들은 금세 어느 쪽이 좋고 어느 쪽이 좋지 않은지를 파악했다. 좋은 쪽과 나쁜 쪽을 기억한 것이다.

유전자가 제거된 쥐는 충격과 충격이 주는 통증도 기억했다. 그러나 개의치 않았다. 그리고 그 쥐들은 두려움이 없었기 때문에 주의를 기울이지 않았다. 만일 이런 쥐들이 야생에서 산다고 가정하면, 오래 살아남기 힘들 것이다.

살아남기

생존, 그것이 정서의 핵심이다. 정상 정서는 생존에 필수적이고 또 유용하다. 정서는 매우 중요하기 때문에, 만일 두뇌에 건전한 정서 체계를 소유하는 것과 건전한 인지 체계를 소유하는 것 중에서 고른다면, 올바른 선택은 정서 쪽이 될 것이다. 잭 팬셉이 언급했듯이 정서는 매우 중요하다.

우리의 밑바탕에 깔린 정서적 가치 체계가 파괴되면 우리의 인지 체계도 붕괴할 것이라고 믿어도 되는 훌륭한 이유들이 존재한다.

대부분의 사람들에게서 이 말은 무의미하다. 우리는 정서를 이성과 논리에 의해 엄격하게 조절되어야 하는 위험한 힘으로 생각하는 경향이 있다. 그러나 두뇌는 그렇게 돌아가지 않는다. 두뇌에서 논리와 이성은 절대로 정서와 분리될 수 없다. 의미 없는 음절조차 정서적 차이가 부정적이든 긍정적이든 존재하고 있다. 중립적인 것은 없다. 기억해 두어야 할 사실이다.

이 주제는 두려움이 동물에게 의미하는 바를 이해하는 데 매우 중요하므로 좀 더 다루고자 한다. 사람들이 논리가 느낌보다 중요하다고 생각하는 이유는, 그 둘 사이의 관계를 이해하지 못하기 때문이다. 많은 사람들의 정서적 생활은 특히 그 무엇인가에 완전히 빠져 침묵하고 있을 때 같은 긴 시간 동안 느끼지 못한 채 지나간다. 여러분은 마치 논리를 사용하고 있다고 느끼지만, 정서가 지배하는 논리를 사용하고 있을 뿐이다. 여러분은 정서라는 존재를 느끼지 못하는 것이다. 그뿐만이 아니라, 자신의 감정을 의식하다가 어떤 주제나 사람에 대해 매우 열정적이어서 온당치 못한 결정을 내리게 되어도 여러분은 감정을 욕하게 된다. 물론 우리 대부분은 다른 사람이 내리는 감정적인 결정은 어리석다고 단정 짓는다.

우리는 이 모든 것에 대해서 절반만 올바르게 알고 있다. 지나치게 감정적인 결정에 있어 많은 부분은 아마도 어리석은 결정일 때가 많다. 그러나 문제는 감정이 개입되어 있다는 것이 아니다. 모든 사람은 결정을 내릴 때 감정을 개입시킨다. 두뇌의 감정 체계에 손상을 입은 환자는 어떤 결정을 내릴 때 굉장한 어려움을 겪는다. 그리고 대부분 올바르지 못한 결정을 내린다. 문제는 감정이 아니다. 문제는 그들이 사용한 감정이다.

나는 감정, 직관, 의사 결정에 관심이 있는 사람은 누구에게든 《데카르트의 오류》라는 책을 추천한다. 다마시오 박사는 우리가 직감이라 부르는 능력을 상실한 전두엽에 문제가 생긴 사람을 대상으로 연구해서 위대한 업적을 이루어 냈다. 그런 사람들은 여전히 정상 아이큐와 논리적 추론 능력을 완벽히 구비하고 있음에도 불구하고, 더 이상 일반인처럼 기능하지 못한다. 그들은 자신들을 돌보아 줄 또 다른 어른이 필요했다. 다마시오 박사는 그들 중 한 명을 위해 법정에서 증언했으며, 그 사람은 영구 장애 보상 자격을 부여받았다.

진짜 흥미로운 것은 왜 이 사람이 제대로 기능을 못하느냐는 것이다. 서류상으로는 자신의 생활을 자연스럽게 관리할 수 있을 것처럼 보인다. 그들은 모든 표준 정신 심리 검사에 대부분 합격하고, 심지어 전부 통과한 사람도 있었다. 다마시오 박사의 환자인 엘리엇은 고도의 지능 지수를 가졌고 지각 능력, 과거 기억, 단기 기억, 새로운 학습, 언어, 계산 능력까지 모두 양호한 평가를 받았다. 그는 주의력도 양호했으며, 작동 기억도 마찬가지였다.

작동 기억은 여러분이 업무를 수행하는 기억력 중의 한 부분이다. 전화를 걸 때 전화번호를 마음속으로 떠올리는 것이 작동 기억이다. 혹은 여러분이 연구가이거나 작가라고 할 경우, 두 가지 아이디어가 어떻게 서로 연관이 있는지를 밝혀내려 할 때 작동 기억은 두 개의 아이디어를 붙들어 두고 있는 것이다. 작동 기억은 또한 처음 두 가지와 연관이 있는 또 다른 아이디어를 두뇌에서 찾아낸다. 다르게 말하자면, 작동 기억은 장기 기억에서 내용을 끄집어내는 것과 그것을 의식적 기억에서 잡아 두는 두 가지 모두를 관장하고, 따라서 우리는 일단 찾아낸 내용을 그 즉시 사용할 수 있는 것이다. 여러분도, 내가 그런 것처럼 작동 기억의 결핍이 생기면 진짜 문제가 발생한다.

엘리엇의 작동 기억도 괜찮았다. 그의 인지 능력 전부가 양호한 것으로 판명 났다. 서류상으로는 아무 문제도 없었던 것이다. 그래서 다마시오 박사는 엘리엇이 할 수 없는 것을 밝혀내는 데 오랜 시간이 걸렸다.

박사가 찾아낸 것은 동물의 정서와 직접적인 연관이 있었다. 엘리엇에게는 생활에 필요한 적절한 정서적 반응이 결여되었던 것이다. 다마시오 박사는 이처럼 말했다.

나는 그와 오랜 시간 대화를 나누면서도, 정서적인 면을 전혀 찾아볼 수 없었다. 나의 집요하고, 반복되는 질문에도 슬픔을 못 느끼고, 초조함도 없었고, 좌절도 없었다…… 분노를 표출하지 않으려는 경향이 있었고, 드물게 분노를 표출할 때도 감정의 폭발은 순식간이었고, 금방 평소의 새로운 자아, 침착성과 유감도 없는 상태가 되었다.

엘리엇은 두려움과 분노 같은 주요한 감정을 상실한 것이 아니었다. 그는 본능적인 감정, 예를 들자면 여러분이 끔찍한 사고나 다친 동물의 사진을 볼 때 느끼는 감정 혹은 긍정적인 면에서 행복한 어린이나 석양의 사진을 볼 때 느끼는 그런 감정을 상실한 것이다. 그가 가진 주 증상은 감정 공백 상태였다.

그것이 왜 그렇게 큰 문제일까? 사람과 동물은 자신의 감정을 미래의 예측과 미래에 무엇을 해야 하는가를 결정하는 데 사용하기 때문이다. 엘리엇이 뇌 손상 이후에 불가능하게 된 것이 바로 그 점이었다. 그는 미래를 예측할 수 없었고, 그래서 미래에 무엇을 해야 하는지를 판단하지 못했다. 그는 대신 끝없는 생각에 골몰했다. 한 번은 다마시오 박사가 그에게 다음 주 언제 진료실로 방문하기를 원하는지 물었을 때, 엘리엇은 자신의 수첩을 꺼내 거의 30분 동안이나 다마시오 박사가 제시한 날짜를 놓고, 이리저리 재고 또 재었다. 그는 계속해서 골몰했고, 두 가지 선택에서 일어날 수 있는 사건에 대해 적고 또 적었다. 하지만 결론을 도출하지 못했다. 결국 다마시오 박사가 하루를 지정해서, 그에게 그날 오라고 말해 주었다. 본능적인 감정이 없으므로 엘리엇은 자동적으로 어느 날짜가 더 좋은지 혹은 나쁜지를 예측하지 못하는 것이다. 그는 미래에 대해 결정할 수 없는 것이다. 그가 한 가지 행동을 결정하면 그것은 대부분 잘못된 결정이었다. 그의 판단력은 망가졌다.

그러나 그러한 부류의 환자들에게 시행하는 모든 검사에는 우수한 결과를 보였다. 결국에 가서 다마시오 박사가 지도하는 대학원생 중 한 명이 엘리엇과 정상적인 두뇌 기능을 가진 사람을 구별해 내는 검사법을 고안해 냈다. 그것은 도박 검사였다. 사람이 카드 게임에서 돈을 걸었을 때 어떻게 결정을 내리는지 보는 것이기 때문이다. 검사에서 게임에 참가한 사람은 각자 2천 달러를 가지고 시작하는데 4개의 팩에서 카드를 한 장씩 뽑는다. 참가자 모두가 아는 것은 어떤 카드를 뒤집으면 돈을 따게 되고, 일부의 카드를 뒤집었을 때는 돈을 잃게 된다는 것이다. 가진 돈을 다 잃으면 연구가로부터 약간의 게임 머니를 빌릴 수 있다.

게임에 참가한 사람들이 모르는 사실은, A와 B의 카드 팩은 진짜 고액을 따게도 해 주지만 고액을 잃을 수도 있다는 것과 C와 D 카드 팩은 적게 따고 적게 잃는다는 것이었다. 여러분이 그 자리에 앉아서 수학적으로 생각해 보면, 결국 C와 D 카드 상자로부터 뽑아야 한다는 결론을 이해하게 된다. 그러나 미리 알려 주는 것은 허용되지 않는다. 검사는 불확실하게 고안되었다. 여러분은 어떤 일이 벌어질지 모르기 때문에, 무엇을 하고 있는지 확실히 모르는 것이다. 여러분은 스스로의 직관에 의존해야 한다. 여러분은 어떤 카드 팩이 좋은지 느낌으로만 판단해야 한다.

그것이 감정이 하는 일이다. 감정은 육감을 발달시킨다. 감정은 미래에 무슨 일이 일어나며 그래서 무엇을 할까에 대한 올바른 결정을 할 수 있게 하는 느낌, 진짜 느낌을 가져다준다.

엘리엇은 검사에 낙제했다. 그는 다른 사람과 똑같이 출발했다. 딸 때 액수가 높으니 A와 B 카드 팩을 선택했다. 그러나 그는 돈이 달랑달랑해지는 것을 보고도 C와 D 팩을 선택하지 않았다. 정상 두뇌를 가진 사람들과 다른 형태의 뇌 손상을 가진 사람도 곧 A와 B 카드에서 불길한 느낌을 갖기 시작했다. 그들은 좋지 않은 느낌을 갖게 되자 C와 D 카드 팩으로 바꾸었다. 그러나 엘리엇은 절대 바꾸지 않았다. 그는 자신이 돈을 다 잃어 간다는 사실을 완벽히 이해하고 있었지만, A와 B 카드 팩에서는 불길한 느낌이 들지 않았고, 그래서 C와 D 카드 팩으로 바꾸지 않았다. 그는 계속해서 A와 B 팩에서만 카드를 집어 들었다. 그래서 빚만 더 쌓여 갔다.

정서를 이용해서 미래를 예지하다

건강한 동물은 감정의 공백과는 완전히 반대 입장에 서 있으며, 항상 건전하면서도 감정에 기초한 결정을 내린다. 그렇지 않으면 죽음을 맞게 된다. 동물의 감정이 하는 가장 중요한 역할 한 가지를 꼽으라면, 동물에게 미래를 예측할 수 있게 해 주는 것이다. 그동안은 그런 사실을 몰랐지만, 많은 연구 결과로 지금은 알게 되었다.

동물 행동학자들은 감정은 배고픔처럼 많은 일을 한다는 사실을 알고 있었다. 배고픔의 전반적인 핵심은 여러분을 살아 있게 하고 신체가 기능을 유지하도록 돕는다는 사실을 알기 어렵지 않다. 배고픔은 여러분이나 동물을 안락한 의자나 동굴 속 바위의 편안한 보금자리에서 일어나게 해서 먹을 것을 찾아 나서게 만든다, 그러나 대다수의 사람이 모르고 있는 것은 배고픔은 단순히 행동의 동기만 제공하는 것이 아니라, 미래를 예견한다는 사실이다. 여러분의 몸은 배고파지는 최후의 순간까지 기다리지 않는다. 대신에 여러분의 몸은 먹을 것을 찾고, 먹는데 필요한 에너지가 고갈되는 위험성이 임박하기 이전에 배고픔을 느낀다. 배고픔은 일종의 조기 경보 체계이다.

자연은 우리 몸의 배고픔과 같은 시스템으로 채워져 있고, 자연의 시스템에는 우리의 감정 체계도 포함된다. 감정은 동기 부여만 하는 것이 아니다. 감정은 정보를 주는데, 그것은 미래와 미래에 대해 어떤 것을 할 필요가 있는지에 관한 정보이다.

우리의 몸이 일하는 방식은, 생산성 컨설턴트가 회사에게 어떤 시점에서 문제를 해결할지를 묻는 것 같은 의문을 나에게 제기했다. 문제점이 보이기 시작할 때 해결하는가? 나타나고 나서 해결하는가? 물론 정답은 문제점이 보이기 시작할 때 해결하는 것이다. 어떤 회사가 문제점을 최후에 가서야 해결하면, 문제점이 보이기 시작할 때 문제 해결에 나설 때보다 결국 더 큰 문제를 떠안게 된다.

자연도 마찬가지인데, 단지 자연만이 한발 앞서가는 예측을 제시한다. 대자연은 우리를 애초부터 위험으로부터 벗어나 있게끔 한다. 이 말은 억측이 아니다. 우리는 감정이 동물에게 미래를 예견하는 역할을 한다는 사실을, 쥐를 이용한 공포와 후각의 실험을 통해서 알고 있다.

모든 동물은 두 가지의 후각 체계를 가지고 있다. 근접 후각 체계^{보조 후각 기관 혹은 AOS}와 원거리 후각 체계^{주 후각 체계 혹은 MOS}이다. 근접 후각 체계는 매우 가까운 거리의 후각을 말한다. 동물이 근접 후각 체계를 이용해 냄새를 맡으려면 거의 물체에 닿을 정도까지 접근해야 한다. 비록 포유류는 아니어도 뱀이 근접 후각 체계의 좋은 예이다. 뱀은 혀를 넣었다 뺐다 움직이면서 공기 중의 냄새를 맡는다. 뱀이 그렇게 냄새를 맡을 때 실제로는 혀를 이용해 공기 중의 입자를 포착해서 입천장으로 가져가는 것이다. 그곳에 뱀의 근접 후각 체계가 존재하기 때문이다.

포식 동물의 냄새를 맡는 데서, 근접 후각 체계는 쥐에게 고양이가 한두 걸음도 안 되는 자리에 있다는 냄새를 느끼게 한다. 원거리 후각 체계는 멀리 떨어진 고양이의 냄새를 맡게 한다. 쥐 혹은 모든 포식의 대상이 되기 쉬운 동물이 위험으로부터 벗어나기 위해서는 원거리 후각 체계를 이용할 것이라고 가정하는 것은 너무나 당연하다. 만일 여러분이 쥐라고 가정하고, 고양이를 눈앞에 보기 전까지 반응하지 못한다면 너무 늦는 것이 아니냐고 단순하게 생각하면 이치에 맞다. 여러분은 점심거리가 되는 것이다.

그러나 실제로는 전혀 그와 같이 진행되지 않는다는 사실이 밝혀졌다. 원거리 후각 체계는 쥐의 두뇌에서 공포 중추와 연결되어 있지 않다. 그리고 원거리 포식자의 냄새는 쥐에게 도망갈 동기가 되지 않는다. 원거리 후각 체계는 쥐에게 정서적으로나 행동적으로 전혀 영향을 미치지 않는다.

쥐의 두뇌에서 공포 중추와 연결된 것은 근접 후각 체계이다. 그리고 그 자리에서 숨을 죽이고 있거나 도망가거나 하는 생존 활동을 활성화시키는 것은 근접 후각 체계이다. 결국 쥐를 살아남게 하는 것은 근접 후각 체계라는 말이다. 우리는 이런 사실을 쥐를 이용해서 두뇌의 다른 부위와 근접 후각 체계를 단절시킨 경우와 원거리 후각 체계를 단절시킨 경우를 비교한 연구를 통해 알고 있다. 이 내용은 뇌 속의 두 부분을 연결하는 신경섬유를 절단시켜 실험했다. 포식자의 냄새를 맡고서 두려움에 반응하는 행동을 한 쥐는 근접 후각 체계가 잘 작동하는 쥐들이었다. 고양이의 냄새를 맡자 쥐들은 숨을 죽이고 똥을 더 많이 쌌다. 이것은 전형적으로 공포를 느낄 때 보이는 반응이다. 원거리 후각 체계를 통해서만 감각 정보가 입력되는 쥐는 전혀 반응하지 않았다. 쥐들은 정서적으로 아무것도 느끼지 않은 것이다.

연구가들은 이런 결과에 한 대 맞은 듯한 충격을 받았다. 이것은 완전히 연구가들의 예상과 상반되는 것으로, 그 이유는 '왜 조물주는 쥐들에게 고양이를 면전에 맞닥뜨려 위협을 받을 때까지 기다리게 만들었을까'였다.

대답은, '자연은 그렇게 원한 게 아니다'와 '자연은 그렇게 되는 것을 원하지 않는다'였다. 자연이 근접 후각 체계를 공포 중추와 연결시켜 놓은 것은 쥐에게 앞날을 예견할 능력을 준 것이었다.

왜 그런지 여기서 살펴보자. 야생에서 쥐는 전에 포식자가 있었던 곳에서 두리번거릴 때 두려움을 느낀다. 지금은 그곳에 고양이가 없다. 그러나 고양이의 냄새가 많이 남아 있고, 쥐들의 근접 후각 체계가 냄새를 맡기 시작할 때, 그 냄새는 정점에 놓여 있는 것이다. 대다수의 포식 동물은 영토성이 있으므로, 고양이가 전에 그 자리에 있었다는 사실은 앞으로 다시 나타날 가능성에 대한 가장 확실한 지표가 된다. 그래서 쥐의 근접 경고 후각 체계는 어떤 장소에 고양이가 나타날지 예측하고 고양이가 나타나기 전에 벗어나게 해 주는 것이다. 이것이 조기 경보 체계이다. 동물의 감정은 처음부터 어려움에서 벗어나게 해 준다. 여러분이 쥐라고 가정하면 매우 멋진 아이디어가 된다. 여러분이 개나 고양이라 해도 아마 괜찮을 생각이다. 고양이는 개들이 주로 머무는 곳을 피하려 할 것이고, 싸움에서 진 개들은 자신을 이긴 개가 곧 나타날 장소를 피하려 할 것이다.

대자연은 1온스의 예방이 1파운드의 대책보다 가치가 있다고 여기는 것 같다. 그리고 정서는 재난의 예방에 필수적인 존재다. 정상적인 두려움을 느끼는 동물과 사람은 미래를 예견함으로써 생존하게 된다.

여러분이 감정을 예견 체계라고 생각하면 근접 후각 체계가 공포와 강하게 얽혀 있다는 사실은 이치에 맞는 것이다. 그러나 왜 자연이 쥐의 두뇌를 그렇게 만듦으로써 멀리서 살아 있는 진짜 고양이의 냄새를 맡을 때는 두려움을 느끼지 않게 했는지는 여전히 명확하지 않다. 느낄 수 있는 거리에 고양이가 있다는 사실을 아는 쥐는 왜 자신과 고양이와의 거리를 더 늘리지 않는 것일까?

나는 그렇게 생각하지 않는다. 진화 과정에서 공포를 통제하는 뇌 구조를 선택했을 동물에게 공포는 동물을 압도하는 감정이다. 종을 번식시키기 위해서는 단지 고양이에게 잡아먹히지 않는 것 말고도, 훨씬 더 많은 것을 필요로 한다. 모든 동물은 먹고, 자고, 짝을 짓고, 새끼를 낳고, 새끼들이 스스로를 충분히 보호할 수 있을 만큼 자랄 때까지 먹이고 지켜야 한다. 그러한 모든 것을 다 하자면, 쥐는 고양이에게서 떨어져 지내는 시간을 확보해야만 한다. 멀리서 고양이 냄새가 날 때마다 쥐가 그 자리에서 얼어붙어 버린다면, 그 쥐는 항상 꼼짝 못하는 채로 지내야 한다. 모든 것은 단지 어디에 사느냐에 달려 있는 것이다.

내 설명이 순전히 임시방편적이긴 하다. 여러분은 왜 한 가지는 진화되고 다른 것은 그렇지 않은지를 모른다. 그리고 우리가 자연에서 보는 모든 것은 목적을 만족시킨다고 가정하는 것은 실수다. 진화는 무작위

적이고, 진화가 이루어졌다 하더라도 어떤 면에서는 동물을 존망의 기로에 내몰 수도 있는 부작용을 초래하기도 한다. 그러나 나는 근접 후각 체계와 공포가 밀접하게 연결된 것은 진화라는 면에서 장점을 부여한 것이라 생각한다. 누군가가 더 나은 생각을 할 때까지는, 그 설명이 이치에 맞을 것 같다.

같은 원리—근접 체계=공포, 원거리 체계=냉정함—를 다른 감각에도 적용해 볼 수 있다. 예를 들어, 시각을 보자. 사람들은 먹이 동물이 자신들에게 닿을 수 없는 포식 동물에게 얼마나 무관심한지, 심지어 노골적으로 도발적인지를 보고 항상 놀란다. 내 친구는 언젠가 나무에 있는 다람쥐가 30분 동안이나 땅에 있는 고양이를 약 올리는 것을 본 적이 있었다. 다람쥐는 나무 몸체까지 살살 기어 내려와서 고양이에게 점점 다가가 고양이와 똑바로 눈을 맞춘다. 결국 고양이가 뛰어 오르면, 다람쥐는 재빨리 안전한 곳으로 달아나고 고양이는 땅으로 다시 내려온다. 고양이가 뛰어올라 다람쥐가 있는 가지가 갈라지는 곳까지 가기에는 너무 멀기 때문이다. 나는 그 다람쥐의 머릿속에 뭐가 들어 있는지 알 방법이 없다. 내 친구가 보기에는 다람쥐가 고양이를 일부러 비웃는 것 같았다. 다람쥐는 확실히 겁먹지 않았다. 겁먹은 다람쥐라면, 겁먹은 생쥐처럼 그 자리에서 숨을 죽이고 얼어 버린 것 같은 전형적인 행동을 보일 것이다. 그러므로 이 다람쥐는 겁을 먹지 않은 것이 확실했다.

다람쥐는 자신의 시각을 사용했다. 이유는 고양이를 의도적으로 노려보았기 때문이다. 확실하게 위험 범위를 벗어난 곳에 있는 포식자의 모습이 다람쥐의 공포 체계를 활성화시키지 않은 것이다. 나는 만일 다람쥐의 근접 후각 체계를 외과적으로 제거하고 고양이와 눈이 마주치게 한다면 다람쥐가 아마 공포에 빠져 버리지 않을까 생각한다. 멀리 떨어진 포식자는 공포를 유발하지 않는다. 그러나 가까운 거리의 포식자의 모습이나 냄새는 공포를 유발시키는 것이다.

여러분은 개한테서도 같은 현상을 본다. 개들은 다른 개가 줄에 묶여 있을 때를 안다. 한 친구는 로트와일러 잡종견인 재지와 같이 산다. 재지는 극도로 지배 성향이 강해 항상 싸우려 했다. 내 친구 남편의 표현을 빌리자면, 재지는 어리석게도 감히 자신과 눈을 마주치는 개는 누구나 공격했다. 재지의 행동을 보자면, 자신의 영역에 들어오는 어떤 개든 머리를 조아리고 눈을 딴 데로 돌려야 했다. 아마 고양이에게는 왕을 알현하는 듯했을 수도 있지만, 어떤 개는 재지를 미처 보지 못한다. 만일 그렇게 했다가는 깨물려 버릴 것이다.

재지는 수차례 싸운 바 있는 맥스라는 골든레트리버와 이웃하고 살았다. 얼마 지나지 않아서 맥스는 재지가 리더임을 받아들였기 때문에 모든 일이 조용해졌다. 맥스는 일정 거리에서 걸어오는 재지를 보면 눈을 돌려 버리곤 했다. 만일 거리가 더 가까워지면 땅으로 눈을 내리깔았다. 두 녀석은 맥스가 딴 곳으로 시선을 돌리거나 땅으로 눈을 내리깔아도 문제가 되지 않는 둘 사이의 거리가 어느 정도인지 아는 것 같았다.

그러나 맥스는 만일 재지가 줄에 묶여 있을 때는 그런 사실들을 잊어버렸다. 맥스는 재지에게 복종하는 행동을 모두 내던져 버리고는 재지가 벼룩보다도 위협적이지 않다는 듯이 행동했다. 맥스는 재지가 여닫이 유리문 뒤에서 자신을 쳐다볼 때마다 난폭하게 행동했다. 내 친구는 두 마리를 보고 있자면 웃음이 절로 나온다고 했다. 맥스는 재지를 앞에서 말한 그 다람쥐처럼 똑바로 노려보다가, 무관심하게 바닥 주변을 빙빙 돌면서 아무 곳에나 소변을 질금거리고 다녔다.

사슴에서도 같은 사례가 있다. 사슴은 지구 상에서 가장 겁이 많은 동물 중 하나다. 재지의 집에는 보이지 않는 담장이 있었고, 사슴은 전기가 흐르는 경계를 정확히 알고 있었다. 사슴들은 조용히 경계부 외곽에서 풀을 뜯고 있었다. 늘 풀을 뜯다가 한 번씩 사슴이 재지를 노려보았다. 이것은 매우 도전적인 행동으로, 공격당할 가능성이 충분한 거리에서는 어떤 먹이 동물도 개한테 하지 않을 행동이었다. 이들 사슴은 재지가 자신들을 덮치지 못할 것을 알고 있었고, 그래서 겁먹지 않은 것이다. 원거리 감각 기관은 공포를 유발시키지 않는다.

야생에서 원거리 감각 기관과 공포의 완전한 단절은 진짜 인상적이다. 한 무리의 영양은 그렇게 멀지 않은 거리에서 위엄을 뽐내는 사자에게 조금도 관심을 보이지 않는다. 여러분이 이 동물들을 관찰해 보면, 먹이 동물은 포식자가 자신들에게 접근하고 있는지에 관해 매우 신경을 곤두세우고 있음을 알 수 있다. 그 녀석들은 포식자가 자신들에게 접근하는 행동은 어떻게 보이는지 알고 있다. 그리고 그런 행동을 보지 않으면 겁을 먹지도 않는다.

그래서 우리는 위에서 말한 방식으로 동물들이 위험에 처할 때보다는 위험을 피해 나가는 때가 더 많다는 증거를 많이 가지고 있다. 자연은 동물과 사람에게 유용한 감정을 확실히 심어 주려고 하는 것 같다. '유용한'이라는 의미는 재생산에 충분할 만큼 생존하게 해 주는 감정을 말한다. 감정은 우리가 미래에 대해 양호한 예측을 할 수 있게끔 만들고, 우수한 예측력은 다음에 무슨 일이 발생할지에 관해 올바른 판단을 하게 한다.

동물은 무엇이 위협적인지 어떻게 알아차릴까?

사람과 동물은 원래부터 몇 가지 기본적인 두려움을 타고난다는 사실을 보여 주는 연구가 상당히 많다. 제2장에서 언급한 시각적 절벽 실험은 태어날 때부터 가지는 공포의 실례가 된다. 아무도 어린아이나 동물에게 높이에 대한 위험성을 가르치지 않았다. 이미 알고 있다는 것이다.

더욱이, 잭 팬셉은 실험실에서 키워져서 고양이 냄새를 맡거나 고양이를 본 적도 없는 쥐들이 그들이 사는 곳에 고양이 털 한 올만 집어넣어도 갑자기 놀다가 멈춘다는 사실을 밝혀냈다. 그런 행동은 겁을 먹었다는 좋은 증거다. "쥐들은 살그머니 움직였다." 팬셉 박사는《정서 신경 과학》에서 이렇게 언급했다. "털을 조심스럽게 킁킁거리고, 주변 환경도 계속해서 살펴보려고 했다. 그 녀석들은 뭔가 잘못되어 가고 있다고 느끼는 듯 보였다."

이 경험을 통해 팬셉 박사는 '많은 실험실의 연구가들이 쥐들에게 고양이 냄새를 맡게 하는 것 같은 일을 저질러서, 결과에 오류를 범하지나 않을까?' 하는 의문을 품게 되었다. 반려견 식품 제조 협회는 2002년 미국에 7천 5백만 마리의 고양이가 있다고 말한다. 정말 많은 숫자이다. 학습 심리와 행동 심리에 대해 우리가 알고 있는 것 중에 놀랄 만큼 많은 부분은 실험실의 쥐를 통해 결과가 나온다. 우리는 그런 지식들이 두려움에 떠는 쥐들로부터 얻어진 것이라는 데 의문을 가져야 한다. 이것은 매우 중요한 의문으로 두려운 상태에서의 학습은 침착한 상태에서의 학습과 매우 다르다. 나는 이 두 가지가 어떻게 다른지에 관해 짧게 다루려고 한다.

팬셉 박사는 반려용 고양이를 기르지 않았지만 개는 길렀다. 지니라는 이름의 노르웨이 엘크하운드였다. 박사는 매일 실험하러 갈 때마다 자신의 몸에서 엘크하운드의 냄새가 난다는 사실이 연구에 영향을 받지 않는지 파악해야겠다고 느꼈다. 그래서 지니의 털을 한 움큼 모아서 쥐들이 노는 공간에 깔아 두었다. 그랬더니 아무 일도 벌어지지 않았다. 쥐들은 계속해서 야단스럽게 놀았던 것이다. 팬셉 박사는 이 사실이 아마도 고대의 쥐는 고대의 개들한테 그렇게 자주 잡아먹히지 않았을 거라는 증거라고 생각한다.

보편적 공포

선천적으로 타고나는 공포 대부분이 널리 알려져 있다. 모든 2세 이하의 아이들은 갑작스러운 소리나 고통, 새로운 물건, 신체적 지지를 상실하면 두려워한다. 그러나 2세가 지나면 이런 두려움은 사라진다. 이 사실은 그런 종류들의 공포가 타고난 것임을 보여 주는 멋진 증거다. 모든 아이들이 같은 시기에 그러한 두려움이 생기고, 같은 나이에 사라진다.

좀 더 자란 아이들과 어른들도 타고난 것일 수도 있고 그렇지 않을 수도 있는 보편적인 공포를 가지고 있다. 갑작스러운 소리, 얼굴에 화난 표정을 짓고 여러분을 향해 걸어오는 사람, 뱀, 거미, 어두운 곳, 높은 곳 등이다. 대부분의 포유류는 뱀을 싫어하고, 모든 동물은 갑작스러운 소리를 두려워한다. 동물은 어떤 것이든 갑작스러운 것은 좋아하지 않는다.

동물의 다른 공포들은 종마다 더욱 다양하다. 예를 들어, 생쥐와 들쥐는 볕이 잘 드는 개방된 장소를 싫어한다. 조명이 밝은 공간 한가운데로 실험용 쥐를 톡 떨어뜨리면 이 녀석은 두려움에 얼어붙어 똥을 싸기 시작한다. 쥐같이 작은 먹잇감 동물이 죽지 않기 위해 제일 해 볼 만한 방법은 포식자들 눈에 띄지 않고 닿지 않는 것이다. 오래된 톰과 제리 만화 영화의 모든 내용은 동물 행동학적으로 볼 때 맞다. 쥐는 쥐가 사는 굴을 좋아한다. 작은 동물은 큰 포식자들이 잡지 못하게 작고 어두운 곳에 있을 때가 제일 행복하다.

소와 말 같은 덩치가 큰 먹이 동물은 이와 반대로 넓게 탁 트인 공간이 좋다. 그 녀석들은 충분한 먹이를 얻기 위해서도 그런 곳에 있어야만 한다. 여러분이 풀밭에서 살아가는 5백 킬로그램의 동물이라고 한다면, 풀을 뜯을 널찍한 공간이 필요하다. 안전을 유지하기 위해 말과 소 같은 군집 동물들은 무리를 지어 모여듦으로써 자신들만의 작은 공간을 형성한다. 여러분은 항상 무리의 리더는 가장 안전한 중앙에 위치함을 발견할 것이다. 리더 격 동물은 포식자와 자신 사이에 동물의 방패를 두는 것이다.

늑대 같은 포식 동물은 탁 트인 공간에서도 행복한 듯 보인다. 늑대들이 작은 동굴 안에서 잠자는 것을 즐기는 것은, 그곳은 늑대의 천적들이 닿지 못하는 곳이기 때문이다. 간략히 이야기하자면, 모든 동물은 포식 동물이건, 먹이 동물이건 간에 자신이 살아가는 세상에 존재하는 자연의 위험에 대해 타고난 두려움을 가지고 있다.

어떤 두려움은 다른 것들보다 배우기 쉽다

그러나 이야기는 거기서 끝나지 않는다. 이유는 동물과 사람은 또한 타고난 것과 배운 것 사이 어디엔가 놓인 수많은 공포를 가지고 있기 때문이다. 사람들의 뱀에 대한 두려움이 여기에 해당하는데, 이러한 공포들은 매우 쉽게 찾아볼 수 있다. 뱀을 두려워하는 것은 사람에게는 공통적이지만, 절대 다수의 뱀은 자신을 소유한 사람을 문 적이 없다. 뱀 공포증을 가지고 있는 사람들 중의 일부는 사진에서 말고는 뱀을 전혀 본 적도 없다. 그런데도 그 사람들은 뱀을 생각하면 두려워지는 것이다.

오늘날 사람들이, 뱀보다 훨씬 더 위험한 자동차나 전기 콘센트 같은 것에 쉽게 두려움을 느끼지 않는다는 사실을 감안하면, 뱀 공포증이 절반쯤 타고난 것이라는 주장은 설득력 있어 보이지 않는다. 나는 사람들이 차량 공포증 자체를 가질 수 있다는 것도 확신하지 못한다. 물론 심한 교통사고를 겪은 사람들은 그럴 수도 있고, 외상 후 스트레스 증후군을 앓을 수도 있다. 그러나 그들은 그저 자동차의 사진만 보고서, 뱀 공포증을 가진 사람들이 뱀 사진을 보고 느끼는 것 같은 공포를 느끼는 것은 아니다. 그 사람들은 차에 타는 것을 두려워하는 것이다. 그러나 두려움이 더 이상 파급되지는 않는다.

동물은 확실한 두려움과 그렇지 않은 것에 대해 같은 편견을 보인다. 심리학자 수전 미네카가 원숭이와 뱀을 가지고 노스웨스턴 대학에서 실험한 내용은 우리가 이 분야에서 얻을 수 있는 가장 중요한 정보일 것이다. 그녀는 야생의 원숭이는 뱀을 두려워한다는 사실에서 출발했다. 실험실의 원숭이는 그렇지 않다. 야생에서 자란 원숭이 한 무리에게 살아 있는 뱀을 보여 주자 원숭이들은 폭발했다. 인상을 찡그리고 귀를 잡아당기며, 우리 속의 봉을 잡았다. 그리고 온몸의 털이 쭈뼛 섰다. 야생에서 자란 원숭이는 뱀을 보는 것조차 거부했다. 야생에서 자란 원숭이에게 뱀의 존재는 얼마나 혐오스러운지를 보여 주는 것이다.

그러나 실험실에서 자라난 원숭이에게 똑같은 뱀을 보여 주자 이번에는 아무 일도 일어나지 않았다. 그 녀석은 겁먹지 않았다. 그래서 원숭이는 뱀이 그처럼 두렵다는 사실을 알고 태어나는 것은 아니라는 사실이 명백해졌다. 동물들끼리 서로를 가르친 것이다.

미네카 박사가 보여 준 것은 실험실의 원숭이에게 야생의 원숭이처럼 겁먹게 가르치기란 정말 쉽다는 것이었다. 미네카 박사가 겁먹지 않았던 원숭이에게 뱀을 보고 겁먹은 행동을 하는 야생 원숭이를 접촉시키자 실험실에서 자란 원숭이도 곧 두려움에 휩쓸렸다. 그들이 한 것이라곤 겁먹은 원숭이를 보여 준 게 전부였다. 원숭이 스스로 뱀에게서 생명을 위협할 만큼의 두려움을 느끼는 데 불과 몇 분 걸리지도 않았다. 게다가 실험실에서 자란 원숭이는 두려움을 느끼는 원숭이와 같은 강도의 두려움을 배웠다. 만일 실험 원숭이가 겁만 먹고 혼란에 빠지는 정도까지는 아니었다면, 실험실에서 자란 원숭이도 그 정도만 배웠을 것이다.

그리고 관찰만으로 뱀에 대한 공포를 배우고 나자, 실험실에서 자란 원숭이도 아직 뱀을 보지 못한 다른 실험실 원숭이에게 공포를 가르치는 좋은 모델이 되었다. 마치 자신에게 야생에서 자란 원숭이가 그랬던 것처럼.

미네카 박사는 또한 같은 방식으로 원숭이가 꽃에게 두려움을 갖게 가르치는 것은 불가능함도 보여 주었다. 그녀는 자신의 실험실 원숭이들에게 꽃을 비디오테이프로 보여 주었고, 곧 화면에 원숭이가 겁을 먹는 장면을 뒤따르게 했다. 마치 화면의 원숭이가 꽃에게 겁을 먹은 듯이 만든 것이다. 그 비디오는 전혀 효과가 없었다. 뱀을 두려워하는 원숭이 비디오를 본 실험실 원숭이는 죽을 정도로 무서워했다. 그러나 꽃을 두려워하는 원숭이 비디오는 실험실 원숭이들을 혼란스럽게 하지 못했다.

대다수의 연구가들은 뱀에 대한 공포는 반 태생적인 것으로 결론지어 왔다. 그들은 태어날 때부터 두려워한 것은 아니고, 문제를 처음 겪는 순간 바로 두려워하도록 만들어져서 태어났던 것이다. 동물 행동학자들은 뱀을 준비된 자극이라 부른다. 이 의미는 원숭이는 진화하면서 뱀에 대한 공포를 쉽게 익히도록 준비되었다는 것이다.

미네카 박사는 동물이 공포가 생기는 것을 같은 방법으로 막을 수 있다는 사실도 발견했다. 만일 실험실에서 자란 원숭이를 뱀을 두려워하지 않는 다른 실험실 원숭이에게 노출시키면 면역력을 가지게 된다. 그런 다음 야생에서 자란 원숭이의 뱀에 대한 공포를 목격하더라도 그 원숭이는 두려움을 갖지 않게 된다. 그 녀석은 처음 배운 학습에 매달려 있는 것이다.

보면서 배운다

이 말은 관찰 학습을 뜻한다. 그리고 관찰 학습을 진화하는 공포나 학습의 다른 많은 분야에 적용시키면, 동물과 사람은 다른 동물이나 사람이 하는 것을 보고 배우지, 스스로 배우거나 일의 결말로부터 배우는 것은 아니라는 것이다. 그러나 다수의 교육자들은 앞에서 말한 교훈을 심각하게 받아들이지 않는 것 같다. 여러분은 실제 체험 학습이 제일 좋지만 항상 그렇지는 않다는 내용을 읽는다. 확실히 진화 과정에서 사람과 동물 가운데 관찰 학습력이 가장 강한 종이 선택되어 왔다. 이것에 관한 가장 놀라운 사례는 《원숭이와 초밥 요리사》라는 프란스 드 발의 저서에 있다. 드 발 박사는 일본에서 초밥 견습생들은 초밥의 달인이 초밥을 만드는 모습을 3년 동안 옆에서 보기만 한다고 말한다. 견습생들이 막판에 자신의 첫 번째 초밥을 준비하게 되면 매우 훌륭한 초밥을 만들어 낸다.*

미네카의 연구에서 사람과 동물은 그들이 두려워하는 것에 대한 좋지 못한 경험이 없는 경우에도 공포증이 형성될 수 있음을 잘 보여 주었다. 고전적인 학습 이론에서는 사람은 항상 직접적인 경험을 통해서만 혐오증이 형성된다고 가정했다. 그러한 가설이 논리적이긴 하지만 현실과 잘 부합하지는 않는다. 실제로 많은 혐오증을 가진 사람들은 그것과 관련된 최초의 경험도 기억하지 못한다. 아마 비행 공포증을 가진 사람들의 대부분은 추락 근처에도 가 보지 않았을 것이다.

그래서 많은 치료자들은 공포증에 감염성이 있다고 의심해 왔다. 그 말은 사람들은 단지 공포증을 가진 사람들 주변에 있기만 해도 공포증을 갖게 된다는 것이다. 미네카 박사의 연구는 공포증을 가진 누군가에 노출되더라도 공포증을 갖게 되는 것이 가능하다는 것 외에 이런 방식으로 공포증을 얻게 되는 것이 믿을 수 없을 만큼 자연스럽고 용이하다

---

* 드 발 박사가 쓰기를 "숙련된 모델을 관찰함으로써 동작 순서가 머릿속에 강하게 각인되고 그로 인해 상당한 시간이 지나고 동일한 동작으로 수행해야 할 때 손으로 재현하게 된다."《원숭이와 초밥 요리사》, 수희재 출간).

는 것을 보여 준다. 공포증은 전파된다.

동물이 다른 동물의 행동을 보고 배운다는 사실은 사람과 동물에게 어려움이 닥치기 전에 피해 나갈 능력을 부여한 진화의 또 다른 실례가 된다. 여러분이 대자연이어서 모든 동물과 사람은 직접적인 개별 경험을 통해 두려움을 배우는 환경으로 자연을 설정했다면, 대다수의 동물이 사라질 것이다. 여러분의 주변에서 종을 번식하는 원숭이는 아마 애초부터 뱀과 전혀 접하지 않은 운이 좋은 녀석들이거나, 아니면 뱀을 만났지만 살아남아 이야기를 전하는 원숭이뿐일 것이다. 하지만 여러분이 원숭이가 다른 원숭이들로부터 뱀을 배우게끔 세상을 만들어 놓는다면, 지구 상에 살아남는 원숭이는 훨씬 더 많아지게 되는 것이다.

코끼리는 절대 잊어버리지 않는다

여러분이 원숭이라 치고, 앞으로 어떤 일이 닥치게 될지는 알아도 기억하지 못한다고 했을 때 원숭이 집단의 안전을 위해서는, 뱀이 어떤 것인지 알아 봐야 그다지 쓸모가 없을 것이다. 연장자 원숭이가 여러분에게 '뱀은 나쁜 소식이다!'라고 말한다면 무슨 일이 벌어질까? 여러분은 그냥 흘려버릴 것인가?

우리가 인생에서 얼마나 많은 것을 잊어버리는지 생각해 보자. 우리가 두려워해야 하는 모든 것을 잊어먹지 말아야만 생존할 수 있다면, 그 생각만으로도 끔찍하다.

이 문제는 진화 과정에서 공포 학습을 영구적인 것으로 만듦으로써 해결됐다. 강렬한 정서적 학습은 전부 영구적인 것들이다. 그래서 여러분은 수학 시간에 배운 기하학은 잊어버려도, 1958년 이전에 태어난 사람이 아직도 케네디 대통령이 어디서 저격당했는지를 잊어먹지 않고 있으며, 1996년 이전에 태어난 사람들은 9·11 테러를 망각하지 않고 있는 것이다. 여러분은 원하든 그렇지 않든 여러분의 위치가 어디인지도 망각할 수 있다.

경미한 손상과 공포에서는 이야기가 약간 달라진다. 확실히 동물과 사람은 강도가 약한 두려움은 잊을 수 있는 듯 행동한다. 그래서 과거에 행동학자들은 이 분야에 대한 연구를 꽤 했었다. 전형적인 연구 패턴으로서, 연구가들은 불빛, 소리의 높낮이같이 중립적인 것에 대해 두려움을 갖도록 동물을 학습시켰고, 그런 다음 똑같은 사물에 대해서 두려움을 잊어버리도록 가르쳤다. 그들은 조건화된 자극을 짝지어서 실험을 한 것이다. 여기서 말하는 조건화된 자극이란 빛과 소리 같은 중립적인 자극을, 발에 충격을 주거나 눈에 바람을 훅 부는 것같이 불쾌한 자극들과 짝지어 놓은 것이다.

이런 조건 하에서 동물은 불빛이나 소리의 높낮이에 상당히 빨리 두려운 반응을 보이게 된다. 그 시점에서 연구가들은 불빛과 소리의 높낮이를 불쾌한 자극과 짝짓는 것을 중단한다. 그렇게 조금 지나면 동물이 불빛이나 소리의 높낮이에 보이던 공포 반응은 약해진다. 행동학자들은 이런 현상을 '소거'라 부르는데, 그 이유는 동물이 이러한 공포 반응을 스스로 없애 버렸기 때문이다. 동물은 빛이나 소리의 높낮이가 위협적이었음을 망각한 듯 보인다. 행동학자들은 사람한테서도 같은 현상을 발견했다.

하지만 소거만으로 뇌리에서 공포를 완전히 없애 버리지는 못한다는 사실이 밝혀졌다. 여전히 공포는 뇌리 속에 남아 있다. 만일 동물에게 눈에 바람이 훅 들어오는 소리의 톤을 두려워하도록 가르친다면, 더 이상 바람을 불어 넣지 않아 톤에 대한 공포를 느끼지 않게 가르쳤다 하더라도 동물은 두려움을 잊어버린 게 아니다. 동물은 소리가 들릴 때마다 눈을 반사적으로 찡그리던 것을 멈춘 것뿐이다. 여러분이 다시 찡그리게 하고 싶다면 한 번만 더 소리와 함께 바람을 불어 넣으면 된다. 동물은 그 즉시로 다시 찡그리는 얼굴로 돌아갈 것이다. 동물은 소리가 공기 바람이란 것을 아는 것이다. 잊어버린 게 아니다.

동물과 사람은 배운 공포를 잊어버릴 수 있다. 그러나 오늘날 우리는 공포를 잊어버린다는 것과 망각한다는 것은 서로 다른 것임을 알고 있다. 소거는 망각이 아니다. 전에 배운 것을 부정하는 새로운 학습이다. '소리는 중립적이면서 나쁜 것이다'라는 두 가지 학습 모두 정서 기억 속에 남아 있는 것이다.

빠른 공포, 느린 공포

동물과 많은 시간을 보내다 보면, 동물이 느끼는 두려움이 사람이 느끼는 두려움보다 좋지 않다는 사실을 쉽게 알 수 있다. 또한 사람으로서의 특정 핵심 공포들은 동물과 공유한다는 것도 쉽게 알 수 있다. 소들은 뱀을 싫어하고 여러분도 그렇다. 뱀을 보면 여러분과 소는 서로 눈을 마주보게 된다.

그러나 그 사실을 넘어서 사람들이 동물이 느끼는 두려움으로 감정이입하기란 쉽지 않다. 긴 시간 동안 사람들은 동물의 공포가 무엇인지 알기조차 어렵다. 나는 무엇 때문에 자신들의 동물이 그렇게 불안한지를 모르는 사람들한테서 전화를 많이 받는다. 그래서 문제가 있는 도축장으로 가 보면, 완벽하게 정상처럼 보이는 시설의 한가운데 버티고 서 있는 매니저를 발견하게 된다. 그런데 그 완벽한 안전함이란 매니저 입장에서 본 것이다. 그는 열 받아 있는 2백 마리의 소를 보며 끙끙댄다. 그는 소들이 왜 그러는지 전혀 모른다.

동물의 공포를 이해하려면 두뇌에 관해 어느 정도 알아야 한다. 공포의 신경학에 관한 가장 저명한 연구가 중 한 명인 뉴욕 대학의 조셉 레둑스는 저서《정서적인 두뇌》에서 공포는 두뇌의 해마체에서 일어난다고 설명한다. 일반인들에게 진짜 흥미로운 것은 박사가 중추 신경계에서 두 가지 종류의 공포를 발견했다는 사실이다. 그것은 빠른 공포와 느린 공포이다. 그는 '낮은 도로=저위 경로'와 '높은 도로=고위 경로'라고 불렀다.

고위 경로는 단순한 이유로 느린 공포를 관장한다. 고위 경로에서 공포가 뇌로 통하는 생리학적 통로는 저위 경로보다 길다는 이유 때문이다. 고위 경로에서는 뱀을 보거나 하는 두려운 자극은 감각 기관을 통해 들어와 두뇌 깊숙한 곳에 위치한 뇌 시상으로 향한다. 뇌 시상은 다시 뇌 피질로 자극을 올려 보내 분석하게 한다. 그래서 레둑스 박사는 느린 공포를 고위 경로라고 표현한 것이다. 정보가 뇌의 꼭대기까지 가기 위해서는 머릿속의 모든 길을 거쳐야만 한다. 목적지에 도달하면 뇌 피질은 뱀이 있을 때 어떤 표정을 지어야 할지 결정하고, 그 결정지은 정보를 다시 내려 보낸다. '뱀이야!' 뇌 피질이 처리해서 해마체로 다시 내려 보낸 정보를 통해서 여러분은 두려움을 느끼게 된다. 이 모든 과정은 1백만분의 1초가 소요된다.

저위 경로는 처리 시간이 절반밖에 걸리지 않는다. 신속한 공포 체계

가 반응하는 경우, 길에서 뱀을 보게 되면 감각 정보는 뇌 시상으로 직
행한다. 거기서 바로 해마체로 보내지는데, 해마체는 여러분의 귀 바로
위 측두엽의 깊숙한 부위인, 머릿속에서 가장 깊은 곳에 위치한다. 이
모든 처리 과정은 2백만분의 1초가 걸린다. 레둑스 박사가 빠른 공포를
저위 경로라고 부른 이유는 감각 정보가 두뇌의 꼭대기까지 움직일 이
유가 없기 때문이다. 뇌 피질은 정보가 처리되는 연결 고리에서 벗어나
있다.

양 체계는 같은 감각 정보가 입력되면 거의 동시에 작동한다. 이 사
실은 시상이 잠재적으로 위협이 되는 정보를 받아서 뇌 피질과 뇌 해마
체 두 곳으로 보낸다는 의미다. 뱀을 본다면 급행 공포 체계는 2백만분
의 1초 만에 일을 마친다. 그리고 2백만분의 1초의 시간이 지나고 나서,
뇌 피질에서 분석을 거친 뒤 해마체로 최종적으로 전달된 똑같은 정보
에 의해서 두 번째 전율을 느끼는 것이다.

레둑스 박사는 사람의 두뇌가 이런 식으로 작동되도록 구성되어 있
는 이유는 진화 과정에서 한 가지 체계에 속도와 정확성 모두를 부여
하지 않았기 때문이라고 설명한다. 빠른 통로는 박사의 언급에 따르면,
처리가 빠르긴 하지만 세련되지 못하다고 한다. 길을 걷다가 길 위에
서 기다랗고, 가늘고, 검은 것을 보았을 때 여러분의 해마체가 경보한
다. '뱀이야!' 백만분의 1초 후에 뇌 피질이 두 번째 견해를 제시한다.
'저건 정말 뱀이야!' 혹은 '아니야! 저건 막대기야!' 이 시간차는 별것
아닌 것 같지만, 이것이 뱀이냐 아니냐를 놓고 본다면 여러분이 뱀에게
물리느냐 혹은 아니냐의 차이를 결정짓는 순간이 된다. 빠른 공포 체계
가 그렇게 신속한 이유는 속도를 위해 정확성이 희생됐기 때문이다. 빠
른 공포는 실체에 대한 초안을 제시하는 것이다.

뱀과 막대기를 구분해 내는 것은 뇌 피질이다. 뇌 피질은 세상 모든 것에 관해 정밀한 사고를 하는 장소이기 때문이다. 그러나 시간이 필요하다. 그리고 그 시간은 여러분이 뱀을 보고 있을 때 갖지 못한 시간 정도다. 레둑스 박사는 자연이 이런 시스템을 이용하는 방향으로 진화시킨 이유는 한 번 민망한 것보다는 안전한 쪽이 좋기 때문일 것이라고 설명한다. 여러분의 뇌 피질이 의견을 정리하는 동안, 뱀을 막대기로 오인하는 것보다 막대기를 뱀으로 오인하는 것이, 그저 걸어가다 뱀한테 물리는 것보다 낫다.

또 알아야 할 것은 고위 경로를 지나가는 공포는 의식적이다. 반면 저위 경로의 공포는 그렇지 않다. 고위 경로의 공포가 의식적인 이유는 뇌 피질을 지나기 때문이다. 그곳에서 여러분을 겁먹게 하는 것을 의식적으로 깨닫게 해 준다. 나는 도로 한가운데 뱀이 똬리를 틀고 있으면 겁을 먹는다. 그게 의식이고, 고위 경로의 공포이다. 저위 경로의 공포는 무의식적으로 치밀한 생각 없이 반응하는 것이다. 무엇으로부터 도망치는지 알기도 전에 도망가고 있는 것이다.

불가사의한 공포

기억에 관한 정말 재미있는 것 중의 하나가 의식적인 기억은 무의식적인 기억보다 훨씬 잘 망가진다는 것이다. 여러 가지 기억에 관한 다양한 용어들은 정말 혼란스러운데, 부분적으로는 의식적 기억과 무의식적 기억에 대해 완전히 다른 용어를 다른 분야에서 사용하기 때문이다. 일부 분야에서는 서술적 기억과 순차적 기억이라는 용어를 사용하고,

다른 분야에서는 명시적 기억과 암시적 기억이라는 용어를 쓴다. 나는 대부분의 경우에서 의식적과 무의식적이란 용어를 고집한다. 하지만, 다른 용어가 더 이치에 맞을 경우에는 그것을 쓸 때도 있다.

의식적인 기억이란 우리가 학교에서 배운 것이라 말하는 종류의 것을 다룬다. 사실, 현상, 자료, 이름 등이다. 여러분이 학교에서 배운 것들 중에서 얼마나 많은 것을 잊어버렸는지를 생각한다면, 그러한 기억이 얼마나 취약한지 깨달을 것이다. 무의식적인 학습은 훨씬 더 안정적이고 오래간다. '어떻게 자전거 타는 것은 절대로 까먹지 않을까?'라는 말이 이런 경우에 딱 맞아떨어진다. 자전거 타는 법은 일단 배우면 절대로 까먹지 않는다.* 중풍으로 심각한 뇌 손상을 입을 경우에도 여전히 자전거 타는 법은 기억하는 것 같다. 무의식적인 기억을 지워 버리기는 정말 어렵다.

지금까지 여러분은 아마 프로이트가 옳았다고 생각할 것이다. 그렇게 본다면 여러분은 많이 벗어나 있지 않다. 프로이트의 아이디어 중에 많은 부분이 뇌가 어떻게 일하는지에 관해 올바른 묘사를 했던 것으로 밝혀지고 있다. 나는 프로이트 전문가는 아니다. 그래서 프로이트의 억압이란 개념이 뇌 연구를 통해 뒷받침될 수 있을지는 모르겠다는 사실을 덧붙여야 한다. 뒷받침된다는 것은 우리가 머릿속에 어마어마한 양의 무의식적인 정보를 저장하고 있다는 개념을 말한다.

나는 무의식적 혹은 순차적인 기억─자전거 타기─이 늘 영구적인

---

* 여러분이 이 주제에 관심이 있다면, Arthur Reber가 지은《Implicit Learning and Tacit Knowledge》를 추천한다. 레버 박사는 이 분야에 있어서 주요한 연구가 중 한 사람이다. Implicit Learning and Tacit Knowledge: An Essay on the Cognitive Unconscious(Oxford Psychology Series, No. 19)(New York: Oxford University Press, 1996).

지는 모른다. 순차적 기억을 떠올리기 쉬운 방법으로 자전거 타기 같은 것을 하나의 과정으로 생각하는 것이다. 여러분이 자전거 타기나 셔츠 버튼 잠그기나 풀기 같은 것을 익힐 때는 무의식적인, 과정 기억을 사용한다. 손가락은 어떻게 셔츠를 벗을지 안다. 의식적으로 동작을 생각하지 않고도 말이다.

나는 과정 학습이 영구적인지는 모른다. 그러나 공포 학습은 영구적인 것 같다. 학습된 공포는 배운 사실, 날짜, 이름같이 여러분이 늘 망각하고 있는 것들과는 정면으로 배치된다. 여러분은 절대로 공포감을 망각하지 않는다. 사실 동물과 사람에게서 공포 학습은 정말 위력적이어서 시간이 지날수록 머릿속에서 더 강하게 새겨진다. 심지어 여러분이 반복적인 노출을 통해서 두려움을 느끼게 할 수 있는 것을 전혀 학습하고 있지 않더라도 공포는 여전히 남아 있다. 예를 들어 여러분이 길에 있는 뱀을 보고 거의 까무러칠 만큼 두려움을 느꼈다면, 앞으로 여러분은 절대로 살아 있는 뱀을 쳐다보지 못할 것이다. 또한 시간이 지나면 오히려 뱀을 더 두려워하게 된다.

레둑스 박사는 의식적인 공포 기억은 무의식적인 공포 기억에 비해 상대적으로 취약하다는 사실을 통해서, 공포가 최초의 내용보다 훨씬 부풀려서 그토록 멀리 퍼져 나간다는 사실이 설명될 수 있다고 말한다. 시간이 지나면서 겁먹었던 것에 대한 의식적인 기억은 점차 잊어 가지만, 무의식적인 기억은 여전히 강하게 남아 있는 것이다.

레둑스 박사는 망각되지 않는 무의식적인 기억을 설명하는 멋진 사례로서, 경적이 계속 울려 대는 곳에서 심한 교통사고를 당했던 남자의 경우를 제시했다. 사고 후에도 상당한 기간 동안 남자는 경적 소리를 들을 때마다 두려움을 느꼈다. 그러나 점차 시간이 지나면서 차량 사고에 대한 세세한 내용은 의식적인 기억에서 희미해져 갔다. 그는 자신이 차량 경적을 두려워한다는 사실을 기억하지 않는다.

그러나 그의 무의식적인 기억 속에서는 교통사고와 계속해서 울려 대는 경적 소리가 바로 엊그제 일어난 일이다. 지금도 그는 시끄러운 차량 경적을 들을 때마다 몸이 갑자기 굳으면서 두려움을 느끼지만, 왜 그런지는 모른다. 그래서 그의 의식은 몸에서 느끼는 두려움을 주변에 서 벌어지는 복잡한 거리를 걷는다든지, 만원인 쇼핑몰 주차장에서 자 리를 찾는 것 같이 두려움과 완벽하게 무관한 일과도 연결 짓는다. 어 떤 것이든 서로 연결될 수 있다. 자신을 진짜로 놀라게 한 것은 잊어 가 고 있지만, 전혀 사실과 관계없고 정말로 성가신 새로운 두려움을 만들 어 가는 것이다.

레둑스 박사는, 치료자들이 자신의 환자들이 확실한 이유도 없이 너 무나 많은 공포를 느낀다고 보는 것은 이런 이유 때문이라고 생각한다. 치료자들이 보는 것은 2차적으로 흘러 내려온 두려움으로, 원래 두려웠 던 내용을 망각하고 난 다음에 생긴 것이다. 새로운 공포는 진짜 공포 의 대역이며, 대체물이다. 이 말은 생소하게 들리겠지만, 특히 공포증을 가진 사람에게서 자주 일어난다. 레둑스 박사가 말하듯 '두려움은 자신 들이 무엇을 두려워하는지도 잊어버리게 한다'.

일단 두려움을 경험했던 세세한 기억들이 희미해지면, 사람은 확실 히 집어 낼 수도 없는 것에 대한 두려움을 의식하기 시작한다. 그것이 어디서 오는지는 모르겠다. 사람은 멀리 떨어진 곳에서 들려오는 경적 소리만 듣는다. 그는 그 소리에 의식적으로는 주의를 기울이지 않지만, 경적이 감정을 자극한다는 사실은 깨닫지도 못한 채 두려움을 느끼기 시작한다. 그의 의식적인 기억에서는 경적에 대해 모두 잊어버렸지만,

머릿속의 해마체는 그렇지 못하다. 그래서 그는 결국 스스로를 불안감을 가진 사람이라 생각하게 되는 것이다. 레둑스 박사는 공포감이 빠른 기억과 느린 기억 체계로 이원화되어 있다는 사실이, 아마도 정신과 치료를 요하는 다양한 불안 장애를 유발하지 않을까 생각한다.

레둑스 박사는 빠른 기억과 느린 기억 체계의 차이로 인해 정신과 치료를 요하는 많은 불안 장애가 유발된다고 생각한다. 그가 지적한 대로, 느린 공포 체계가 처음에 어떤 해도 끼치지 않는 차량 경적에 대한 공포를 만들어 냈을 것으로 보인다. 계속해서 울려 대는 경적이 교통사고를 내지는 않았다. 교통 사고가 나자 경적이 계속해서 울리고 있었던 것이다. 그러나 해마체는 그 차이를 구분하지 못한다. 그리고 교통사고 당시에 보았던 모든 장면이 공포로 오염되어 버린다. 모든 종류의 사소한 공포들은 아마 해면체가 세련되지 못하게 분석한 상황에 기초하여 신속하게 반응했기 때문에 생겼을 것 같다.

이런 현상은 동물한테서 쉽게 목격할 수 있다. 차고 문을 두려워하는 말을 해결해 달라는 내용의 전화를 받은 적이 있다. 나는 주인과 이야기를 나누다가, 말한테 처음으로 정액을 채집하려 했을 때 말이 엉덩방아를 찧었던 적이 있다는 사실을 듣게 되었다. 정액을 채집할 때는 수말을 가짜 암말 위에 타듯이 해 주어야 한다. 그런 와중에 말은 엉덩방아를 찧게 되었다. 그저 웃어넘길 만한 사건에 불과했지만, 말의 주변에서 일하던 사람들은 화를 내면서, 말을 채찍으로 때리고 욕설을 퍼부었다. 그래서 말은 완전히 상처를 입었던 것이다.

말이 차고 문에 두려움을 느꼈던 이유는 자신이 엉덩방아를 찧는 순간에, 차고 문을 보았기 때문이다. 차고 문과 말의 엉덩방아는 아무런 연관이 없다. 그렇지만 말의 해마체는 주먹구구식의 연결을 해버린 것이다. 차고 문과 엉덩방아를……

그다음부터 농장 사람들은 말이 교배할 때면 주변에 건물이 전혀 없는 야외로 나가도록 해 주었고, 그런 다음에는 아무런 문제도 생기지 않았다. 차고 문을 볼 때마다 날뛰려는 말은 타기도 위험하고, 축사 바깥 어느 곳에서도 다루기 위험하다.

동물이 느끼는 공포는 다르다

비록 동물이 두뇌 속에서 공포를 느끼는 메커니즘이 사람과 기본적으로 똑같다고 하지만, 전두엽의 크기와 복잡성의 차이로 결국 동물과 사람의 공포는 서로 다르다는 결론에 도달함을 의미한다.

기억해야 할 가장 중요한 한 가지는 동물은 주변 환경에서 사소한 것에도 두려워한다는 것이다. 나는 동물이 느끼는 공포감을 묘사할 때 매우 특별하다는 용어를 사용한다. 이 용어는 자폐증 연구로부터 나온 것이다. 자폐인들은 극도로 특별한 사람들이기 때문이다. 이런 사실이 자폐인을 일반인과 떼어 놓는 주된 요인이다. 나는 천재적인 동물을 다룰 때 자폐인과 동물의 특별함에 관해서 좀 더 언급하려고 한다. 지금 내가 말하고자 하는 '매우 특별해진다'는 것은 여러분이 사물의 공통점보다 차이점을 더 명확히 본다는 의미다. 여러분은 숲보다는 나무를 잘 본다. 여러분은 숲을 전혀 못 보기도 한다. 단지 나무, 나무, 또 나무만 본다. 동물도 그러하다.

내가 매우 특별한 두려움을 설명할 때 드는 사례 중에서, 가장 마음에 드는 것은 검은 모자 말이다. 나는 말 주인이 자문을 구하러 왔을 때 검은 모자 말을 처음 보았다. 그녀는 자신의 말이 검은 모자를 쓴 사람을 두려워한다고 했다. 그게 다였다. 검은 모자…….

지금 그 말에게 검은 모자는 극도로 특별한 공포다. 그처럼 특별하고 사소한 사실을 그녀와 같은 일반인이 이해했다는 사실에 나는 그만 놀라 버렸다. 내가 놀란 것은 보통 사람들은 미련해서 그렇다는 의미가 아니라, 보통 사람들이 검은 모자를 보고 겁먹는 일은 없기 때문이다. 말이 검은 모자를 볼 때마다 도망친다는 사실을 파악하는 것은 쉬워 보일 수도 있지만, 절대 그렇지 않다. 논리적으로 생각해, 매일 매초 엄청난 데이터가 우리의 감각 속으로 들어온다. 세상이 완전히 뒤죽박죽으로 보이지 않는 것은 여러분의 신경계가 자동적으로 엄청난 양의 필요 없는 정보를 걸러 주기 때문이다. 그리고 자동적으로 그중에 중요한 일부에만 초점을 맞추고 나머지는 그렇게 하지 않기 때문이다. 그래서 사람에게는 주의를 기울이지 않던 것은 자동적으로 걸러 버리는 부주의 맹점이 존재하는 것이다.

정상적인 사람의 신경계는 검은 모자와 같이 별 관계없는 사소한 점에 초점을 맞추도록 고안되지 않았다. 그러나 동물의 신경계는 세세한 것에 초점을 맞추도록 설계되었다. 이유는 전두엽이 일반인보다 훨씬 발달하지 못했기 때문이다. 그래서 동물은 검은 모자만으로도 겁을 먹을 수 있는 것이다. 동물이 그런 모자를 처음 보았거나, 모자를 보고서 모자에 대한 두려움을 분석하거나 억누를 능력이 동물의 전두엽에는 결여되었거나 둘 중 하나이다.

나는 말의 주인이 검은 모자가 문제의 원인임을 알아냈다는 사실에 대해서 강한 인상을 받았다. 그녀는 말의 눈길이 가는 곳을 뚫어져라 살펴 왔는데, 이런 능력은 일반인에게는 매우 드문 것이다.

그녀와 나는 말과 함께 문제 해결에 착수했다. 우리는 두 가지를 알고 싶었다. 말의 두려움을 느끼는 범위가 정확히 어느 정도인가와 말이 두려움에서 벗어나도록 훈련시킬 수 있는가였다. 우리는 얼마 안 가서 말이 진짜로 검은 모자에 초점을 맞추고 있다는 사실을 파악했다. 우리 둘 사이에 모든 모자를 놓아두고 말을 시험해 보았다. 빨간색 야구 모자, 푸른 빛깔의 야구 모자, 흰색 카우보이모자 등. 말이 곤란해했던 것은 검은색 카우보이모자였다. 반드시 검은색이어야만 했다.

검은 모자를 보자 말이 너무 두려워했기 때문에, 나는 말을 진정시키기 위해 모자를 쓰지 못했다. 내가 말 앞에서 옆구리에 검은 모자를 조용히 든 채 계속해서 서 있었다면, 말은 틀림없이 도망갔을 것이다. 말은 나를 똑바로 쳐다보았다. 그러나 말이 계속해서 시선을 두고 있었던 것은 모자였다. 그게 나는 못마땅했다. 말은 모자의 위치에도 민감했던 것이다. 내가 머리에 가까이 가져갈수록 말은 점점 더 흥분했다.

문제는 검은 모자였다. 단지 검은 모자……. 그다음에 우리는 말이 모자에 무신경하도록 하는 작업에 착수했다. 공포에 질린 동물을 다룰 때는 탈감작脫感作, Desensitization과 반공포 훈련counter-phobic training 두 가지 방법이 필요하다. 탈감작이란 그냥 들리는 대로의 뜻이다. 여러분은 사람이나 동물에게 두려움을 느끼는 대상을 조금씩 보여 준다. 그러다 점차 크기나 양을 늘려 나간다. 반공포 훈련이란 사람이나 동물이 두려움을 느끼는 사물과 음식같이 좋아하는 사물을 짝지어 놓는 것이다. 여러분이 나쁜 조합에 대항하는 좋은 조합을 구성하려고 시도하면 그게 반공포 훈련인 것이다.

우리는 말에게 오랜 시간 동안 탈감작 방식의 훈련을 시도했고, 약간의 진전을 이루어 냈다. 훈련이 끝나갈 무렵에는 말 주인이 검은 모자를 땅바닥에 내려놓아도 괜찮은 정도까지 되었다. 그리고 나는 말이 모자로 다가가도록 할 수 있었다. 코로 약간씩 닿게도 할 수 있었다. 하지만 그게 전부였다.

위의 내용은 언제나 동물이 느끼는 매우 특별한 공포에 대한 전형적인 사례다. 그 말이 좋지 않고 두렵게 느낀 것은 사람 머리 위에 놓인 모자였던 것이다. 흰 모자도 아니요, 빨간 모자도 아니요, 파란 모자도 아니었다. 말은 땅바닥에 놓인 모자에는 민감하지 않았지만, 사람이 쓰고 있거나 들고 있는 검은 모자는 두려워했던 것이다.

여러분은 이런 경우를 동물에게서 흔히 본다. 나는 나일론 스키 재킷이 내는 소리를 두려워하는 흰 족제비를 본 적이 있다. 누구든 그 옷을 입는 것만으로도 족제비를 괴롭히는 게 되었다. 족제비가 초점을 맞춘 것은 스키용 재킷에서 나는 소리였다. 즉 족제비가 두려워한 것은 나일론끼리 스치는 소리였던 것이다.

동물원에 갔을 때, 그곳 관리인이 침팬지들이 삼베로 만든 천을 두려워한다고 말한 적이 있었다. 침팬지들은 아프리카에서 처음 잡혔을 때 삼베 주머니에 가두어졌다. 만일 그 침팬지들 우리 안에 삼베 천을 가져다 놓으면 침팬지들은 곧바로 밀짚 아래로 파묻어 버릴 것이다. 자신들의 눈에 띄지 않게 하여 보지 않으려 할 것이다. 그러면 훨씬 느낌이 편안하기 때문이다.

동물의 일반화

동물의 특별함이 어느 정도인지를 이해하는 것은 아주 중요하다. 그렇게 하지 않고서는 동물을 적절히 사회화시킬 수 없기 때문이다. 나는 도축장에서, 태어나서 땅에 발을 디딘 사람을 처음 본 동물이 난폭해지는 광경들을 많이 보아 왔다. 그때까지 그 동물들이 보아 왔던 사람은 말 등에 올라탄 사람들이 전부였다.

그 동물들은 조용하고 부드럽게 자랐고, 매우 곱게 다루어졌다. 그러나 땅에 선 사람을 보자 동물은 혼란에 빠져 버렸고, 사람을 짓밟을 태세였다. 그들이 머릿속에 그리고 있던 사람이라는 개념은 말 등에 올라타고 있거나, 말과 함께 있는 사람 정도였다. 마치 켄타우로스처럼. 동물들은 말 등에 탄 사람은 안전하다는 개념을 땅에 서 있는 사람도 안전하다는 개념으로 자연스럽게 확대시키지 못한 것이다.

다른 사례를 들면, 리처드 샤케는 무저항 훈련법을 고안한 말 훈련사로 매우 유명하다. 그는 사람들에게 말이 오른쪽과 왼쪽 양 방향에서 자신의 등에 사람을 태울 수 있도록 만드는 게 중요하다고 말했다. 말은 좌우 두 방향을 전혀 다른 것으로 인식하므로 그렇게 만들어야 한다. 늘 왼쪽에서만 사람을 태우던 말은 같은 사람이 오른쪽에서 타기만 해도 놀라서 앞발을 들어 올리거나, 앞으로 도망쳐 나갈 수 있다.

개한테도 같은 일이 있다. 최근에 나는 늑대 잡종을 반려동물로 키우는 어떤 여자한테서 재미있는 이야기를 들었다. 나는 그렇게 키우는 것을 권하지 않는다. 그녀가 말하기를, 사람들이 늑대 잡종을 반려동물로 키우고 싶다면, 그 녀석을 4~13주 사이에 단지 남자 보호자만이 아닌 모든 남자는 괜찮다는 쪽으로 사회화시켜야 한다는 것이다. 그렇지 않으면 그 녀석들은 남자 보호자한테는 괜찮지만, 모든 다른 남자를 적으로 생각할 것이다. 동물에게 여성, 아이, 걸음마를 걷는 아이, 아기 들까지 그런 식으로 사회화시켜야 하고, 그 외의 사람들도 분리된 범주로서 사회화시켜야 한다. 걸음마를 걷는 아기들이 모두 괜찮고, 보호자의 부인만이 아닌 모든 여자들이 괜찮다는 식으로 해 나가야 한다.

내가 이렇게 생각하는 이유는 동물은 일반화를 잘 못하기 때문이다. 동물은 '남자 보호자는 괜찮아!' 개념에서 '남자 보호자와 우편집배원은 괜찮아!'로 일반화시키지 않는다. 일반인은 거의 정확하게 반대다. 일반인은 축소 일반화보다는 확대 일반화의 실수를 범하는 경향이 있다. 그래서 대개 선입견은 확대 일반화 쪽이다. 모든 여성은 X이고 모든 남성은 Y이다. 이것은 일반인이 생각하는 방식이지만, 여러분은 적극적으로 동물에게 모든 여자를 여성이라는 범주에 넣도록 가르쳐야만 한다.

나는 동물을 전문적으로 다루는 사람들마저 동물의 입장에서 문제를 짚어 내지 못하는 것을 본다. 그 사람들은 동물의 일반적인 문제를 자신의 방식으로 처리하는 데 너무나 생소하다. 사육자나 관리자가 동물이 무엇을 두려워하는지를 잘 파악하더라도, 일반인들이 동물의 정서와 감각을 갖기란 여전히 어렵기 때문이다. 왜 동물은 사소한 것에 그토록 약한 것일까? 나도 매우 특별하긴 하지만, 해답을 알지 못한다. 그러나 그런 사실은 우리가 잘 모르는 공포와 연관이 있을 것이라 생각한다.

알려지지 않은 것에 대한 공포는 보편적이다. 모든 사람은 미지에 대한 두려움을 가지고 있다. 물론 어느 정도의 테두리 안에서 사람들은 새로운 것과 다양한 것을 좋아하긴 한다. 동물도 그렇다. 동물도 미지에 대한 두려움을 가지고 있지만, 또한 빠져들어 버리기도 한다.

한번 생각해 보면, 동물은 항상 미지의 것과 만난다. 말에서 내린 사람을 본 적이 없는 동물에게 두 다리로 걸어 다니는 사람은 생소한 존재다. 그래서 내가 동물의 머릿속으로 들어가 보는 제일 좋은 방법이라고 생각하는 것은, 여러분 스스로에게 다음과 같은 질문을 반복해서 던져 보는 것이다." 내가 지금 보고 있는 것이 살아오면서 한 번도 눈길을 뒤 보지 않은 것이라면 어떤 느낌일까?"

내 친구는 두 발로 걷는 사람을 보면 공황에 빠져 버리는 소 떼들이 어떤 느낌을 가졌을지 추리해 본 적이 있다." 내가 거실에 앉아서 책을 읽고 있어. 그러다 문득 고개를 든 순간, 낯선 사람이 우리 집 문 앞으로 다가오는데 팔로 걸어오고 있는 거야. 마치 그렇게 걷는 것이 정상이라는 것처럼. 그러면 나는 아마 죽을 만큼 겁날 거야." 그녀는 단지 그렇게 생각만 해도 섬뜩한 느낌이 든다고 말했다.

그런 생각은 누구에게나 두려울 수 있다. 과거에 전혀 본 적이 없는 것, 전혀 기대하지 않은 것을 보면 누구나 두려움을 느끼게 된다. 우리는 생존 본능이 있으므로, 낯선 것과 마주치게 되면 생존을 담당하는 두뇌가 활동을 시작하고 우리에게 외친다." 뭐야? 이거! 뭐냔 말이야?" 그리고" 위험한 거야?"라고 말이다.

공포와 호기심

소들이 호기심을 느끼면서도 두려워하는 사실에 관해서 제3장에서 언급했다. 동물이 호기심을 느끼면서도 두려워한다는 사실 중에서 정말 재미있는 것은 가장 겁이 많은 동물이 동시에 가장 호기심이 많다는 것이다. 여러분은 아마 정반대라고 생각할 것이다. 두려움을 타는 사슴이나 소 같은 먹이 동물은 뭔가 낯설고 이해가 되지 않는 것을 볼 때마다 그냥 피해 나오려고 한다.

그러나 실제로는 그렇지 않다. 두려움이 많은 동물일수록 더 연구하려는 경향이 있다. 인디언은 영양을 사냥할 때 이런 원리를 이용했다. 인디언들이 깃발을 쥐고 땅에 드러누워 있으면 영양들은 무엇인지 확인하려고 가까이 다가왔다. 그때 영양을 잡았던 것이다. 하지만 나는 인디언들이 들소를 잡으려고 그런 식으로 땅에 드러누워 있었다는 말은 들어 보지 못했다. 나는 절대 그러지 않았으리라고 확신한다. 들소는 뼈대가 큰 동물이고, 우리는 골격이 작은 동물보다 골격이 큰 동물이 겁이 적다는 것을 알고 있다. 추측이긴 하지만, 들소는 영양처럼 대평원 한가운데서 펄럭이는 깃발의 정체가 무엇인지 알아봐야 될 정도라고는 생각되지 않는다. 들소는 영양만큼 겁이 많지 않기 때문이다. 들소는 엄청나게 거대하고 힘센 동물이다. 그런 녀석을 겁먹게 하는 것이 있을까? 그러나 소심하고 작은 영양은 두려운 대상이 너무나 많았다. 그래서 영양들은 항상 주변 사물을 살펴보려 했던 것이다.

똑같은 차이점을 말한테서도 볼 수 있다. 아랍종 말은 뼈대가 좋지만 겁이 많고, 반면에 클라이데스데일종은 성질이 차분하다. 아랍종 말을 일단의 클라이데스데일종과 같이 두고서 담에 깃발을 걸어 두면 아랍종 말이 제일 먼저 깃발에 달려든다. 클라이데스데일이 항상 제일 나중일 것이다. 호기심과 공포는 같이 간다.

비록 아무도 확신할 수 없긴 하지만 공포는 지능과도 연관이 있어 보인다. 이 사실을 언급하는 것은, 모든 훈련사들은 아랍종 말이 가장 영리하다고 말하기 때문이다. 우리가 신경이 예민한 동물들이 느긋한 동물들보다 더 지능적이라는 사실을 발견한다면, 그 차이는 아마도 신경이 예민한 동물은 자신의 주변 환경을 더욱 세밀하게 살피고, 더욱 많이 익히려고 했고, 그 과정에서 더 영리해졌기 때문일 것이다.

새롭고 새로운 것

나는 이 모든 의미가 동물은 이전에 본 적이 없는 새로운 것에 갑자기 노출되었을 때 아마도 더 많은 시간을 보내는 것이리라 생각한다. 우선 동물은 사람보다 수명이 제한되어 있다. 단지 동물은 책을 읽지 못하고, TV를 보지 못할 뿐이다. 동물은 사람처럼 많은 대리 경험을 쌓지 못한다. 대부분의 사람들은 이집트의 피라미드를 보지 못했지만, 사진에서 피라미드를 보아 왔기에 실제로 보게 되더라도 놀라지 않을 것 같다.

그러나 두 번째, 동물이 가진 특별함은 동물은 전에 본 적도, 들은 적도, 만져 본 적도, 냄새를 맡아 본 적도, 맛을 본 적도 없는 것과 항상 맞닥뜨리게 된다는 의미이기도 하다. 여러분이 동물처럼 매우 특별한 데다, 살아오면서 개를 별로 본 적이 없는데 작은 개들만 보아 왔다고 치자. 또 닥스훈트라는 거대한 개를 전혀 본 적이 없다고 치면, 여러분이 처음 닥스훈트를 볼 때 자동적으로 개가 아닐 것이라고 생각할 것이다. 우리는 동물이 왜 그토록 특이한지 모르며, 단지 일반인에 비해 동물이 매우 특이한 존재라는 정도만 알 뿐이다. 나는 그 이유로서 동물은 사람보다 훨씬 많은 새로운 것을 늘 접하기 때문이라 생각한다. 그에 비해서 사람은 그저 새로운 것들을 기존의 범주에 자동적으로 포함시켜 버리니까.

그래서 어린 시절의 나는 닥스훈트를 처음 보았을 때 혼란에 빠져 버렸던 것이다. 나는 매우 특이했으므로. 나에게 닥스훈트는 개가 아닌 다른 것이었다. 물론 일반인들에겐 닥스훈트가 단지 또 다른 개였겠지만…….

동물의 두려움은 어떻게 커질까?

내가 앞에서 언급한 것처럼 사람도 두려움을 퍼뜨리기는 마찬가지이지만, 동물은 매우 특별한 방법으로 두려움을 전파한다. 내가 이것과 연관하여 가장 좋은 사례로 드는 것이 마크가 기르는 레드 도그란 개다. 이 녀석은 뜨거운 공기를 주입한 풍선을 극도로 두려워했다. 그 녀석은 뜨거운 공기를 채운 풍선이 수킬로미터 바깥에서 한 점으로 보여도 미쳐 날뛰었다.

콜로라도에서는 열기구를 많이 보유하고 있는데, 레드 도그가 처음 열기구에 겁을 먹은 것은 그 녀석이 사는 개집 바로 위에서 열기구 중의 하나가 고속으로 버너를 점화했을 때였다. 딱 한 번 놀란 경험을 하고 나서, 레드 도그는 열기구를 점점 두려워하게 됐다. 레둑스 박사가 말한 대로 레드 도그의 공포는 약해지지 않고 점차 강렬해져 갔으며, 거리에 상관없이 보이는 모든 열기구를 두려워하기 시작했다.

사람들의 두려움도 같은 식으로 범위가 넓어지기는 한다. 요즘도 레드 도그는 사람과는 다르다고 생각되는 방식으로 두려움의 대상을 넓혀 나가고 있다. 최근에 비행기가 충돌하지 않도록 공중에 매달아 놓은 빨간색 표식 공을 보고도 겁을 먹는다. 그 공들 가운데 하나만 보아도 미쳐 버린다.

어느 날인가 유조차 뒷부분을 보고서 갑자기 이 녀석이 또 미쳐 날뛰기 시작했다. 나는 레둑스 박사의 저서를 읽기 전까지는 레드 도그가 겁을 먹는 물체에 대해 그다지 주의 깊게 생각하지 않았다. 그러던 중에 우연히 레드 도그가 겁을 먹는 것은 단지 같은 물체의 다른 버전일 뿐이라는 것을 깨달았다. 그 세 가지는 모두 둥글고, 붉은색을 띠며, 푸른 하늘과 대비되는 모습이었다. 유조차는 둥글고 뒤쪽이 빨갛게 색칠되어 있었는데, 레드 도그는 마크와 함께 트럭에 타고 있을 때 유조차를 보았던 것이다. 개가 보는 각도에서 유조차의 뒷부분은 아마 하늘에 둘러싸인 것처럼 보였을 것이다.

사람이 원래 두려움을 느끼던 대상이나 두려워하지 않아도 될 상황에서 범위가 넓어지는 것을 레둑스 박사는 '확대 일반화'라고 했다. 공포는 엄청나게 범위가 넓어진다. 자동차 배기관의 불꽃에서 나오는 소리를 들으면 놀라서 어쩔 줄 모르는 베트남 수의사는 사격 소리를 자동차 배기관의 소음으로 확대 일반화시킨 것이다. 레드 도그의 행동도 그러한 것이다. 그 녀석은 매우 특별한 방법으로 확대 일반화시킨 것이다.

사람도 매우 특별하게 확대 일반화를 할 수 있다. 베트남 수의사가 차량의 배기 소음을 듣고서 놀라 어쩔 줄 몰랐던 것도 그런 유형이다. 그러나 동물은 항상 그렇게 한다. 나는 어떤 사람도 빨간색의 열기구에서 느낀 두려움을 유조 트럭의 빨간색 후미를 보고도 느낄 것이라고 생각하지 않는다.

동물은 처음에 두렵게 느꼈던 감각 속에서 확대 일반화시키는 것으로 보인다. 그래서 레드 도그는 그 녀석이 볼 수 있는 것마다 계속해서 일반화시키고 있는 것이다. 사람도 아마 그럴 것이다. 그러나 내가 받은 인상은, 사람이 느끼는 확대 일반화된 공포는 동물보다는 이성적이고 개념이 정해져 있는 성질이라는 것이다. 예를 들어, 나는 비행을 두려워하는 사람들이 엘리베이터로 두려움이 옮겨 갔다는 이야기를 들은 적이 있다. 그것은 열기구에서 하늘의 표식자로 공포의 대상을 넓혀 간 것과는 다르다. 여러분이 엘리베이터에 있는데 줄이 끊어져 떨어진다면 비행기 추락 사고처럼 확실히 죽게 된다. 그러나 어떤 표식 풍선도 여러분의 집 위에서 버너를 연소시키지 않을 것이며, 여러분을 반쯤 죽여 놓을 정도로 두렵게 하지는 않을 것이다. 비행기와 엘리베이터는 개념 적으로 연결되어 있다. 그러나 빨간 열기구와 오렌지색 공중 표식자는 지각적으로나 연결되어 있을 뿐이다.

사람이 느끼는 공포와 동물이 느끼는 공포의 차이점은 아마 동물은 사람보다 세상에 대해 덜 안다는 사실에서 일부 연유할 것이다. 우리는 어떻게 그런 것들이 만들어졌는지 알 수 있지만, 동물은 그렇지 못하다. 레드 도그는 열기구와, 공중 표식자와 액화질소 탱커의 목적을 몰랐던 것이다.

그러나 그게 사실이라 하여도, 동물은 자신의 두려움을 같은 개념적 범주가 아닌 같은 감각적인 범주에 속하는 것으로 넓혀 나가며 일반화 시키려 한다는 사실을 항상 명심해야 한다. 검은 모자에 민감한 반응을 보인 말은 다른 검은 모자를 쓴 카우보이에게도 두려움을 넓혀 나간다. 그러나 다른 모자 전체로 일반화하는 것은 아니다. 동물은 매우 특별하 고, 매우 특별한 방식으로 대상을 넓혀 나간다.

동물의 생활에서 두려움을 멀리하기

동물에게도 사람처럼 외상으로 받은 공포와 평범한 일상의 공포는 차이가 있다. 동물에게 외상성 공포는 항상 좋지 않은 뉴스인데, 그 이 유는 영구히 지속되고 퍼져 나갈 수도 있기 때문이다. 그런 동물에게 효과적인 반공포 행동 프로그램을 시도하려면, 여생 동안 프로그램을 계속해야만 한다. 이것은 매우 어려운 일이면서도, 효과는 별로 없다.

일상의 공포는 다르다. 동물이 원래 불안한 성격이 아니라면, 매일 수천 가지씩 들어오는 공포가 동물의 생활을 망치지는 않을 것이다. 문제는 어떠한 경험이 동물을 손상시킬지 예측하는 것과 어떤 경험이 단지 생각만으로 그칠 정도인지 예측하는 것은 정말 어렵다는 점이다.

보호자들은 보이지 않는 울타리를 설치할지 결정할 때가 되면, 이런 어려운 문제에 직면하게 된다. 보이지 않는 울타리란, 눈으로 보이지 않는 반경을 설정하여 기계가 발산하는 무선 신호를 개 목에 장착된 수신기로 전달하는 장치를 말한다. 개가 한계선으로 접근하면 경고음을 듣게 된다. 만일 개가 경고음을 무시하고 계속해서 접근하면 개는 큰 충격을 받게 된다.* 여러분은 이 장치를 가시 철망을 '경고음과 충격'으로 바꾸어 놓은 담장으로 생각하면 된다. 보이지 않는 울타리의 효과는 대개 만족할 만하다. 나는 모든 보호자에게 구입을 권하고 싶다. 단 사람들이 1,500달러나 들여서 이 장치를 설치했음에도 불구하고 자신의 반려동물에게 값어치는커녕 오히려 골칫거리로 밝혀졌을 때, 나에게 책임지라고 붙잡고 늘어질 우려만 없다면…….

일부 개들이 보이지 않는 울타리에 잘 통제되지 않는 이유는 개마다 느끼는 공포의 정도는 물론 통증의 정도와 관계가 있다. 겁이 적고, 고통을 덜 느끼는 골든레트리버나 래브라도레트리버 같은 개들은 가끔 보이지 않는 장벽을 뚫고 나갈 수도 있다. 나는 어떤 집에서 기르는 골든레트리버가 마당 바깥으로 나가려 할 때 보이지 않는 울타리를 통과한다는 이야기를 알고 있다. 일단 나가고 나면 개는 다시 장벽을 뚫고

---

* 개를 가두어 두는 보이지 않는 담에는 와이어를 땅속에 매설하는 방식과 지상 설치형의 와이어가 없는 방식이 있다.

돌아오려 하지 않는다. 또다시 충격을 받고 싶지 않기 때문이다. 대탈주 (?)를 감행할 때는 약간의 고통쯤은 아랑곳하지 않지만, 집으로 돌아와야 할 때는 다시 그 고통을 감수하고 싶지 않은 것이다.

이 문제는 골치 아픈 일이었는데, 길 옆에 사는 집에서 걸핏하면 마당을 넘어오는 개를 매우 두려워했기 때문이다. 개는 그 집 식구들에게 아무런 위해를 끼치지 않았는데 말이다. 그 집은 개가 집 밖으로 나올 때마다 반드시 거치는 최단 거리에 위치해 있었다. 개는 그 집 대문 바로 앞에 쭈그리고 앉아서 보호자가 집에서 나와 자신을 데려가길 기다리고 있었다. 아마 그 녀석은 그의 보호자를 가장 빨리 불러내는 길은 자신에게 겁을 먹은 집 앞에 죽치고 앉아 있는 것임을 간파한 것 같았다.

예상은 적중했다. 겁을 먹은 가족들은 개를 보자마자 개 보호자한테 거의 5초 간격으로 소리를 질러 댔다. 보호자는 소리를 듣자마자 레트리버에게 경주하듯 뛰어나왔는데, 그 가족들이 얼마나 개를 두려워하는지 잘 알기 때문이었다. 개 보호자가 도착할 때까지 겁을 먹은 가족들은 안으로 문을 걸어 잠그고 바깥으로 발도 내디디려 하지 않았다. 자연히 개 보호자가 자신들이 집에 없을 때 이런 일이 발생하면 어떡하나 하는 노심초사 속에 살았다. 개가 또다시 울타리를 넘어오는 긴급한 상황이 생겨 겁에 질린 가족이 집 안에 갇혀 버리면 어떻게 될까?

나는 잭 러셀 테리어라는 작은 강아지의 이야기를 들은 적이 있다. 이 녀석은 친구인 레트리버가 울타리를 넘어가는 것을 보고 자신도 넘기 시작했다. 레트리버가 유유히 통과한 뒤, 잭 러셀은 땅바닥에 몸을 숙이고, 자신에게 충격이 가해질 곳으로 생각되는 지점을 노려보다가 결국 뛰어나갔다. 개 이야기를 한 사람은 '그 녀석은 마치 다치기로 작정한 것 같았다'고 말했다. 나는 개가 집에 혼자 살거나, 아니면 두 마리 이상이 같이 살더라도 레트리버와 같이 지내는 경우가 아니라면 개는 집 안에 잘 머물 것으로 확신한다. 그렇지만 개는 같이 사는 녀석이 자기만 혼자 두고 뛰쳐나가게 내버려 두지 않는다.

이런 상황들은 겁이 없는 개를 키울 때 생길 수 있다. 매우 드물기는 하지만 말이다. 겁이 많은 개한테 발생할 수 있는 문제들은 더 해결하기 어렵다. 나는 보이지 않는 울타리로 완전히 망가졌다는 개에 대해서는 들어 보지 못했지만, 그와 가까운 사례는 본 적이 있다. 어떤 개들은 작동 반경에 너무 겁을 먹은 나머지 그곳을 지나가는 것조차 거부했다. 목걸이를 착용하든 하지 않든, 그리고 끈을 매달아 산책하러 나가든, 나가지 않든 말이다. 여러분은 경계선을 넘어갈 때 개를 안거나 질질 끌고 가야만 한다.

별로 놀랄 만한 일도 아니지만, 나는 두 살짜리 콜리에 관한 이야기를 들었다. 이 녀석은 자신이 노는 마당에서 너무 겁을 먹은 나머지 집 안에서도 똥을 싸기 시작했다. 보호자가 개를 바깥으로 끌고 나가려 해도 문턱에 버티고 서서 짖어 대기만 했다. 결국 보호자는 포기하고 다시 집 안으로 들어가도록 내버려 두었다. 그러면 개는 카펫에다 똥을 쌌다.

이것은 상당히 흔한 경우다. 대부분의 개들은 보이지 않는 울타리 안에서 즐겁게 지낸다. 그리고 여러분이 줄에다 묶어 밖으로 나갈 때 혼란에 빠지지 않는다. 그러나 보이지 않는 벽이 완벽하게 작동하더라도 여러분은 여전히 모든 상황을 주시해야만 한다. 동물도 사람처럼 한 번 겁을 먹으면 영구적이지만, 두려움을 없애려고 스스로 시험해 보기도 한다.

나는 보이지 않는 벽에서 그런 일이 발생한 것을 알고 있다. 나는 두 마리의 강아지를 위해 땅 위에 보이지 않는 울타리를 설치한 여성과 대화를 나누었다. 정말 기계는 완벽하게 작동했다. 그러나 그녀는 매일 아침 목걸이를 채운다는 것은 개한테 고통이라는 사실을 떠올렸다. 그래서 그녀는 개들이 충격을 주지 않아도 마당을 떠나지 않도록 하기 위해 두 달 정도 부단히 감시하는 방법을 떠올렸다. 마당만 벗어나지 않는다면 개가 목걸이를 채우지 않아도 걱정할 필요가 없을 것이다. 그녀는 자신의 구상을 대학에서 읽었던 스키너 박사가 양을 일단 울타리 내에 머물도록 훈련시킨 후에 기둥 사이에 상징적인 철사 끈만 매놓은 것으로 울타리를 대치했다는 내용에 근거했다고 말했다. 양들은 쉽게 벗어날 수 있음에도 불구하고 철선을 넘어가려 하지 않았을 것이다.

나는 스키너 박사의 이야기에서 그런 내용을 본 적이 없다. 그러나 스키너 박사가 그러한 발견을 했다고 하면, 나는 놀랐을 것이다. 그 여성은 개한테 담장을 시험하기로 했다. 처음에는 만사가 잘 풀렸다. 개들은 목걸이를 하건 말건 경계선 근처에도 가지 않으려 했다. 개들은 목걸이가 자신에게 충격을 준다는 사실과는 연관되지 않은 행동을 했다. 그녀가 개들을 데리고 산책할 때 충격 목걸이를 풀어 주고는 전기 담장 테두리 바깥으로 끌고 나갔기 때문이다. 개들은 목걸이가 있건 없건 간에 충격을 받을까 두려워하고 있었던 것이다.

어느 정도 지난 뒤 그녀는 이제 아침마다 목걸이 채우는 걱정을 하지 않게 되었다. 그게 큰 실수였다. 하루는 그녀가 바깥에서 신문을 읽고 있는데, 개들이 집 옆의 60센티미터 높이의 언덕으로 뛰어갔다가 돌아오는 것이었다. 이 녀석들은 그 짓을 반복해서 하는 듯했다. 비록 그녀가 충분히 주의를 기울이지 않은 것은 확실했지만, 그녀는 개들이 충격이 발생하는 테두리에 위험할 정도로 근접한다고 생각했다. 그러나 그녀는 개들이 스키너 박사의 양처럼 영구히 조건화되었다고 생각했기 때문에 별다른 걱정을 하지 않았다.

그리고 얼마 후, 그녀는 개 두 마리가 없어진 것을 발견했다. 그 녀석들은 몇 시간 동안 돌아오지 않았다. 아마 그녀의 집 가까운 연못에서 즐겁게 장난을 치고 있는 듯했다. 그때부터 문제가 발생했다. 그녀가 목걸이를 채우고, 건전지가 작동하면 개들은 집에 머물렀다. 그러다 그녀가 건전지 교체 시기를 놓치거나 아침에 목걸이를 걸 때 느슨하게 해놓으면 개들은 자유롭다는 사실을 깨닫는 데 그리 오래 걸리지 않았다.

개들이 어떻게 그런 사실을 알았는지는 모른다. 그러나 나에게는 개들이 나름대로 사실을 테스트하고 있었던 것처럼 들린다. 보호자는 며칠간 목걸이를 잊어버렸을 때 같은 상황이 반복된다는 사실을 관찰했다. 첫째로 개들은 목걸이가 있건 없건 보이지 않는 울타리의 안전 범위 내에서 잘 머문다. 그러다 범위를 넓혀 나간다. 목걸이를 차고 나갈 수 있는 한계까지 도달해 본다. 더 치고 나가지는 않는다. 그런 다음 얼마 지나지 않아 개가 사라져 버리는 것이다.

그녀가 계산에 넣지 못한 것은 개들이 안전 범위를 넓혀 나가도 만사 문제없다는 사실을 어떻게 깨달았느냐 하는 것이다. 개들은 그녀가 산책할 때 테두리 바깥으로 데려가려고 하면 여전히 겁을 먹는다. 그런데 개들이 어떻게 시험했단 말인가?

나는 개들이 사람은 느낄 수 없는 신호를 감지했을 것이라 생각한다. 개들은 어떤 미세한 진동을 느끼거나 자신들이 경고음을 발산하는 위험 구역까지 접근하기 전에 수신기에서 나는 조기 경고성 소음을 느꼈을 수도 있다고 생각한다. 개들은 경고음이 나기 전에 스스로 경고하는 것이다. 일단 개들은 예비 경고음이나 감각이 감지되지 않으면 서서히 자신들의 범위를 시험해 보기 시작한다.

내가 그렇게 생각하는 이유는 개들이 경보음을 울리게 한 적이 없다는 점 때문이다. 이것은 개들이 테두리를 벗어나기 시작해도 안전하다는 것을 어떻게든 알았다는 사실을 강하게 시사한다. 만일 개들이 경보기 자체가 작동하는지 가끔씩 시험했다면 목걸이가 채워지는 거의 매일 경보기가 울려 댔을 것이다.

그러나 두 녀석은 자신들이 하는 대로만 행동했다. 마크 트웨인이 말하는 〈뜨거운 스토브 위의 고양이〉는 스토브가 뜨거울 때만 사실이다. '고양이는 뜨거운 뚜껑 위에 앉으려 하지 않았다. 그건 좋다. 그러나 고양이는 차가운 뚜껑 위에도 더 이상 앉아 있으려 하지 않았다.' 이것은 경험상 상처를 입을 정도로 심하게 덴 고양이에게만 진실이다. 혹은 고양이가 높은 데 앉는 것을 좋아한다는 사실 말고도 스토브 위에 앉아 있을 좋은 이유가 전혀 없으면서 별로 뜨겁게 화상을 입지 않은 고양이에게서도 사실일 것이다. 만일 고양이가 스토브에 완전히 겁을 집어 먹지 않고 그저 미심쩍어하는 정도이며 스토브 위에 맛있는 고기가 가득 차 있다고 한다면, 나는 대부분의 고양이는 다시 스토브로 되돌아갈 것이라 생각한다.

두려운 괴물들

동물에게 있어 기질은 전부라 할 만큼 중요하다. 선천적으로 두려움이 너무 많거나, 너무 없는 녀석은 관리하기도 힘들고 같이 살기도 어렵다. 주인과 훈련사는 동물의 기질에 접근 방법을 맞추어야 한다. 이것은 중요하다. 단순히 잘못된 관리가 신경이 예민한 동물에게 상처를 준다는 게 아니라, 소나 말 같은 큰 먹이 동물을 잘못 관리하면 위험하게 만들 수 있다. 말이나 소가 미친 듯이 제자리돌기를 하다 발길질을 하는 동물로 바뀌어 버릴 수 있다. 이런 동물은 제자리돌기만 하다가 뒷발로 발길질을 해 댄다. 이런 일이 생긴다면, 먹이 동물을 길러서 살상무기로 만드는 꼴이 된다. 어리석은 일이다.

주인이 말이나 소에게 재갈을 물리고 고삐를 채우려 훈련시킬 때 이러한 일들이 일어나는 것을 볼 수 있다. 주인들은 진짜 강력한 재갈을 물리고 2미터짜리 고삐를 채워 기둥에 매 놓고, 동물이 기둥과 씨름하다 지쳐 떨어질 때까지 내버려 둔다. 주인의 의도는 동물이 리드에 따라 조용히 걷는 법을 가르치려는 것이다. 그러나 재갈을 물리고 고삐를 채워 마구간 주변에 머물게 하면서 느낌에 익숙해지도록 하려는 게 아니라, 아예 동물의 반항 의지를 꺾어 놓아야만 한다고 생각한다.

무시무시한 훈련 방법이다. 그러나 동물의 기질, 특히 '태어날 때부터 겁이 얼마나 많으냐'에 따라 효과는 달라진다. 홀스타인종과 같이 얌전한 동물은 익숙해진다. 잠시 날뛰고, 뒷걸음치다가 침착해지고, 상황에 익숙해진다. 그런 동물을 거칠게 훈련시키려는 것은 미련한 짓이지만 그 녀석들은 순순히 받아들인다. 보다 민감하고 겁이 많은 동물을 그런 방식으로 훈련시키려 하면, 동물은 두려움에 휩싸여 날뛰므로 통제 불능이 되어 버린다. 그 동물에게 일생 동안 재갈과 고삐를 채우면 절대 무사하지 않을 것이다.

그러나 나중에 위험하게 되는 녀석은 조용한 녀석과 겁이 많은 녀석 중간 정도의 기질을 가진 녀석이다. 그 녀석들을 기둥에 묶어 놓으면 겁을 먹고 계속해서 두려움에 떤다. 그러나 자제력을 잃지는 않는다. 그 녀석들이 제자리돌기와 발길질을 배우는 녀석들이다. 원래 조용한 홀스타인종 같은 동물은 기둥에 묶어 놓아도 제자리를 돌면서 발길질할 거라고 걱정할 필요가 없다. 이 녀석은 자신의 생존이 위협받는다고 느끼지 않기 때문이다. 원래 겁이 많은 동물은 생명이 경각에 달렸다고 강하게 느낀다. 그러나 너무 겁에 질려 버리기 때문에, 그런 상황에서 어떠한 행동도 하지 않는다. 중간쯤 되는 동물은 사람을 죽일 방법을 익힐 정도의 두려움을 가졌다. 고삐와 줄로 거칠게 다루어지고 나면 그 녀석들은 자신의 뒷발 두 개가 엄청난 무기라는 사실을 깨닫게 된다.

나는 이와 같은 가축들을 '겁에 질린 괴물'이라 부른다. 그 동물들은 공포에 완전히 압도되어 버렸기 때문이다. 나는 살러 소를 보았는데, 너무 겁을 먹어서 땅바닥에 앉아 구르기 시작했다. 살러 소는 적재함 가운데서 다리가 줄로 묶여 있었는데 트럭이 움직이자 무릎 아래 살가죽이 벗겨지면서 고통에 시달렸다. 실제로 한 번 본 적이 있는데, 끔찍했다. 아랍종 말에게도 같은 일이 벌어질 수 있다. 이 동물들은 겁에 질린 괴물들이다. 이들은 너무 두려워한 나머지 스스로를 파괴한다.

살러 소가 좋은 점 두 가지는 먹이를 잘 찾아다니고, 훌륭한 어미라는 것이다. 살러 소들은 프랑스 산악 지대에서 살아 왔으며, 풀을 찾아서 이리저리 돌아다녔다. 이 녀석들은 살찌고 오래된 헤어포드 소들은 생각조차 않는 구석과 틈새를 기어오른다. 이 녀석들은 새끼를 위협하면 어떤 것과도 싸우려 한다. 코요테가 덤벼도 언제나 격퇴시킨다. 물론 이 녀석들은 여러분이 새끼들을 어떻게 하려고 할 때는 여러분과도 싸우려 한다는 의미다. 그러므로 주의해야 한다.

반면 홀스타인종 암소는 워낙 조용한 편이고, 좋은 어미는 못 된다. 이 녀석들은 성질이 조용하고, 많은 양의 우유를 생산하게끔 품종이 개량되어 왔고, 사람은 이 녀석들에게서 모성 보호 본능을 박탈해 버렸다. 코요테가 홀스타인종의 새끼들을 노리고 덤비면, 쉽게 물어 챌 수 있다. 홀스타인종을 흥분케 하는 것은 별로 없다. 그러나 홀스타인종 수컷은 겁이 없기 때문에 위험할 수도 있다.

나쁜 행동일까, 두려움일까?

내가 많은 훈련사와 보호자들에게서 느끼는 큰 문제는, 동물의 좋지 않은 행동이 공포에서 비롯될 때를 알지 못한다는 것이다. 나는 두려움이 바탕에 깔린 공격을 일삼는 개를 알고 있다. 그 녀석은 보호자와 함께 산책하다가 언제 어느 때든 누가 가까이 오면 미친 듯이 짖어 댄다. 개는 두렵기 때문에 짖어 대지만, 보호자는 이해하지 못한다. 개는 보호자의 제지마저 무시하고 계속 짖어 댄다. 보호자의 제지는 개를 더욱 흥분시켜, 결국 보호자가 큰 소리를 지르게 된다. 이런 행동은 상황을 악화시킨다. 개는 보호자도 방어를 위해 소리 지른다고 생각해서 더욱 광분하게 되는 것이다.

이런 경우 보호자는 운이 좋다. 이유는 개는 커다란 위험이 닥치기 전에 어떤 일이 생긴다는 것을 알고 있기 때문이다. 일단 개가 두려워해서 공격적이 되었다는 사실을 깨닫게 되자, 개 보호자는 완전히 새로운 프로그램을 시작했다. 보호자가 취한 조치 중의 하나가 자전거가 지나갈 때면 언제나 걸음을 멈추고 개를 땅에 앉아 있게 한 것이다. 보호자는 개를 쓰다듬고 낮은 목소리로 괜찮다고 말해 주었다. 보호자는 그런 방식으로 개를 훨씬 더 조용한 행동으로 인도할 수 있었다.

나는 동물의 기질이 어떠하든 길들이기 위해 처벌을 사용하는 것에 그리 호의적이지 않다고 이미 앞에서 언급했다. 예외일 경우는 먹이를 쫓는 본능에 의해 유발되어 달리는 사람이나 자전거 탄 사람을 쫓거나 하는 경우 등이다. 그러나 어떤 동물에서는 처벌이 훨씬 좋지 않은 결과로 나타난다. 처벌을 멋지게 감수하는 동물도 있다. 그리고 보호자에게서 발산되는 엄청난 분노를 경험하면 완전히 틀어져 버리는 신경이 예민한 동물도 있다.

다루는 방법은 동물에게 맞추어야 한다. 두려움이 많은 동물은 특히 부드럽게 다루어야 한다. 두려움이 적은 동물은 모질게 다루면 안 된다. 그렇게 하다가는 사이가 틀어진다. 나는 파소 피노라는 말을 아르헨티나에서 보았는데, 그 말은 주인이 하는 것은 무엇이든지 받아들였다. 훈련사는 말들을 진짜 가혹하게 대했다. 그들은 말을 복종시키기 위해 때렸고, 말의 코 주위로 말굴레를 철사와 연결했다. 이들이 사용한 말굴레는 날카로운 쇳조각이었고, 말의 얼굴 양쪽에 위치했다. 그리고 말이 얼굴을 위로 들 수 없도록 철사로 연결해 안장을 고정하는 가슴 복대에 연결시켰다. 정상적으로 말굴레는 말의 코를 가로지르는 가죽대에 느슨하게 고정되어 있어야 한다. 사람들은 말이 머리를 젖히는 것을 막기 위해 말굴레를 사용했다. 그리고 일부 훈련사는 말굴레가 말이 뒤로 물러나지 않게 해 준다고 생각했다. 그러나 그렇게 매놓은 말굴레는 말을 미치게 했다. 그렇게 조이게 묶을 필요도 없어 보였고, 코가 베일 정도로 철사에 연결할 필요도 없었다.

모든 말에는 코앞에 0.5센티미터 정도의 뾰족한 쇠붙이가 달려 있었다. 만일 아랍종 말에게 그렇게 한다면 말이 미쳐 버려 다시는 승마를 할 수 없을 것이다. 파소 피노 말은 두려움이 적어 곧 적응했지만, 사람을 증오했다. 내가 말의 이마를 쓰다듬자 말은 이를 드러내 보이면서 귀를 뒤로 눕혔다. 내가 쓰다듬는 동안 계속해서 그렇게 했다. 말은 나를 깨물면 맞을 것이란 사실을 알기 때문이었다. 그러나 말이 그런 식으로 사람을 증오하게 만들 필요는 없다.

일부 훈련사는 거칠게 다루는 것이 효과적이라고 호언한다. 그러나 이런 훈련사들한테서 재미있는 사실은 그 사람들의 말을 보면 전부 뼈대가 좋고, 겁이 없는 종류라는 점이다. 이런 말들은 신경이 쇠약한 말은 여지없이 망가뜨릴 만한 훈련에도 쉽사리 적응하는 부류이다. 마크는 이런 현상을 경주 트랙에서 한 번 보았다. 거친 훈련사들은 항상 크고 무거운 말을 관리했다. 그런 훈련사들은 모두 아랍종 말이 미쳤다고 생각한다. 부드러운 훈련사들은 뼈대가 섬세하고, 신경이 예민한 동물들도 잘 다룬다.

새끼 키우기

얼마 전에 나는 국토 안보국의 기사에서 다음과 같은 글귀를 인용한 기사를 읽었다. "일단 사람을 두렵게 만들면, 두려워하지 않게 하는 것은 어렵다." 심하게 겁을 먹은 동물한테 두려움을 없애는 것은 거의 불가능하기 때문에, 동물이 두려움을 가지지 않게끔 최선을 다해야만 한다.

이 의미는 우선 여러분이 가진 반려동물·동물을 다른 동물이나 우연히 만나게 되는 사람에게 노출시켜야 하고, 어릴 때 그렇게 해야 한다는 점이다. 이미 동물에게 공격성이 생기는 것을 억제하기 위해 다른 동물이나 사람에게 사회화시키는 것이 얼마나 중요한가를 언급했다. 그러나 동물을 다루기 불가능할 정도의 공포가 생기는 것을 예방하기 위해서라도 다른 사람이나 동물에게 노출시키는 것은 중요하다.

승마용 말을 가지고 있다면, 여러분은 그 말에게 발생 가능한 낯선 사물이나 변화에도 침착할 수 있도록 가르쳐야 한다. 초식 동물 역시 담장 위에 노란 레인코트를 걸어 놓거나, 자동차의 보닛을 들어 올릴 때 동물이 접근하게 하는 방법으로 교육을 시도할 수 있다. 어떤 방식이든 가능하다. 여러분은 동물에게 예상치 못한 것을 예상하게끔 가르치는 것이며, 적어도 예상치 못한 일이 생길 때 동물이 충격을 받지 않게 해 주는 것이다.

동물이 어릴 때 시도하면 더 쉬운데, 여러분은 새끼들이 어미의 뒤를 따르게 하기만 해도 목적을 달성할 수 있다. 여러분이 새끼한테 보여 주는 새로운 것에 어미가 두려움을 느끼지 않으면, 새끼들도 겁을 먹지 않게 된다. 이 결과는 미네카 박사가 실험실에서 길러진 원숭이와 뱀을 이용한 실험에서 얻었다.

동물이 다른 동물을 통해 두려움에 대한 면역이 길러질 수 있다는 점은 수의사들이 언급하려고 생각도 하지 않았던 것일 수 있다. 동전에는 양면이 있다. 우선 새로운 반려동물을 기르려 할 때, 그 동물이 처음에 만날 동물들에 대해 주의를 기울여야만 한다. 한 가지 이야기가 머릿속에 떠오른다. 그 이야기는 시간을 두고 입양된 두 마리의 포메라니안에 관한 것으로, 첫 번째 개가 두 번째 개를 엉망으로 가르쳐 놓아서 두 번째 개가 아주 실망스러운 모습이 되어 버린 상황이다.

첫 번째 포메라니안은 집으로 데려왔을 때 두 살 정도였는데, 개는 부인이 데려왔을 때부터 남편에게 죽임을 당할까 봐 두려워했다. 드문 일은 아니다. 나는 많은 동물이 남자들에게 겁을 먹는다는 사실을 발견했다. 그러나 이 녀석은 남편에게 너무 겁을 먹어, 부부는 개가 전에 살던 집에서 십 대 소년에게 학대를 받아서 그렇지 않나 생각했다. 그들은 개를 위해 애썼다. 남편 주위에서 편안하게 머무를 수 있도록 노력했지만, 2년이 지나도 여전히 겁을 먹었다. 집에 남편과 단둘이 남아 있어야 할 때는 자신의 집 안으로 숨어 들어갔다.

2개월이 지나고 나이 든 개가 갑자기 죽었다. 그리고 부부는 두 마리 중 한 마리의 빈 자리를 채우려고 새로운 포메라니안을 데려왔다. 이번에 부부는 개를 집에 데려오기 전에 개가 남자나 혹은 다른 대상에게 어떠한 정서적인 문제가 없는지 확인했다.

첫 주에는 모든 것이 좋았다. 새로 데려온 개는 남편을 두려워하지 않았고, 훌륭하게 적응해 나갔다. 그런데 하룻밤 사이에 태도가 돌변했다. 갑자기 새로 데려온 개도 남편을 두려워하기 시작한 것이다. 남편이 개한테 나쁜 행동은 전혀 하지 않았는데도 개가 남편을 두려워했던 것이다. 그래서 지금은 부인이 외출하면 개들은 두 마리 다 개집 안으로 숨어 들어간다. 여러분에게 말 한마디도 건네지 않을 개 두 마리와 집에 혼자 있어야 한다는 것은 맥이 빠지는 일이다.

나는 새로 온 개가 먼저 있던 녀석으로부터 두려움을 배운 것이라 확신한다. 그 시점까지 개가 모신 보호자는 여성이었고, 그래서 개는 아마 많은 남자들을 보지 못했으며, 남자들도 문제가 없다는 사실을 배우지 못했던 것이다. 동물은 두려워해야 하는 대상을 다른 동물에게서 배운다. 이미 겁을 먹은 포메라니안이 새로운 개에게 남편은 공포의 대상이라고 가르쳤던 것이다.

그들은 새로운 개와 남편을 겁먹은 개한테서 떼어 놓고 좀 더 시간을 보냈어야 했다. 남자들이나 사람들에게 두려움이 없는 개 여러 마리와 같이 보내게 했으면 더 좋았다. 그들은 개를 데려오기 전에 다른 개로부터 잘못된 두려움을 배우기 전에 다른 개를 통해서 남편에 대한 두려움을 없애도록 면역을 시켰어야 했다.

동물들에게 두려움을 가라앉히려고 역할 모델을 사용하는 것은, 경마에서는 오랜 전통이다. 로렌 힐렌브랜드는 자신의 저서《시비스킷》에서 시비스킷은 찰스 하워드가 데려왔을 때 망가진 열차 잔해와 같았다고 했다. 그 말은 지쳐 있었고, 평범해 보였다. 처음 훈련을 맡은 조교는 시비스킷이 달릴 수는 있는데 달리지 않으려 한다고 했고, 게으름 때문이라고 판정을 내렸다. 시비스킷의 또 다른 문제는 몸 만들기에 필요한 만큼 열심히 운동하지 않으려 한다는 것이었다. 갈수록 더 게을러졌다. 조교는 이 문제를 해결하는 방법으로 시비스킷에게 모든 경주에 나가도록 강요했고, 다른 말보다 더 많이 경주에 투입했다. 그는 시비스킷이 너무 많이 쉬려고 하기 때문에 자신이 그렇게 해야만 하고, 게다가 시비스킷이 매우 영리한 녀석이어서 지쳤다 싶으면 스스로 물러나려 한다고 이해하고 있었다.

그러나 그렇게 해도 일이 풀리지 않았다. 시비스킷은 기질상 중간급 말인데, 항상 혹사당하고 너무 많이 달려 침을 뺄을 만큼 버릇없고 엉망이 되어 버렸다.

새로운 훈련사 톰 스미스는 즉시 그 녀석을 진정시켜 줄 동물 친구와 짝을 지어 주기로 결정했다. 로렌 힐렌브랜드는 모든 종류의 길 잃은 동물이 경주마들과 함께 살았다고 적었다. 독일 셰퍼드에서 닭, 원숭이까지. 톰 스미스는 시비스킷을 짝지어 주려고 같은 우리에 암염소를 넣어 주었다. 여러분은 다음에 벌어질 일을 보면서 겁이 보통인 말을 잘못 다룬 게 얼마나 큰 실수인지를 잘 알게 될 것이다.

"저녁 먹고 얼마 지나지 않아, 마사 관리인이 시비스킷이 원을 그리며 걷고 있는 것을 발견했다. 걷고 있던 시비스킷은 겁먹은 양을 이빨로 깨물어 앞뒤로 마구 흔들어 대다가 가슴 높이의 문 너머로 들어 올려 마구간의 통로로 내동댕이쳐 버렸다. 관리인이 양을 구하러 뛰어갔다."

그래서 양을 내보냈다. 톰 스미스는 펌프킨이라는 리더 격 말을 들여보냈다. 펌프킨은 전형적으로 겁이 없는 말이었다. 로렌 힐렌브랜드는 그 말은 폭탄이 터져도 끄떡하지 않을 말이라고 했다. 펌프킨은 망아지 적에 몬태나에서 자랐다.

"그 녀석의 경험은 보통을 넘어서는 것으로, 황소가 뿔로 들이받아 엉덩잇살이 움푹 팬 자국이 지금도 남아 있다. 그 녀석은 베테랑이었고, 어떤 재난이 닥쳐도 명랑함과 침착함으로 대처했다. 펌프킨은 만나는 모든 말에게 호감을 주었고, 철부지 망아지에겐 좋은 양부모가 되었다. 그 녀석은 마사 전체에 진정제와 같은 효과를 발휘했다."

톰 스미스는 펌프킨을 일상 처방의 진정제처럼 이용했다. 그래서 시비스킷에게 펌프킨을 붙여 주었다. 두 마리의 말은 그로부터 일생을 같이 지냈다. 곧 시비스킷은 포카텔이라는 개와 조조라는 원숭이와도 마구간에서 같이 살게 되었다.

이것이 시비스킷의 재활의 시작이었다. 이런 내용은 변덕스러운 동물에게 누구나 적용해볼 수 있다. 특별한 훈련은 필요 없다. 단지 올바르게 연결만 해 주면 된다. 그리고 미쳐 날뛰는 동물에게 암염소를 넣어 주어선 절대 안 된다는 사실도 기억해야 한다.

이열치열

소유하거나 관리하는 동물에게 두려움이 생겨 동물의 생활이나 여러분의 생활에 지장이 초래된다면, 다음 단계에서는 거의 틀림없이 탈감작 훈련이나 반공포 프로그램을 시행해야 한다. 나는 거기에 대해서는 다루지 않겠다. 이에 대한 좋은 책들이 많기 때문이다. 그러나 책만 가지고는 충분하지 않을 수 있으므로, 전문가의 도움을 받아야 할 수도 있다.

환경이 허락된다면 여러분이 노력해 볼 만한 또 하나의 접근 방식이 있다. 그것은 이열치열과 같은 이치로, 매우 특별한 동물의 성격을 매우 특별한 공포와 싸우게 하는 것이다. 이 사실은 내가 목장주에게서 배운 멋진 기술인데, 그는 누구도 탈 수 없는 말을 구입한 적이 있었다. 그 말은 작은 재갈이 채워져서 학대당했다. 그 말이 물었던 재갈에는 혀에 걸리는 결합부가 중간에 있었다. 새 주인은 중간에 결합부가 없는 재갈로 교체해 주었다. 그러자 멋진 말로 거듭났다. 두려운 기억이 영구적이었던 학대받은 쓸모없는 말을, 주인은 불과 30초 만에 재갈만 바꾸어서 완벽한 승마용 말로 거듭나게 한 것이다. 말의 두려움을 나누는 분류는 매우 특이하다. '재갈은 나쁘다'이지만, '모든 재갈이 나쁘진 않다'인 것이다. 말은 결합부가 있는 재갈과 없는 재갈을 연결 짓지 않았던 것이다. 그 둘은 말에게 서로 다른 것이었다.

내가 그 사실을 그전에 알았더라면 더 좋았을 것이다. 내가 대학생일 때 우리 숙모는 나에게 시즐러라는 말을 가져다주셨는데, 그 녀석은 천천히 걷고, 한 발 한 발 속보로 내닫을 땐 완벽했다. 그러나 서너 걸음 정도에서 가벼운 구보를 시키려 하면 날뛰려고 했다. 숙모가 말 판매상에게서 싸구려로 구입한 게 이유였다. 시즐러는 내가 타기에도 너무 위험해, 숙모는 관광 목장에 그 녀석을 사용할 수 없었다. 손님을 내동댕이치는 말을 데리고 있을 수는 없는 일이었다. 그래서 우리는 수집상에게 시즐러를 되팔아야만 했다.

그때 이 사실을 알았더라면 나는 고등학교 때부터 가지고 있던 패드가 다른 영국식 승마 안장을 가져다가 시즐러의 등 위에 얹어 놓았을 것이다. 시즐러는 서부식으로 훈련받은 말이었다. 그 녀석의 등에는 항상 서부 스타일의 안장이 놓였었다. 내가 영국식 안장을 시즐러의 등에 올려놓았다면, 시즐러는 좋은 말이 될 수 있었을 것이라 확신한다. 그 녀석은 영국식 안장이 자기 등에 놓이면 완전히 다른 것으로 생각했을 것이고, 멋지게 새 출발할 수 있었을 것이다.

이 이야기의 교훈은 여러분의 생활에서 동물이 두려움을 가질 경우, 동물이 두려워하는 것을 완전히 없애 줌으로써 문제를 해결할 수 있고, 행운도 따른다는 것이다.

힘센 동물 고르기

두려움이 많은 동물은 유지 및 관리하기에 힘이 많이 드는 경향이 있다. 그러므로 생활에 쉽게 적응할 수 있는 동물을 원한다면 침착하고 겁이 많지 않은 동물을 선택하면 된다. 그렇게 어렵지 않다. 비록 어떤 보증을 가지고 새끼 동물을 고르는 것은 아닐지라도.

개의 경우라면, 나는 애견 관리소에서 잡종견을 입양하면 된다고 확실하게 권할 수 있다. 순종견들은 사육자들이 망쳐 놓는다. 비록 좋은 사육자라고 해도 특정한 성질 한 가지에 지나치게 집착하면 항상 문제가 발생하기 때문이다. 그리고 암컷을 괴롭히는 수탉의 사례에서도 볼 수 있듯, 한 가지 특성을 지나치게 선택하려 하면 결국에 가서는 신경학적인 문제가 발생한다.

순종견 중에는 좋은 혈통도 있고, 로트와일러나 핏불과 같이 멋진 개이긴 하지만 불확실한 종에 속하는 개도 존재하기 마련이다. 그러나 사람들이 로트와일러나 핏불의 공격성은 해결할 수 없는 난제라고 말하도록 내버려 두지 말기를 바란다. 그렇지 않으니까. 기질과 외관은 연관되어 있다. 그 둘 사이에 어떤 연관이 있는지는 잘 모른다. 다만 그렇다는 정도만 알 뿐이다.

내가 외형과 기질 사이의 연관성에 대해 즐겨 드는 사례는 러시아의 드미트리 벨랴예프가 실시했던 은빛 여우를 이용한 사육 실험이다. 벨랴예프 박사는 자연의 선택이 우리가 집에서 기르는 동물한테서 보는 성질을 결정한다고 믿는 유전학자다. 개도 행동에 따라 생존과 번식에 큰 영향을 받았기 때문에 현재의 행동 모습을 가져왔다.

가설을 시험하기 위해서 그는 은빛 여우를 이용해 자연의 선택을 실험하는 연구 환경을 구성했다. 그는 여러 세대에 걸쳐서 야생의 여우를 집에서 기르는 개처럼 바꿀 수 있는지 보고 싶었다. 그래서 각 세대에서 그는 사람의 손길을 잘 받아들일 것 같고, 가장 길들이기 쉬운 여우만 짝 짓게 했다.

그는 1959년에 연구를 시작해서 1985년에 사망했는데, 다른 과학자들이 드미트리가 남긴 연구 유산을 승계했다. 여우는 40년의 세월이 지나는 동안 길들이기 위해 선택적인 번식으로 30대가 내려갔다. 오늘날 그 여우들은 개만큼 길들이기 쉬운 것은 아니지만, 어느 정도 길들이기 쉬운 동물이 되었다. 연구가들은 이 여우들이 어릴 적에 사람의 관심을 끌기 위해 낑낑 울거나 꼬리를 흔드는 따위의 행동을 한다고 말한다. 여우들은 벨랴예프 박사가 생각한 그대로 가축처럼 바뀌고 있는 것이다.

흥미로운 것은 여우의 성질에 따라 외관이 바뀐다는 것이다. 제일 먼저 달라지는 게 털 색깔이다. 은빛에서 검은색과 흰색으로 보더 콜리처럼 바뀌었다. 사진으로 보면 보더 콜리처럼 보인다. 꼬리가 말려 올라가기 시작했으며 어떤 녀석들은 귀가 축 늘어졌다. 다윈은 적어도 특정 국가에서 발견되는 동일한 가축은 모두 늘어진 귀를 가진다고 언급했는데, 그 말을 떠올려 보면 여우가 축 늘어진 귀가 되었다는 사실은 굉장하게 들린다. 하지만 나는 그 말이 무조건 옳다고는 생각하지 않는다. 그 이유는 비록 모든 가축을 통틀어서 볼 때 절반 정도에서는 같은 종 내에서 귀가 늘어진 품종도 한두 가지가 존재한다는 점은 확실하지만, 어떤 나라에서도 늘어진 귀를 가진 말이 존재한다고 생각해 본 적은 없기 때문이다. 내가 알기로 야생에서 늘어진 귀를 가진 동물은 코끼리가 유일하다.

이 동물의 사진을 보고 나서, 나는 뼈대가 굵어졌다고 생각했다. 이 사실은 내가 예상한 것인데, 뼈대가 좋은 동물은 더 예민하다. 벨랴예프는 여우를 온순해지게끔 사육하고 있었다. 그래서 점점 덩치가 크고 뼈대가 굵은 동물을 얻게 된 것이다.

길들여진 여우는 신체적·행동적 차이에 따라 두뇌의 변화도 발생했다. 머리가 좀 작아졌고, 스트레스 호르몬의 수치는 낮아졌으며, 세로토닌 수치가 올라갔다. 머릿속의 이러한 변화로 공격성이 억제된 것이다. 또 다른 흥미로운 변화는 수컷 여우의 두뇌가 암컷처럼 변한 것이다. 수컷의 두개골은 야생 수컷의 두개골보다는 암컷 여우의 두개골 모양에 더 가까웠다.

결국 여우들 중 일부에서 신경학적 문제가 발생했다. 경련을 일으키고, 이상한 자세로 목을 뒤집기 시작했다. 어떤 어미들은 새끼를 먹어치우기까지 했다. 과도하게 지나친 선택에 치우치는 프로그램은 항상 문제를 야기한다.

나는 이런 문제가 순한 기질을 갖도록 사육되는 골든레트리버와 래브라도에서도 발생하지 않을까 궁금하다. 최근 골든레트리버에서 매우 드문 공격 성향의 문제가 생기기 시작했다. 그리고 나는 적어도 한 명의 보호자로부터 자신의 골든레트리버가 매우 설쳐 댄다는 말을 들었다. 그녀는 수년 동안 골든레트리버를 길러 왔다. 그리고 항상 3~4마리를 같이 길렀다. 그래서 그녀는 개들의 차이점을 목격한 것이다. 비록 한 사람의 관찰이지만, 그녀가 말하는 것은 벨랴예프 박사의 실험과 일치한다. 보호자는 공격성에서 별다른 차이를 발견하지 못했지만, 여러분은 너무 조용한 개는 결국 공격성이 올라간다고 예상할 수 있다. 그 이유는 공포는 공격성의 제어 장치인데, 골든레트리버는 겁이 없도록 선택적으로 길러졌기 때문이다. 공격성은 항상 두뇌에서 발작 활동성과 연관이 있다. 그래서 골든레트리버가 발작성 두뇌 활동을 일으키기 시작하면 공격성이 강해진다는 것이다.

잡종견을 선택할 때는 여러분에게 친밀하게 대하고, 잘 따라오는 개를 골라라. 유기견 보관소나 관리소에는 매우 주의가 산만해진 잡종견이 많다. 그래서 여러분에게 개가 새로운 가정에 적응하면 어떻게 될지 말해 주기는 어려울 수도 있지만, 관리소 내라 하더라도 성질이 착한 개는 겁먹은 행동을 하지 않는다.

다른 한편으로 뉴스케테의 수도승들은 다른 처방을 제시했다. 그들은 한 배에서 태어난 강아지라도 외톨이, 공격성이 강한 녀석, 뒤로 물러나는 녀석이 있다고 한다. 그들이 말하기를, 제일 먼저 달려 나오는 녀석을 골라서는 안 되는데, 그런 강아지는 지배성이 강해 나중에 문제 있는 행동을 일으킬 가능성이 가장 높기 때문이라고 한다. 나는 이 의견에 대해서 완전히 동의할 수 없다. 그들은 독일 셰퍼드를 훈련시켰다. 경비견으로 길러지는 셰퍼드나 로트와일러 같은 개들에서는 그 사람들의 의견이 적절할 수도 있다. 태어날 때부터 신경이 예민하거나 수줍음을 타는 순종견 가운데서 선택하는 경우를 가정한다면, 대부분의 사람들은 가장 외향적이면서도 사람에게 우호적인 강아지를 원할 것이다.

모든 강아지를 갑작스럽게 놀라게 해 보는 것도 괜찮은 생각이다. 갑자기 손뼉을 치거나 발을 구르고 나서 강아지의 반응을 보라. 모든 강아지는 갑자기 큰 소리를 들으면 움찔한다. 그러나 너무 놀라서 구석이나 개집으로 도망가는 강아지를 원하지는 않을 것이다. 개 훈련사들도 이런 검사를 변형하여 어떤 개가 좋은 봉사견이 될 수 있는지를 선택하는 데 사용한다. 훈련사들은 강아지 전방 120센티미터 정도 지점에서 무거운 벌목 체인을 땅바닥에 떨어뜨린다. 체인이 땅에 떨어지는 것을 보고 정말로 놀라는 강아지는 장애인을 위한 봉사견으로 적합하지 않은 것이다.

뼈대를 보는 것도 많은 도움이 될 수 있는데, 강하고 건실한 뼈대를 찾도록 하되 뼈대가 너무 가늘거나 마른 개만 찾지 않으면 된다. 말에게도 같은 원리가 적용된다.

어린 말의 기질을 판단하는 데 사용할 수 있는 또 하나의 육체적 특성이 있다. 곱슬머리체의 위치이다. 곱슬머리체란 털이 꼬이면서 생긴 둥근 판 모양으로, 모든 소나 말의 앞이마 꼭대기에 존재한다. 신경이 예민한 동물일수록 위치가 높다. 이 사실을 나와 마크가 최초로 발견했다. 그러나 오랫동안 훈련사들은 그 위치가 높을수록 영리하다고 말해 왔다.

마크와 내가 깨달은 것은, 차이가 지능에 있는 것이 아니라 두려움의 정도와 관련이 있다는 사실이었다. 두려움이 많은 동물은 대개 더 영리하다. 그래서 훈련사들이 선택하는 것이다. 마크가 훈련사와 함께 훈련시키는 말의 종류를 비교하면서 발견한 게 또 하나 있다. 거칠게 훈련시키는 훈련사는 뼈대가 크고, 곱슬머리체의 위치가 낮은 동물을 가지고 있더라는 것이다.

또 다른 색깔에 관한 흥미로운 사실은, 동물에게서 흰색의 털을 적게 가질수록 두려움이 적고 길들이기 쉽다는 사실이다. 나는 앞서 동물의 털 색깔이 별다른 문제가 안 된다고 언급했지만, 너무 밝은 색깔의 털을 가진 동물은 구입하거나 입양하지 않기를 권한다. 나라면 지나치게 백색증에 가까운 동물은 피할 것이며, 덧붙여 파란 눈을 가졌거나, 핑크빛 코이거나, 몸의 대부분이 흰 털로 덮인 동물은 가급적 피할 것이다.

야생의 동물들은 대부분 한 가지 색깔이거나 전부가 반점이거나 혹은 드문드문 반점 무늬로 이루어져 있다. 단지 가축들만이 흰색 털이 넓게 퍼진 부분을 가진 얼룩무늬를 가지고 있다. 벨랴예프의 여우들은 대부분 회색빛에서 시작해 점차 가축화되면서 일부는 흑백 얼룩무늬가 생기기 시작했고, 보더 콜리에서 보이는 색깔과 비슷했다.

나는 흰색 털의 조각을 가진 동물을 계속해서 관찰하고 있다. 나는 특정 부위에 흰색 털이 무리 지어 존재하는 동물은 그렇지 않은 동물보다 덜 수줍어한다는 사실을 발견했다. 벤 킬햄은 야생에서 곰들과 생활하고 있는데, 그가 아는 곰 중 한 마리의 이름을 실제로 흰색 심장White heart으로 지었다. 이유는 그 곰의 가슴에 흰색 털이 있었기 때문이다. 흰색 심장은 가장 친밀한 곰이었고, 그가 가장 가까이 다가갈 수 있는 곰이었지만, 모든 곰이 가지고 있는 사람에 대한 두려움이 없었기 때문에 사냥꾼의 총에 제일 먼저 맞았다. 나중에 나는 아프가니스탄에서 춤을 추고 있는 곰의 사진을 보았는데, 그 녀석들은 모두 가슴에 흰색 털이 잔뜩 나 있었다. 나는 야생 동물들의 사진에서 이런 패턴을 발견하기 시작했다. 데레크 그르젤레프스키는 수달을 촬영한 적이 있었는데 어떤 녀석들은 다른 녀석들에 비해 호기심이 강하고, 조심성이 덜하다고 언급했다. 그가 촬영한 호기심이 강한 두 마리의 수달 사진을 보면 둘 다 목덜미에 흰색 털이 분포함을 알 수 있다. 그중 한 녀석은 카메라를 똑바로 쳐다본다. 그것이 수달을 촬영한 모든 사진에서 유일하게 접사된 사진이다. 내가 생각하기에는 흰색 털이 없는 수달은 사람들과 거리를 유지했기 때문에 그런 것이 아닐까 싶다.

그러한 사실을 통해서 가슴에 흰 털이 약간 분포한 검은 털의 강아지가 자라면 호기심이 많은 녀석이 될 거라고 생각해도 될는지는 잘 모르겠다. 그러나 만일 그런 강아지가 달마시안과 막상막하라는 이야기를 들으면 아마도 놀랄 것 같다.

ANIMALS IN
TRANSLATION

동물은 어떻게 생각할까?

덴버 공항에 주차된 차에 똥을 싸는 비둘기들은 모네와 피카소의 차이를 말할 수 있다. 비둘기들에게는 미술 감식가가 될 만한 소질도 있다. 그 녀석들은 밤이면, 공항에서 가장 비싼 차들이 도열된 주차장 위의 인공 콘크리트 구조물의 틈새에 기거한다. 돈 많은 여행자들은 여행에서 돌아와 자신들의 랜드로버나 렉서스가 비둘기 똥으로 얼룩진 모습을 발견한다. 여행자들에게 비둘기는 깃털 달린 쥐같이 아주 성가신 존재이다.

　조지 페이지는 그의 저서《동물의 마음속에서》에서 비둘기가 피카소와 모네의 그림을 구별하도록 교육받은 유명한 실험을 적어 놓았다. 새들은 쉽게 차이점을 익혔다. 한 비둘기는 모네가 그린 그림 말고, 피카소의 그림을 쪼는 법을 신속하게 배웠고, 반대로도 마찬가지였다. 거기서 그치지 않고, 피카소 초기 스타일과 매우 유사한 마네의 그림을 보여 주었을 때도 비둘기는 모네의 그림이 아닌 마네의 그림을 쪼았다. 새들은 미술에 입문하는 학생 수준의 실수를 범했을 뿐이다.

다른 실험에서, 실험실에서 태어나서 자라, 일생 동안 나무를 본 적이 없는 비둘기는 나무가 들어간 그림을 쪼는 법을 쉽게 익혔다. 이것은 그렇게 놀랍지 않을 수도 있다. 다만 비둘기가 나무의 아주 작은 부분만을 보고도 쫄 수 있다는 사실을 빼면 말이다. 이 녀석들은 나무의 일부분도 여전히 나무라는 사실을 이해했다. 이파리 하나만으로는 전혀 나무같이 보이지 않는데도 말이다. 비둘기는 사람의 생각보다 영리하다.

오늘날 동물 연구가들은 테니스 신발을 신고 다니며 몸집이 작은, 나이 든 여자들의 생각—피피 푸들도 생각을 한다고 말하는—을 결국 받아들이기 시작했다. 그러나 그 생각에 관해서는 여전히 논쟁 중이다. 이 논쟁은 항상 동물은 감정이 없다거나 별로 영리하지 못하다고 생각하는 다수의 전문가들과 동물은 우리가 아는 것보다 더 많은 정보를 이해한다고 생각하는 소수의 연구가들 사이에서 벌어진다. 지저분한 싸움인데, 언제나 한 방향으로만 나가는 듯이 보인다. 항상 공격을 퍼붓는 쪽은 동물 폭로자들이다. 나는 적어도 '동물은 사람이 생각했던 것보다 바보'라고 입증하는 연구를 진행하다가 재정이 삭감되거나 해고당한 사람이 생겼다는 식의 격렬한 학문적인 논쟁은 없었던 것으로 기억한다. 그런 식의 연구는 지금까지 많이 진행되어 왔다. 동물은 별로 할 수 있는 게 없다는 주장은 무례하다고 간주되지 않는다.

다행스럽게도 동물이 우리가 아는 것보다는 영리하다는 주장이 좀 더 모양새를 얻어 가고 있다. 우리가 고맙게 생각하는 주요 연구팀 가운데 하나가 이렌 페퍼버그 박사와 그녀의 25년 된 아프리카 회색 앵무새, 알렉스다. 알렉스는 이제 4~6세 되는 어린아이의 인지 수준까지 도달했다.

알렉스가 그처럼 성공적인 결과를 보여 줄 때까지 그 누구도 새한테 많은 것을 전혀 가르치지 못하고 있었기 때문에, 그 앵무새가 보여 준 성과는 일대 사건이라고 해도 부족함이 없었다. 이는 연구가들이 그렇게 시도하지 않았기 때문이 아니었다. 오랫동안 조류 연구가들은 새들에게 색깔 같은 개념을 가르치려고 했지만, 어떤 새도 그런 개념을 이해하지 못했다. 새들은 익숙한 사물의 인식표도 알아보지 못했는데, 원숭이라면 그 사물들을 인식할 수 있을 것이라는 데 사람들의 견해가 일치했다. 칸지 같은 원숭이의 언어 능력은 전문가들에 따라 극도로 회의적이긴 하지만—칸지는 두 살 반의 아이에 해당하는 수용적 언어 능력이 있다고 한다—, 사람들이 원숭이에게 많은 것을 가르칠 수 있다는 것은 명확하다. 그러나 새들의 언어 수용 능력은 현저히 떨어졌다. 수용적 언어는 이해할 수 있는 언어 능력을 말하고, 표현적 언어 능력의 반대 개념이다. 표현적 언어는 말하거나 적을 수 있는 언어를 말한다*.

그러므로 페퍼버그 박사가 거둔 성공은 놀랍고도 충격적인 일이었다. 알렉스는 그전까지 어떤 새도 성공하지 못했던 색깔이나 모양 같은 분류를 간신히 배우는 수준을 넘어서, 손쉽게 해냈다. 또한 알렉스는 분류법을 습득하자 이전에 본 적이 없는 것도, '무슨 색깔?' 혹은 '무슨 모양?' 정도의 질문에는 스스로 대답할 수 있게 되었다.

이것은 알렉스가 단지 고양이나 개 같은 구체적 분류를 넘어서, 색깔

---

* 자폐인들은 표현적 언어와 수용적 언어 모두가 취약하다. 단지 말을 못한다거나 잘 못한다는 의미가 아니다. 자신들이 말을 할 때 다른 사람들을 이해하지도 못한다는 의미다.

과 모양같이 추상적인 분류까지 이해했다는 것을 의미했다. 페퍼버그 박사는 구체적 분류와 추상적 분류의 차이는 분류와 재분류의 차이라고 했다. 우리는 개와 고양이를 구분하는 것처럼 기본적이고 구체적인 분류에서는 단순 분류법을 사용한다. 구체적인 분류는 영구적이고 안정적이다. 개가 고양이가 될 일은 없을 것이고, 그 반대도 그렇다.

그러나 여러분이 사물을 분류하기 위해 추상적인 분류를 사용한다면 분류 대상물이 여러 범주들 사이를 오가게 된다. 파란색 삼각형은 파란색 사각형의 범주에도 포함될 수 있고, 붉은색 삼각형의 범주에 포함될 수 있다. 색깔이냐? 모양이냐? 혹은 여러분이 분류에 이용하는 기준에 따라서 말이다.

많은 연구가들이 동물도 구체적 분류를 한다는 결과를 제시하고 있다. 이것은 동물은 생존을 위해서, '먹이냐? 아니냐?'와 '거처로 지낼 수 있느냐? 그렇지 못하냐?'와 같은 기본적인 분류들 가운데서 구분해 내는 의미이므로, 오히려 그런 사실을 밝혀내지 못하는 것이 진짜 당혹스러운 것이다. 그러나 동물들이 대부분의 추상적인 분류를 할 수 있느냐 없느냐는 확실한 대답은 연구에서 아직 나오지 않고 있다. 우리는 색깔같이 추상적인 분류는 어린아이들이 익히기에는 어렵다는 것을 알고 있다. 처음에 아이들은 초록색과 붉은색을 그 자체의 분리된 범주라는 사실을 모르고서도, 들판과 브로콜리는 초록색이고 사과와 장미는 붉은색이라고 배운다. 초록색과 붉은색은 단지 사과라는 개념의 일부만 차지할 뿐이다. 동물 행동학자들은 아이들에게 추상적 범주가 형성되는 것이 어렵다면 아마 동물한테도 불가능할 것이라고 추측했다. 그러나 지금은 페퍼버그와 알렉스의 실험 결과를 통해서 그러한 가정이 사실이 아님이 증명되었다.

알렉스는 필요에 따라 사물을 재분류할 수 있다. 만일 페퍼버그 박사가 알렉스에게 파란색 원목의 사각형을 보여 주고 '무슨 색?' 하고 물으면, 알렉스는 '파란색'이라고 대답할 것이다. 그리고 그녀가 알렉스에게 '모양은?' 하고 물으면, 그는 '네모'라고 답한다. 알렉스에게 색깔과 모양은 자신이 배워 왔던 사물에만 국한되지 않고 어떤 사물에게도 적용할 수 있는 추상적인 범주이기 때문이다.

동물은 진정한 인지 능력이 있을까?

나는 동물의 생각을 정의하는 방법론에 있어서, 옥스퍼드에서 동물 행동과 사고를 연구한 마리온 스탬프 도킨스가 고안한 방식을 선호한다. 그녀는 '진정한 인지 능력이라는 것은 없다'는 말로 시작한다. 진정한 인지 능력이란 강하게 각인된 본능적 행동도 아니지만, 그저 단순하게 어림짐작으로 배우는 능력도 아니다.

도킨스 박사에 따르면, 진정한 의미의 인지란 동물이 낯선 환경에서 문제를 해결할 때 생긴다고 한다. 그러한 정의에 의하면 새들은 스타 활동가들이다. 새를 이용한 실험에서 내가 좋아하는 것 중의 하나가 도둑질하는 푸른 어치새 실험이다. 푸른 어치는 자연에서 다른 새들이 훔쳐 가지 못하게 먹이를 잘 감추는 도둑새로 유명하다.

연구가들은 어치에게 다른 새들이 보는 앞에서 먹이를 숨길 수 있는 실험 환경을 설정했다. 그들은 어치 한 무리에게 먹잇감 벌레와 모래가 채워진 냉동실용 트레이를 주었다. 어치들은 모두 다른 새들이 보는 앞에서 모래 속으로 벌레를 숨겼다.

그리고 실험의 다음 단계로, 곁에서 보고 있던 어치들을 잠시 밖으로 내보내자 먹이를 숨겨 놓았던 어치들은 재빨리 묻어 놓은 벌레를 파내어 트레이 속의 다른 곳으로 숨겼다. 어치들은 숨겨 놓은 먹이를 본 동료들이 훔치려 한다고 확신하였고, 또한 다른 어치들이 어디에 먹이를 숨겨 놓았는지 알 거라는 점도 신경쓰고 있었던 것이다. 이런 행동이 진정한 인지이다. 푸른 어치들은 주어진 상황에서 해결책을 찾아낸 것이다.

마크는 자신이 기르는 강아지 레드 도그에게 비슷한 작전을 구사하는 까치 두 마리의 모습을 관찰한 적이 있다. 레드 도그는 소뼈를 먹고 있었다. 그래서 새들은 레드 도그가 먹고 있는 뼈에서 떨어지게 하려고 합동 작전을 꾸몄다. 한 마리가 개를 유인하면 다른 한 마리가 소뼈에 내려앉아 먹기 시작한다. 그런 다음 레드 도그가 뼈가 있는 곳으로 돌아오면 다시 뼈를 먹고 있던 새를 쫓게 되고 그러면 처음에 있던 새가 뼈를 먹는 차례가 된다. 새들은 뼈를 먹기 위해 레드 도그에게 협공을 가한 것이다.

먹이를 차지하기 위해 서로를 속이는 갈까마귀에 관한 정식 실험이 한 번 있었다. 연구가들은 지배자 격인 녀석과 피지배자 격인 녀석으로 이루어진 두 마리의 갈까마귀를 이용해서 실험했다. 실험을 시작하자 지배자 격인 갈까마귀가 연구가가 숨겨 둔 먹이를 대부분 발견했고, 곧 다른 녀석을 쫓아 버리고 혼자만 먹이를 차지했다. 그래서 다른 갈까마귀는 이미 먹이가 없다고 알고 있는 상자에 머리를 조아리며 마치 새로 먹이를 발견한 듯이 지배자 격 갈까마귀를 속이기 시작했다. 갈까마귀가 그 녀석을 뒤따라와 쫓아 버리자, 피지배 격 갈까마귀는 먹이가 든 상자로 머리를 돌렸다. 이런 속임 동작은 지배자 격인 갈까마귀가 추격을 멈추고 자신의 먹이를 지킬 때까지 계속되었다.

까마귀도 정말 영리하다. 베티와 아벨의 연구가 사이언스지에 발표되었을 때 전 세계는 놀라워했다. 연구가들은 두 마리의 까마귀를 이용해 실험했다. 베티와 아벨이라는 이름을 가진 까마귀가 기다란 관 속에 든 먹이를 끄집어내기 위해, 휜 철사를 사용하는지 곧은 철사를 선택하는지를 관찰하는 실험이었다. 첫 번째 실험에서, 아벨이 베티로부터 휜 철사를 낚아채자 베티에게는 곧은 철사만 남게 되었다. 베티는 곧은 철사는 창과 같아서 쓰기 어렵다는 사실을 깨닫고는 고리를 만들기 위해 철사를 굽혔다. 베티는 여러 기술을 선보이며 아홉 번이나 철사를 굽혀서 사용했다. 베티는 사용하기 편리하게 모양을 바꾸고 먹이가 잘 걸리도록 각도를 조절했다.

동물이 이렇게 하는 것을 본 사람은 여태껏 아무도 없다. 얼마 전까지 연구가들은 도구를 사용하는 일은 오로지 사람만 가능하다고 확신했다. 사람들이 1960년대와 1970년대, 침팬지가 도구를 사용한다는 사실을 결국 발견했을 때도 침팬지가 도구를 실제로 만드는 장면은 아무도 보지 못했다. 침팬지는 주변 환경으로부터 잔가지나 잎사귀 같은 도구를 선택한 데 불과했다. 그리고 흰개미 집으로 가지를 집어넣어 매달려 올라온 흰개미를 먹었다. 하지만 베티가 만들어 낸 도구는 침팬지의 경우보다 훨씬 놀라웠다. 철사의 특성이나 철사에 대한 아무런 지식이 없었다는 사실을 고려하면 더욱 놀랍다. 게다가 까마귀들은 철사의 특성에 대해서 알아야 할 이유도 없었다. 자연에서는 어떤 동물도 철사를 굽혀 특정한 모양을 만들고 사용하지 않는다.

나는 아는 사람으로부터 까마귀에 관해서 또 다른 놀라운 이야기를 들었다. 그 남자는 자신의 집을 망가뜨리던 까마귀에게 진절머리를 내고 있었다. 나도 그런 일이 있었다. 무려 5년 동안 우리 집 욕실 창틈을 메운 고무마개를 벗기고 뜯어내던 까마귀가 있었다. 15센티미터의 마개를 뜯어내는 데는 5년이 걸렸고, 그 후에도 계속했다. 까마귀가 워낙 그 일에 빠져들어 있었기 때문에, 마치 본능적이고 강박 충동에 가까운 행동으로 보였다.

욕실 창에서 그 녀석을 쫓아 버리기 위해 모자를 던졌지만 그 녀석은 항상 되돌아왔다. 까마귀가 계속해서 쪼아 댄다면 창문에 물이 스며들 것이다. 그러나 내가 진짜 걱정한 것은 까마귀가 창문의 마개를 다 벗겨 내면, 마개를 먹으려 할 것이고, 그러다가 죽거나 병들지 않을까 하는 것이었다. 이것은 맹목적인 본능이 인지 행동보다 우선하는 경우이다. 어떨 때는 아주 영리한 새도 그처럼 바보가 될 수 있는 것이다.

내가 아는 사람도 아마 비슷한 상황에서 까마귀와 맞닥뜨렸을 것이다. 다만 그는 부드러운 모자보다 훨씬 위험한 무기를 사용하기로 선택했다. 하지만 고약한 침입자를 쏠 기회를 갖지 못했다. 그 이유는 까마귀가 총을 잡으려고 마음먹을 때를 알아차렸기 때문이다. 남자가 마당에서 일할 때 집을 망가뜨렸고, 남자가 집 안으로 들어가 총을 집으면, 멀리 도망가 버리는 일이 계속 반복됐다. 집주인은 완전히 얼떨떨해져 버렸다. 남자가 총을 쏘려는 생각이 전혀 없이 집에 들어가면 까마귀는 마당에 그대로 앉아 있었다. 그가 총을 가져오려고 집 안으로 들어갈 때만 달아났다.

그 녀석은 도망가야 할 때를 어떻게 아는 것일까? 아마 까마귀는 남자의 행동에서 차이점을 간파했을 것이다. 나는 그 남자가 총을 가지러 갈 만큼 흥분해 있을 때는 우선 화가 나서 까마귀를 노려볼 것이라 생각한다. 그러면 까마귀는 위협을 느끼고 달아나는 것이다.

개가 도구를 만드는 것을 본 사람은 아무도 없다. 하지만 개는 낯선 상황에서 문제를 해결할 수 있다. 맹인 안내견은 새로운 상황에서 적절히 반응할 수 있어야 한다. 물론 일부 보조견은 다른 개보다 문제를 잘 해결한다.

어떤 도시에서 도로 설계자들이 교차로에서 휠체어를 사용하기 쉽도록 도로 가장자리를 절개하는 계획을 세웠을 때, 예산을 절약하려고 했다. 정상적으로 사거리에서, 인도에서 차도로 휠체어가 지나가도록 내려오는 절개 경사면은 한 모퉁이당 2개씩 8개가 된다. 설계자들은 예산을 절약하려고 이 숫자를 4개로 줄여 버렸다. 그것은 각 모퉁이가 만나는 직각 지점을 깎아서 한 곳당 하나씩 만든 것으로, 결국 직각이 아닌 면을 포함한 다각의 형태가 되어 반대편 모퉁이와 마주보게 된 형상이었다.

이런 상황은 맹인 안내견에게 큰 문제였다. 개들은 8개의 절개 면이 있는 사거리에서만 훈련받았기 때문이다. 일부 개들은 새롭게 설계된 사거리에서 혼란을 느껴 보호자를 절개면 모서리에서 바로 건너편 대각선으로 넘어가도록 인도했다. 그러나 영리한 개들은 일단 모서리에서 차도로 내려온 다음 옆으로 이동해 원래 절개 면이 있던 자리에서 횡단보도에 위치한 다음 차도를 건너갔다. 개가 새로운 상황에서 문제를 해결한 것이다.

멕시코시티의 들개들은 안내견들보다 더 영리하다. 그 녀석들은 가로등이 있는 교차로에서 무리를 지어 거리를 횡단한다. 아마 사람들이 어떻게 도로를 건너는지 보고 배운 것 같다.

《개들의 숨겨진 생활》의 저자 엘리자베스 마셜 토머스는 자신이 기르는 개가 스스로 교차로가 위험하다고 깨닫는다는 사실을 발견했다.

자유롭게 돌아다니는 그 개는 좌회전이나 우회전하는 차량에 치이지 않기 위해서 모서리가 아닌 도로의 한가운데서 횡단했다. 그렇게 하면 멀리서 다가오는 차량을 볼 수 있고, 갑작스럽게 좌회전이나 우회전하는 차량에 의해 놀라는 순간도 피할 수 있기 때문이다.

농장 일이나 목장 일을 하다 보면, 동물이 우연한 기회에 어찌해서 벽을 뚫고 나가거나 문을 여는 것같이 유용한 것을 배우는 상황을 볼 때가 있다. 아마 진정한 인지는 아닐 것이다. 그러나 이 동물들 중의 일부는 상당히 영리하다. 게다가 들판에서는 무엇이 진정한 인지이고, 인지가 아닌지 말하기 어렵다. 대부분의 소와 말들은 절대로 문을 열려고 빗장에 접촉하는 짓을 하지 않는다. 사람들이 빗장 여는 것을 수천 번이나 보았으면서도 말이다. 그러나 만일 동물이 우연히 빗장 여는 방법을 알게 된다면 절대 그만두지 않는다. 까먹지도 않고, 그 행동을 그만두게 하려는 훈련도 먹히지 않는다.

우리 숙모에게는, 문틈으로 머리를 들이밀고 위로 들어 올려 문 여는 방법을 터득한 말이 있었다. 그 녀석이 더 이상 그렇게 못하도록 한 유일한 방법은 벽 위쪽에다 뾰족한 물체를 달아 놓는 일이었다. 일단 한 녀석이 어떻게 문을 여는지 알게 되면 곧 다른 동물들도 옆에서 보고 배운다. 그러면 여러분은 골치 아픈 문제를 떠안게 된다.

골치 아픈 문제란 소가 담을 넘어가 버리는 일 같은 것이다. 나는 매년 변호사들로부터 소가 고속도로로 풀려 나가 차에 치였다는 전화를 20차례 정도 받는다. 이럴 경우 운전자들은 항상 목장주들을 상대로 동물의 부적절한 관리를 이유로 소송하려고 한다. 나는 변호사에게 일단 벽을 뚫고 나가는 방법을 알게 된 소를 풀밭 안에 가두어 둘 수 있는 재질의 담장은 시장에 없다고 설명해야 했다. 강철제 담장이 소들을 물리적으로 가두어 둘 만큼 강하기는 하지만, 너무 비싸기 때문에 모든 방목 초원에 설치할 수 없다. 목장주들이 설치한 담장은 소들 스스로가 담을 뚫고 나갈 힘이 없다고 느낄 때만 소들을 가두어 놓는 역할을 한다.

담을 넘어가는 것은 인지 행동인가? 가끔은 그렇지만, 안 그럴 수도 있다. 대개 소들은 우연한 기회에 어떻게 담을 뚫고 나가는지를 알게 된다. 소들은 담 건너편에 더 신선한 풀이 보이면 담을 밀어붙이려 한다. 담이 무너질 때까지 그런 행동은 계속된다. 그러다 보면 소들은 적절한 결론을 내린다. '내가 담을 밀어붙이면 원하는 곳으로 나가서 먹을 수 있겠다.' 또한 동물들은 아마도 우연이겠지만, 전기담을 통과하더라도 불과 수 초 정도만 아플 뿐이라는 사실도 알게 된다. 우리는 전기가 흐르는 울타리를 통과하는 법을 배운 돼지가 종종 전기선에 닿기도 전에 끽끽 소리를 지르는 것도 알고 있다. 그 녀석들은 울타리에 닿으면 어떤 일이 닥칠지 알고 있기 때문이다.

어떤 소들은 단순히 시행착오를 거쳐 벽을 통과하는 법을 배운다. 그러나 소에 따라서는 우연히 배운 것을 체계화하기 시작한다. 애리조나 고원 지대에는 벽부수기 챔피언인 어떤 황소가 있었다. 황소는 악명 높은 담장 파괴자였다. 일단 황소가 담장을 파괴하는 법을 익혀 버리면 제어하기가 매우 어렵다. 그 녀석은 정부 표준인 고품질의 네 가닥 가시철조망을 부수는 방법을 알았다. 어느 날엔가 황소는 새롭게 시판된 4개 회사의 신형 철조망까지 통과해 버렸다. 나는 훗날 그 녀석이 부술 수 없을 만큼 튼튼한 마구간 모서리에 묶인 모습을 보았다.

그곳에 있던 우리 모두는 그 황소가 가시철조망을 자르지 않고도 그토록 많이 파괴할 수 있다는 사실에 놀랐다. 그 녀석의 얼룩 가죽에는 생채기 하나 없었다. 이것은 인지 행동이다. 그 녀석은 자르지 않고도 가시철조망을 넘어뜨릴 방법을 알았다. 아무도 그 녀석의 행동을 보지 못했지만, 그 녀석은 우선 머리를 들이밀어 기둥을 넘어뜨린 다음, 그 밖으로 걸어 나가면 철조망을 손상시키지 않는다는 사실을 알았음이 틀림없다. 그 녀석은 매우 주의 깊은 녀석이었다.

홀스타인종 수소들에 관해서도 비슷한 이야기가 있다. 그 녀석들은 빨기를 매우 좋아해서 방목장 안의 모든 것을 빨아 댄다. 담장과 문까지도. 소들이 과도하게 빨아 대는 것은 비정상적이지만, 우유를 많이 생산하기 위해 홀스타인종을 사육한 방식의 부작용일지도 모른다. 홀스타인종은 많은 우유를 만들어 내기 위해 많은 양의 사료를 먹도록 키워졌다. 그래서 항상 입과 혀에 무엇인가를 씹고 맛보고 싶도록 만들어진 것이다. 이 소들은 무엇이든 먹고, 빨고, 혀로 다루는 데 능숙하다. 그 녀석들의 습성이 워낙 지독해서, 만일 그 녀석들 우리 안에 트랙터를 가져다 놓으면 소들은 페인트를 뜯어먹고 모든 수압 호스를 씹어 버릴 것이며, 결국 트랙터를 망쳐 놓을 것이다. 반면 다른 소들은 그냥 킁킁거리기만 할 뿐이다.

이런 빨기와 혀놀림 덕분에 홀스타인종 수소들은, 다른 소들은 시도도 해 보지 않는 문을 여는 단계까지 이르게 된다. 그러나 나는 이것이 진짜 문제 해결이라고는 생각하지 않는다. 그저 즐거운 우연에 불과하다. 그냥 빨고 혀를 놀리고 싶었던 본능이 자신들이 문을 열 수 있다는 발견에 이른 것이다. 일단 문 여는 법을 배우고 나면 바깥으로 나가고 싶어 한다. 목장에서 한 무리의 홀스타인종이 우리에서 빠져나가 사무실로 몰려가 창문을 빨아 대고 관리자의 사물함에서 페인트를 벗겨 먹는 것이다. 홀스타인종을 축사 안에 가두어 둘 유일한 빗장은 개 목걸이의 걸쇠 같은 문에 달린 형태뿐이다. 그 소들은 볼트를 끼워 넣는 방식의 빗장은 전부 열 수 있다.

동물이 사람만큼 영리할까?

나를 포함해서 누구도 이 질문에 대답할 수 없을 것이다 IQ를 근거로 사람이 만물의 영장이라고 믿었던 연구가들의 예상은 완전히 빗나갔다. 그것은 연구가들의 생각이지, 그들이 아는 것이 아니다. 비록 사람과 포유류가 많은 부분에서 유사하긴 하지만, 다른 면에서는 서로 완전히 다른 '외계체'라고 생각한다. 동물은 우리가 많은 실험과 연구에서 동물이 사람에게 말을 한다고 생각했던 것이 아마 우리의 착각이었다고 말할 것 같다.

알렉스를 이용한 실험을 통해 페퍼버그 박사가 만들어 낸 돌파구에서 연구가들은 생각을 다시 하게 되었다. 이것은 단지 우리가 알고 있던 것들이 계속 변화한다는 것이 아니라 우리가 동물이 어떻게 생각하는지 발견하기 위해 노력하는 방법들이 간혹 바뀌기도 한다는 것이다. 이것이 페퍼버그 박사 이야기의 교훈이다. 다른 사람들은 실패한 분야에서 결국 성공한 이유는, 새가 배우지 못한다는 것은 새의 문제가 아니라 연구가들의 문제일 것이라고 생각한 최초의 사람이었기 때문이다.

그때까지 앵무새를 이용한 모든 실험은 고전적인 시행착오적 학습 방식을 기반으로 하여 진행되었다. 시행착오적 학습 방식이란 다른 말로 도구적 조건 부여나 자극 반응 학습이라 불리는데, 동물이 자신이 원하는 것을 얻기 위해서 무언가를 배울 때를 말한다. 먹이 조각을 얻으려 손잡이를 누르는 법을 익힌 들쥐는 도구적 조건 부여를 받은 것이다. 시행착오적 학습법을 적용하려면 연구가는 어떤 새에게 빨간색 삼각형과 파란색 삼각형을 보여 주고 '파란색을 만져라'라고 말한다. 그런 후에 새가 우연히 파란색 삼각형을 쪼면 먹이 조각으로 보상을 해 준다. 새가 빨간 삼각형을 쪼면 보상을 해 주지 않는다. 잠시 후 새는 파란색을 익히게 되는데, 새가 파란색을 만지라는 말을 들을 때마다 파란색 삼각형을 쪼면 먹이를 보상받기 때문이다. 이런 것이 전형적인 행동주의 심리학이다.

문제는 어떤 새도 여태껏 '파란색'을 배우지 않았다는 것이다. 그 새들은 '빨간색'도 익히지 않았다. 실제로 아무것도 배우지 않은 것이다. 원숭이는 그런 환경에서 그리 많이 배우지 못했었다. 그러나 어떤 연구가도 그런 말을 듣고 싶어 하지 않는데, 그 이유는 실험실에서 자극 반응 실험을 하는 것이 동물의 정상 행동에서 자연스럽게 사물을 배워 나가는 것을 관찰하는 것보다 더 과학적이라고 생각하기 때문이다. 소수의 연구가들이 보다 자연적인 환경을 만들어 원숭이를 학습시키기 시작하자, 그들은 비과학적이라거나 비통제 실험을 한다고 비난받았다. "과학에서 비통제 실험만큼 나쁜 것은 없다."*

페퍼버그는 도구적 조건 부여 실험은 전부 포기하고, 사회 모델 이론이라는 다른 분파의 행동주의를 시도했다. 앨버트 반두라는 1970년대

---

* 통제 실험이란 여러분이 실험군과 대조군의 두 집단을 가지고 실험하는 것으로, 이 두 집단은 실험에서 변수를 제외하고는 동등하다. 약물 실험에서 한 집단에는 실험약을 또 다른 집단에는 위약을 주는 것도 통제 실험의 한 사례가 된다. 실험적 연구에서 가장 바람직한 표본은 이중 맹검법이다. 이것은 연구가도 피연구가도 어떤 집단에서 약물이 투여되는지를 실험 종료 때까지 알 수 없는 방법을 말한다.

에 스탠퍼드 대학에서 사회 모델 이론을 창시했는데 그는 실제 사람과 실제 동물이 실제 환경에서 배울 수 있는지를 어떻게 생각하느냐에 기초를 두었다. 수년 동안 행동주의자들은 동물과 사람은 시행착오적 방법이나 고전적 조건부 실험 양자를 통해 알게 된 모든 것을 배운다고 가정했다.

그러나 반두라 박사는 동물이 실험실에서 하는 자극 반사 학습은 단지 시행착오를 배우는 것에 불과하다고 지적했다. 동물은 보상받는 행동은 더 하게 되고, 처벌을 받거나 부정적으로 강화되는 행동은 덜 하게 된다.

이 말은 야생에서 의미하는 것을 여러분이 생각할 때까지 학습하는 방법으로, 논리적으로 들린다. 실제 세계에서 시행착오 학습은 많은 동물에게 죽음으로 이어졌을 뿐이다. 만일 아기 영양이 사자로부터 달아나는 법을 배우는 유일한 방법이 사자로부터 달아나지 않을 때 어떤 일이 발생하는지를 확인하는 것이라 치면 어떤 영양이 살아남겠는가. 곧 잡아먹을 영양이 없으니, 사자도 사라지게 된다.

반두라 박사는 동물과 사람은 엄청난 관찰 학습을 해야만 한다고 믿었다. 그는 어린 영양은 다른 영양들이 사자로부터 달아나는 모습을 보고 도망가는 법을 배워서 똑같이 한다고 생각했다. 오늘날 우리는 반두라 박사가 옳음을 알고 있다. 원숭이와 뱀에 대한 수전 미네카의 연구 결과가 이를 뒷받침한 덕분이다.

반두라 박사는 사회 모델 이론으로 어떤 것은 확실히 증명했지만, 동물의 학습 연구에 이 이론을 적용하고자 하는 사람에게는 들어맞지 않았다. 이 부분이 페퍼버그 박사의 혁신이었다. 그녀는 알렉스에게 사회 모델 환경을 구성했다. 알렉스라는 새 한 마리가 사람 한 명에게 배우도록 한 게 아니라 새 한 마리를 두 사람이서 가르치게 했다. 그리고 알렉스를 직접 가르치지 않고, 알렉스가 자신의 횃대에 앉아서 보는 동안 다른 사람을 가르쳤다. 이전까지는 동물에게 직접 가르치기만 했다.

그녀는 앵무새가 제일 좋아하는, 바삭거리는 소리가 나는 나무껍질을 학습 도구로 사용했다. 동물과 사람 모두 그들에게 음식같이 중요한 것과 여러분이 배우기 위해 주목해야만 하는 것에 주의를 더 기울인다. 야생에서 앵무새는 파란색 삼각형에 관심을 두지 않는다. 그런데 왜 앵무새는 실험실에서 파란색 삼각형에 관심을 두어야만 했는가? 앵무새는 관심을 기울이지 않았다.

페퍼버그 박사는 알렉스가 파란 색깔을 깨우치도록 원했을 경우, 바삭바삭 소리가 나는 나무껍질을 집어 들고 파랗게 칠했다. 그리고 그녀는 알렉스와 연구 조수와 같이 앉아서 조수에게 물었다. "무슨 색?"

조수가 옳은 대답을 했을 경우 조수는 나뭇잎을 가지고 놀았고, 대답이 틀리면 나뭇잎을 가지고 놀지 못했다. 알렉스가 한 것은 그저 옆에서 본 게 전부였다. 페퍼버그 박사는 그녀가 시도한 실험 기법을 모델과 라이벌로 명명했다. 왜냐하면 조수는 알렉스에게 따라 하도록 보인 모델이었고, 페퍼버그 박사가 수업에서 사용한 모든 아이템에 있어서는 알렉스와 라이벌이었다. 그녀는 알렉스와 조수 사이에 부족한 자원을 이용해 경쟁 심리를 유발시켰다.

모델 이론을 사용하면서 큰 돌파구가 이루어졌다. 알렉스는 많이 배워서 점차 자신에게 질문하도록 요구하기 시작했다. 하루는 거울 속에 비친 자신의 형상을 보고 페퍼버그 박사에게 물었다. "무슨 색?"

그는 자신의 털 색깔을 여섯 번 묻고 나서야 대답을 듣는 것 같았다. "회색이야. 넌 회색 앵무새야." 여섯 번을 대답했다. 알렉스는 한 범주로서 회색을 알았다. 그 이후 알렉스는 훈련사에게 그녀가 보여 주는 사물이 회색인지 아닌지를 대답할 수 있었다.

이 결과는 내가 아는 한 기적이라 하기에 부족함이 없다. 알렉스는 질문에 대답하도록 배우지 않았다. 자연스럽게 자신의 의지로 그렇게 한 것이다. 믿을 수 없다. 왜냐하면 자폐아들의 학습 과정을 판단해 보건대, 질문을 하는 것은 문장을 만드는 것과는 또 다른 기술이었다. 대개 자폐아들은 질문을 잘하지 않는데, 그중의 일부는 절대로 질문하지 않는다. 내가 아는 어떤 자폐아의 어머니는, 두 살 때 말을 시작한 올해 16세인 아이가 자신에게 질문한 횟수가 오늘날까지 한 손에 꼽을 정도라고 했다.

질문을 하는 것은 매우 중요하다. 산타바바라 소재 캘리포니아 대학의 자폐아 연구 훈련 센터의 보브와 린 쾨겔이 운영하는 자폐아 클리닉에서는 자폐 아동들에게 질문을 하도록 지도하고 나서 놀랄 만한 성과가 있었다고 했다. 나는 사람들이 원숭이와 돌고래들에게 늘 질문에 대답만 하도록 하는 대신 질문을 하게끔 가르친다면 언어 이해에 있어 주목할 만한 성과를 얻을 수 있지 않을까 생각한다.

사람에겐 쉽지만 동물에겐 어려운 '학습'

대부분의 새와 동물은 우리가 알고 있는 것 이상으로 영리하다. 그렇다고 사람이 가진 한계가 동물에게는 없다는 의미는 아니다.

나는 사람과 포유류 사이의 주요한 차이 중 하나가 우리 사람이 가진 보다 크고 발달된 전두엽이라고 여러 차례 언급했다. 더 큰 전두엽을 가짐으로써 얻는 큰 혜택은 사람은 더 많은 작동 기억을 가진다는 점이다. 그래서 작동 기억은 일반 지능에 매우 중요한 요소다. 만일 동물에게 전반적인 작동 기억이 부족하다면, 동물의 일반 인지 능력에 큰 차이가 발생할 것이다.

내가 던지는 질문은, 여러분은 사람과 작동 기억이 많은 동물과 그렇지 않은 동물 사이에서 어떤 차이를 보게 될 것인가 하는 것이다. 내 두뇌를 이용해서 이 문제를 시작하면 좋을 것 같다. 나의 작동 기억은 엉망이기 때문이다. 내 머리를 컴퓨터로 비유하자면, 하드 디스크 메모리의 용량은 매우 크지만 연산 처리 장치는 엉망이라고 보면 된다. 결과적으로 나는 한꺼번에 여러 가지를 처리해야 하는 상황에서 매우 곤란을 겪는데, 예를 들자면 한 번에 주제를 바꾸면서 대화를 하는 것 같은 일이다. 암산도 무척 어렵다. 나는 다른 일을 하는 동안에는 숫자를 단 하나도 기억하지 못한다. 두 자릿수 암산을 하려면 머리에서 쥐가 난다. 나는 볼 수 있는 곳에 기록해 놓지 않는 다음에는, 세 자릿수 더하기는 엄두도 못 낸다.

우리는 동물에게 동시다발적으로 임무를 맡기거나 암산을 요구한 적이 없다. 동물이 순서를 지켜야 하는 상황에서 이런 차이를 쉽게 볼 수 있다*. 동물은 순서에 능하지 못하다. 개가 개 목걸이나 끈에 꼬인 채 묶여 있는 경우가 좋은 예이다. 보호자들은 나무에 끈이 꼬여 개가 꼼짝도 못하는 모습을 보면 항상 놀란다.

동물은 자신이 그곳에 있게 된 사건의 순서를 기억하지 못한다. 그

---

* 여기서 동물은 가축류와 영장류를 말하는 것이고, 조류와 돌고래 같은 해양 포유류는 포함하지 않았다. 새와 돌고래는 우리와 다른 뇌 구조를 가졌고, 나는 그들의 순서 능력에 대해 언급할 만큼 충분히 알지 못한다.

래서 개는 자신의 스텝을 되밟을 수 없다. 개가 처음부터 다시 시작해서 이해하려고 해도 똑같은 문제가 발생하는 것이다. 처음부터 잘되지 않았다면, 개는 다른 동작을 시험할 동안 마음속으로 실패를 간직할 수 있어야만 한다. 개는 아마도 이렇게 하기에 충분한 작동 기억을 가지고 있지 못한 것 같다. 개는 해가 저물고 낯선 거리에서 우왕좌왕 운전하는 사람과 같다. 이런 상황에서 우수한 작동 기억을 가진 일반인은 결국 제자리를 맴돌게 될 수 있는데, 그 이유는 자신의 작동 기억에서 한계에 봉착하기 때문이다. 그는 새로운 길을 헤맬 동안, 이미 시도했던 모든 길을 작동 기억 안에 붙잡아 둘 수 없다. 그래서 그는 처음 출발했던 길로 돌아가기 전까지는 같은 길이라는 사실을 깨닫지 못한 채 이 과정을 계속 반복하게 된다.

예를 들어, 쇼에서 공연할 때처럼 개도 엄청난 직접 훈련을 통해 순서를 익힐 수 있다. 그러나 나는 개가 쇼에서 순서를 익히는 것은 내가 거대한 도축장에서 벌어지는 일의 순서를 익히는 것만큼이나 어렵지 않나 생각한다. 처음에 거대한 공장에 갔을 때, 나는 그 공장의 공장장이 복합 공정의 순서를 전부 파악한다는 사실에 놀랐다. 사람이 어떻게 그처럼 얽히고설킨 것을 이해하고 기억하는지 모르겠다.

1970년대 초반 나는 3년 동안 화요일 오후마다 규모가 큰 도축장을 방문했었다. 나는 도축된 가축이 공정 처리되어 1백여 명의 직원들이 포장 작업을 하는 층이 내려다보이는 좁은 통로에서 몇 시간 동안 서 있곤 했다. 그곳은 시각적으로 사소한 것들의 집합체였고, 매주 화요일 오후에 내 머릿속으로 엄청난 양의 정보가 다운로드됐다.

처음부터, 나는 주의를 끄는 진짜 사소한 것에 시선을 맞추었다. 공장장 보브는 내가 그에게 껍질을 벗기는 과정에서 동물이 어떤 식으로 체인에 매달리게 되는가 같은 시시콜콜한 질문을 계속하자 놀라워했다. 확실히 일반인은 현장에서 세세한 것을 몰라도 요점만을 정리할 수 있다. 하지만 나는 그렇지 못하다.

아마 동물들과 비슷하게 사고하는 나 같은 사람들의 큰 결점은 복잡한 과정을 이해하기 위해서, 세세한 항목까지 다운로드 받으려면 시간이 너무 오래 걸린다는 점이다. 그렇게 하려면, 나만의 가상 컴퓨터 화면을 만들어야 한다. 그리고 머릿속으로 공장 안의 비디오 화면을 전체 다운로드하는 데 6개월은 걸린다. 즉, 화요일 오후가 스물네 번 필요하다는 말이다.

그러던 어느 날 갑자기 모든 것이 단순해 보이기 시작했다. 나는 내 머릿속에서 그 공장 전체를 걸어 다닐 수 있었기에, 더 이상 처리 과정을 기억하지 못해 걱정할 필요가 없었다. 모든 처리 과정은 다음 과정과 연결되어 있었다. 그래서 나는 수백 가지의 세세한 장면을 한꺼번에 작동 기억 속에 담아 놓아야만 했다. 나는 한 번에 한 과정만을 기억할 수 있었고, 그 이후에야 다음 단계로 넘어갔다.

나에게 머릿속으로 암산을 한다거나 순서를 익히려 하는 것은 여러분의 컴퓨터에서 창 하나를 더 열어 놓는 것 이상의 의미다. 만일 내가 49 더하기 56을 계산하려 하면 우선 뒷자리 9 더하기 6을 해서 15로 만들고 앞자리 1을 얻는다. 그게 나의 첫 번째 계산 창이다.

그러나 다음에 9 더하기 6의 창을 닫고서 새롭게 4 더하기 5의 창을 여는 데 많은 시간이 걸린다. 새로운 창이 열릴 때까지 나는 4와 5를 계속해서 기억하지 못한다. 혹은 내가 앞자리 4와 5를 기억하려 한다면, 그 창은 닫혀 버리고 다시 내가 처음 더했던 15를 잊어버렸던 9 더하기 6의 창을 열어야 한다. 나는 오랜 시간이 걸려야만 계산을 마무리할 수 있다. 동물도 그렇지 않을까 싶다.

모든 공정을 내 머릿속의 윈도우 시스템으로 저장했을 때 큰 돌파구가 열렸다. 그 이후로는 앞뒤로 왔다 갔다 할 필요가 없었다. 나는 전체 공정을 이해하고 기억할 수 있었고, 그다음부터는 다른 공장을 방문해서, 비록 작업장의 배치는 다르더라도, 낯익은 기계를 쉽게 떠올릴 수 있었다. 개도 자신이 배운 순서를 윈도우 하나로 정리하려면 아마 모든 과정을 알아야만 할 것이다. 그런 일이 생길 수 있다면, 개도 사람이 순서를 기억하는 방법으로 순서를 기억할 수 있지 않을까 생각한다. 개가 무엇을 하는지 이해하면, 새로운 상황에도 배운 것을 적용할 수 있다. 그게 내 추측이다.

말이 없는 사람

1974년에 철학자 토마스 나겔이 쓴 《박쥐가 되려는 것은 어떤 것인가?》라는 수필은 지금까지도 많은 학자들 사이에서 논쟁이 되고 있다. 내가 생각하기에, 30년 후에도 대다수의 연구가들은 박쥐가 된다는 것은 어떤 것인지를 알 수 없다고 말할 것이다. 비록 왜 그런지에 대해서는 서로 의견이 일치하지 않겠지만 말이다.

나 같은 사람에게 '박쥐가 되려는 것은 어떤 것인가?'라는 질문은 적절하지 않다. 너무 추상적인 질문이기 때문이다. 나는 박쥐가 되려는 것이 어떤 것인가는 절대로 이해하지 못하며, 박쥐도 나라는 사람이 된다는 것이 어떤 것인지를 절대로 알지 못할 것이다. 물론 나겔 교수는 그저 감정 이입적인 내용을 말한 것이 아니고, 과학적인 방법에 관한 것과 여러분이 지금껏 두뇌 생물학의 용어로 충분히 의식을 설명할 수 있는지에 관해 언급한 것이었다. 그렇다고 해서 내 입장이 달라지지는 않는다. 다만 내가 박쥐가 되는 것이 어떤 것인가를 이해할 수 없다고 해서, 박쥐가 된다는 것에 관해서 전부 모른다는 의미는 아니다.

거의 모든 과학자들이 동물은 언어가 없다고 믿기 때문에 그 믿음에 관한 대답을 찾기에 가장 적합한 곳은 언어 없이 살아가는 사람의 일상생활 속이다. 우리는 자폐인이 많은 부분에서 동물과 공통점이 있음을 알고 있다. 하지만 또 다른 해결의 실마리는 언어를 가지지 못했지만, 정상적인 두뇌로 사고하는 일반인한테서 나온다. 언어가 없는 사람들은 어떻게 생각할까?

세상에는 그런 사람들이 많이 있다. 대개 그런 사람들은 지역 사회가 너무 좁아서 수화를 가르쳐 줄 사람이 없는 사회에서 청각 손실 상태로 출생하거나, 너무 가난해서 농아학교에 다닐 수 없는 사람들이다. 그러나 중류층 미국인 가정에 태어났는데도 수화를 못 배우고, 언어 없이 생활하는 사람도 소수 있다. 그들의 두뇌는 정상이고, 그들에게는 자식을 사랑하는, 고정적인 수입이 있는 일반인 부모가 있다. 그들은 가난하지도 않으며 학대당하지도 않는다. 그런 아이들이 언어를 갖지 못하는 유일한 이유는 아이들이 언어에 노출된 적이 전혀 없기 때문이다.

생소한 것은 이런 사람들을 연구한 사람이 실제로 없다는 것이다. 내가 '언어가 없는 사람들languageless people'이라는 검색어를 구글에서 입력했을 때 검색된 사이트는 단 한 개였다. 괴이하다. 여러분이 야생의 어린이들과 심하게 학대받는 어린이들에게 얼마나 관심을 가졌나를 생각해 보면 특히 생소하다. 13세의 제니는 캘리포니아에 사는 소녀로 언어를 가지지 못하고 자랐는데, 그녀의 아버지는 제니가 20개월이 될 무렵부터 아기 변기에 앉은 채로 묶어 놓고, 어떤 사람과도 접촉하지 못하게 했다. 결국 제니의 생모가 그 애를 아동 복지 센터에 데려갔을 때 그 아이가 할 수 있는 말은 '그만해요', '더 이상 안 돼요' 딱 두 마디였다.* 물론 제니는 극도로 흥미를 끄는 사례지만, 아이는 정서적으로 학대받고 심한 영양 결핍 상태였다. 그 아이의 인지 기술이 말이 없는 정상 동물 혹은 자폐인의 인지 기법과 어느 정도 관련이 있을지 말하기는 어렵다.

왜 말이 없는 사람들은 문제가 되지 않았는가? 일반인이면서 말이 없는 사람들에 대한 가장 좋은 책은 아쉽게도 출판되지는 않았지만, 수전 샐러가 저술한 《말이 없는 남자》이다. 수전 샐러는 순전히 혼자서 20년 동안 각지를 찾아다니면서 언어 없이 생활하는 사람들을 연구하며 보냈다. 그녀가 연구를 시작했을 때 도움을 얻으려고 했던 전문가들의 태도는 거부감을 보이거나, 비협조적이거나, 적대적이기까지 했다. 심지어 어떤 전문가로부터는 '당신 도대체 뭐야?'라는 경멸을 당하기도 했다. 한 대학원생은 그녀에게 '아무도 그 분야에 관심이 없어요. 벌써 한 세기 전에 각광받았던 분야거든요'라고 말하기도 했다.

그녀는 일데폰소라는 어린이 농아 교육 기관이 없는 곳에서 자란 멕시코인 이주자를 자원해서 가르칠 때부터, 언어가 없는 사람에게 관심을 두게 되었다. 《말이 없는 남자》란 수전 샐러가 그 남자를 가르치면서

---

* 제니에 대해서 언급한 책은 그다지 많지 않다. 그러나 어머니가 그녀를 보호 당국에 보낸 이후 얼마나 많은 언어를 익혔느냐는 의문에 대해서는 여전히 논쟁 중이다. 1990년대 초반까지 제니는 단어를 익히고 있을 뿐 문법이나 통사론을 배운 것은 아니라고 알려져 있었다. 그러나 셰필드 핼럼 대학의 피터 존스가 제니를 다룬 문헌 전부를 엄격히 분석한 결과 그녀는 문법과 통사론에 대해서 확실히 배웠으며, 그녀의 어머니가 연구가들이 딸에 대한 연구를 더 이상 못하도록 거부하던 시점에도 배우고 있었음이 밝혀졌다.

있었던 일을 기록한 이야기다. 수전은 일데폰소에게 언어라는 개념이 전혀 없음을 발견했다. 후에 그녀는 그에게 농아인 형이 있음도 알았다. 그 형들 가운데 두 명은 어린아이들처럼 단순한 의사소통 방법을 알고 있었다. 그러나 일데폰소에게는 말을 하거나, 기록을 하는 언어적 개념이 전혀 없었다. 그는 친구들이 교과서로 공부하면서 뭔가 중요한 것을 한다는 사실은 이해하고 있었지만 그게 무엇인지 알지 못했다.

일데폰소는 수전의 도움으로 6일 만에 언어라는 개념을 파악했다. 수전은 책에서 일데폰소가 언어의 개념을 깨닫는 순간을 마치 영화 〈미라클 워커〉에서 헬렌 켈러가 언어의 개념을 깨닫는 순간의 물 펌프 장면처럼 묵시적으로 표현해 놓았다.

비록 그는 언어라는 개념은 빠르게 이해했지만, 수전이 가르치려는 언어를 배우고 사용하는 데는 더 많은 시간이 걸렸다. 내가 보았을 때, 그 책에서 가장 인상 깊은 장면은 수전이 그에게 색깔에 관한 단어를 가르치려 했던 날이다. 수전은 그에게 빨간색, 노란색, 초록색 같은 색깔의 명칭을 가르치려 했는데, 그가 초록색을 집어 들자 매우 동요하기 시작했고, '초록색! 초록색!'이라는 뜻을 수화로 표시하면서, 숨기고 도망가는 시늉을 했다.

수전은 초록색이 그의 인생에 있어서, 가장 중요한 개념이라는 사실을 깨닫기 전까지 그가 왜 그렇게 불안해했는지 이해하지 못했다. 일데폰소는 불법 입국자로 곡물을 수확하고 사과를 따는 일로 연명하고 있었다. 인생에서 좋았던 일과 나빴던 모든 것이 초록색과 관련되어 있었던 것이다. 초록색의 돈과 초록색의 곡물을 수확하면 멕시코에 사는 가족을 부양할 수 있었다. 그러나 국경 수비 대원들은 초록색 제복을 착용했고, 초록색 차량을 몰고 다녔으며 자신을 잡아 멕시코로 추방하려는 사람들이었다. 멕시코는 일거리도 적고 먹을 것도 넉넉하지 못한 곳이었다. 그의 인생에서 가장 중요한 것은 마법과 같이 초록색 제복의 사람을 물리칠 수 있는 초록색 카드였다.

수전은 자신이 일데폰소의 세상을 상상하는 일은 불가능했다고 적었다. 나는 그녀가 지난 20년간을 언어 없이 지내는 사람을 찾아다녔기 때문에, 그녀는 이제 언어가 없는 사람들의 세상을 좀 더 안다고 생각한다. 그녀가 또 다른 책을 내기를 기대한다. 내가 생각하기에 수전은 자폐인들은 물론 동물에게도 직접 적용되는 차이를 일데폰소에게서 정확히 인식했다.

일데폰소와 정상적으로 언어를 구사하는 사람 사이에서 가장 큰 차이는 일데폰소가 모든 추상적인 사고라는 단층을 상실한 것이다. 예를 들어, 그에게는 진짜와 거짓을 구분하는 범주가 없었다. 그는 단지 어떤 초록색 카드는 자신을 잡아 멕시코로 돌려보내려는 사람을 막아 주지만 어떤 초록색 카드는 그렇지 못하다는 정도만 알았다. 왜 그런지는 이해하지 못했다.

그는 또한 정의와 부정이라는 관념적인 범주도 이해하지 못했다. 그에게 도덕성이나 의식이 없어서가 아니다. 수전은 여기에 대해서는 많이 언급하지 않았다. 그러나 책에서 하루는 일데폰소가 음식값을 치르고 싶다고 손짓했을 때 그녀가 계속해서 계산하겠다고 고집하자, 그가 불편해했다고 적었다. 일데폰소는 점점 화가 나더니 결국 다음처럼 손짓으로 말했다. "신, 친구, 부리토는 내가 산다."

" 그는 신과 친구를 서로 연결했고 그것들을 부리토를 사는 것 위에다 두었다." 수전은 적었다." 그의 분노는 종교 지도자의 그것이었다. 물질세계에 대한 나의 관심은 적절하게 비난받은 것이다. 누가 돈을 더 가졌나는 별로 중요하지 않은 일이다." 나중에 그는 수전에게 신이 무엇을 의미하는지 묻긴 했지만, 이미 자신의 내면에서는 신에 대해 이해하고 있었다. 수전은 일데폰소가 신이라는 단어에 대해 '보이지 않는 위대한 것으로 우리의 눈앞에서 알 수 있는 사물보다 떨어져 있으면서, 보다 중요한 존재'라고 생각하는 것 같다고 적었다.

비록 일데폰소에게 물질적 세계보다 더 중요한 것이 있다는 개념은 없었지만, 그는 인간의 정의에 관해서는 어느 정도 개념은 가진 듯했다. 그는 자신을 잡아서 멕시코로 추방하려는 초록색 제복을 입은 사람에 관한 정의 혹은 불의에 대한 개념은 없었다. 그는 단지 '그린 맨'이 무엇을 하는지만 알았다. 그래서 그는 그린 맨들로부터 떨어져 있으려고 했다. 그는 규칙을 이해하려 노력했지만 규칙 뒤에 원칙이 있다는 개념은 이해하지 못했다.

일데폰소는 순박했다. 그는 사람이 하는 모든 좋은 일과 나쁜 일을 아우르며 생각하지는 못했다. 그리고 좋은 규칙과 나쁜 규칙에 대해서도 알지 못했다. 언어를 배우고 나서, 그는 사람이 저지르는 좋지 않은 일을 알게 되어 슬펐다. 동물은 일데폰소처럼 순박하다. 동물은 자신이 사람에게 나쁘게 다루어지거나 사람이 다른 동물을 나쁘게 다루는 것을 보아도, 머릿속으로 정의와 부정에 관한 구체적인 범주를 형성하지 못하는 것으로 보인다. 일데폰소처럼 동물도 규칙 뒤에 존재하는 원칙을 깨닫지 못한 채로 규칙을 배우려고 한다. 동물은 규칙 아래에 존재하는 원칙을 알지 못하므로, 규칙 그 자체가 정의로운지 정의롭지 못한지를 깨닫지 못한다. 혹은 사람이 정의의 추상적인 원칙을 파괴할 수 있다는 것도 모른다. 동물은 벌어지는 평범한 사건에 더 근접하게 살아갈 뿐이다.

그러나 일데폰소의 순수함이 멍청하거나 생각을 못한다는 의미는 아니라는 사실을 알아야 한다. 일데폰소는 멍청하지 않다. 또한 그가 정상 지능과 판단 능력 혹은 보통을 넘어서는 재능을 가지고 살아가는 것도 확실하다. 외국으로 이주해 올 수 있을 정도에다가, 일을 찾고, 그처럼 엄청난 장애에 시달리면서도 자신의 삶을 관리한다는 사실을 감안하면 말이다.

이런 시선을 가지고 동물을 바라보았을 때도, 동물의 순수함이 지능이 모자란 것과 동일시되어서는 안 된다. 개가 나쁜 보호자를 거부하지 않는다는 게 멍청하다는 의미는 아니다. 개는 사람보다 판단 능력이 떨어지거나 일반적인 지능이 떨어질 수 있다. 그러나 개가 보이는 맹목적인 헌신이 그런 의미는 아니다.

비록 일데폰소에게 정의와 부정에 대한 구체적인 감각이 결여되었다고는 하나, 옳고 그름에 관해서는 신속하고 확고한 감각이 있었다. 그런 감각은 우정에 관해 수전에게 엄숙한 교훈을 주었을 때 나타났다. 이 사실은 의식에 있어서 언어가 필수 요건은 아니라는 점을 보여 준다. 그 말은 적어도 동물도 '의식적'일 수 있다는 의미다. 동물을 기르는 사람들은 동물이 무언가 잘못된 행동을 하고서 후회하는 듯한 행동을 하는 것을 보아 왔다. 그러나 항상 동물 행동학자는 그런 의미의 해석을 부정한다. 하지만 순박한 동물이 잘못이라고 알고 있는 행동을 하면서 나쁘다고 느끼지는 못한다는 사실은 누구도 증명하지 못했다. 같은 맥락에서 순수한 아이도 잘못이라고 알고 있는 행동을 하면서 나쁘다는 느낌은 가질 수 있다.

우리는 사람이 그렇지 않다고 해서, 동물도 절대로 죄책감을 경험할 수 없다고 가정해서는 안 된다. 내 친구는 어떤 개가 죄책감을 보였다는 이야기를 해 준 적이 있는데, 내가 생각하기에도 맞는 것 같다. 그녀는 개 두 마리를 키웠다. 한 녀석은 수컷이고 한 녀석은 약간 어린 암컷이었다. 그녀는 산책 갈 때 한 마리는 목걸이를 채우고 다른 한 마리는 채우지 않았다. 불운하게도 그녀가 집 가까운 언덕에 갔을 무렵, 이웃이 목걸이를 채우지 않은 개를 보고 소리치기 시작했다.

그녀는 여분의 개 목걸이가 없었기 때문에, 개 목걸이에 연결된 줄을 묶여 있는 개 목걸이 안으로 통과시켜 임시방편의 목걸이로 만들어 그 공간 안으로 나머지 개를 묶어 두어야 했다. 그래서 자연스럽게 개 두 마리는 서로 얼굴이 닿을 만치 가까이 있게 되었다. 지배 성향이 강한 개는 절대 그렇게 하지 않는다. 그 녀석들은 자신의 몸이 다른 개와 가까워지는 것을 싫어한다. 그리고 더 많은 공간을 필요로 한다. 그래서 이런 임시방편은 지배 성향이 강한 개의 룰을 범한 게 되어 버렸다.

결국 그런 상태로 집까지 돌아와야 했다. 지배 성향이 강한 개는 점점 자극을 받아 부자연스럽게 행동했고, 결국 돌아오는 길에 크게 짖으면서, 붙어 있던 개의 코를 물었다. 그전에는 절대로 하지 않던 행동이었다. 어린 개는 겁을 먹고 위축되었다.

내 친구는 개들에게 달려가 목걸이를 풀어 주었다. 그러나 지배 성향이 강한 개는 자유를 만끽하려고 곧장 뛰쳐나가지 않았다. 그 녀석은 자신에게 복종하는 개 앞에 서서 그 개의 입술을 계속해서 핥아 주었다. 친구의 눈에는 개가 감정을 억제하는 듯 보였다. 그녀는 그 녀석이 그때처럼 같이 어울려 다니는 무리 안의 다른 개에게 입을 맞추는 것을 본 적이 없었다. 이것은 이웃 사람들은 물론 그녀 눈에도, 그 녀석이 자신의 행동을 사과하는 듯 보였다. 그리고 친구에게 그 행동을 보상하려는 듯 보였다. 그 녀석은 스스로 미안해하는 것처럼 행동했다. 그리고 나는 여러분도 그런 느낌을 받을 것이라고 생각한다. 그 녀석은 우두머리였다. 우두머리는 지위를 유지하기 위해 다른 개에게 입을 맞추는 따위의 행동은 할 필요가 없다. 어쨌든, 굴복하는 행동은 다른 개가 하는 것이지 지배자 격의 개가 하는 것이 아니므로. 암캐는 입맞춤을 받아들였고, 다시 둘은 사이좋게 지냈다.

그러나 일데폰소가 순박하다고 해도 사람들이 언어로 표현하는 수많은 추상적인 진실은 여전히 그의 두뇌 안에 존재하고 있었다. 종교가 좋은 예다. 어릴 적 일데폰소는 교회에 다녔다. 비록 그가 교회에 있는 요람 속의 아기 예수가 교실에서 십자가에 못 박힌 예수와 같은 존재임을 알긴 했지만, 교회에 가는 것이 무슨 의미인지는 몰랐다. 나는 그 사실을 놀랍게 생각한다.

비록 일데폰소는 가족이 믿고 있는 기독교라는 종교를 전혀 모르긴 했지만, 그에게는 이미 종교적인 감각이 있었다. 내가 그렇게 확신하는 것은 일데폰소는 난생처음 언어를 배운 지 3주만에 신이라는 단어를 떠올렸으며, 신이 보이지 않는 위대한 존재라는 사실을 이해했기 때문이다.

나는 그 몇 년 후에 수전이 만났던 언어가 없는 멕시코인들도 종교적 감각은 아마 있었을 것이라고 생각했다. 그녀는 일데폰소와 같이 거주하면서 마찬가지로 언어가 없었던 친구들이 초록색 카드를 마치 금과 같이 모아 두었다고 했다. 내게는 그들이 금을 모신 게 아니라 마법을 모셨다는 소리처럼 들린다. 그들의 집에는 마치 성상이 안치된 장소처럼 초록색 카드를 모셔 두는 곳이 있었다. 초록색 카드는 종교적인 우상이나 부적처럼 보였고, 사악한 그린 맨들로부터 자신들을 지켜주었다. 토착민들이 숭배하는 원시 종교처럼, 카드는 음식과 일거리가 많은 약속의 땅으로 인도하는 구세주였다.

그 남자들은 유효한 초록색 카드와 그렇지 않은 것의 차이를 몰랐다. 그리고 그들은 아마도 위조와 진품에 대한 구체적인 분류가 없어 보였다. 그러나 시간이 지나면서 그들은 어떤 초록색 카드는 다른 것보다 훨씬 강한 마법의 힘을 가지고 있음을 알게 되었고, 그 이유는 그들이 그린 맨에게 잡혀도 어떤 카드를 보여 주면 그걸로 일이 해결되지만, 다른 카드를 보여 주면 그린 맨이 그냥 압수해 버렸기 때문이다. 그래서 어떤 카드는 다른 카드보다 훨씬 힘이 강했다. 종교를 믿을 때 사람들은 신을 시험하지 않는다. 여러분은 달리는 기차를 막고 서서 신의 가호를 빌지 않는다. 그것이 언어가 없는 남자들이 카드를 느끼는 방식이다. 그들은 카드를 시험하지 않는다. 그래서 그들은 그린 맨으로부터 떨어져 머물 뿐이다.

종교는 아마 사람의 두뇌 속에 강하게 각인된 것 같다. 그래서 일데폰소가 말을 전혀 못하지만, 종교적인 감각이나 느낌이 그에게서 비쳐도 별로 놀랍지 않은 것이다.* 마찬가지로 동물이 일데폰소처럼 어떤 종교적 느낌이 있다거나, 보다 고차원적인 존재에 대한 느낌이나 동물이 표현하지 못하는 보이지 않는 세계에 대한 느낌이 있다고 하더라도 놀라운 일은 아니다. 동물에게도 종교적 감정과 지각력이 있을까? 동물은 마법을 믿을까? 나는 누구도 그럴 거란 사실을 배제해서는 안 된다

---

* 사람의 뇌에서 종교가 기본이 된다는 증거에 관해서는 적어도 세 가지 계통이 존재한다. ① 종교는 모든 문화에서 보편적이라는 사실 ② 어릴 적에 떨어진 일란성 쌍둥이가 어른이 되어서 비교해도 종교성의 정도가 동일하다는 사실 ③ 뇌의 측두엽에는 자극을 받으면 신의 존재를 믿게 되는 영역이 존재한다는 사실이다. 두뇌 속의 '신의 영역'은 단지 종교적인 교육을 통해서만 발달 가능하다고 치더라도, 우리 사람이 신의 영역을 머릿속에 가지고 태어난다고 가정하면 언어가 없는 사람들에게도 신의 영역은 존재한다고 봐야 할 것이다.

고 생각한다.

일데폰소의 교훈은 비록 언어가 보다 구체적인 사고를 하게 하지만, 언어가 없어도 누구나 가능하다고 믿는 구체적인 사고 이상도 생각할 수 있다는 것이다. 페퍼버그 박사는 언어와 동물에 대한 진정한 의문은 바로 이것이라고 말한다." 여러분이 언어를 사용해야 할 정도로 개념이 복잡해지는 시점은 언제부터일까?"

말이 방해가 된다

수전 샐러는 일데폰소의 정신적 삶의 장면에서 '시각적 사소함에 대한 기억력'은 언급하지 않았다. 나는 그가 수화를 배우기 전에 시각적 기억력이 일반인의 그것을 능가했는지 궁금하다. 언어는 시각적 기억력을 억제시킨다는 사실이 연구를 통해 밝혀졌다. 이것이 소위 언어가 시각을 가려 버리는 현상으로 잘 확립된 것인데, 앞서 제3장에서 언급했다.

예를 들자면, 어떤 연구에서 사람들에게 은행 강도가 나오는 짧은 비디오를 보여 주고 20분 동안 다른 일을 하게 했다.* 그다음 두 그룹으로 나누어, 한 그룹은 5분 동안 은행 강도의 얼굴에 대해서 기억나는 모든

---

* 조지 밀러는 1956년 그의 유명한 논문 "The Magical Number Seven Plus or Minus Two"를 발표했다. 뇌는 동시에 5~9가지의 정보를 잡아 둘 수 있다고 한다. 그래서 전화번호 숫자는 7자리가 되는 것이다. George A. Miller, "The Magical Number Seven, Plus or Minus Two: Some Limits on Our Capacity for Processing Information," Psychological Review 63(1956) : 81-97. Web page: http://www.well.com/user/smalin/miller.html.

것을 쓰도록 했고, 나머지는 계속해서 별 관계없는 일을 시켰다.

아무것도 쓰지 못한 사람과 관련이 없던 일을 하는 사람들은 3분의 2가 강도의 사진을 식별할 수 있었고, 말로 기술한 사람은 불과 3분의 1 정도만 강도를 구별할 수 있었다. 이것은 잘 확립된 효과다. 많은 연구에서 같은 결과가 나왔고, 일부 연구에서는 청각 기억에 대해서도 같은 효과가 확장되었다. 음성을 듣고 나서 글로 음성을 적은 사람은, 단어로 소리를 묘사하지 못한 사람보다 음성을 잘 구분하지 못했다.

이 연구를 통해서 또 한 가지 파악된 사실은 '언어는 시각적인 기억을 완전히 지워 버리는 게 아니라 잠시 억누른다'는 점이다. 연구가들이 퍼즐이나, 음악 감상 따위의 언어와 무관한 행동을 주문받았던 사람들에게 질문하자, 그 사람들의 두뇌 속에서 시각적 기억이 되돌아오면서, 처음에 도둑의 인상착의를 글로 표현하지 못했던 사람들만큼 시각적으로는 구별할 수 있었던 것이다.

나는 일반인에게 있어서 언어가 일종의 필터 역할을 한다고 생각한다. 동물이나 자폐인들이 가장 어려워하는 것 중의 하나가 주변 환경에서 세세한 정보가 일제히 쏟아져 들어올 때 이를 처리하는 것이다. 언어를 가진 일반인은 의식적으로 그런 세세한 것 하나하나를 볼 필요가 없다. 그러나 나 같은 사람이나 동물은 강제적으로 보게 된다. 그 세세한 하나하나의 장면은 지워지지도 않는다. 만일 내가 접시란 단어를 떠올리면 나는 즉시 내 기억 안의 화면에서 수많은 접시를 보게 된다. 내 책상의 도기 접시, 지난 일요일에 식사한 레스토랑의 수프 그릇, 숙모님 댁에서 고양이가 잠을 자는 샐러드 그릇, 그리고 미식축구의 슈퍼볼까지.

나는 아마 동물도 같을 거라고 생각한다. 언어가 없었을 적에 일데폰소의 시각적 기억은 어떠했을지 궁금하다.

깨어 있고, 알고 있다: 동물의 내면

일데폰소에 관한 마지막 이야깃거리로, 그가 의식이 있다는 데는 의심의 여지가 없다. 수년 동안 많은 학자들이 언어가 없다면 의식도 없다고 주장해 왔다. 대학 시절에 동물은 생각할 단어가 없기 때문에 의식적이지 않다고 교수님이 학생들에게 말씀하신 것을 기억한다. 나는 그 말이 나한테도 언어가 없다는 의미로 생각되었기 때문에 엄청난 충격을 받았다. 그래서 나 스스로 질문을 던졌다. "만일 동물이 의식이 없다면 나도 의식이 없다고 생각해야 되지 않을까?"

내가 비록 언어적 사고는 못하지만, 의식이 있다는 것은 틀림없는 사실이었다. 그렇다면, 동물도 단지 언어적 사고를 못한다고 해서, 의식이 없다고 단정 지을 수는 없다. 일데폰소도 언어는 전혀 없었지만, 의식은 있었다.

나는 동물도 의식이 있다고 생각한다. 그러므로 다음과 같이 질문을 던진다. "검은 모자를 쓴 사람에게 죽음의 위협을 당했던 말은, 외상 후 스트레스 증후군을 겪는 사람들처럼, 머릿속에서 사건 당시의 모든 일을 담은 정신적인 이미지를 반복해서 보게 될까? 내가 그런 것처럼 동물도 배가 고플 때 음식 그림을 보게 될까? 목이 마르면 물의 그림을 보게 될까?"

다른 질문도 있다.

"동물은 사람처럼 일정하게 정신적 생동감이 있을까? 혹은 그저 멍하니 걸어만 다닐까?"

동물의 뇌파도 사람과 다르지 않기 때문에, 우리는 동물도 어떤 형태로든 일정한 정신적 활동성을 가졌다고 알고 있다. 내가 생각하기에, 동물의 의식 속에는 대부분 그림 아니면 소리의 형태로 담겨 있을 것이다. 동물은 의식적인 후각 사고, 촉각 사고 혹은 미각 사고를 가졌을 것이다.

2001년 1월 꿈을 꾸는 생쥐에 대한 연구 보고서에서, 동물은 그림을 통해 생각한다는 개념을 뒷받침하는 매우 훌륭한 간접 증거가 제시되었다. 이 연구는 MIT 생물학과에서 두뇌와 인지 과학을 전공하는 매튜 월슨 교수와 MIT 생물학과 대학원생 켄웨이 로위가 시도한 것으로, 이들은 생쥐의 두뇌에 전극을 이식한 다음 미로를 달리도록 가르쳤다. 연구가들이 생쥐에게서 나타난 신경 반응을 전부 기록하여 검토했을 때, 생쥐가 주어진 상황에서 반응하는 뇌파 반응이 워낙 정확해서 기록지 검토만으로도 모든 상황을 파악할 정도라는 사실을 알게 되었다. 즉, 처음 좌회전했을 때, 처음 우회전했을 때, 첫 번째 통로로 들어갈 때, 두 번째 통로로 들어갈 때같이 자세하게 말이다.

나중에 생쥐가 잠이 들어 렘수면^{신속 안구 운동 수면}에 들어가자, 월슨과 로위는 생쥐가 의식이 있을 때 미로를 헤매면서 보여 준 것과 똑같은 뇌 자극 패턴을 얻을 수 있었다. 수면 중에 기록된 뇌 자극 패턴은 매우 정확해, 연구가들은 생쥐가 꿈속에서 어떤 상황을 느끼는지, 어떤 미로 속에서 헤매는지도 알 수 있을 정도였다. 사람도 렘수면에서 꿈을 꾸고 화면을 보므로, 이 사실은 동물도 화면으로 꿈을 꾼다는 증거가 된다. 월슨과 로위가 실험한 생쥐가 꿈을 꾸면서 미로의 이미지를 보았는지 확신할 수 있는 방법은 없다. 꿈속에서 무엇을 보았는지 알 수 있는 유일한 방법은 자는 사람을 깨워 물어보는 수밖에 없다. 그러나 쥐한테는 그럴 수 없다. 하지만 쥐가 꿈을 꿀 때와 정신이 들어 있을 때 똑같은 순서로 뇌 자극이 일어난다는 사실은 생쥐도 사람처럼 꿈을 꾸면서 그림을 보지 않는가 하는 의문을 가질 만한 이유가 된다. 아마 동물도 깨어 있을 때 그림으로 생각할 것이라는 가정은 그리 큰 비약이 아닐 것이다.

동물 전문가

아마도 동물은 인지 전문가들인 것 같다. 홀스타인종 같은 젖소는 혀로 물건을 다루는 전문가다. 개는 후각에 있어서 전문가다. 다른 동물들도, 예컨대 덴버 공항의 비둘기는 시각 전문가다.

자신들이 어디에다 먹이를 숨겨 두었는지 기억하는 일부 새와 포유류는 기억력의 전문가들이다. 클라크의 잣까마귀라 불리는 까마귀는 가을에 3만 개의 소나무 씨앗을 320제곱킬로미터의 지역에 파묻어 놓는다. 그런 다음 겨울 내내 이 중의 90%를 찾아내서 먹는다.

동물, 자폐인 들과 비교해 볼 때 일반인은 만능이다. 보통 사람들은 어떤 분야는 잘하고 다른 쪽에서는 약하다. 그러나 진짜 한 분야에서 두각을 나타내는 사람은 다방면에서도 우수성을 보이는 경향이 있다. 여기에 한 가지 예외가 있는데, 지능 검사에서 정상 아이들보다 항목별 편차가 큰 영재 아이들의 경우이다. 그러나 이 사실만으로 천재성을 가진 아이들이 한 가지에서는 뛰어나지만 다른 분야에서는 가망이 없다고 단정 지을 수는 없다. 그래도 그 아이들의 전체적인 지능은 매우 우수하다. 그리고 모든 지능 검사를 통해서 볼 때, 단지 한두 가지만 뛰어난 게 아니라 모든 검사에서 최상을 차지한다.

사람은 만능인 반면 동물은 전문가라는 개념을 뒷받침하는 중요한 증거가 일반 지능^{일반 유동성 지능}에 관한 새로운 발견에서 나왔다. 고전적인 지능 검사로 측정하는 일반 지능이라는 개념은 그동안 논란에 싸여 있었다. 심리학자 하워드 가드너 같은 사람은 단순 지능 혹은 일반 지능보다 다중 지능을 강조했고, 일부 심리학자들은 일반 유동성 지능이라는 개념을 기각했다.

그러나 새로운 두뇌 연구를 통해서 일반 지능이라는 개념이 존재한다는 사실이 뒷받침되고 있으며, 그 일반 지능은 두뇌 안의 특정한 장소에 위치한다는 사실이 밝혀지고 있다. 그 장소는 여러분의 머리에서 정점과 양 측면에 해당되며 작동 기억, 추상적 사고 및 반응 억제 등을 담당한다. 반응 억제란 일단 행동으로 옮긴 것을 멈추도록 하는 것이다. 예를 들어, 전화를 받을 때를 보자. 만일 저녁 식사를 준비하는 동안 전화를 받지 않기로 했다면, 여러분 전방 전두엽은 양측 피질을 통해서 전화벨이 울릴 때 수화기를 들려고 하는 충동을 차단해야 한다.

워싱턴 대학 일반 지능 연구 팀의 책임 연구가 중 한 명인 제레미 그레이는 대상물의 일반 지능이 더 높을수록 전방 전두엽 양측 피질의 활동성이 더 높다는 사실을 발견했다. 그레이 박사는 〈뉴욕타임스〉와의 회견에서 자신이 한 실험 가운데에서 가장 어려운 지능 검사는 '재미있는 대화에 귀를 기울이는 사람에게 10자리 전화번호를 기억하게 했을 때였다'고 말했다.

이 발견은 정보 통합 능력이 뛰어난 학생이 성적도 우수하다는 행동 연구와 일치하는 부분이다. 보브와 린 쾨겔과 함께 일하는 대학원생 제니퍼 사이먼은 정상 학생과 선생님들이 천재라고 인정해 주는 학생들을 비교하는 흥미로운 실험을 했다. 그녀는 재능을 타고난 아이들은 다방면의 임무를 수행할 때도 뛰어났다는 사실을 발견했다. 그녀는 점차 난이도를 높이면서 아이들을 시험했다. 1차 구성 요소 임무는 아이들에게 색깔만 빼고 모든 것이 똑같은 네 마리의 곰을 주고는 파란 곰을 골라내도록 질문했다. 이것을 하기 위해서 아이들은 임무에서 한 가지 요소, 즉 색깔에만 주의를 기울이면 된다. 2차 구성 요소 임무에서는 두 가지 요소가 포함된 아이템들 중에서 선택하는 것으로 곰과 개가 다른 색깔로 배치된 것이다. 그리고 연구가들은 녹색 강아지만 집어내도록 요구한다. 3차 구성 요소 임무에서 아이들은 큰 물방울무늬의 점선 원형을 찾아내도록 요구받는다. 4차 구성 요소 임무에서는 두 개의 사물을 집어내는데, 예를 들어 커다란 테디 베어와 작은 사각형을 제시하고 그것을 합산해 4차 구성 요소를 만든 것이다.

사이먼 박사는 영재 아이들은 3세가 되면 4차 구성 요소 임무를 수행할 수 있다는 사실을 발견했다. 이것은 주의 깊게 3개의 각기 다른 요소를 구별해 내야만 성공하는 임무였다. 보통의 아이들은 6세가 되어야 4차 구성 요소 임무를 할 수 있었다.

아무도 동물이나 새의 두뇌에서 일반 지능을 찾아보려고 시도하지 않았다. 나는 거기에 덧붙여서, 우리가 그렇게 한다고 해도 무엇을 알 수 있을지 모르겠다. 나는 지금까지 가축 같은 동물은 전방 전두엽 피질이 크기도 작고 발달도 미약하기 때문에 동물의 지능이 낮다고 가정해 왔다. 아마 그런 사실로 인해 동물에게는 초전문가가 되는 문이 열렸다. 이 내용은 다음 장에서 이야기하겠다. 지금 내가 말하려는 것은, 동물, 자폐인 들에게 보이는 특화된 재능은 미약한 전방 전두엽 피질과 관계있다는 점이다.

조건 반사 실험

일반인들이 하는 일에 비해서 자신의 일반적 지능 수준이 과분할 때가 확실히 있다. 내가 즐겨 드는 사례는 손잡이를 당기는 실험에서 사람을 능가하는 쥐에 관한 것이다. 몇 년 전에 어떤 사람이 조건 반사 실험을 통해서 사람과 쥐를 비교하기로 했다. 연구가는 쥐와 사람이 TV 화면을 보다가 스크린 상단에 점이 나오면 손잡이를 누르도록 했다. 연구가는 사람에게 어떤 것이 화면에 나올지 미리 말해 주지 않았다. 사람들은 쥐들과 똑같이 스스로 알아내야 했다.

실험에서는 전체 화면의 70%에서 점이 나오도록 설정되었다. 반응을 틀리게 하더라도 처벌이 없으므로 가장 현명한 전략은 화면이 바뀔 때마다 100% 누르는 것이다. 어떤 패턴인지 전혀 몰라도, 적어도 70%는 맞출 수 있으니까,

쥐가 바로 그렇게 했다. 쥐는 화면이 바뀔 때마다 막대를 눌렀다.

그러나 사람은 이 사실을 전혀 이해하지 못했다. 사람들은 규칙을 지키려고 계속해서 노력했고, 어떨 때는 막대를 눌렀지만, 어떨 때는 누르지 않았다. 규칙이 어떤 건지 계속해서 이해하려고 하다가, 그들 중 일부는 규칙을 찾아냈다고 생각했고, 그래서 막대를 누르거나 누르지 않을 때를 구분하는 데 익숙해졌다. 물론 사람들은 현혹된 것이다. 전혀 규칙을 생각해 내지 못했다. 쥐가 사람보다 더 많은 보상을 받았다.

나는 쥐가 사람보다 더 잘했던 이유는, 쥐들의 전두엽이 약해서이거나 언어를 갖지 못한다는 사실 중의 하나, 아니면 둘 다 때문일 것으로 믿는다. 우리가 확실히 알아야 할 것은 사람의 좌뇌는 의식적인 언어를 구사하는 부분이며, 항상 어떤 일이 진행하는지를 설명할 줄거리를 만

들어 간다. 일반인의 좌뇌 속에는 무질서하고, 모순된 정보를 받아들여, 현 시점의 기억과 행동을 다듬어 내고, 매끈한 줄거리로 다듬어 내는 번역 장치가 위치한다. 만일 앞뒤가 맞지 않는 사소한 대목들이 남으면 오랜 시간 동안 편집하거나 재구성한다. 좌뇌에서 나오는 이야기 중에 어떤 것은 현실과 너무 동떨어져 그냥 중얼거리는 것처럼 들리는 것도 있다.

아마 막대를 누르는 실험에 관여한 것이 이 번역 장치인 것 같다. 사람은 점에 관해 이야기를 찾아내려고 했고, 자신만의 줄거리를 찾아내면 거기에 매달렸다. 그리고 점 이야기만 생각하다가, 스크린이 바뀔 때마다 점을 보고 손잡이를 당기는 것을 잊어버렸다는 점마저도 깨닫지 못했다.

바람직하지 않은 동물 복지

동물 복지에 관한 일을 하면서, 항상 나는 동물 복지에 관한 일 정도나 하기에는 너무나 영리한 일반인들을 설득해야만 했다.

내가 이 분야에서 한 일 중 가장 중요한 기여라고 생각하는 것은 위해 요소 중점 관리 분석HACCP이며, 나는 이를 동물 복지 분야에 응용했다. 내가 미국 농무부를 위해서 만든 동물 복지 규정은 위해 요소 중점 관리 분석형 검사법이다.

위해 요소 중점 관리 방식은 농장 내의 동물 복지에서 중점 관리 요소 분석을 통해 이루어진다.

나는 중점 관리 요소란 여러 가지 문제점을 포괄하는 핵심 요소로서 객관적으로 측정 가능한 것으로 정의한다. 예를 들어, 도축장의 동물을 검열할 때 내가 알고 싶어 하는 정보 중의 하나가 동물의 다리는 건강한가이다. 동물의 보행 능력에 영향을 주는 요소는 많다. 나쁜 유전자, 불량한 바닥, 먹이에 곡물이 너무 많은 경우, 족부 괴사, 불량한 발굽 관리, 동물을 거칠게 취급하는 것 등이다. 많은 감독관들이 이 모든 것을 조사하려 한다. 이유는 감독관들은 올바른 규정은 철저한 규정이어야 한다고 생각하기 때문이다.

그러나 내 접근 방식은 다르다. 나는 단 한 가지만 본다. 다리를 저는 동물은 얼마나 되는가?

그게 내가 알고 싶은 전부다. 얼마나 많은 동물이 다리를 저는지, 그 한 가지만 판정해도 동물을 절름발이로 만드는 여러 가지 잘못을 판단할 수 있다. 동물이 다리를 전다면 농장은 규정을 어긴 것이다. 농장이 다음 번 지도 검열에서 통과할 수 있는 유일한 방법은 동물의 다리를 절게 만드는 원인이 무엇이든 고치는 것이다. 관리 부서에서 무엇이 문제인지를 파악하면 해결을 위해서 바삐 움직이면 된다. 문제점이 뭔지 모르겠다면 자신들에게 문제점을 말해 줄 수 있는 사람을 고용해서 알아낸 다음 고치면 된다.

나는 동물 복지 규정에서 도축장에서 동물의 인간적인 처우를 위해 감독관들이 책임져야 하는 5가지 핵심 관리 항목을 제안했다.

1. 첫 시도에서 동물이 정신을 잃거나 죽는 백분율(이 항목에서 최소 95%는 넘어야 한다)
2. 전살 처리 후의 의식 상실(100%가 되어야 한다)
3. 전살 전후 과정에서 동물이 소리를 지르는 백분율(끽끽 우는 데서부

터 공격적인 비명을 지르는 경우까지). 여기에는 동물을 통로에 몰아넣고, 기절시키기 위해 결박대에 올려놓는 과정이 포함된다(1백 마리당 3마리를 넘어서는 안 된다).

4. 쓰러지는 동물의 백분율(동물은 쓰러지는 것을 두려워하고, 1백 마리당 한 마리가 넘어서면 안 된다. 바닥이 좋을 때보다는 그렇지 않을 때 더 넘어진다. 동물은 바닥이 양호하고 건조하면 절대 넘어지지 않는다)

5. 전기봉 사용 빈도(25%를 넘어서는 안 된다)

나는 자동 실격되는 5가지 행동 항목도 포함시켰다.

1. 살아 있는 동물을 체인으로 감아 올리기
2. 고의적으로 동물의 머리를 서로 부딪치게 하기
3. 동물의 민감한 부분에 전기봉이나 다른 기구를 계속해서 사용하기
4. 의도적으로 동물 앞에서 문을 쾅 닫는 행위
5. 동물을 가격하거나 폭력을 사용하는 행위

이것들은 도축장에서 동물의 복지 등급을 매기기 위해 전부 알아야 하는 것들이다. 이 항목 10개가 전부다. 여러분은 바닥이 미끄러운지를 알 필요가 없는데, 이 점은 당국자들이 항상 판정하려고 하는 것이다. 어떤 이유로 농장 검열에 관한 이야기를 시작하면 모든 사람은 바닥에 관한 전문가로 변신한다. 나는 바닥에 대해서는 알 필요가 없다. 나는 단지 어떤 동물이 넘어지는지만 알면 된다. 가축이 넘어지면, 바닥에 문제가 있는 것이다. 그러면 그 농장은 검열에서 실격하게 된다. 아주 단순하다.

농장도 이런 검열 방식을 환영하는데, 그 이유는 그들도 할 수 있기 때문이다. 검열은 객관적인 결과를 직접 관찰할 수 있는 항목에 기초를 두었다. 거세한 수소는 도축 과정에서 비명을 지르기도 하고 그렇지 않을 수도 있다.

내 검열에서 또 다른 중요한 점으로, 누구나 5개 중점 항목으로 구성된 2개의 세트는 기억할 수 있다. 5개의 중점 항목이라도 일반인이라면 작동기억 수준에서 충분히 담아 둘 수 있다.

그러나 나는 학계나 가끔씩 정부 기관 관계자들이 이렇게 단순한 검열 방식을 인정하지 않음을 발견한다. 대부분의 기본 사고를 언어로 하는 사람들은 그렇게 단순한 검열만으로는 일이 제대로 돌아갈 거라고 믿으려 하지 않기 때문이다. 그들은 막대를 누르는 실험 속의 사람과 같다. 그들은 단순한 방식은 옳지 않다고 생각한다. 그들은 내가 제시한 5개 중점 항목들에서 동물에게 같은 위해가 초래되는 3~10개의 각기 다른 미세한 문제점들을 판정할 수 있음을 인정하지 않는다.

고도로 언어적인 사고를 하는 사람들이 검열 과정에서 결정권을 행사할 때, 그들은 4가지 정도의 실수를 범하는 경향이 있다.

1. 언어적인 검열 기준을 작성하는 데 너무 주관적이고 공허하다. 그 기준이라는 것은 '전기봉의 최소 사용 혹은 미끄럽지 않은 바닥' 같은 것들이다. 검열관은 '최소 사용'이라는 것이 무엇인지를 스스로 이해해야만 한다. 양질의 검열 항목표라면 누구나 알 수 있는 객관적인 기준이 있어야 한다.

2. 고도의 언어적인 사람들은 몇 가지 이유에서 자본의 투입량만 측

정하는 경향이 있다. 실제 동물이 반응하는 산출 대신, 예를 들어 설비 유지 일정, 직원 훈련 기록, 장비 디자인 등과 같은 문제에 매달리는 것이 그것이다. 좋은 동물 복지 검열은 동물을 측정해야지 설비를 측정하는 것이 되어서는 안 된다.

3. 고도로 언어적인 사람들은 거의 언제나 검열 방식을 지나치게 복잡하게 만들어 버린다. 100항목의 체크 리스트는 10항목의 체크 리스트에 근접할 만큼 효율이 좋지 않다. 나는 그 사실을 입증할 수 있다.

4. 언어적인 사람들은 문서 검열로 흐른다. 거기서 사람들은 농장의 동물 대신 기록을 검열한다. 좋은 동물 복지 검열은 동물을 직접 검열해야지 문서나 설비를 검열하는 데 있지 않다.

위의 네 가지 실수 모두 동물에게 고통을 준다. 여러분이 검열 과정을 복잡하게 만들면 검열관은 인간적인 도살장을 만드는 데 필요한 모든 세세한 항목으로 방향을 설정하고, 결국 이것은 농장을 세밀하게 관리하는 데 부족한 결과로 나타나게 된다. 동물의 행동에서 나타나는 결과 대신에 감독관들은 농장 축사의 바닥을 어떻게 설치하는지 언급하기를 원하게 된다. 그러고 나서 사람들은 감독관을 파견하여 바닥이 양호한지 확실히 하기 위해 설비를 살펴본다. 정작 중요한 동물은 그런 혼란 속에 제외되어 버린다. 나는 바닥에 관심을 두지 않는다. 나는 소들에게 관심이 있다. 소들이 미끄러져 넘어지는가? 그게 내가 알고 싶은 전부다.

위의 4가지 실수 외에도, 발생 가능한 또 다른 한 가지가 있다. 바로 감독관들이 무엇이 중요한가를 놓쳐 버린다는 점이다. 여러분이 감독관에게 1백 개의 체크 리스트를 건네면 감독관들은 대략 50개 정도의 중요하다고 생각되는 것만 다루려는 경향이 있다. 하지만 단지 10개 항목 정도가 매우 중요하다면, 농장이 그중 하나에만 문제가 있어도 검열에 실패하는 것이다. 그걸로 끝이다. 10개 항목 중 한 가지가 불합격하면 그 농장 전체를 실격시키기는 쉽다. 하지만 100항목 중 한 가지가 문제라면 그 문제는 별로 불거지지 않는다.

장황하고 지나치게 복잡한 체크 리스트에서 생길 수 있는 또 다른 문제는 감독관들이 완전히 큰 문제를 놓쳐 버릴 수 있다는 것이다. 비록 항목에는 떡하니 있더라도…… 내 친구는 동물을 기절시키는 장비가 제대로 작동하지 않아서 발생한 몸서리쳐지는 이야기를 해 주었다. 동물을 산 채로 도살 라인을 향해 갈고리에 걸어 버리는 곳이 있다는 것이다. 미국 농무부의 조사관은 그 사실을 놓쳤다. 그는 일부 직원들이 돼지 엉덩이를 너무 세게 때리는 것에만 초점을 맞추었고, 위반장 발부를 위해 이름을 적었다. 그사이 도축 라인에서는 자동 실격감인 무시무시하고 심각한 문제가 살아 있는 동물한테 벌어지고 있었다. 조사관은 그 사실을 보지 못했다. 혹은 보았더라도 머릿속에 담지 못했을지 모른다.

나는 이런 식으로 눈뜬장님이 되어 버리는 문제는, 일반인의 지각에 존재하는 한계와 틀림없이 연관이 있다고 생각한다. 어쨌든 도축 설비가 잘 작동되는지를 1백 가지 세부 항목을 검열해야 하는 감독관이 실험을 하면 고릴라 옷을 입은 여자를 못 보는 것이다. 여기서 돼지를 때리는 일이 허용된다고 말하려는 것은 물론 아니다. 그래선 안 되며, 그

점도 개선되어야 한다. 그러나 검열 체크 리스트가 너무 길면 검열자들은 세세한 항목에 지나치게 집중하게 되고 가장 문제가 되는 큰 항목을 놓치게 된다.

나는 이런 일이 벌어지는 것을 여러 차례 보아 왔다. 1년 전에 유럽의 도축장을 방문했을 때 그곳에서는 도축장과 감독관들이 체크 리스트 상의 1백 개의 항목을 항상 감시하고 개선하도록 되어 있었다. 그런 도축장은 생각만 해도 골머리 아프다.

가끔 언어 사고자들이 포함시키기를 바라는 항목은 현실과 전혀 부합하지 않는다. 예를 들어, 나는 켄터키 프라이드치킨사에서 가금 산업에서 동물의 복지에 관한 표준을 증진시키기 위해 일해 왔는데 추상적이고 언어적인 사람이 검열표에 삽입하고 싶어 했던 항목 중의 하나가 매일 밤 적어도 4시간씩 소등을 해야 한다는 것이었다. 좋다. 그런데 내가 어떻게 밤에 소등되어 있는지를 확인하기 위해 새벽 3시에 농장으로 갈 수 있을까? 나는 못한다. 그 서류를 신뢰하지도 않을 것이다.

내가 원하는 것은 조명이 아니다. 조명을 끔으로써 닭들의 복지에서 나타나는 '결과'를 바란다. 저녁에는 조명이 꺼져야 하는데 어둠은 병아리의 성장을 느리게 한다. 오늘날 가금 산업에서는 병아리를 워낙 빨리 성장시키기 때문에 닭의 다리가 비대해진 몸집을 견디지 못해 내려앉을 우려가 있다. 어둠은 병아리의 성장을 조절하여 이런 문제가 발생하지 않도록 예방한다. 그래서 소등은 굉장히 중요하다. 다리를 저는 것은 닭의 복지에 심각한 문제다. 나는 절반의 병아리가 절름발이인 농장에 머문 적도 있다. 내가 닭 농장을 검열했을 때 내가 알고 싶은 것은 이 농장의 닭들은 걸을 수 있는가 하는 것이었다. 만일 닭들이 절름발이라면 무언가 잘못된 것이고, 농장은 실격이다.

그리고 나는 서류 상의 검열을 강하게 반대하는데, 이유는 누구든 자신이 원하는 대로 서류를 꾸밀 수 있기 때문이다. 내가 직접 눈으로 보는 것은 농장에서 조작할 수 없다. 나는 기절 장치에 대한 유지 기록을 보고 싶지도 않다. 기절 장치가 잘 유지된다면 잘 작동할 것이기 때문이다. 나는 장치를 직접 보고 싶다. 나는 닭들의 날개가 부러졌는지를 점검한다. 나는 살아 있는 동물을 보고 싶다.

　서류 검열과 1백 개의 조사 항목에서 또 다른 위험한 점은 그러한 것들이 아무도 느끼지 못하는 사이에 여러분을 서서히 악화된 상황에 익숙하도록 만든다는 것이다. 여러분이 동물 자체에서 빠져나와 서류 검열을 시작하면 나쁜 것이 빠른 시간 안에 좋은 것이 되어 버린다.

　나는 이 점을 강조하고 싶다. 도축 설비에서 동물 복지 표준을 유지하는 것은 현재 진행되고 있는 책무이다. 위해 요소 중점 관리 개념은 여러분이 기준을 측정하고 규정에 복종해야 한다는 것이고 그렇지 않으면 여러분에게 모든 불이익이 돌아간다는 것이다. 이것은 여러분의 체중을 유지하는 것과 같다. 여러분은 규정 위에 더해서 유지해 나가야 한다. 서류 검열은 기준 상에서 소소하고 점진적인 저하를 가리게 되어 결국 전체적인 동물 복지에서 매우 심각한 질적 저하를 가져오게 된다.

　불행하게도 추상적인 언어 사고자에겐 1백 개의 동물 복지 항목이든 체크 리스트가 불과 5개의 항목으로 구성된 체크 리스트보다 더 세심한 것으로 들린다. 그러나 나는 10개의 규정 항목으로 관리되는 동물들이 1백 개의 규정 항목으로 관리되는 동물들보다 훨씬 더 인간적으로 관리되고 있음을 확실히 증명할 수 있다. 그 사실은 단지 나의 관리 항목을 사용하는 농장들이 큰 항목들만 잘하고 있다는 것은 아니다. 작은 관리 항목에서는 더 잘한다. 이유는 작은 항목은 큰 항목의 일부이기 때문이다.

나의 점검표에는 단지 5개의 필수 관리 요점만 포함되어 있지만, 기준이 너무 엄격해서 모든 도축장들이 기준을 통과하기 힘들 것이라고 생각했다. 그러나 맥도널드사는 나의 점검표를 사용하여 도축장에 대한 검열을 시작했다. 그들은 1999년에 검열에서 낙제한 것을 이유로 대기업체의 도축장과 공급 계약을 파기하고 다른 도축장과 계약했다. 그 사건 이후로 관련 산업에서는 뼈저린 교훈을 얻게 됐고, 직원들이 소를 관리하는 태도가 달라졌다. 지금 그곳에 가 보면, 소들을 매우 잘 관리하고 있다. 나의 관리 항목을 사용해서 검열을 받은 모든 도축장은 100항목의 관리 규정을 사용한 도축장들보다 동물을 더 잘 대하고 있다.

대부분의 대규모 도축장은 요즘 맥도널드, 버거킹, 웬디스 인터내셔널 같은 레스토랑 체인으로부터 검열을 받는다. 맥도널드사가 나의 관리 규정에 따라 공급자들의 도축장에 검열을 의무화한 지 불과 4년 만에 모든 도축장이 쉽게 검열을 통과했다. 이제 여러분이 도축장에 방문하면 놀랄 만한 변화가 있다. 나는 개인적으로 1999년 이전을 맥도널드 전기라고 생각하고, 1999년 이후를 맥도널드 후기라고 생각한다. 1999년까지 도축장은 최상의 장비를 구입하려 했으나 관리를 제대로 하지 않았다. 그들은 설비가 망가지도록 방치했다. 그들은 직원들을 감독하고 훈련하는 데, 또 해고해야 할 직원을 해고하는 데 있어 비용을 투자하지 않았다. 맥도널드사가 검열을 시작하자마자 내 홈페이지에는 자신들이 해야만 하는 규정들을 배우기 위해 사람들이 방문했다. 변화의 세월이 있었다.

1999년이 될 때까지 25년간 나는 도축장에 설비를 납품했었다. 일부는 잘 사용했지만, 어떤 곳은 망가뜨리거나 망쳐 버렸다. 이제 내 설비는 완벽하게 유지되고 있고, 어디에도 망가지는 곳은 없다. 내 경력의 첫 25년간은 하드웨어 엔지니어였지만, 이제는 소프트웨어 관리에 주력하고 있다. 내게 검열관을 훈련시킨다는 의미는 북미 전체 도축 설비의 절반을 차지하는, 내가 만든 도축 설비라는 하드웨어에 소프트웨어를 장착한다는 의미다.

5개 항목만으로 구성된 나의 체크 리스트는 정말 멋지게 돌아간다. 그러나 시스템이 돌아가고 내가 100항목의 체크 리스트로 관리 감독하는 동물은 관리가 좋지 못함을 입증할 수 있다 치더라도, 나는 현장에서 원칙을 지키기 위해 계속해서 싸워 나가야 한다.

동물도 사람들처럼 서로 말을 할까?

이 말은 동물과 언어 연구 분야에서 논쟁의 대상이 되는 질문이다. 많은 사람들은 감정적으로 언어는 사람을 만물의 영장으로 만드는 유일무이한 것이라는 생각에 시간을 투자해 왔다. 언어는 신성불가침이며, 사람과 야수 사이의 마지막 장벽이다.

그러나 이제 이 마지막 장벽도 심각하게 도전받고 있다. 북부 애리조나 대학의 콘 슬로보드치코프 박사는 동물의 의사소통과 인지에 있어 놀랄 만한 연구를 해 왔다. 거니슨 국립공원의 프레리 도그^{미국과 멕시코에서 발} ^{견되는 5종의 프레리 도그 가운데 한 종류}가 내는 구조 신호를 연구하기 위해 그는 초음파를 사용해서 프레리 도그가 명사, 동사, 관사를 포함하는 의사소통 체계를 가지고 있음을 밝혀냈다. 프레리 도그는 어떤 포식자들이 접근하는지 서로에게 말할 수 있다. 사람, 매, 코요테, 개^{명사}. 그리고 이 녀석들은 서로에게 포식자들이 얼마나 빨리 움직이는지^{동사}를 말할 수 있다. 그 녀석들은 사람이 총기를 휴대했는지 그렇지 않은지도 말할 수 있다.

그 녀석들은 개개의 코요테를 식별할 수도 있고, 서로에게 어떤 녀석이 접근해 오는지 알릴 수도 있었다. 그들은 다른 프레리 도그에게 접근해 오는 코요테는 서식지에 바로 치고 들어와 땅굴로 통하는 입구에서 멀리 떨어진 프레리 도그를 잡아먹는다는 것을 말할 수 있었다. 혹은 한 시간 동안이나 끈기 있게 동굴 입구 옆에 배를 깔고 먹잇감이 나타날 때까지 기다리는 녀석인지도 알 수 있었다. 프레리 도그가 사람의 접근을 알릴 때는 사람이 입은 옷의 색깔은 물론 사람의 체형과 크기^{형용사}까지 다른 녀석에게 알릴 수 있었다. 그 녀석들은 우리가 아직까지 해독하지 못한 많은 신호도 가지고 있다.

슬로보드치코프 박사는 프레리 도그의 모든 행동을 비디오로 녹화하고, 소리의 스펙트럼을 분석한 다음, 자신이 상황을 발생시켰을 때 반응하는 프레리 도그의 경고음을 보고 분석하는 방법을 통해, 다양한 신호들을 해독할 수 있었다. 그는 또한 다른 프레리 도그는 어떤 식으로 반응하는지 파악하기 위한 관찰도 시행했다. 그는 프레리 도그가 다른 경고에 각기 다르게 반응했다는 사실을 발견했으므로 그것은 중요한 단서였다. 만일 경고가 급강하하는 매라면 모든 프레리 도그는 은신처를 향해 전력 질주하여 굴속으로 사라져 버린다. 만일 매가 그저 머리 위에서 날기만 한다면 프레리 도그는 도망을 멈추고 경계 태세로 꼿꼿하게 서서 다음에 어떤 일이 벌어지는지 보려고 대기한다. 사람에 관한 경고라면 프레리 도그는 사람이 얼마나 빨리 다가오든지 굴속으로 숨어 버린다.

슬로보드치코프 박사는 프레리 도그는 마치 아기가 태어날 때부터 울음을 알고 태어나듯이, 신호를 알고 태어나는 것이 아니라는 증거를 발견했다. 프레리 도그들은 그런 행동을 배워야만 한다. 박사는 이런 근거로 플라그스태프와 애리조나 일대의 여러 프레리 도그는 각기 다른 언어^{사투리}를 가지고 있다는 사실을 제시했다. 유전적으로 이 동물들은 매우 동일하지만, 유전적인 차이로는 신호의 차이를 설명할 수 없다고 박사는 주장했다. 이것은 각기 군집에 따라 신호가 형성되었으며, 한 세대에서 다음 세대로 내려갔다는 사실을 의미한다.

이게 진짜 언어인가? 언어학자들은 아마 '아니요!'라고 대답할 것이다. 이런 주장의 신뢰도는 점차 약해지고 있다. 다른 언어학자들은 언어에 대한 자신만의 정의를 가지고 있지만, 언어의 지위를 가지기 위해서는 의미와 생산성—여러분은 무수한 새로운 의사 전달을 위해 같은 말을 쓸 수 있다—그리고 치환성—사람은 존재하지 않은 것에 대해서도 언어로 표현할 수 있다—이 있어야 한다는 데 동의한다.

프레리 도그는 현실 세계에서 진짜 위험을 지시하기 위해 자신의 언어를 사용하는 것이다. 그래서 확실히 의미를 가진다. 그들의 언어는 아마 생산성도 가지고 있을 것으로 보인다. 이유는 프레리 도그는 다른 동물에 대해 같은 형용사를 적용할 수 있기 때문이다. 슬로보드치코프 박사는 프레리 도그가 전에 본 적이 없는 물체에 대해 어떤 신호를 만들어 내는지 보기 위해 흥미로운 실험도 했다.

그는 세 개의 합판 실루엣을 만들었는데 스컹크, 코요테와 둥근 모양의 검은 물체였다. 그리고 활차를 이용해 그 실루엣들을 프레리 도그가 모인 곳으로 끌어당겼다. 프레리 도그는 세 가지 모두에 대해 경보 신호를 알렸다. 그리고 각 프레리 도그는 같은 종류의 합판 실루엣에는 같은 신호를 전달했다. 그 장소에서 바로 만들어 낸 신호도 아니었다. 적어도 코요테의 실루엣에 해당하는 신호는 슬로보드치코프 박사가 이미 녹음해 둔 신호의 변형이었다. 이 사실은 프레리 도그는 자신들이 이전에 쓰던 단어를 새로운 것을 묘사하는 데 사용한다는 보다 진전된 증거였다.

또 다른 흥미로운 발견은, 세 개의 합판 물체는 프레리 도그에게 새로운 것이었다. 그러나 프레리 도그는 각각을 구분하는 신호를 사용했다. 슬로보드치코프 박사는 이 사실은 프레리 도그가 단순히 '새로운 것이 온다'는 정도의 반복성 신호를 사용하는 것으로 보이지는 않는다고 말한다. 또한 프레리 도그는 그들의 신호를 창조하기 위해 변형 규칙을 사용한다고 말한다. 사람의 언어에서 변형 규칙이란 여러분이 의미가 되는 문장으로 단어를 재구성하는 것을 말한다. 여러분의 말을 듣는 사람이 같은 규칙으로 여러분이 한 말을 해독하는 것이다. 프레리 도그는 변형 규칙을 속도에 근거하여 가진 것으로 보였다. 포식자가 얼마나 빨리 접근하느냐에 따라 그들은 자신들이 전달하는 신호를 빠르게 혹은 느리게 전한 것이다.

우리는 아직까지 프레리 도그가 존재하지 않는 것에 대해 의사를 전달하고자 신호를 사용했는지는 모르고 있다. 그러나 다른 동물들은 존재하지 않는 것에 대해 말하기 위해 언어를 사용하므로 프레리 도그가 못할 것이라고 가정할 이유는 없다. 일부 원숭이는 연구가들이 수년간 영어로 훈련시켰더니 다른 방에 있는 보이지 않는 먹이에 대해 단어를 사용했고, 이 사실은 공간 전위를 나타내는 것이고, 적어도 그 원숭이들 중에 두 마리는 수의사에게 가기 위해 끌려간 적이 있는 동료 원숭이에게 물어보려고 신호를 사용했다. 나는 프레리 도그가 눈앞에 바로 보이지 않는 사물을 두고 서로 신호를 교환할 능력을 가진 게 아니라고 한다면, 슬로보드치코프 박사의 프레리 도그들이 명사, 형용사, 동사와 언어의 구성 요소인 생산성과 의미를 가진 것은 아닐 거라고 생각한다.

왜 프레리 도그일까?

우리가 현재까지 알고 있는 사실에서, 프레리 도그는 영장류를 포함해서, 보다 복잡한 뇌를 가진 동물들보다 의사소통 능력이 훨씬 뛰어날 것 같다. 왜 프레리 도그는 원숭이보다 더 복잡한 신호를 만들어 냈을까? 아마 그렇게 해야만 했을 것 같다. 프레리 도그는 먹이사슬의 하위에 있었는데, 심지어 프레리 도그가 사는 땅굴 주변에는 프레리 도그를 먹지 않는 포식자는 존재하지 않을 정도였다. 슬로보드치코프 박사는 프레리 도그를 잡아먹는 포식자가 워낙 많은데, 그 동물들 중의 상당수는 일반인은 전혀 들어 보지도 못한 동물일 것이라 말했다.

" 코요테, 여우, 오소리, 검독수리, 붉은 꼬리 말똥가리, 붉은 등 말똥가리, 개구리매, 흰 족제비, 개, 고양이, 방울뱀, 고퍼 뱀."8백 년 이상 동안 미국 인디언 원주민들 역시 식용으로 프레리 도그를 사냥했고, 현대인은 프레리 도그를 스포츠와 표적 연습용으로 사냥하고 있다.

상황을 더욱 악화시킨 것은 프레리 도그가 수백 년간 같은 땅굴에서 살아왔다는 사실이다. 이 말은 인근의 모든 포식 동물들은 어디 가면 프레리 도그를 찾아낼 수 있을지 훤히 알고 있다는 의미가 된다. 반대로 프레리 도그도 주변의 포식자를 개개별 수준으로 알고 있다는 의미가 된다. 종합해서 프레리 도그는 매우 취약한 동물이기 때문에 하나의 종으로 생존하기 위해서는 우수한 의사 전달 시스템을 발전시켜야만 했다는 것이다. 슬로보드치코프 박사는 우리와 유전적으로 가장 가까운 영장류에서 동물의 언어를 찾았던 게 아니라, 생존을 위해 언어를 가장 필요로 했던 동물에서 찾는 모험을 한 것이다.

그가 옳다면 언어는 사람만이 가졌다는 생각에 한 방 먹이는 일이 될 듯하다. 만일 언어가 보잘것없는 두뇌를 가진 설치류에게 필요성을 충족시키기 위해 자연스럽게 진화된 것이라면, 언어란 사람에게만 부여된 고도의 추상적인 사고를 교류하기 위해 생겨난 유일한 작용이 아니라는 게 된다. 언어에 있어 유일무이한 사실은 언어를 개발한 종은 매우 잡아먹히기 쉬운 취약한 존재라는 것이다.

음악 언어

나는 프레리 도그의 언어는 음악적 언어일 거라고 생각한다. 슬로보드치코프 박사는 특수한 컴퓨터 프로그램을 사용해서 프레리 도그의 신호를 분석했고, 분석 결과 신호마다 주파수 비율이 다르다는 사실을 발견했다. 박사는 이것이 프레리 도그가 독창적으로 만든 양식이라고 생각했다. 그는 주파수 비율로 패턴이 결정된다고 가정했다. 단순한 언어로 놓고 보면 그 신호는 음악을 구성하는 여러 조각이 된다.

UC 데이비스의 소피 인은 개가 짖는 수천 가지의 소리를 분석하여 유사점을 찾아냈다. 그녀의 분석을 통해서 개도 상황에 따라 짖는 소리가 다르다는 것을 알 수 있다. 개는 낯선 사람을 포착하면 빠르고 긴급하게 짖는다. 놀 때는 짖는 소리가 느려지고, 보다 조화로운 소리를 낸다. 아무도 개가 짖는 소리에 포함된 조화를 모른다. 그러나 개는 처한 상황에 따라 짖는 소리가 항상 다르다는 사실에서, 나는 개가 다른 개에게 의미 전달을 하려는 것이라는 생각을 한다.

　개는 소리의 높낮이에 매우 민감하다. 이것은 언어에 있어 음악적 부분에 해당한다. 언어를 늦게 배우기 시작한 자폐아들은 주된 의사소통이 언어라는 사실을 종종 이해하지 못한다. 그들은 언어를 의미 없는 음성으로 받아들이고 소리의 높낮이에 의미가 포함되었다고 생각한다. 내가 비록 지금은 언어를 구사하지만, 이 말은 나한테도 어느 정도 해당되는 이야기다. 내가 말을 들을 때 쉽게 의미를 파악하는 유일한 단서는 소리의 높낮이다. 나는 음악이 언어와 의사소통의 결핍성 형태가 아닌지 궁금하다. 여러분도 관념적인 단어가 없으면, 음악을 쓰게 된다.

　스티븐 핑커 같은 일부 과학자는 음악은 단지 진화 과정에서 생긴 부산물 정도이며, 진정한 목적은 없다고 생각한다. 그렇지만, 음악을 창조한 새와 동물은 너무나 많기 때문에 나는 음악이 그렇게도 많은 동물들이 진화하다가 우연히 만든 부산물 정도라는 말은 이해가 안 된다. 그리고 음악이 단지 진화론적 부산물 정도에 불과하다면 왜 두뇌 속에는 음악의 5가지 요소를 분석하는 각기 다른 영역이 존재하는가? 두뇌 손상을 입은 환자를 대상으로 한 실험을 통해서, 두뇌에서 음악을 처리하도록 구분된 5가지 시스템은 선율, 리듬, 박자, 조성, 음색이라고 수정되었다. 내 가정은, 음악이 많은 동물에게 언어라는 것이다.

　이 개념을 뒷받침하기 위해 컴퓨터 단층 촬영 기법이 적용되기 시작했다. 〈네이처 뉴로사이언스Nature Neuroscience〉지에 보고된 연구에서 발성 언어를 이해하는 브로카 영역에서 음악도 같이 이해한다는 사실이 밝혀졌다. 이것은 커다란 발견이다. 그 이유는, 인지 과학자들은 항상 브로카 영역은 언어 외에는 다루지 않는다고 생각해 왔기 때문이다. 그러나 이제 연구가들은 새로운 발견을 통해 브로카 영역은 언어에 국한된 것이 아니고, 음악과 언어 같은 복합적인 정보를 구성하는 함축적인 법칙을 처리한다는 의미로 해석하는 듯하다.

그러나 나는 이 설명을 인지 과학자들이 처음부터 옳았을 수 있다는 의미로 생각한다. 아마 브로카 영역은 언어만 배타적으로 관할하는 게 틀림없다. 그리고 그렇기 때문에 음악도 관할하는 것이다. 왜냐하면 음악도 언어니까 혹은 언어가 될 수도 있으니까. 음악이나 이와 유사한 것은 한때 사람의 언어였을 수도 있고, 지금도 새와 동물의 언어일 가능성이 있다.

내가 이렇게 믿는 이유 중의 하나는 다수의 지능이 높은 자폐인들은 어릴 적 TV에서 들리는 것이 그저 소리 나는 문장에 불과했지, 언어로서 그 의미를 알았던 것은 아니라고 한 증언 때문이다. 이것은 자폐인들이 초기에 사용하였으며 동물이 사용하는 형태의 음악에 가까운 의사 수단으로 퇴화된 경우라고 생각한다. 나는 또한 최소한 한 가정에서 자폐증을 가진 딸과 노래를 통해서만 의사 교환이 가능한 경우도 알고 있다. 어머니가 '테이블 치울래?'를 노래로 전달하면 딸은 이해한다. 만일 어머니가 '지금 테이블 치울래?'라는 말을 언어로 전달하면 딸은 이해하지 못한다. 딸은 음악적 형식을 통해 의미를 알아채는 것이다.

아마 모든 부모는 아기들과 음악을 통해 의사를 교환할 것이다. 토론토 대학의 산드라 트레헙은 모든 문화마다 자장가가 있다는 사실을 발견했고, 부모는 아이에게 음악을 노래하며 말을 한다. 그녀는 음악은 부모와 아이 사이의 특별한 의사 전달 통로라고 생각한다.

한마디 더 해두자면, 어머니가 음악이 있을 때 내 상태가 좋아진다는 것을 알았던 이유는, 어릴 적 어머니가 피아노로 바흐를 연주할 때 내가 흥얼거리며 따라 하는 것을 느꼈을 때라고 했다. 당시 나는 두 살이었고, 말도 못했다. 나는 벽지를 뜯어내어 먹어 버리는 행동을 했다. 어머니는 내가 병원에서 진단을 받지도 않았지만, 뭔가 심각한 이상이 있음을 알았는데, 바로 옆집에 내 또래의 여자아이가 살고 있었기 때문이다. 그런데 나는 바흐를 흥얼거렸다. 이 모든 사실을 통해서 나는 음악과 언어 사이에는 연결 고리가 있을 것으로 생각한다.

과학적으로 볼 때도 이런 생각에는 간접적인 뒷받침이 있을 거라고 생각한다. 혀를 차는 소리의 언어click language를 사용하는 아프리카 종족의 유전자 연구를 통해서 톤을 사용하는 언어가 사람이 최초로 시작한 언어일 것이라는 사실을 보여 준다. 중국어 만다린도 톤을 사용하는 언어다. 톤이 들어가는 언어를 음악과 같은 것으로 생각할 수는 없다. 그러나 원어민이 아닌 사람을 대상으로 중국어 만다린의 톤의 변화를 청취하는 능력을 검증했을 때 음악 전공자들이 비전공자들을 압도했다.

우리는 또한 동물은 사람이 진화하기 이전부터 음악을 발전시켜 왔다는 좋은 증거도 확보하고 있다. 그 증거는 국립 음악 예술 프로그램의 패트리샤 그레이와 5명의 생물학자가 공동으로 시행한 동물 음악에 관한 연구에서 나왔다. 이 결과는 최고 권위의 저널 〈사이언스〉에 공표되었다. 저자들은 다음과 같이 적었다."고래와 사람의 음악이 그렇게도 닮았다는 사실은, 비록 6천만 년 전에 서로의 진화 경로가 다르지 않았다고 치더라도, 음악은 인류에 앞서 있었다는 것입니다. 이 말은 음악은 인류가 개발한 것이 아니라, 우리 인류가 음악이라는 무대에서는 지각생이라는 의미가 됩니다."

동물은 음악의 창시자이고 진정한 선생님이다. 사람은 아마 동물한테서 음악을 배웠을 것이다. 거의 대부분 새로부터 배웠을 것 같다. 사람 스스로가 음악을 독자적으로 발명했을 가능성보다는 새한테서 음악을 배웠을 가능성이 더 높다는 증거는, 모든 영장류의 11%만이 노래를 부른다는 사실에 기반한다.

모차르트는 확실히 새가 부르는 노래의 영향을 받았다. 그는 반려용 찌르레기를 기르고 있었다. 그의 노트에는 그가 작곡한 피아노 콘체르토 G장조에서 따온 한 구절을 기록해 놓으면서, 그 구절을 자신이 기르던 반려용 찌르레기가 수정해 주었다고 했다. 새가 올림표를 반음 내려준 것이다. 모차르트는 다음과 같이 적었다." 찌르레기가 부른 버전 다음으로 멋지다." 새가 죽었을 때 모차르트는 무덤 앞에서 노래를 부르며 새를 위해 쓴 시를 읽었다. 그의 다음 작품 〈뮤지컬 조크〉는 찌르레기가 노래하던 스타일이었다. 모차르트 같은 음악의 천재가 경탄하며 새한테서 배웠다면, 원시 인류가 최초로 음악을 발명했을 때는 틀림없이 새들로부터 배워야 했을 것으로 보인다.

동물의 음악은 인간 연구가들이 동물은 사람이 할 수 있는 것과 같은 것을 할 수 있다고 마지못해 인정하는 부분의 하나다. 패트리샤 그레이조차 동물의 음악이 아닌 음악적인 소리라는 용어를 사용했을 정도다. 그래도 동물 음악의 개별 요소들이 인류 음악의 개별 요소와 동일하다는 사실은 모든 사람이 인정한다. 흑등고래의 노래에는 사람의 노래처럼 반복되는 운율이 있다. 고래는 아마 사람과 같은 이유로 운율을 사용할 것이다. 이렇게 운율을 사용하면, 시나 노래를 부르면서 다음 구절을 쉽게 떠올릴 수 있다. 코넬 대학에서 린다 귀니와 케이티 페인은 고래의 노래에서 짧고 쉬운 노래보다, 길고 복잡한 노래에서 보다 운율이 느껴진다는 사실을 발견했다.

새들이 노래를 만들 때 사용하는 리듬과 음률 관계의 변화는 사람의 작곡과 동일하다. 그리고 작곡한 노래를 다른 키를 사용하는 음악으로 변조할 수도 있다. 새들은 빠른 박자와 느려지는 박자 등은 물론 이 세상 모든 작곡자들과 같은 음계를 사용할 수도 있다.

동물과 사람은 같은 음악적 취향을 가지고 있다. 쥐와 찌르레기는 조화가 이루어진 멋진 화음과 그렇지 않은 부자연스러운 화음을 구별해 낼 수 있다. 샌프란시스코 소재 캘리포니아 과학 아카데미의 조류와 포유류 관장인 루이스 밥티스타는 멕시코의 흰가슴 숲 굴뚝새가 노래한 베토벤 심포니 5번의 시작부를 녹음한 테이프를 가지고 있다. 새가 베토벤의 교향곡을 노래하기 전에 미리 음악을 들어 보았을 가능성은 극도로 희박하다. 사람에게 아름다운 소리는 새들에게도 아름답고, 새도 사람처럼 같은 테마를 작곡한다.

연구가들은 또한 동물의 노래가 매우 복잡하다는 사실에도 동의하고, 그 말은 노래가 정말로 동물의 언어일 수 있다는 가능성을 자리매김해 준다. 동물 의사소통 연구가들 대부분은 동물의 발성 신호는 진정한 언어가 되기에는 너무나 단순하다고 생각한다. 그러나 아무도 동물의 노래가 단순하다고 생각하지 않는다. 동물의 노래는 매우 복잡하고 조직적이다. 그래서 진정한 동물의 언어로 사용될 수 있는 복합성을 가질 수 있다. 한 가지 예만 더 들어 보면, 소나타도 새가 개발한 것 같다. 소나타는 오프닝 테마로 시작해서, 곡 중에서 테마가 변하고 최종적으로 오프닝 테마가 반복되며 막을 내린다. 보통 노래하는 참새는 소나타를 작곡하고 노래한다. 샌디에이고 소재 캘리포니아 대학의 다이애나 도이치라는 음악 심리학자는 사람이 내는 소리를 음악, 연설대화성 언어과 준언어성 어조인 웃음과 신음의 세 가지 범주로 나누었다. 그녀는 동물의 신호를 준언어성 어조로 생각했지만, 새들의 노래는 높낮이의 패턴이 너무도 정교하므로, 사람의 음악과 매우 유사한 것으로 보인다. 이 말은 동물의 음악이 곧 음악이 되었다는 뜻이다.

동물의 노래를 연구한 연구가들은 동물이 짝을 유혹하고, 자신의 영역을 방어하기 위해 음악을 사용한다고 말했지만, 나는 동물은 음조 언어를 사용하여 아마 그 이상의 것을 한다고 생각한다. 우리는 음악은 정서와 깊이 연결되어 있음을 안다. 음악은 두뇌 중심부의 정서 중추와 뇌의 발달에서 가장 오래된 부분인 두뇌 깊숙한 소뇌까지 자극하기 때문이다. 코넬 대학의 캐롤 크룸한슬이 시행한 뇌 전산화 단층 촬영을 이용한 연구에서 장조로 연주되는 경쾌한 음악은 사람이 행복할 때 느끼는 것과 같은 심리적 변화를 활성화시키고, 단조로 연주되며 느린 템포의 음악은 슬플 때 생기는 심리적 변화와 동일한 반응이 생긴다는 사실을 발견했다.

아마 동물은 서로에게 복합적인 감정을 전달하기 위해 소리의 톤을 사용하는 것 같다.

동물에게 의심하는 재능 부여하기

사실 우리는 동물의 의사소통과 언어를 잘 모른다. 만일 동물 연구의 역사가 앞으로도 계속 진행된다면, 우리는 아마도 안다고 생각했던 것들조차 확인할 수 없게 될지 모른다. 왜냐하면 연구가들은 늘 무언가를 할 수 없다고 생각했던 동물이 결국 그것을 할 수 있다는 사실을 입증해 왔다고 생각하기 때문이다. 다른 동물 연구 분야처럼, 동물의 의사소통과 언어에서도 동물은 우리가 아는 것보다 더 능력 있다는 사실이 밝혀지려 하고 있다.

동물의 의사소통이라는 주제의 논쟁은 두 부류로 귀착된다. 사람의 언어와 동물의 의사소통은 서로 분리된 별개의 것이라고 생각하는 사람과 사람의 언어와 동물의 의사소통은 같은 범주에 속한다고 생각하는 사람들이다. 동물과 사람의 언어가 같은 스펙트럼이라고 생각하는 연구가들은 동물의 언어는 사람의 언어보다 단순할 것으로 밝혀지리라고 믿고 있다. 이 이치는 두 살 아이의 언어는 다 자란 성인의 언어보다 단순하지만, 그래도 언어 표현에 있어서 양의 차이일 뿐 질의 차이는 아니라는 것이다.

나는 사람과 같은 스펙트럼이라는 쪽을 지지한다. 또한 동물 연구가들이 패러다임을 바꿀 때가 되었다고 믿는다. 우리는 아주 많은 동물의 두드러진 재능을 보아 왔으므로, 이제 동물에게는 언어가 없다기보다는, 동물도 언어를 가졌을 것이라는 가설에서 출발해야 한다. 여러분이 하는 질문에 따라 여러분이 찾을 수 있는 답변의 범위가 정해진다. 그리고 나는 우리는 동물의 의심스러운 면을 한 번 믿어 주면, 더 많은 것을 배우게 될 것으로 생각한다.

나는 앵무새 알렉스에 관한 이야기로 끝을 맺으려 한다. 페퍼버그 박사는 언어에 관한 전쟁에서 벗어나 있다. 그녀는 절대로 알렉스가 언어를 가졌다고 말하지 않는다. 그리고 그녀의 의견에 따르자면, 알렉스에게는 절대로 언어가 있을 수도 없다는 것이다. 나는 그녀가 알렉스가 배운 언어가 진짜가 아니라고 생각해서라기보다는 학계의 십자 포화로부터 벗어나고 싶기 때문일 거라고 생각한다. 나는 최근 그녀가 노암 촘스키가 '무엇이 사람의 언어를 유일무이하게 하는가?'라는 가장 최근의 제안을 알렉스가 반증할 수 있는지 알아보려 애쓰고 있기 때문에 그렇게 말할 수 있다.

　노암 촘스키, 마크 하우저, W. 테컴세 피치는 2002년 〈사이언스〉지에 사람이 귀납적으로 언어를 가진 유일한 동물이라고 주장하는 논문을 실었다. 넓게 정의해서 '재귀적'이란 말은 사람이 각각의 소리와 언어를 조합하여 다른 의미를 가진 무수한 문장으로 전환하는 규칙을 가지고 있다는 의미다.

　그러나 페퍼버그 박사는 돌고래와 앵무새는 재귀적 문장을 이해한다고 지적했다. 돌고래는 '좌측의 회색 서핑 보드를 터치하라'와 '오른쪽의 검은색 원반을 헤엄쳐 넘어라'와 같은 문장을 다룰 수 있다. 노암 촘스키와 그의 공동 연구가들은 이 사실이 중요하지 않다고 생각한 것이 확실하다. 그 이유는 돌고래는 단지 문장을 이해할 뿐이지, 구성하지는 못한다는 것이다. 어떻게 돌고래가 일상생활에서 재귀적 문장을 만들지 못할 거라는 가정을 세울 수 있는지 내게는 미스터리다.

　얼마 전부터 페퍼버그 박사는 알렉스와 또 다른 회색 앵무새 그리핀에게 음소를 발음하도록 가르치기 시작했다. 음소란 철자와 그 철자가 포함된 조합을 대표하는 소리를 말한다. 영어에는 전부 40개의 음소가 있다. 그들은 새들이 다른 단어로 재구성될 수 있는 철자로 만들어지는 단어를 이해할 수 있는지를 보려고 했다. 그들은 냉장고에 붙이는 자석 글자를 이용해서 새를 가르쳤다.

　하루는 연구 후원 기금 관계자들이 페퍼버그 박사의 실험실을 방문했는데, 박사와 실험 팀은 알렉스와 그리핀이 할 수 있는 것을 관계자들에게 보여 주고 싶었다. 그래서 그들은 한 묶음의 자석 글자를 쟁반 위에 갖다 놓고, 알렉스에게 질문을 시작했다.

　" 알렉스, 무슨 소리가 푸른색이야?"

알렉스는 'SSssss스'라고 발음했다. 맞았다. 파란 글자는 S에스였던 것이다. 페퍼버그 박사가 '멋있어'라고 말하자 알렉스는 '호두 주세요'라고 말했다. 그 녀석은 올바른 대답을 할 때마다 호두를 먹었던 것이다. 그러나 페퍼버그 박사는 후원인에게 보여 줄 수 있는 제한된 시간에 알렉스가 호두나 먹으며 앉아 있게 하고 싶지 않았다. 그래서 그녀는 알렉스에게 기다리라고 말하고 나서, 다시 물었다.

" 어떤 소리가 녹색이야?"

녹색 글자는 S와 H의 조합이었다. 알렉스는 sh쉬라고 말했다. 이번에도 맞았다. 페퍼버그 박사가 말했다." 넌 멋진 앵무새야."

알렉스가 또" 호두 주세요"라고 말했다. 그러나 페퍼버그 박사는 이번에도 또" 알렉스! 기다려. 어떤 소리가 오렌지색이야?"라고 물었다. 알렉스는 한 번 더 정확하게 맞추었지만, 기다리던 호두는 얻지 못했다. 청중들 앞에서 철자를 발음시키는 일이 끝없이 이어졌다. 시간이 지나면서 점차 알렉스는 실망하는 기색이 역력했다. 결국 알렉스는 인내심을 잃었다. 페퍼버그 박사가 한 말 그대로 옮기면 다음과 같다." 알렉스는 눈을 가늘게 뜨더니, 나를 노려보며 말했어요. 호두 말이야. 엔, 유, 티!"

알렉스는 호두nut의 철자를 발음한 것이다. 페퍼버그 박사 연구 팀은 알렉스에게 단어가 소리에서 만들어진다는 것을 가르칠 수 있는지를 보려고 수없이 많은 시간을 냉장고 자석 철자로 끊임없이 훈련시켜 왔지만, 이미 알렉스는 어떻게 철자를 발음하는지 알고 있었다. 그 녀석은 연구가들보다 훨씬 앞서 있었던 것이다.

페퍼버그 박사는 말한다." 이런 일은 일상의 실험에선 생기지 않아요. 그러나 동물이 그렇게 하고 나면, 호두알 크기의 작은 두뇌 속에 상상했던 것보다는 훨씬 더 알아야 할 게 많다는 사실을 깨닫게 돼요." 나는 사람이 지각하는 것보다 훨씬 많은 것이 있다고 덧붙이고 싶다. 페퍼버그 박사 연구 팀은 아마 세계에서 앵무새의 인지 능력에 관한 한 가장 앞서 있을 것이다. 그들은 알렉스와 20년을 연구했다. 여태껏 알렉스가 철자 발음을 배웠다고는 아무도 생각하지 않은 것이다.

이제 우리는 동물이 능력 있고 의사소통도 가능한 존재라는 생각을 시작할 때가 되었다. 이제는 억측을 그만둘 때도 되었다. 여전히 많은 동물 연구가들은 '동물에게는 언어가 없다', '동물은 정신적으로 자각 개념이 없다'고 확신한다. 여러분은 이처럼 많은 연구 서적들을 통해 널리 퍼진 이런 종류의 억측들을 접한다. 그러나 우리는 동물이 우리 판단 이상으로 더 잘하지 못하는지도 모르는 게 사실이다. 부정적 입증에만 초점을 두어서는 안 된다.

우리가 동물에 관심이 있다면, 다음 단계로 우리는 동물을 위해 연구할 필요가 있으며, 동물의 언어도 가능한 범위까지 연구할 필요가 있다. 동물은 무엇을 하는가? 무엇을 느끼는가? 무엇을 생각하는가? 무슨 말을 하는가? 동물은 무엇인가? 그리고 우리가 자애롭고 책임감 있게 동물을 잘 다루려면 무엇을 해야 하는가?

이것이 진정한 '질문'이다.

〈소에 적용할 보정틀에 직접 들어가 보는 템플 그랜딘〉

보정틀의 압력은 갓난아기가 포대기에 싸였을 때, 스쿠버 다이버가 수중에서 편안함을 느낄 때와 비슷한 감각을 전달한다. _16쪽

7부

천재적인 동물
: 비상한 능력

ANIMALS IN
TRANSLATION

천재적인 동물: 비상한 능력

이제 '동물은 우리 생각보다 영리하다'는 말은 회의론자들에게도 점차 분명해지고 있다. 문제는 '과연 동물이 어느 정도 영리하냐'는 것이다.

　이 문제에 관한 나의 대답은, 사람과 마찬가지로 일부 동물은 천재라는 것이다. 이런 동물들의 재능은 매우 놀라운데, 일반인도 열심히 노력하고 연습해도 될까 말까 한 정도를 훌쩍 넘어서 버린다.

　어떤 동물들일까?

　우선 새를 들 수 있겠다. 나는 새라는 동물에 관해서 더 많은 사실을 알게 되면서, 그들의 지능의 한계가 어느 정도인지 전혀 아는 게 없다는 생각을 더 자주 하게 되었다. 철새의 이동은 우리가 현재 알고 있는 것 중에서 가장 비범한 재능일 것이다. 새들은 호두 크기만 한 두뇌를 가지고 있지만, 수천 킬로미터나 떨어진 이동 경로를 배우고, 또 기억해

낸다. 우리가 알기로는 북극제비 갈매기가 가장 먼 거리를 이동한다. 그 거리는 왕복 3만 킬로미터에 달한다. 그 가운데 일부는 매년 북극에서 남극까지 왕복한다.

비상한 기억력

여기서 말하는 '새가 가진 천재적인 능력'이란, 날개를 가지고 태어나서 그저 날 수 있다는 사실 말고, 위에서 말한 것처럼 머나먼 이동 경로를 배워야만 한다는 사실이다. 새들은 태어날 때부터 자기 종족의 이동 경로를 아는 것이 아니다. 즉, 본능으로 각인된 게 아니라는 말이다. 더 놀라운 사실은 그 먼 길을 전혀 어렵지 않게 외운다는 점이다. 이동 거리를 생각해 보면 많은 철새들의 학습 능력은 천재적이라 할 만하다.

이런 새들을 영상화한 〈아름다운 비행〉이란 영화가 있다. 이 영화는 빌 리슈만의 실화를 토대로 제작되었다. 빌 리슈만은 동료 조셉 더프와 함께 한 무리의 캐나다 거위가 자신들이 조종하는 초경량 비행기를 따라오도록 가르쳤다. 그들은 멸종 위기의 아메리카 두루미를 구하려는 목적에서 이 기획을 구상했다. 빌 리슈만이 새를 구하려는 마음으로 이동 작전에 나설 무렵, 전 세계적으로 아메리카 두루미는 188마리만 남아 있었다. 두루미들은 한 집단을 이루고 있었기 때문에 멸종당할 우려가 더욱 높았다.

빌 리슈만이 나서기 전까지 사람들은 아메리카 두루미를 생포해서 새끼를 번식시키는 방법으로, 멸종을 막으려고 했다. 그러나 불가능했다. 이런 식으로 자란 새끼들에게는 이동 경로를 가르쳐 줄 어미가 없기 때문이었다. 그 새들에게 야생 세계를 접하게 할 방법도 없었다. 당연히 새들은 이동할 줄도 몰랐기에 겨울이 닥치면 그 자리에서 얼어 죽을 판이었다.

빌 리슈만은 아메리카 두루미에게 이동하는 법을 가르치기 위해, 자신이 직접 1인승 초경량 비행기에 타고 새의 이동 경로를 따라 선도 비행하면서, 1시간에 45~93킬로미터씩 이동시킬 계획을 세웠다. 그는 우선 멸종 위기에 처하지 않은 캐나다 거위를 이용해서 계획에 착수했다. 미국 동부 해안에서 골프를 해본 사람이라면 캐나다 거위의 숫자가 적다고는 말하지 못할 것이다. 사실 거위의 배설물 문제가 골치 아팠기 때문에 콜리에게 골프 코스에 똥을 싸는 거위를 감시하는 임무가 추가됐다. 보더 콜리는 할 일이 필요했으므로 좋아했다. 그 녀석들은 좀이 쑤실 만큼 느긋하게 지내고 있었기 때문이다.

얼마 안 가서, 리슈만은 거위가 1인승 비행기를 따라 640킬로미터를 날도록, 한 번에 가르칠 수 있음을 입증해 보였다. 어떤 사람도 별다른 특징 없이 탁 트인 지형을 단 한 번만 지나가서는 기억할 수 없다. 그러므로 새들의 이동은 비상한 재능이다.

그는 거위를 통해서 자신의 구상이 성공할 수 있다는 가능성을 알게 되자, 아메리카 두루미와 친척뻘이지만 멸종 위기에는 처하지 않은 쇠재두루미로 실험 대상을 바꾸었다. 1997년에 그는 7마리의 쇠재두루미를 이끌고, 캐나다 남부 온타리오에서 버지니아까지 640킬로미터를 이끌고 날아갔다. 두루미들은 버지니아에서 겨울을 났다. 그러다 3월의 마지막 어느 날엔가 쇠재두루미들은 겨우내 먹이를 찾던 곳에서 날아올라 어디론가 떠나 버렸다. 그로부터 이틀이 지나고, 리슈만은 온타리오의 한 학교 교장으로부터 학교 운동장에 6마리의 새가 날아왔다는 전화를 받았다. 그 7마리 중 6마리가 640킬로미터를 날아서 캐나다로 돌아온 것이다. 태어나 단 한 번 날아 보고서, 그 반대 방향으로 돌아온 것이다. 새들은 어릴 적 자랐던 곳에서 불과 50킬로미터 떨어진 곳에 안착했다.

많은 동물이 한 분야 혹은 다른 분야에서 비상한 기억력과 학습 능력을 가지고 있다. 회색 다람쥐는 매년 겨울 수백 개의 밤을 땅에 묻는데, 한 군데에 하나씩 파묻는다. 그러고는 그 위치를 전부 다 기억한다. 그 녀석들은 각각의 밤을 묻은 곳을 알고 어떤 종류인지, 언제 숨겼는지까지 안다. 그 녀석들은 사람들이 생각하는 것처럼 묻은 장소에 어떤 표시를 하거나, 냄새를 맡아서 찾는 게 아니다. 나는 언젠가 한 정원사가 쓴 칼럼에서 다람쥐가 정원을 파헤치지 못하게 할 방법을 문의한 어떤 여성의 글을 보았다. 그 질문에 대해서 칼럼니스트는, 다람쥐는 자신이 밤을 묻은 장소를 잊어버리기 때문에 전부 다 파헤친다고 대답했는데, 이 말은 사실이 아니다. 다람쥐는 자신이 어디에 수백 개의 밤을 묻었는지 정확하게 기억한다. 회색다람쥐의 기억력을 연구한 UC 버클리 대학의 피에르 라베넥스 교수는 다음과 같이 말했다." 다람쥐들은, 예를 들자면 나무나 건물의 상대적인 위치 같은, 자연에서 얻은 정보를 활용해요. 다람쥐는 먹이를 숨겨 둔 장소와 두 경계표 사이의 각도와 거리를 이용하여 삼각 측량을 한답니다."

사람은 그렇게 못한다. 일반인은 5백 개의 밤을 어디다 묻었는지 아는 것은 고사하고, 두 번에 한 번꼴로 자동차 열쇠를 어디다 두었는지도 잊어버린다. 만일 사람이 땅에 묻어 놓은 밤을 식량으로 먹어야 한다면 얼마나 오랫동안 버틸 수 있을까? 사람은 겨울을 날 수 없을 게 확실하다." 사람도 이렇게 할 수는 있습니다. 예를 들자면, 어디에 묻었는지 알기 위해 지표점의 좌표를 이용해 삼각 측량을 한다든지. 불과 몇 군데 정도에 불과하겠지만." 라베넉스 박사는 말한다. "6~7군데 정도야 가능하겠지만, 다람쥐만큼은 어림도 없습니다."

대부분의 동물은 초인적인 능력을 가졌다. 즉, 동물만의 천재성이 있다는 말이다. 새는 좌표의 천재며, 개는 후각의 천재, 독수리는 시각의 천재다.

극도의 지각력과 지능

많은 동물들은 극도의 지각력도 가지고 있다. 탐색견은 밀수품이나 마약, 폭발물을 후각으로 찾아내는데, 엑스레이보다 3배는 정확하며 시험 결과도 전체 성공률이 90% 정도였다.

사람은 못하는데, 개가 물건을 냄새로 찾아낸다고 해서 개가 천재라는 뜻은 아니다. 그렇다고 해도 개는 개일 뿐이다. 사람은 개가 보지 못하는 것을 볼 수 있다. 다만 우리가 개보다 영리하다는 것도 아니다.

그러나 어떤 개들이 발달된 지각력을 이용해서 스스로 개발한 능력을 자기 눈으로 보게 되면, 진정한 인지의 세계란 어떤 것인지를 접하게 된다. 진정한 인지의 세계란 낯선 상황에서의 문제 해결을 말한다. 사람의 발작을 경보하는 개는, 동물이 타고난 인지 능력으로 문제를 해결하는 데 이용할 수 있는 사례가 되는데, 어떤 개도 태어날 때부터 문제 해결 능력은 없다. 발작 경보견이란 보호자가 발작하기 전에 미리 예견하는 개를 말한다. 훈련을 통해서 개가 발작을 예견할 단계까지 이르게 할 수 있는지는 여전히 논란의 대상이고, 지금까지 운 좋게 성공한 사례도 많지 않다. 그러나 스스로 이런 능력을 얻은 개는 많다. 이런 개들은 원래 발작 반응견으로 훈련된 개다. 발작 반응견이란 일단 발작이 생긴 사람을 돕는 개념으로, 사람이 발작해서 쓰러지면 다치지 않도록 넘어지는 사람의 머리 아래로 몸을 두게끔 훈련받았다. 혹은 쓰러진 사람에게 약을 가져다주거나 전화기를 가져다주게 훈련받았다. 이런 정도는 어떤 개라도 해낼 수 있는 기본 훈련에 지나지 않는다.

그러나 이런 개들 중에서 일부는 발작 후에나 대응하던 것에서 한발 더 나아갔다. 어느 순간 발작이 임박한 징후를 알게 되었던 것이다. 어째서 개들이 이렇게 할 수 있는지는 아무도 모른다. 이런 징후는 사람한테는 보이지 않기 때문이다. 아무도 발작이 임박한 사람을 알 수 없고, 어떤 일이 닥칠지 보거나, 듣거나, 냄새를 맡거나, 느끼거나 할 수 없다. 한 연구에 따르면, 발작 반응견과 지내는 사람의 10%는 자신의 개가 발작 경보견이 되었다고 했다.

〈뉴욕타임스〉는 플로리다에 사는 코니 스탠들리라는 여인에 관한 놀라운 기사를 실었다. 그녀는 자신의 발작을 30분 앞서 예견하는 덩치 큰 플랑드르 부비에를 두 마리 키우고 있다. 개들은 스탠들리의 발작이 임박했다고 느끼면 그녀의 옷을 잡아끌고, 짖기 시작한다. 그러고서, 그녀의 팔을 잡아끌어 발작이 일어나도 다치지 않도록 안전한 곳으로 인도한다. 스탠들리는 개가 80%의 발작을 예견했다고 말한다. 스탠들리의 개들은 그녀에게 인도되기 전에 발작 경보견으로 훈련받았음이 확실했다. 그러나 그렇게 되지 않은 개도 많다. 대부분의 발작 경보견은 발작이 일어날 때의 대응을 훈련받았지, 발작을 예견하는 훈련을 받은 게 아니다.

발작 경보견의 이야기를 보면서, 나는 '영리한 한스'를 떠올린다. 한스는 1900년대 초반 세계적으로 유명했던 독일의 말인데, 마주인 빌헬름 폰 오스텐은 한스가 숫자를 센다고 생각했다. 폰 오스텐이 다음과 같은 질문을 했다. "7하고 5면 얼마지?" 그러면 한스는 말굽으로 열두 번 탁탁 두드렸다. 한스는 다음과 같은 질문에도 말굽으로 대답할 수 있었다. "만일 이 달의 여덟 번째 날이 화요일이면 그 주의 금요일은 며칠이지?" 그 녀석은 낯선 사람이 수학적인 질문을 해도 대답할 수 있었다.

결국 오스카 풍스트라는 심리학자에 의해 한스는 실제로 숫자를 세지 못한다는 사실이 밝혀졌다. 대신 한스는 질문하는 사람이 부지불식중에 스스로 암시하는 미묘하면서도 눈으로는 보이지 않는 단서를 찾고 있었다. 그 단서가 보이면 발을 두드리기 시작해서, 두드리기를 멈출 때가 됐다고 보이면 멈추었다. 질문자는 한스만이 볼 수 있는 미세하고 드러나지 않는 동작을 하고 있었다. 하고 있는 사람 자신도 느끼지 못할 정도로 미세한 동작이었다.

풍스트 박사도 그 동작을 볼 수는 없었지만, 찾아보려고 노력했다. 결국 그는 답을 찾아냈다. 질문자들을 한스가 보이지 않는 곳으로 위치시켜, 질문자들도 답을 모르는 질문을 하도록 했다. 결과적으로 한스는 질문자의 동작이 잘 보이는 곳에서, 질문자들이 이미 답을 알고 있는 질문에만 대답할 수 있음이 판명되었다. 그러한 조건이 없으면, 한스의 대답은 실패로 마무리되었다.

심리학자들은 영리한 한스의 사례를, 동물이 지능적이라고 믿는 사람들은 자기 자신을 속이고 있다는 것을 보여 주는 사례로 종종 인용한다. 그러나 내 생각에는 그것이 확실한 결론은 못 된다. 아직까지 누구도 한스만큼, 말을 훈련시키지 못했다. 그저 사람의 마음을 읽는 한스는 물론이고 다른 동물을 읽어 내는 능력을 가진 동물도, 실제로는 그저 말굽을 쿵쿵거리게끔 고전적인 조건에 맞추어진 벙어리에 불과하다는 뜻인가? 나는 그 이상의 것이 있다고 생각한다.

한스를 발작 경보견과 유사하다고 생각하는 것은 아직까지 아무도 말을 한스만큼 훈련시키지 못했기 때문이다. 한스는 마치 발작 경보견들처럼 스스로 그렇게 된 것이다. 내가 아는 한, 여태껏 아무도 어떻게 하면 평범한 개를 훈련을 통해서 발작을 예견하도록 할 수 있을지 밝혀내지 못했다. 최고의 훈련사가 해볼 수 있는 정도라고 해봐야, 사람이 발작할 때 개가 도움을 주면 보상하고, 이런 상황을 개가 스스로 임박한 발작 징후를 판별하기 시작할 때까지 반복하는 정도이다. 그러한 접근 방식이 그다지 성공적이지는 않았지만, 일부 개들은 해내기도 했다. 나는 이런 개들은 뛰어난 지능을 과시한 것이고, 같은 이치로 탁월한 지능을 가진 극소수의 사람은 초인적인 지능을 보여 줄 수 있을 것이라고 생각한다.

발작 경보견이나 한스의 경우까지를 고도의 지능 혹은 재능이라고 생각하는 이유는, 그 동물들은 자신들이 했던 그런 행동을 해야 할 필요가 전혀 없었다는 사실 때문이다. 개가 발작이 다가오고 있다는 징후를 인지하기 시작한다는 사실을 두고, 여러분은 아마 사람이 들을 수 없는 개들의 휘파람을 들을 수 있는 것처럼, 개의 독보적인 청력, 후각, 혹은 시각 덕분으로 치부해 버릴지도 모른다. 하지만 개가 임박한 발작 징후를 깨닫기 시작한 다음, 거기에 대해 무언가를 하려고 결정하는 것은 전혀 별개의 것이다. 여기서부터는 사람의 지능이다. 사람의 지능이란 유용하고, 때때로 두드러진 목표를 달성하는 데 본능적인 지각과 인지 능력을 사용하는 것이다.

우리가 볼 수 없는 것

지금까지 내용에서 여러분은 아마 다음과 같이 생각할 것이다.

'동물이 그렇게 영리한데 왜 아무도 알지 못했을까?'

우선 우리는 대부분의 동물이 야생에서 무엇을 하는지 전혀 모른다. 제인 구달 같은 사람이 야생 상태의 동물 집단을 수년간 근접 관찰할 수 있는 오늘날에도, 여전히 우리는 동물이 무슨 생각을 하면서 행동하는지, 무엇인가를 할 때 서로에게 어떤 의사 전달을 하는지 모른다. 그래서 베티 같은 까마귀가 스스로 먹이를 걸어 올리려고 철사를 휘고, 알렉스 같은 회색 앵무새가 갑자기 '이 바보야!'와 같은 말을 하면 사람들은 놀라게 된다.

얼마 전에 플로리다 호텔에서 어떤 여성을 만나, 매우 총명한 새에 관한 이야기를 들었다. 이 새는 마코 앵무새였는데, 쿠키나 크래커를 뜻하는 자신만의 새로운 단어 크래키를 만들었다. 쿠키와 크래커는 주인이 보상으로 준다. 그래서 앵무새는 쿠키와 크래커를 자신의 먹이 분류에 포함시켜, 두 가지 뜻 전부를 내포하는 고유 단어를 필요로 했다. 새는 크래커와 쿠키를 알고 있었다. 동물한테 그 두 가지는 각기 다른 의미다. 쿠키와 크래커는 실제로 먹이라기보다는 자신의 행위에 대한 보상이었다. 나는 새가 크래키를 요구할 때의 의미는 아마도 간식을 말하는 것이라고 추측한다.

뉴욕시의 에이미 모르가나가 기르는 회색 앵무새 엔키시는 영어 단어 5백 개 이상을 사용할 정도의 어휘력을 가지고 있다. 그 새는 현재 과거 미래의 시제를 사용하며, 전에는 '날아갔다'는 뜻의 flew를 flied로 발음했다. 그 새는 에이미가 사용하는 향기 치료 오일을 냄새가 좋은 약이라고 부른다.

핵심은 우리는 동물이 무엇을 할 수 있고, 무엇을 할 수 없는지 모른다는 것이다. 우리가 동물에게 미처 생각하지 못했던 능력을 새롭게 확인할 때마다 언제나 말문이 막히게 되는 것을 생각하면, 사람이 얼마나 동물에 대해 아는 것이 없었는가라는 교훈을 되새겨야 한다는 점이다.

동물이 그렇게 영리하다면, 왜 일을 맡지 못할까?

나는 연구가들이 이 교훈을 가슴 깊이 새기지 못하는 이유가, 대부분의 사람들은 동물이 사람만큼, 혹은 사람보다 더 영리하다면 뭔가 좀 더 보여 줄 것이 있으리라는 생각을 자연스럽게 계속해 왔기 때문이라고 생각한다. "동물이 발명한 것들은 전부 어디 있는가?" 만만치 않은 질문이다.

이 말은 '동물이 영리하다면 아직도 숲속에서 대변을 보지는 않을 것'이라는 동물 인지 이론을 말한다. 동물이 진짜로 영리하다면 수세식 화장실을 개발하지 않았을까!

동물의 지능에 대해 이 변소 이론이 잊고 있는 사실은, 많은 수의 토착민들도 화장실을 전혀 고안하지 않았다는 것과 그 사람들이라고 해서 다른 사람들보다 지능이 떨어지는 게 아니라는 점이다. 동물에 대한 우리의 사고는, 19세기 유럽의 탐험가들이 처음으로 아프리카 사람들과 접촉했을 때, 아프리카 고유문화에 대해 가졌던 생각과 매우 유사하다. 그때 식물학자들과 동물학자들은 지구 상의 모든 동식물을 분류하고 있었다. 그래서 자연스럽게 유럽인들은 사람도 그런 식으로 분류했다. 그들은 유럽인의 지능이 가장 뛰어나고 아시아인이 그다음이며 아프리카인의 지능이 가장 낮다고 생각했다.

그러한 유럽인들의 생각은 잘못된 것이며, 아마 같은 이유로 동물에 대한 판단 중에서도 사람이 틀렸다는 사실이 밝혀질 것이다. 유럽인들이 저지른 큰 실수 하나는 IQ를 문화적 진화와 동일시했다는 사실이다. 누적 문화 진화는 모든 것을 출발점부터 감안하는 것이 아니라 이전의 세대가 얻은 지식 위에 각 세대가 쌓을 수 있는 지식을 말한다. 문화적으로 진화하려면 문화적 제동 장치*가 있어야만 하고, 이 말뜻은 인류나 동물은 이전 세대가 이룩한 것을 확보하는 수단을 가질 때만이, 다음 세대가 그 토대 위에서 새롭게 배워 나갈 수 있다는 것이다.** 문화적 제동기란 한 세대만으로는 축적이 불가능한, 지식이라는 긴 여로를 가로지를 수 있다는 의미다.

토착민을 포함해서 모든 인류 문화는 어느 정도 누적된 문화의 진화가 있다. 그러나 이제까지 연구가들은 동물에서는 단지 새와 침팬지 정도만 누적된 문화의 진화가 있었을 것으로 생각했다. 그러나 현 시점에서 우리가 아직까지 이해하지 못하는 동물의 생활이 너무나 많기 때문에, 아직 동물이 문화 진화를 가졌다 혹은 그렇지 않다는 문제를 결론 내릴 때는 아니다. 돌고래를 예로 들어 보자. 돌고래는 계속해서 몇 시간 동안 서로 대화를 주고받는다. 우리 눈에는 보이지 않지만, 돌고래가

---

* 바퀴가 뒤로 밀리지 않게 제동하도록 되어 있는 장치 따위. (역주)

** C. Boesch and M. Tomasello, ?himpanzee and Human Cultures,?Current Anthropology 39, no. 5(December 1998) : 591~614. "이것을 문화의 누진적인 진화라고 할 수도 있겠고, 혹은 톱니 효과라고 할 수도 있겠다(톱니 효과 혹은 단속적 효과란 문화권 내 사람들이 보다 진일보하려 할 때 현재 상태에서 퇴보하지 않도록 단속시켜 주는 뜻에서 나온 용어이다)."

수많은 세대를 거쳐서 발전된 풍부한 정신적 문화를 가지고 있을 것이라는 상상은 가능하다. 어떻게 하면 알 수 있을까?

《말이 없는 남자》라는 책을 읽었을 때, 나는 돌고래를 생각했다. 듣지 못하는 문화에서 사람은 서로에게 계속 반복하여 모두가 이해하도록 같은 정보의 사인을 보내야 하고, 그래야만 같은 정보를 갖게 된다.

저자는 실제로 그런 장소에 있었을 때의 혼란을 이야기한다.

" 모두 내 몸짓의 소개로 내 이름과 내가 어디 출신인지 눈으로 보기는 했지만, 내 이름의 철자, 내 이름의 몸짓, 내 출신지 캘리포니아의 몸짓은 모든 사람이 같은 정보를 전달받았음이 완벽히 충족될 때까지, 한 사람 한 사람을 거쳐야만 했다."

나는 돌고래도 이런 식인지 궁금하다. 그것은 돌고래가 이전 세대의 문화적 정보를 다른 돌고래에게 반복해서 전달하여 아무도 잊어 버리지 않는다고 확신할 때까지 전달되는지 말이다. 돌고래는 책이나 손이 없다. 그래서 책에서 안 것을 기록하거나 자신들이 이루어 놓은 것을 기록하지 못한다. 나는 원시 인류도 기록 언어를 가지고 있지 않았지만 간단한 도구, 옷가지, 거처는 만들 수 있었기 때문에, 그 물건은 사용도 하면서 동시에 어떻게 만드는지 보여 주는 교재 역할을 했을 것이라고 말한다.

그러나 만일 여러분이 말로만 의사를 전달한다면서도 복잡한 문화를 건설했다면, 그 이후에 여러분의 문화를 물려주는 일은 전화로 게임하는 것과 비슷할 것이다. 여러분은 전달 과정에서 오류 발생의 위험에 끊임없이 놓일 것이며, 전달하고자 하는 지식이 변질될 위험도 있을 것이다. 이런 위험 발생을 방지하는 유일한 방법은 지식을 각 조각별로 엄격한 반복 동작을 통해 끊임없이 되풀이하고, 서로 전달하게 해야 한다. 다른 사람이나 돌고래에게 근사치 전달이 아닌, 여러분의 메시지 자체가 정확히 전달되도록 해야 할 것이다.

영리하지만, 다르다

나는 동물이 우리가 아는 것보다 영리하다고 생각한다. 나는 또한 동물은 아마 일반인들이 가지고 있는 유동적인 지능과는 다른 형태의 지능을 가졌을 것이라고 생각한다.

앞 장에서 나는 동물은 인지 전문가라고 언급했다. 동물은 어떤 것에서는 영리하지만, 다른 것에서는 그렇지 않다. 사람들은 만능 선수다. 이 의미는 한 분야만이 아니라 다른 분야에서도 뛰어날 수 있다는 것이다. IQ 검사에서 이런 부분이 나타난다.

자폐인들은 동물이 영리한 방식으로 영리하다. 우리 자폐인은 전문가이다. 자폐인들도 뛰어난 지능 지수를 가질 수 있다. 오스트레일리아 출신의 도나 윌리엄스는 《아무도, 아무 곳에서도》라는 자서전에서, 자신의 지능 지수가 지적 장애에서 천재 수준에 이르기까지 다양하게 나왔다는 사실을 적어 놓았다. 나는 그 말을 믿는다.

나는 동물을 관찰하고 자폐인으로 오래 살아오면서, 뛰어난 재능을 가진 동물은 자폐 영재와 매우 유사하다는 결론을 내렸다. 사실 나는 이런 동물들은 자폐 영재와 같을 것이라는 말까지 하고 싶다.

자폐 영재란 영화 〈레인맨〉의 레이먼드 같은 사람을 말한다. 레이먼드는 토스트 한 쪽을 구워 먹으려다 부엌에 불을 내는 사람이지만, 블랙잭 게임에서 카드를 계산하고, 수천 달러를 딴다. 자폐 영재들은 여러분의 출생 일자를 기준으로 어느 요일에 태어났는지 계산해서 말할 수 있고, 여러분의 주소 번지가 약수가 없는 소수인지를 머릿속으로 계산하는 일도 할 수 있다. 그러나 그들의 자신 있는 범위를 벗어나면, 그들은 일반인만큼 영리하지도 않고, 능력이 있지도 않다. 이런 이유로 그들은 '바보 천재'라고 불리는 것이다. 비상한 재능을 가진 동물처럼, 자폐 영재들은 일반인이 생각도 못해 본 것이나, 배우려고 시도하기 위해 얼마나 어렵건 혹은 그렇게 실행하는 데 얼마나 많은 시간이 필요한지와는 관계없이 자연스럽게 해낸다. 그러나 그들의 지능은 대체로 지적 장애 수준이다.

무엇이 동물과 자폐인을 다르게 만들까?: 통합론자와 분리론자

통합파와 분리파라는 말은 각기 다른 종류의 분류학자들을 표현하기 위해 찰스 다윈이 처음으로 사용한 말이었다. 통합론자들은 수많은 동물이나 식물을 주요 특성에 근거하여 크고 넓은 분류로 나누는 사람을 말하고, 분리론자는 동식물의 미세한 차이에 근거하여 보다 세세하게 나누는 사람을 말한다. 같은 대상을 두고서도 통합론자는 일반화시키고, 분리론자는 세분화시킨다.

이것이 한편으로는 동물과 자폐인의 핵심적인 차이이며, 다른 한편으로는 일반인과의 차이이다. 동물과 자폐인은 분리론자이다. 그들은 사물의 공통점보다는 차이점을 본다. 실제로 이 말은 동물은 일반화를 잘 시키지 못한다는 의미이다. 그래서 여러분은 동물을 다른 동물이나 사람에게 사회화시키려 할 때 주의해야 하는 것이다.

여러분은 동물을 훈련시킬 때도 똑같이 해야 한다. 도로를 가로질러 맹인을 인도하도록 훈련받은 안내견은 하나의 사거리와 다른 사거리를 같은 범주로 일반화시키지 않는다. 그래서 여러분은 개한테 두 가지의 교차로를 가르치면, 새로운 사거리에 적용할 것이라는 기대는 할 수 없는 것이다. 여러분은 개한테 수십 가지 형태의 사거리를 훈련시켜야만 한다. 신호등이 교차점의 한가운데에 있으며 차도 위에 횡단보도가 그려져 있는 모퉁이, 교차점의 중간에 신호등이 있지만 횡단보도가 없는 모퉁이, 신호등이 기둥으로 서 있는 모퉁이 등.

그래서 개 훈련은 언제나 보호자가 직접 시키게 하는 것이다. 여러분은 강아지를 복종을 가르치는 학교에 보내는 게 아니다. 왜냐하면 그녀석은 훈련사에게만 복종하는 법을 배우기 때문이다. 개들은 또한 모든 가족들로부터 훈련을 받아야 할 필요가 있다. 만일 한 사람만 개를 훈련시키면 개는 그 사람에게만 복종할 것이다.

그리고 여러분은 형식적 훈련에 빠지지 않도록 주의해야 한다. 형식적 훈련은 여러분이 항상 개를 같은 장소, 같은 시간에 같은 순서, 같은 명령으로 훈련시키는 것을 말한다. 만일 여러분이 판에 박힌 듯 개를 훈련시키면 그 녀석은 그 명령에 따라서는 기가 막히게 배우지만 훈련받은 장소 밖에선 명령에 따르지 않을 것이고, 훈련할 때 했던 순서가 아니라면 하지 않으려고 할 것이다. 그 녀석은 형식을 배우지, 다른 때와 장소 혹은 사람의 개개별 명령을 일반화시키는 게 아니다.

자폐아를 지도하는 사람도 똑같은 어려움을 겪는다. 어떤 행동학자는 나에게 토스트에 버터를 바르는 법을 자폐 소년에게 가르쳤던 이야기를 해 주었다. 그 행동학자와 부모는 정말 열심히 아이를 지도했고, 결국 소년은 해냈다. 그는 토스트에 버터를 바를 수 있게 된 것이다. 모두가 감격했지만, 즐거움은 오래가지 않았다. 어떤 사람이 땅콩 버터를 토스트에 바르라고 주었을 때 소년은 감이 잡히지 않았던 것이다. 소년이 새롭게 배운, 빵에 버터를 바르는 법은 오로지 버터에 국한된 것이고, 땅콩 버터에는 연결시키지 못한 것이다. 그들은 다시 처음부터 소년에게 토스트에 땅콩 버터 바르는 방법을 가르쳐야만 했다. 이런 일은 자폐아와 동물, 양쪽에서 항상 일어나는 일이다.

너무 자주 일어나고, 너무나 심하기 때문에 동물한테 그냥 '분리자' 정도로 부르는 것은 온당치 못하다. 동물은 '지독한 분리자'인 것이다. '지독하다'는 표현이 딱 맞는 말이다.

동물이나 자폐인들이 모든 일에 전혀 일반화를 못한다는 말은 아니다. 틀림없이 그들도 그렇게 한다. 검은 모자를 쓴 사람에게 맞았던 적이 있는 말은, 자신이 처음 당한 부상의 기억을 검은 모자를 쓴 다른 사람한테도 적용하고, 버터를 토스트에 바를 수 있는 아이는 다른 버터 종류와 빵을 이용해서도 바를 수 있다. 훈련을 시키면 맹인 안내견은 자신이 알고 있는 교차로를, 본 적도 없는 교차로에 적용할 수 있도록 배운다.

다만 동물과 자폐인들이 하는 일반화는 일반인에 비해 매우 범위가 좁고, 훨씬 특별하다는 것이 차이점이다. 검은 모자를 쓴 사람 알아보기나, 빵에 버터 바르기 같은.

숨겨진 그림을 찾아내는 재능

모든 일반인에게 매우 특이하다는 말은 중대한 정신적 결함이 있거나, 많은 경우에서 그럴 것이라는 소리로 들린다. 동물이 사람보다 덜 영리해 보이는 주된 원인은 특이함 때문인 것 같다. 말이 진짜 두려워 하는 것은 거칠게 다루는 사람이 아니라, 거칠게 다루는 사람이 쓰고 있던 모자라는 점을 생각했을 때, 말은 얼마나 지능적인가?

학교의 수재들이 별로 지능적이지 않을 수도 있다. 학교에서 똑똑하 다고 해서 다는 아니고, 고도의 일반적인 지능은 고도의 특이한 지능의 대가로서 얻어진다. 우리들은 두 가지 다 아니다.*

그 의미는 일반인은 보통의 동물만큼 고도의 지각 능력이 없다는 뜻 이다. 이유는 고도의 지각력과 초특이성은 같이 가기 때문이다. 나는 둘 중의 하나가 다른 것을 유발시키는 관계인지, 혹은 두뇌 안에서 초특이 성과 고도의 지각력이 실제로는 같은 것을 그저 다른 방향에서 표현한 것인지는 모른다. 내가 아는 것은 영리한 한스도 사람이 하는 행동을 할 수 없다는 것이고, 사람도 한스가 하는 행동을 못한다는 것이다. 한 스는 사람이 갖지 못한 뛰어난 재능을 갖고 있는 것이다.

우리가 이것에 관해 더 알기 전까지, 나는 이런 재능을 '숨은 그림을 찾는 재능'이라고 불러 왔고, 이 말을 쓰게 된 것은 자폐증에서 몇 가지 연구 발견에 기초한 것이다. 1983년에 아미타 샤와 그녀의 동료 우타 프리스는 20명의 자폐 아동과 20명의 정상 아이들과 20명의 학습 장애 를 가진 아이들을—모두 동일 정신 연령— 대상으로 숨은그림찾기 테 스트를 했다. 검사에서 제일 먼저 아이들에게 삼각형의 모양을 보여 주 고 나서, 유모차 그림 속에서 같은 모양을 찾아보라고 하였다.

---

* 고도의 특이성과 일반 지능은 사람이나 개나 말 같은 가축에게서는 양립하지 않는다. 내 추측은 이 두 가지가 돌고래나 새의 경우에서도 마찬가지일 것으로 보이나, 잘 알고 있지는 않다.

자폐 아동은 다른 아이들보다 숨은 그림을 훨씬 더 잘 찾아냈다. 그 아이들은 거의 보자마자 그림을 찾아냈고, 일반 아이들과 학습 장애 아이들이 평균 15점인 데 반해, 25점 만점에 평균 21점을 기록했다. 커다란 차이다. 이런 차이를 보고 여러분은 숨은그림찾기에서 자폐인들과 비교해서 일반인의 능력이 떨어진다고 말할지도 모른다. 자폐 아동은 거의 연구가들을 능가할 정도로 뛰어났던 것이다. 이 아이들은 정상 성인보다도 더 높은 점수를 얻었지만 발달학적으로는 '장애를 입은 아이들'이다.

나는 우연히 《와이어드 매거진》의 숨은그림찾기를 해 본 적이 있는데, 숨은 그림이 그야말로 내 눈에 확확 띄었다. 나에게는 숨은 그림이 아니었던 것이다.

내가 알기로는, 아무도 동물에게 숨은그림찾기를 시도해 본 적이 없을 것이다. 그러나 나는 동물이 숨은그림찾기를 잘할 것이라고 확신한다. 아마 동물에게 숨은그림찾기를 해 볼 수 있는 가장 쉬운 방법은 단순 인지 임무를 시켜 보는 것이다. 동물에게 특정 모양을 접촉하거나 쪼라고 시키고는 같은 모양이 그림 속에 숨어 있는 것을 보여 주고 동물이 잘 찾아내는지를 관찰하는 것이다.

대부분의 사람들은 적당한 상황에서 숨은 그림을 찾아내는 재능이 얼마나 가치 있는지 느끼지 못한다. 메릴랜드에는 자폐인 구직자에게 품질 검사 임무 같은 일을 알선해 주는 고용 대행 업체가 있다. 생산 라인에서 쏟아져 나오는 로고 티셔츠에 새겨진 실크 스크린의 결점을 찾아내는 공정에 자폐인들이 투입된다. 일반인들은 여러 장의 실크 스크린 로고에서 결점을 찾아내는 것을 무척 어려워하는 데 반해 자폐인들은 한 번만 보고도 거의 현미경 수준으로 결점을 짚어 냈다. 이런 임무는 반복해서 숨은그림찾기를 하는 것과 같다. 자폐인에게는 실크 스크린 속의 결점 찾기는 숨어 있는 그림을 찾아내는 것이 아니라는 의미다.

그 회사가 알선한 자폐인 구직자들은 일반인에 비해 제본 작업에서도 우수했다. 회사 보고서를 분류할 때 여러분은 표지의 앞면과 뒷면을 신속 정확하게 구분할 수 있어야 한다. 일반인에게는 앞면과 뒷면이 같아 보이지만, 자폐인 고용자들은 항상 앞면과 맨 뒷면을 구분할 수 있었고, 순식간에 해치웠던 것이다.

그들은 고도의 지각을 이용해서 일반인은 보지 못하는 사소한 차이도 찾아낸다. 그 구직 대행 업체는 한 자폐 여성에게 잠수함의 품질 검사 업무를 알선해 주기도 했다.

나는 9·11 사태 이후에 뉴스에서 수하물 검사관들로 일하는 사람들이 간섭 현상이 일어나는 비디오 화면을 통해 무기를 검색하는 임무가 얼마나 어지러운지를 토로하는 것을 보고, 곧 머릿속으로 자폐인들을 떠올렸다. 일반인이 하루 종일 한 장소에 앉아 비디오 화면을 응시하는 일을 하면, 그는 얼마 못 가서 승객의 짐에 꾸려진 잡동사니 속에서 무기를 구별해 내기가 불가능해질 것이다. 화면은 간섭 현상이 심했고, 모든 사물이 화면상으로 흐릿하게 겹쳐 보인다. 그러나 자폐인들에게 이런 것은 문제도 아니다. 나는 '공항에서 일부 자폐인들에게 그러한 업무를 맡기면 어떨까?' 하고 생각한다.

나는 우리가 '정상적인' 동물과 '정상적이지 않은' 사람의 엄청난 재능을 그냥 낭비한다고 생각한다. 아마도 동물이 기회만 주어진다면 어떤 일을 할 수 있는지를 정확히 이해하지 못해서 그럴 것이다. 우리는 동물만이 할 수 있는 임무를 고안하면서 발작 경보견 같은 동물에까지 이르렀지만, 정작 그런 훌륭한 재능을 그저 방치하고 있는 것이다.

자폐 영재

앞서 나는 천재적인 동물은 자폐 영재와 비슷할 것이라는 이야기를 했다. 나는 수년간 동물 주변에 머무르고 관찰하면서 이런 점을 느꼈으며, 앞에서 이 생각을 소개했다. 그러나 나한테는 왜 그렇게 천재적인 동물과 자폐 영재가 비슷하게 보이는지 모르겠다. 혹은 자폐 영재와 천재적인 동물이 두뇌 속에서 같은 차이점으로 인지된 것은 아닐지도 모르겠다.

자폐 영재와 천재적인 동물이 같은 일을 한다는 것은 아니다. 천재적인 동물은 복잡한 이동 경로를 단 한 번의 비행만으로 배울 때, 발작이 일어나기 전에 미리 감지할 때 명석함을 드러낸다. 자폐 영재는 달력을 순식간에 계산하고, 머릿속에서 약수가 없는 소수를 계산해 낸다. 혹은 예술적인 자폐 영재는 기억으로부터 풍경이나 건물의 완벽한 선형을 만들어 낸다. 매우 어린 나이에도 재능을 발휘하고, 완벽한 원근 투시법을 구사하는 모습을 보고 있으면 정말 놀랍다. 위대한 예술가들은 그 기법을 구사하기 위해서는 교육이 필요하다. 하지만 불과 4세의 자폐 영재가 자연스럽게 그 기법을 터득하고 있다.

겉으로는 자폐 영재와 천재적인 동물들이 그처럼 다르게 보여도, 한 가지 부각되는 것은 이런 재능의 많은 부분이 기계적 암기에서 비롯된 놀라운 묘기라는 것이다. 자폐인들은 모든 기차 시간표를 암기하고, 세계 모든 나라의 수도 등을 외운다고 알려져 있다. 자폐 영재들은 클라크의 까마귀들이 3만 개의 소나무 씨앗을 묻어 놓은 곳을 기억하는 문제에 있어, 돈을 받고 공연시키면서, 찾아내는 개수를 계산해 낼 유일한 사람들이다. 그러나 그것 말고도 나는 왜 천재적인 동물들이 그렇게 나에게 친숙하게 느껴지는지 모르겠다.

1999년에 오스트레일리아 국립 대학의 정신 센터에 재직 중인 알란 스나이더 박사는 모든 종류의 천재적인 재능을 망라하는 통합 이론을 담은 논문을 발표했다. 그의 이론이 옳다면 아마 동물의 천재성도 설명될 수 있을 것이다. 스나이더 박사와 공동 연구가 존 미첼 박사는 자폐 영재들이 보여 주는 모든 종류의 능력들은, 자폐인들이 일반인만큼 보고 듣는 것을 신속하게 전체로 통합하지 못한다는 사실에 연유한다고 설명했다.

일반인이 건물을 볼 때, 그의 두뇌는 감각 통로를 통해 들어오는 수천 수백 가지의 모든 세세한 부분들을 하나의 개념으로 통합한 다음에야 건물로 인식한다. 두뇌는 이 과정을 자동적으로 처리한다. 일반인은 그렇게 안 할 수가 없는 것이다. 그래서 일반 그림 수업을 지도하는 미술 교사들은 학생들에게 그림의 위아래를 뒤집어서 그려 보라고 말한다. 혹은 피사체 자체를 그리지 않고, 주변 배경만을 그려 보라고 지도한다. 위아래를 뒤집거나 음각 기법을 사용하면, 여러분의 두뇌는 이미지 자체를 보다 쉽게 분리한다.* 그래서 여러분은 통합된 개념이 아닌 사물 그 자체를 그리게 되는 것이다. 사람들은 자신들이 위아래를 바꾸

---

* 베티 에드워드는 저서 《두뇌의 우반구에 그림 그리기》에서 학생들에게 위아래가 뒤바뀐 그림을 그리도록 했다. 더글러스 폭스는 스나이더 박사가 〈디스커버〉지에 기고한 논문에서 가위 주변에 음각 기법의 그림을 시도하면서 말했다. "나는 내가 독립된 선을 그린다는 느낌을 얻었다. 물체를 그린 것이 아니다. 그렇지만, 내가 시도한 그림은 그다지 실망스러운 건 아니었다." 그는 자신이 보고 있는 것의 독립된 부분들을 그렸고, 통합된 개념은 그리지 않았다. The New Drawing on the Right Side of the Brain(New York: Putnam, 1999). Douglas S. Fox, ?he Inner Savant,?Discover, vol. 23, no. 2(February 2002), 웹 사이트는 http:// centreforthemind.com/ newsmedia/webarchive/discoverinnersavant.cfm.

어 그린 그림이 얼마나 멋진가를 보며 놀라워 한다.

　자폐인들은 사람에 따라 정도의 차이가 있지만, 인지 과정에서 전체가 아닌 개별 인식 단계에 머물러 있다. 오스트레일리아 출신의 자폐 여성 도나 윌리엄스는 저서《아무도, 아무 곳에서도》에서 자신은 단 한 번도 부분이 아닌 전체를 볼 수 없었다고 말했다. 그녀는 대상물을 슬라이드 쇼처럼 본다. 그녀가 나무를 본다면 우선 나무의 가지를 먼저 볼 것이고, 그다음 화면이 바뀌면서 가지 위에 앉아서 노래하는 새를 보고, 다음 화면이 또 바뀌면서 나뭇잎을 보는 식이다. 이런 현상은 자폐인에 따라서 정도가 심하기도 하다. 그리고 분리된 감각 체계의 정도에 따라, 앞을 거의 못 보거나 듣지도 못하는 자폐인도 있을 수 있다고 생각한다. 어떤 자폐인들은 감각 인식이 너무나 결여되어 있어서, 자폐증에 걸린 헬렌 켈러라는 말이 이치에 맞지 않을까 생각한다.

　스나이더와 미첼은 자폐인이 사물을 조각으로 보는 것은 가공되지 않은 정보를 가장 밑바닥부터 접근하는 특권을 가졌기 때문이라고 말한다. 일반인은 자신이 보는 것을 두뇌가 감각 입력의 기초 단위와 조각들을 전체로 재구성하기 전까지는 느낄 수 없다. 자폐 영재는 두뇌가 조합하기 직전의 조각과 부스러기를 인식하는 것이다.

　그래서 자폐 영재들은 배우지 않고도 투시도를 그릴 수 있는 것이다. 그들은 보이는 대로 그린다. 여러분에게 하나는 가까이 있고, 하나는 너무 멀리 있다고 말하면서 크기와 촉감의 작은 차이까지 그린다. 일반인은 많은 훈련과 노력 없이는 이렇게 미세한 변화까지 보지 못하는데, 일반인의 두뇌는 그러한 차이를 무의식적으로 처리해 버리기 때문이다. 그래서 일반인은 두뇌가 모든 정보를 취합한 다음 처리가 종결된 사물을 보고 그리는 것이다. 일반인은 개를 그리는 것이 아니라 개라는 개넘을 그리는 것이다. 반면에 자폐인은 개를 그린다.

우리가 항상 자폐아들은 자신만의 작은 세계를 가지고 있다고 말하는데, 이는 아이러니다. 스나이더 박사가 옳다면 자신의 머릿속에서 살아가는 사람은 일반인이기 때문이다.

자폐인들은 부주의 맹점과 변화 맹점 등을 가진 일반인에 비해 보다 정확하고, 보다 직접적인 실제 세상을 경험한다.

수학의 천재들은 달력의 요일 계산이나 소수 찾기 같은 계산을 할 때, 자폐인이 하듯이 뇌의 차이를 이용한다. 여러분에게 태어난 요일을 알려 줄 수 있는 자폐 영재들은 머릿속에서 7일간의 순서를 계속 반복해 나가서, 여러분이 태어난 날짜라는 시발점까지 거슬러 올라가며 보고 있는 것이다. 그들은 여러분의 태어난 날에 도달할 때까지 그런 패턴으로 신속히 탐색해 나간다.

일반인은 그런 식으로 시간을 경험하지 않는다. 일반인에게 한 달과 1년 혹은 10년은 통합된 시간 범위이지, 각 요일별로 분류되고 분리된 집합체가 아니다.*

달력 계산은 반복해서 숨은 그림을 찾아내는 재능이다. 나는 대부분의 자폐아 혹은 천재적 재능을 가진 자폐인도 숨은 그림을 찾아내는 재능에 있어서 정도의 차이를 보일 것이라 믿는다.

나는 또한 대부분의 혹은 전체 천재 수준의 동물도 숨은 그림을 찾아내는 능력에 차이가 있을 것으로 믿는다. 그리고 불과 2년 전에 스나이더 박사와 샌프란시스코 캘리포니아 대학의 정신과 의사 브루스 밀

---

* 스나이더 박사는 두뇌 속에는 모든 입력 날짜, 공간, 사물 들을 동등한 부분으로 나누는 프로세스가 있다고 생각한다.

러 박사는 내 생각이 맞을 수도 있다는 유력한 증거를 제시했다.

밀러 박사는 '전두 측두엽 기억 상실증'이라는 질병을 가진 환자를 연구했다. 이 질병은 두뇌의 전방 부분이 점진적으로 기능을 잃어 가는 것이다. 전두 측두엽 기억 상실증에서는 두뇌의 전방과 양 측면을 차지하는 두뇌가 영향을 받는다. 자폐인들에게는 이 부분들 모두가 잘 작동하지 않는다. 그리고 내가 이 책에서 줄곧 말해 왔지만, 사람과 동물의 두뇌에서 가장 두드러진 차이는 동물의 전두엽이 사람보다 작고 덜 발달되었다는 것이다. 여러분의 전두엽이 심하게 손상되면 여러분은 실제적으로 모든 정신과 질환을 가질 수 있다. 주의력 결핍 과다 행동 장애 ADHD, 강박 신경 장애, 심한 기분 장애^{반항 장애} 등.

그러나 일부 자폐증 증상만을 갖게 될 수도 있다. 우리는 밀러 박사의 환자들 중에서 일부가 그렇다는 것을 아는데, 그들은 자폐 영재로 발전하기 시작했기 때문이다. 그들 중 몇몇은 50~60대의 나이에 예술가가 되었고, 작품전에서 수상하기도 했다. 어떤 사람은 음악적 재능을 발전시켰으며, 또 한 사람은 화학적 분석기를 발명하여 특허를 얻기도 했다. 그가 특허를 얻었을 때의 언어 능력은, 표준 언어 검사에서 15개의 항목 중에서 한 가지 이름만 댈 수 있을 정도였다. 모든 언어 능력을 상실한 그의 재능이 다른 곳으로 분출되었다. 이 환자들은 '갑자기 재능이 생겨 버린' 것이다.

나는 이 사람들이 달력에서 날짜를 계산하거나 배우지 않고도 투시도를 그리는 능력 같은, 자폐 영재들이 가진 매우 특별한 지각을 가지게 된 것이라고 생각한다.

이제 스나이더 박사는 '이러한 놀라운 재능은 다듬어지지 않은 데이터에 두뇌의 의식적인 접근이 이루어진다는 데서 연유한다'는 명제를 검증하는 데 착수했다. 그가 피연구가들에게 전두엽의 기능을 교란할 목적으로 자기 자극을 가했을 때, 연구가들은 실험 직전보다 더 세밀한 그림을 그리기 시작했다. 또한 철자를 교정할 때도 더 나아졌다. 스나이더 박사는 자기 자극을 가하기 전에 피연구가들에게 다음의 시를 소리 내어 읽으라고 했다.

A bird in the hand is worth two in the the bush.

(손 안에 있는 한 마리 새는 버스 안에 있는 새 두 마리의 가치가 있다.)

거의 모든 사람들이 문구를 보고 읽었다.

" A bird in the hand is worth two in the bush."

그가 자기 자극을 가하고 5분 정도 지나가 피연구가 중의 일부가, 'A bird in the hand is worth two in the the bush'라고 읽었다.

자신들의 전두엽 기능이 떨어지면서 문장 속에서 두 번 중복되는 'the'가 눈에 확 띄어 큰 소리로 발음한 것이다. 그리고 그들은 숨겨졌던 재주의 전문가로 탈바꿈하기 시작했고 이전에 인지하지 못하던 세밀한 것들을 인지하기 시작했다. 그중의 한 명은 스나이더 박사에게 자신의 의식이 훨씬 또렷해졌으며, 세세한 것들을 명료한 의식 속에서 느낀다고 말했다. 그는 주변의 세세한 것들을 너무도 또렷하게 인식할 수 있어서 연구가들이 자신에게 수필을 써보라고 주문하기를 바란다고 말했다. 정상적으로는 할 수 있을 것 같지 않은 일이다.

놀라움은 사소함 속에 숨어 있다

나는 동물에서 볼 수 있는 극한의 재능이 스나이더 박사가 말하는 자폐인한테서 일어나는 것과 같은 이치로 일어나는지는 알지 못한다. 하지만, 적어도 우리는 동물이 세상에서 일반인보다는 세밀한 사소함까지 보고 있다는 증거를 많이 확보하고 있다. 나는 앞서 동물한테 시각적인 사소함이 얼마나 중요한지를 말했다. 우리는 또한 동물의 방향 감각에 대한 놀라운 실험 결과도 가지고 있는데, 그 결과는 스나이더 박사의 실험과도 상통한다.

사람처럼 개미들도 어려운 길을 통과할 때, 그들의 이동 경로를 기억하기 위해 경계표를 사용한다. 개미들이 갈 때 회색 자갈을 보았다면 돌아올 때도 똑같은 회색 자갈을 찾으려 한다.

그러나 큰 차이가 있다. 개미가 이정표라고 생각하는 곳에 다다랐을 때 개미는 보통 사람이라면 하지 않을 행동을 한다. 개미들은 일단 이정표를 지나 멈춰 서서 다시 뒤로 돌아 그가 처음에 지나갔던 방향에서 쳐다보며 같은 구조물이 맞는지 한 번 더 살핀다.

아마 개미한테는 회색 자갈이 올 때와 갈 때 서로 달리 느껴질 것이다. 그 녀석은 처음에 보았던 같은 지점에서 보아야만 한다. 이전에 본 회색 자갈이 여전히 그 자리에 놓여 있는지를 확신하기 위해서이다. 이 뜻은 개미는 사람이 하는 대로 혹은 사람 정도 수준의 분리된 감각 데이터의 단편들을 하나의 전체로서, 자동적으로 통합하지 못한다는 생각을 갖게 한다.

일반인에게 경계표는 올 때나 갈 때나 같다. 일반인이 가던 길에 어떤 집의 커다란 빨간색 축사를 보았다면, 자동적으로 돌아올 때도 같은 축사로 보게 된다. 비록 다른 방향에서 보게 되는 것이지만, 그에게는 똑같은 축사이다.

그 사실은 일반인의 신경계는 많은 사소한 것을 제거하고 그 빈자리를 그가 보고자 예상하는 것들로만 채운다는 것에서 연유하기 때문이다. 그가 의식적으로 자기 눈앞에 보이는 것만 보고 있다면, 갈 때와 돌아올 때가 조금은 다른 빨간색 축사를 보고 있는 것이다. 이유는 축사의 남쪽과 북쪽은 똑같이 보이지 않고, 서쪽과 동쪽도 똑같을 수 없기 때문이다. 만일 건축가가 사방이 똑같은 건물을 설계한다고 치더라도 자연 속에선 언제나 빛과 그림자가 존재한다.

나도 개미가 한 것과 똑같은 행동을 한다. 앞에서 말해 왔던 '특별함'이란 동물과 자폐인 사이의 열쇠와 같이 중요한 연결 고리라는 생각을 들게끔 하는 것이다. 전에 가본 적이 없는 곳을 운전할 때 나는 다른 사람들과 똑같이 이정표가 될 만한 것을 찾는다. 그러나 내가 운전해서 돌아올 때는 갈 때 보았던 그것이 전혀 다르게 보인다. 나는 처음 보았던 장소 바로 그 지점까지 이정표를 지나쳐 가야 한다. 그런 다음 돌아서서 내가 원래 보았던 시야와 똑같은 지점에서 돌아본다. 동물과 자폐인에게는 같은 사물일지라도 방향에 따라 전혀 다른 것으로 보이는 것이다.

동물이 할 수 있는 것, 할 수 없는 것은 각각 무엇일까?

나는 이제부터 우리가 '동물이 무엇을 할 수 있는지'를 더 많이 생각하고, '무엇을 할 수 없는지'를 덜 생각하기 시작했으면 좋겠다. 이것은 중요하다. 동물은 그저 우리 생활에 있어 목적물이나 반려동물이 아니라 우리의 동반자가 될 수 있는데, 오늘날의 우리는 동물로부터 너무나 멀리 떨어져 있기 때문이다.

여러분은 사람이 동물을 길들였다는 말, 사람이 늑대를 개로 진화시켰다는 말을 듣는다. 그러나 새로운 연구 결과, 늑대 또한 사람을 길들였다는 놀라운 사실이 밝혀지고 있다. 사람과 늑대 서로가 진화한 것이다. 우리는 늑대를 변화시켰고, 늑대도 우리를 그렇게 했다.

어떻게 연구가들이 이런 단편적인 사실들을 한 가지로 모을 수 있었느냐는, 여러 증거가 하나의 결론으로 향하는 수렴 선상에 놓여 있다는 의미이다. 이는 여러 분야에서 발견한 결론들이 하나로 모이기 시작하고, 모든 관점이 같은 방향으로 모여질 때 생기는 일이다. 오랫동안 연구가들이 가지고 있던, '늑대가 언제 어떻게 개로 바뀌었는가?'라는 물음에 대한 최상의 증거는 개가 사람의 오두막 아래서 조심스럽게 매장되어 남아 있다는 고고학적인 발견에서 비롯되었다. 일부 고고학자들은 개와 사람이 무덤에 함께 매장된 경우도 발견했다.

이렇게 매장된 개들의 연도는 1만 4천 년 전까지 거슬러 올라간다. 그래서 연구가들은 사람과 개의 우애는 대략 그때쯤부터 시작되었으리라는 결론을 내렸다. 그 시절의 사람들은 아직 농사를 시작하지 않았다. 그러나 몸과 두뇌는 오늘날의 우리와 똑같았다. 그래서 원시인이 사람으로 먼저 진화하고, 그런 다음 야생의 늑대가 점차적으로 길들여진 개로 진화되기 시작했다고 결론 내리는 것이 이치에 맞을 것 같다. 이유는 길들인 개가 일을 시키거나 혹은 반려용으로서 함께하게 좋아서이다.

그러나 로버트 웨인의 개 유전자 연구에서 모든 사실이 뒤집어져 버렸다. 그는 개는 적어도 10만 년 전에는 늑대에서부터 분리되어 나와야 했다는 사실을 발견했다. 일부 학자는 그 시기를 13만 5천 년 전까지로 보기도 한다. 이것은 인류가 호모 에렉투스에서 호모 사피엔스로 겨우 막 진화한 시점에는 사람과 늑대가 함께 살았음을 의미하는 것이다. 늑대와 사람이 처음 힘을 합쳤을 때, 사람은 이름을 붙일 만한 도구도 거의 없었다. 그리고 사람들은 사회적 복합성에서 침팬지의 집단보다도 별로 나을 게 없는 소수의 방랑 집단으로 살아가고 있었다. 일부 연구가들은 이 시기의 초기 인류는 언어도 사용하지 않았을 것으로 추측한다.

이 의미는 늑대와 사람이 처음으로 공동 집단을 이루기 시작했을 때 오늘날 개와 사람의 관계보다는 훨씬 더 동등한 관계였다는 의미가 된다. 기본적으로 상호 보완적인 기술을 가진 두 개의 종이 함께 '팀'을 이루었다는 것이다. 그전에도 생긴 적이 없고, 그 이후로도 실제로 일어나지 않은 일이다.

모든 증거를 검토하고 나서. 일단의 오스트레일리아 고고학자들은 초기 인류가 늑대와 연합했던 그 시기 동안, 사람은 늑대처럼 행동하고 생각하는 것을 배웠다고 믿는다. 늑대는 무리를 지어 사냥하지만 사람은 그렇지 않다. 늑대는 보다 복합적인 사회 구조를 가지고 있지만, 사람은 그렇지 않다. 늑대는 충실한 동성 유대와 비혈연적 유대를 가지고 있지만, 사람은 그렇지 못했다. 오늘날 모든 영장류가 동성 유대와 비혈연적 유대가 강하지 못하다는 것을 판단해 보면 사람도 아마 그러하지 못했을 것이다. 늑대는 매우 영토성이 강하다. 사람은 아마 그렇지 못했을 것이다. 다시 한 번 영장류를 생각해 보면 오늘날 어떤 영장류도 영토성이 없다.

그로부터 사람은 진짜 현대화되기 시작했다. 인류는 늑대식의 행동을 모두 배웠다. 우리가 영장류와 얼마나 다른가를 생각해 보면, 우리 행동이 개와 얼마나 유사한가를 눈으로 관찰할 수 있다. 다른 영장류는 못하지만 사람만 하는 많은 것들이 개가 하는 행동들이다. 오스트레일리아의 연구 그룹은 우리에게 어떻게 살아갈지를 보여 준 존재가 개라고 생각한다.

그들은 이런 추리에서 한발 더 나갔다. 늑대, 그다음에 개는 사람에게 생존에 있어 엄청난 장점을 전수해 주었다. 학자들이 말하기를, 늑대와 개는 사람을 살펴주고 지켜 주었으며 큰 동물을 사냥할 때는 혼자서 하는 것이 아니라 무리를 지어 사냥하는 방법이 있다고 가르쳐 주었다. 이 모든 것을 알려 준 존재는 늑대와 이후의 개였고, 그럼으로써 개의 존재는 '왜 초기 인류는 살아남았지만, 그보다 후에 나타난 네안데르탈인은 멸종했는가'를 알려 주는 중요한 지표가 된다. 네안데르탈인에게는 개가 없었다.

그러나 개는 사람이 자손을 퍼뜨릴 만큼 생존하는 데만 도움을 준 게 아니었다. 개들은 아마 사람을 모든 영장류에서 두각을 드러낼 수 있게끔 해 주었을 것 같다. 오스트레일리아 박물관의 수석 연구원 폴 테이콘은 사람에게 우애의 발달이라는 의미는 '사람 집단 간의 생각 교환에 엄청난 가속도를 붙여 주었기 때문에, 인류의 생존에 있어서 절대적으로 유리한 장점이었다'고 말한다. 모든 문화적 진화는 협동에 기반하고 있고, 사람은 자신과 연관이 없는 사람들과 어떻게 협력해 나가야 하는지를 개한테서 배웠다.

아마 새롭게 발견한 것에서 가장 놀라운 사실은, 늑대가 단지 새롭고 유용한 행동을 우리에게 많이 가르쳐 준 데서 그친 게 아니라는 점이다. 늑대는 우리의 뇌 구조 또한 변화시켰다. 화석 연구를 통해서 한 종의 동물이 길들여지게 되면 두뇌가 작아진다는 사실을 알 수 있다. 말의 두뇌는 16%, 돼지는 34% 쪼그라들었으며, 개의 두뇌는 10~30% 정도 용적이 줄었다. 아마 사람들이 이 동물을 거두어들이기 시작하자 이 동물들은 생존에 필요했던 다양한 두뇌 기능이 더 이상 필요 없어졌을 것이다. 나는 어떤 기능을 상실했을지는 모르지만, 모든 가축이 야생 동물에 비해 두려움과 불안감이 감소했다는 것은 확실하다.

이제 고고학자들은 사람이 개에게 격식을 갖추어 매장하기 시작한 1만 년 전부터 사람의 두뇌도 감소하기 시작했다는 사실을 발견했다. 사람도 대략 개가 감소한 만큼 10% 정도의 두뇌 용적이 줄었다. 흥미로운 것은 사람의 두뇌 가운데서 어느 부분이 위축되었느냐는 것이다. 모든 가축에서 감소한 부분은 사람의 전두엽에 포함되는 전뇌, 좌우 뇌를 연결하는 조직인 뇌량이다. 사람은 감정과 감각 정보를 다루는 중뇌가 위축되었고 냄새를 담당하는 후구도 위축되었으나, 뇌량과 전뇌는 크기가 그대로 유지되었다. 개의 두뇌와 사람의 두뇌는 특화된 것이다. 사람은 계획과 조직의 임무를 넘겨받았고, 개는 감각적 임무를 넘겨받은 것이다. 개와 사람은 같이 진화되었고, 더 나은 동반자이자 친구가 된 것이다.

개가 우리를 사람답게 한다

오스트레일리아 원주민 아보리진의 속담 중에 '개가 사람을 만든다'라는 말이 있다. 이제는 우리도 그 말이 옳다는 사실을 안다. 인류가 개와 같이 상호 보완적으로 진화하지 않았다면 오늘날의 모습을 갖추지는 못했을 것이다.

여러 경로를 통해서 종합해 보면, 모든 동물이 사람을 만들었다는 것은 사실이라고 생각한다. 바라건대, 우리는 동물의 지능과 재능에 대해 좀 더 주의 깊게 생각해야 한다. 이런 태도는 사람에게도 유익할 것이다. 우리는 할 수 없지만 동물이 할 수 있는 많은 영역의 일들이 있기에 우리는 여전히 동물에게 도움을 받을 수 있다.

더불어 이는 동물에게도 이익이 될 것이다. 사람과 개는 서로가 필요했기 때문에, 처음부터 같이 살아온 것이다. 개에게는 여전히 사람이 필요하다. 하지만 이제 사람은 사랑과 우정을 빼고는, 얼마나 개가 필요했는지를 망각하고 있다. 그저 반려견으로 키워진 개는 문제없을 수 있지만, 덩치가 큰 다수의 순종견이나 거의 대부분의 교배종은 애초부터 일을 시킬 목적으로 만들어졌다. 실은 이렇게 일하는 것이 개의 본성이며, 개는 그렇게 일해 왔다. 슬픈 사실은 이제 어떤 사람도 양 떼를 모는 일을 개들에게 맡기지 않는다는 것이다. 결국 개들은 할 일을 잃어버렸다.

이렇게 되어서는 안 된다. 나는 미국 수의사 협회 웹 사이트에서 동물이 할 수 있는 놀라운 것들과 우리가 기회만 주면 동물들도 일할 수 있다는 사실을 보여 주는 짧은 이야기를 읽는다. 그중에 스스로 훈련해서, 여자 보호자가 잠을 잘 때도 혈당치를 감시하는 맥스라는 개 이야기가 있다. 아무도 어떻게 맥스가 그렇게 할 수 있는지 모른다. 그러나 나는 사람의 혈당이 떨어질 때 나는 냄새가 다를 것이기 때문이라고 생각한다. 맥스는 그 사실을 알아차리는 것이다.* 맥스의 보호자는 심한 당뇨병 환자다. 그녀의 혈당치가 밤사이에 갑자기 떨어지면 맥스는 그녀의 남편을 깨운다. 남편이 잠에서 일어나 부인을 돌볼 때까지 성가시게 매달리는 것이다.

　여러분은 5초면 읽을 정도의 짧은 이야기에서 개가 해 줄 수 있는 것이 얼마나 많은지를 생각해야만 한다. 개 외의 많은 동물도…….

　사람들은 내가 그렇게 동물을 사랑하면서도 어떻게 도축 산업에 관련된 일을 할 수 있는지 의아해했다. 나 역시 이 부분을 많이 고민했다.

　내가 중앙 궤도형 도축 장치를 개발했을 무렵, 수백 마리의 동물이 떼 지어 돌아다니는 사육장을 내다보았던 기억이 난다. 나는 내가 효율적인 도살 시설을 고안한 데 대해서 마음이 불편했다. 소는 내가 제일 사랑하는 동물인데…….

　이 동물들을 바라보면서, 나는 사람이 이 동물들을 이용하려고 사육하지 않았다면 존재하지도 않았으리라는 사실을 깨달았다. 그 이후로 우리가 이 동물들을 여기까지 데려왔으니 우리에게도 책임이 있다고 믿어 왔다. 우리는 동물들에게 어느 정도의 생활 수준, 안락한 죽음을 빚고 있으며 가능한 선에서 동물들이 삶을 마감할 때까지 스트레스가 없도록 배려해야 한다. 그게 내가 하는 일이다.

　지금 나는 동물들이 보다 스트레스 적은 삶을 살다가 고통 없는 죽음을 맞게 되길 바라기에 이 글을 쓴다. 또한 동물들이 행복한 삶을 살기를, 의미 있는 일을 하게 되기를 바란다. 우리는 동물들에게 빚지며 살고 있다. 사람이 나중에 닥터 두리틀처럼 동물에게 말할 수 있게 될

---

* 내 추측은 저혈당증의 여성이 위험 수준까지 혈당 저하가 진행됨을 보여 주는 단서를 행동의 변화로 나타내기는 어렵다고 보기 때문에, 사소한 행동의 변화보다는 냄새의 변화일 것으로 생각된다. 하지만 물론 내가 알고 있다는 말은 아니다. 만일 당뇨 환자의 혈당치가 낮을 때 사소한 행동의 변화가 진짜 나타난다면, 개는 사람보다 그러한 행동을 보다 쉽게 파악하리라 생각된다.

지, 혹은 동물이 사람에게 대답을 할 수 있게 될지는 모른다. 아마 과학이 그런 의문을 풀어 주리라.

그러나 나는 사람들이 지금보다는 동물과의 대화에 유연해질 것이며, 동물이 말하고자 하는 것을 잘 알아들을 수 있게 되리라 굳게 믿는다. 나는 동물에게 말할 수 있는 사람은 그렇지 않은 사람보다 행복하다는 사실을 알고 있다. 사람도 한때는 동물이었고, 우리는 오늘날의 인간이 되면서 무언가를 잃어버렸다. 우리가 동물에 가까워지면, 그 잃었던 일부를 다시 찾게 될 것이다.

동물 훈련 가이드

동물이 보이는 여러 가지 행동의 동기를 알 수 있다면 동물의 특정 행동을 이해하고, 행동 문제가 발생할 때 이를 해결하고, 동물을 훈련시키는 데 보다 수월할 겁니다.

동물의 행동은 복잡합니다. '학습된 행동'과 뇌리에 강하게 각인된 '본능적 행동'의 합작품과도 같지요. 본능적 행동은 새가 짝짓기를 위한 구애의 춤을 추는 것, 개가 빠르게 움직이는 것을 쫓는 것 등을 뜻하는데요. 동물 행동학자들은 이것을 '고착 행동 양식'이라 부릅니다. 이 고착 행동 양식은 같은 종의 동물에서는 항상 같게 나타나며, 신호 자극을 받아서 행동으로 이어집니다. 먹이를 추적하는 신호 자극은 재빠른 움직임입니다. 반면에 새들의 짝짓기 춤은 호르몬의 과량 분비와 잠재적인 짝의 모습을 보면 유발되지요.

고착 행동 양식은 뿌리 깊이 타고난 것이지만, 행동이 유발되는 신호 자극은 두 가지 요인—학습과 정서—으로 결정됩니다. 동물 행동의 기본 원리는 누구와 짝을 짓고, 무엇을 먹고, 어떤 장소에서 먹이를 찾고, 누구와 싸워야 하고, 누구와 사회화해야 하는지를 학습을 통해서 알게 된다는 점입니다. 개를 예로 들자면 물어 죽이는 것은 본능이지만, 어떤 대상은 죽이고 어떤 대상은 그렇게 하지 않아야 한다는 것을 학습을 통해 배우지요. 재빠른 움직임에 반응하는 것은 본능이지만, 공을 쫓아도 되고 아이를 쫓아서는 안 된다는 것을 학습하는 것입니다.

오늘날 두뇌 연구에서는 두뇌가 다양한 동기를 처리하는 방식이 각기 다르다는 사실이 밝혀졌습니다. 예를 들어, 공포와 공격성은 신경학적으로 매우 다른데요. '두렵다'는 감정과 '화가 난다'는 감정은 각기 다릅니다. 사람과 포유류는 기본적인 감정들을 처리하는 두뇌 시스템이 유사하죠.

동물의 행동을 조율할 때 또 다른 중요한 점은 동물도 각각 다르다는 점입니다. 어떤 개는 사회적 동기가 매우 높을 수 있고, 칭찬만으로도 만족스럽게 반응합니다. 다른 개는 먹이가 보상이 되어 동기를 이끌어 낼 수 있죠. 두려움의 정도는 동물의 종에 따라 편차가 큽니다. 하지만 같은 종 안에서도 개별 동물에 따른 편차 못지않게 그 격차가 벌어지기도 합니다. 평균적으로 아랍종 말, 보더 콜리는 단거리 경주마, 로트와일러보다 두려움을 많이 느낍니다. 하지만 아랍종 말 중에 단거리 경주마만큼 겁이 없는 개체가 있을 수도 있지요.

두려움이 많은 말이나 개는 그렇지 않은 경우보다 학대당할 때 더 심한 상처를 입습니다. 폭력을 경험한 아랍종 말은 너무 겁을 먹게 된 나머지 탈 수조차 없게 되기도 합니다. 그러나 겁이 없는 말은 거칠게 취급당하는 것에 금세 익숙해지기도 하죠. 개, 고양이, 그리고 겁이 많은 경향의 동물들은 우산을 펼친다든지, 바닥에 금속 조각이 떨어지는 것 같은 갑작스러운 자극에 노출되면 두려움에 몸을 떨거나, 경련을 보이거나, 심지어는 공황 상태에 빠질 수 있습니다.

겁을 먹은 말은 머리를 치켜들고 꼬리를 흔들며 땀을 흘립니다. 학대를 받아서 극도로 겁에 질린 개는 사람이 접근하면 몸이 위축되거나, 바닥을 기기도 해요. 그런 개는 특히 막다른 골목에 몰렸다고 느끼면 사람을 물 수도 있습니다.

동물 훈련 시에는 부정적인 방법보다는 칭찬, 쓰다듬기, 먹이 보상 같은 긍정적인 정서와 동기에 초점을 두어야 합니다. 동물은 긍정적인 보상 학습을 통해 보다 쉽게 새로운 기술을 익힙니다. 그리고 새로운 행동은 동물에게 언제나 즐거운 경험이어야 합니다. 아래는 동물의 기본적인 행동과 동인을 정리한 것입니다.

1. 두려움
2. 공격성
3. 먹이를 쫓음
4. 사회성
5. 고통
6. 신기한 것을 추구함
7. 신기한 것을 회피함
8. 배고픔
9. 성
10. 본능
11. 혼성 동인
12. 환경 요인
13. 유전

행동과 동인

1. 두려움이 동인이 되는 행동

- 수의학적 처치에 반항하고 소리를 지릅니다.
- 스트레스를 받은 개는 시끄러운 장소에 놓이면 물기도 합니다.
- 검은 모자를 쓴 남자를 본 말이 뒷걸음친다면, 그 이유는 말이 과거에 검은 모자를 쓴 남자로부터 학대당한 적이 있기 때문이에요.
- 집에서는 사람을 태워도 온순하던 말이 전시장에서 풍선을 처음 보고 광폭해집니다.
- 학대받은 개는 사람이 손을 들면 겁먹고 물려고 합니다.
- 말이 날아다니는 종이를 발로 차고 두려워 떱니다.
- 개가 천둥이 치면 침상 아래로 기어듭니다.
- 고양이가 동물 병원에서 개를 처음 보고 날뛴다면 이것은 극도의 공포와 혼란을 보여 주는 사례예요.
- 동물원의 원숭이가 자신에게 진정제가 든 탄환을 쏴 마비시켰던 사람의 목소리를 듣자 도망가서 숨어 버립니다.
- 누군가로부터 학대받은 개는 사람들에게 으르렁거립니다.
- 말은 자신이 학대받았던 마구를 채우고서 타려고 하면 날뛰지요. 완전히 다른 것으로 느껴지는 소품으로 바꿀 경우 이런 행동을 예방할 수 있습니다.
- 말이 걸음을 바꿀 때 뛰어오르나요? 너무 서둘러 훈련시킬 때 종종 발생하는 모습입니다. 훈련 중 걷다가 보폭을 바꾸는 순간에, 등에 놓인 안장에서 생긴 색다른 느낌이 말에게 두려움을 주는 것인지도 모르죠. 말에게 완전히 다른 느낌을 주는 안장과 패드로 바꾸면 보폭의

차이에서 생기는 느낌에 점차 적응시킬 수 있습니다.

- 말이 트레일러에 들어가길 거부할 수 있는데, 이는 과거에 최초로 트레일러에 들어갈 때 머리를 찧은 적이 있기 때문입니다. 이것은 두려운 기억의 예죠.
- 말이 뚜렷한 이유 없이 물어뜯으려 한다면, 이는 말이 학대받았을 때나 가혹한 훈련 방법을 강요받았을 때 종종 생기는 행동입니다.

문제 해결 원리

- 두려움이 동인이 된 행동을 보였다고 절대로 벌줘서는 안 됩니다. 갈수록 더 두려워하기만 할 뿐입니다.
- 두려움으로 발생하는 행동은, 지나치게 과민하고 성격이 변덕스러운 동물한테서 더 잘 생기는 경향이 있는데요. 변덕스러움과 쉽사리 동요하는 경향은 유전적 성질로 타고나는 겁니다. 평균적으로 말은 개보다 공포가 원인이 된 행동을 자주 하지요. 일부 종들이 다른 종들보다 변덕스럽긴 하지만, 그것도 개체마다 차이를 보입니다. 작은 뼈대와 몸집이 작은 동물들이 대개는 묵직한 뼈와 덩치 큰 동물보다 훨씬 더 공포를 느낍니다. 말이나 소처럼 눈 윗부분이 곱슬곱슬한 털로 덮인 동물들은 눈 아래가 그러한 동물들에 비해 훨씬 변덕스러운 경향을 보입니다.
- 종종 부드럽고, 긍정적인 훈련 방법을 통해 공포가 동인이 된 행동을 예방할 수 있습니다. 이는 특히 심하게 겁에 질려 산만한 동물들에게 중요한 부분인데요. 공포에 질린 동물에게 20~30분 정도 흥분을 가라앉힐 여유를 주면 다루기가 좀 더 쉬워집니다.
- 아랍종 말이나 보더 콜리같이 유전적으로 겁이 많은 동물과 작은 몸

집의 개들은 거칠게 다룰 때보다 쉽게 상처 입고 다치게 됩니다.

- 동물을 차분하게 만들려면 낮은 소리로 말하거나 쓰다듬고 어루만져 주세요. 동물을 두드리려 하지 말고 쓰다듬는 것이 중요합니다. 어떤 동물은 가볍게 두드리는 것도 때리는 것으로 생각하거든요.

- 두려움에 질린 동물은 종종 낯이 익고 신뢰하던 사람의 목소리를 들으면 온순해지면서 긴장을 풀어요. 동물을 훈련시킬 때는 한 사람 이상에게 신뢰를 갖도록 권장합니다.

- 훈련사는 특히 신경질적으로 변덕스러운 동물에 있어서는 무서운 기억이 머릿속에 새겨지기 전에 차단해 주어야 합니다. 동물이 처음 경험하는 새로운 사람이나 장소 혹은 장비들은 긍정적인 인상을 심어 주는 것이죠. 예를 들어 말이 처음으로 적재함에 들어갈 때 넘어지게 된다면 이후로 적재함에 들어가는 것을 두려워할 수도 있습니다.

- 두려운 기억은 계속됩니다. 동물은 말을 할 수 없어서, 두려운 기억은 머릿속에 그림이나 소리, 촉감이나 냄새 같은 형태로 저장됩니다. 동물은 고통스럽거나 두려운 경험과 연관이 있는 그 무엇을 보거나 듣거나 접촉하거나 냄새를 맡게 되면 겁에 질릴 수도 있지요. 공포가 동인이 된 행동은 항우울제나 항흥분제 같은 수의학적 처방이 요구될 수 있습니다. 탈감작과 같은 행동 요법과 결합된 약물 처방은 약물 처방만 할 때보다 더욱 효과적입니다. 예를 들어, 천둥번개를 무서워하는 개는 천둥번개 소리를 녹음해서 점차 볼륨을 높여 틀어 주는 방법으로 적응시킬 수 있습니다.

2. 공격성이 동인이 되는 행동

- 우리에서 혼자 떨어져 지내는 어린 종마는 다른 말들에게 피해를 입

힐 수 있습니다. 다른 말들과 어떻게 지내야 하는지를 배울 기회를 갖지 못하기 때문이죠. 이 녀석이 지배하는 쪽이 된다면 더 이상 싸워서는 안 된다는 점을 인식하지 못할 수 있습니다.

- 공격 성향이 강한 개는 보호자를 물어요. 일부 경우에서는 아는 사람에게는 복종하지만 가족 중 한 명을 제압하려 들지요. 공격적인 행동의 예를 들면, 소파에서 내려오라고 말할 때 으르렁거리거나 이미 배운 '앉아! 멈춰!' 같은 명령에 거부하는 모습을 예로 들 수 있습니다.
- 보호자를 지킬 때, 개는 우편집배원이나 수의사를 뭅니다.
- 수소가 초원에서 사람을 공격합니다.
- 공격적 성향의 개는 약한 개를 뭅니다. 개들은 민주적이지 못해요. 그렇기에 우두머리격인 개에게 먼저 먹이를 주고 두드려 주는 것이 다른 개를 공격하는 행동을 예방할 수 있습니다.
- 강아지 때 아이에게 친밀하지 않았던 개는 어린아이를 물기도 합니다. 어린아이를 공격하지 못하게 하려면 강아지를 아이들이 익숙하게 여길 수 있도록 해야 합니다.
- 다른 소들과 떨어져서 길러진 새끼 수송아지는 성숙하면 사람을 공격합니다. 이것은 소가 자신이 사람이라고 생각하고, 사람은 지배해야 하는 복종의 대상으로 보기 때문이지요.
- 젊은 수소와 말을 자신들의 종으로 이루어진 무리들과 같이 키우면 사람에 대한 공격성을 줄일 수 있습니다.
- 동물은 먹이를 얻으려고 싸우기도 합니다.
- 말이나 개가 이유 없이 물어뜯는다면 대부분은 겁이 없는 동물을 복종시키려고 때렸을 때 발생합니다.
- 다른 동물과 접촉 없이 성장한 말이나 개는 다른 동물들과 심하게 싸

우게 됩니다.

문제 해결 원리

- 분노가 동인이 된 행동은 자신감 있고 능동적이며 공격적인 성향의 동물에게 잘 생기고, 변덕이 심하고 부끄러움을 타며 두려움이 많은 동물에서는 덜 생깁니다. 주고받는 사회성 작용을 배운 거지요. 이런 원리를 모든 동물에게 적용해 보세요.
- 공격성을 유발하는 행동은 다른 동물이나 사람과 같이 지내는 것을 경험해 보지 못한 동물에게서 더 잘 생깁니다.
- 공격성은 동물이 음식이나 짝을 두고 다른 동물과 싸우게 되는 동기가 됩니다.
- 사람이 먹이를 관리하면서 새끼를 가르치고 훈련시키는 것은 사람에 대한 공격성을 조절하고 차단하는 데 도움이 됩니다.
- 다 자란 개가 물어뜯는 문제가 있을 시, 전문가에게 맡겨야 합니다.
- 공격 성향의 문제는 행동을 시정하려는 노력을 전혀 하지 않을 때 더욱 악화됩니다.
- 수말이나 수소 같은 초식 동물을 어린 나이에 거세하는 것도 공격성을 줄이게 됩니다. 개는 거세를 하더라도 기대만큼의 효과가 적습니다. 하지만 거세하면 낯선 수고양이와의 싸움은 방지할 수 있습니다.
- 공격적인 성향을 가진 개라면, 어떤 것을 원할 경우 이를 얻기 위해 무엇인가를 해야 한다는 사실을 가르치면 좋습니다. 예를 들자면 치료하거나 다독여 주기 전 개를 앉도록 훈련시키는 것이지요.
- 개가 가족 중 한 명만 무시하고 낮춰 본다면 모든 가족에게 따르게끔 다시 가르쳐야 합니다.

3. 먹이를 쫓는 본능 행동

- 개가 자동차나 달리는 사람을 쫓습니다.
- 고양이가 달아날 때 고양이를 쫓습니다.
- 개가 새를 쫓습니다.
- 고양이가 집 주변에서 레이저 포인트의 빨간 점을 쫓습니다.
- 로이혼(호랑이에게 물린 라스베이거스의 마술사)이 넘어지자 반려용 호랑이가 덤벼듭니다. 이는 재빠른 움직임 때문에 발생한 것이지요.
- 개가 달아나려는 사람에게 덤비려 합니다.

문제 해결 원리

- 먹이를 쫓는 본능은 여타 공격 성향과는 완전히 다른 것입니다. 두뇌 속에서 작동하는 회로가 완전히 다르지요.
- 먹이를 쫓는 것은 재빠른 움직임에 의해 촉발되는, 타고난 본능입니다.
- 차를 쫓거나 달리는 사람을 쫓는 등 먹이 본능에 의한 행동은 전기 충격 목걸이를 착용해야 할 수도 있습니다. 전기 충격 목걸이를 채우는 것을 좋아하지 않더라도, 거친 교정을 필요로 하는 몇 안 되는 경우가 있답니다. 먹이에 대한 강한 본능 동기를 제어하는 것 역시도 이 훈련에 포함됩니다. 며칠 동안 전기 충격 목걸이를 채워 놓으면 최초의 충격을 떠올리게 되는데, 목걸이나 보호자와 연관 짓는 것이 아닌 행동과 연관 짓게 되지요.
- 어린 동물은 사회화와 학습을 통해 무엇은 쫓아도 되고 무엇은 안 되는지를 배워야 합니다. 어린아이에게 적응된 새끼 동물은 아이들을 대상으로 발산할지도 모를, 위험한 먹이 본능을 제어할 수 있습니다.

4. 사회적 동기 행동

- 소들은 같이 자란 소들과 풀 뜯기를 좋아합니다.

- 개들이 무리 지어 달립니다.

- 개가 사람과 떨어지면 짖습니다.

- 어미 염소가 키운 염소들이 자라서 새끼를 양육합니다.

- 고도로 사회화된 래브라도는 가구를 해코지하지 않을 때 칭찬받으면 점점 가구를 물지 않게 됩니다.

- 어릴 때 여러 사람, 동물 들과 접촉하며 사회화된 동물은 다 자라서도 사회성이 있는 개로 클 것입니다.

- 개가 혼자 있을 때 집기들을 물어뜯나요? 개가 혼자 있을 때도 참는 버릇을 점차 들이도록 훈련시키거나, 다른 개를 친구 삼아 같이 둬 보세요.

- 고도로 사회화된 순종 브라만 황소는 사회화가 낮은 헤리퍼드 소보다 사람이 쓰다듬는 손길에 익숙합니다.

- 거위 한 쌍은 일생 동안 결혼해서 지냅니다.

- 우리에 사는 고양이는 거칠고 사람과 떨어져 지내는데, 그들이 어릴 적 사람들에게 길러지지 않았기 때문이랍니다. 사람과 함께 지내며 사회화된 고양이는 사람들에게 보다 친근하게 굴지요.

문제 해결 원리

- 동물은 친구를 찾으려 동기화되기도 해요.

- 동물의 세계에서 동물과 사람은 어린 동물과 같이 지내는 것을 좋아합니다.

- 유전적 요소와 조기 보육 환경이 사회화 정도에 영향을 미치기도 합

니다.

- 강아지와 고양이의 일생에서 민감한 시기가 있습니다. 이때가 바로 사회적 유대를 형성할 시기랍니다. 이 시기는 고양이에게는 생후 첫 7주간, 강아지에게는 생후 첫 12주간입니다. 이 시기에는 동물들을 부드럽게 다루어야 합니다. 어린 고양이와 강아지를 사회화하는 데 실패하면 종종 무섭게 변하지요.

- 사회화는 유전적으로 이어지기도 합니다. 예를 들어, 늑대가 사냥 중에 협동하는 것은 고도의 사회화 때문이랍니다. 일부 종은 다른 종에 비해서 칭찬과 유대 관계를 통해서 동기 부여가 이루어지지요.

- 고양이는 사람이 생각하는 것보다 훈련이 가능한 동물입니다. 소리를 내는 클리커(clicker)를 이용하면 보다 쉽지요. 사람들이 개는 훈련이 가능해도 고양이는 그렇지 않다고 생각하는 이유는, 개는 사람에 상대적으로 호의적이기 때문입니다. 어린 강아지는 보호자가 차 문을 열면 곧바로 튀어 나가는 위험한 행동을 할 때가 있지만, 성견이 되면 그러한 행동을 하는 대신 차에 남아서 보호자를 애처롭게 쳐다봅니다. 이런 행동은 시간이 지나면서 보호자가 개를 차 안에 붙잡아 두거나 경우에 따라 바깥으로 나가게 훈련시키며 자연스럽게 혹은 우연히 나타나게 됩니다.

- 어미가 새끼를 핥고 돌보는 것은 사회적 동기가 부여된 행동입니다.

- 래브라도레트리버는 칭찬을 바라지요. 칭찬으로 보상하는 것은 고도로 사회화된 개들에게 가장 효과적이랍니다. 칭찬에 대한 반응은 개별적인데요. 칭찬은 원하는 행동을 취한 뒤 1초 내에 이루어져야 합니다. 그래야 동물이 올바른 연관성을 인지하게 되지요.

- 동기 부여가 낮은 동물은 칭찬만으로는 부족하고, 먹이를 보상으로

사용해야 합니다.

- 고도의 사회화된 동물은 칭찬하고 처벌을 피하세요.
- 고도의 사회적 동기 부여를 가진 거위 같은 동물은 해가 갈수록 짝을 짓고, 한 쌍이 결합하려 하는 습성이 있습니다.
- 일반적으로 개는 고양이보다 사회적 동기가 높은데요. 먹이 보상은 고양이를 훈련하는 데 효과적입니다. 어떤 개는 칭찬과 쓰다듬기만 해도 잘 반응하지만, 사회적 동기 부여가 낮은 개들은 먹이 보상과 칭찬을 같이 해야 제일 반응이 좋답니다.

5. 고통이 동인이 된 행동

- 관절염을 앓는 개는 활동하지 않으려 합니다. 관절염을 치료하면 나이 든 개도 좀 더 활동적으로 변하지요.
- 동물은 부상을 당하면 다리를 절게 됩니다. 차에 치인 개는 사람을 뭅니다.
- 동물은 수술을 받고 나면 움직임을 멈추거나 쭈그리고 앉습니다.
- 배설 기관에 문제가 있는 고양이는 잠자는 곳 바깥으로 배설합니다. 고양이 배설 문제의 30%는 내과적 문제입니다.
- 개는 충격을 피하려 보이지 않는 경계로부터 떨어져 지냅니다.
- 아이가 반복해서 귀를 잡아당기면 개가 물려 합니다.

문제 해결 원리

- 질병이나 부상으로 발생한 고통으로 유발된 행동에 대해서는 절대 벌주지 마세요.
- 공포와 공격성의 동인은 종종 고통의 동인과 헷갈리기도 합니다. 고

통이 연관된 공격성은 아픈 신체 부분을 만질 때 직접적인 반응으로 잘 나타납니다.

- 동물은 고통스러운 자극과 관계있는 행동이나 장소를 피하려 합니다.
- 다친 개가 사람을 물려고 할 때의 공격성은 공포를 느낄 때 무는 동기 부여와 비슷해요. 자칫 잘못하면 물어 뜯겨 다칠 가능성이 높습니다.
- 개나 양, 말과 같은 먹이 동물들은 사람이 보고 있을 때는 고통과 연관된 행동을 감추려 합니다. 그들은 야생에서 포식자에게 먹히지 않으려고 이런 행동을 하는 것이지요.
- 진통제와 국소 마취제는 동물에게 도움이 되며 수술 중, 수술 후에 약물을 사용해야 한다는 연구 결과가 있습니다.
- 고통과 연관된 행동은 사람이 없는 상태에서 비디오로 촬영하면 가장 뚜렷하게 관찰됩니다.

6. 신기함을 추구하는 행동

- 개가 낯설고 새로운 집에서 새로운 냄새를 맡으려고 흥분해서 방마다 뛰어다닙니다.
- 말은 초원에서 깃발이 있으면 접근합니다. 그 이유는 말이 깃발에 끌렸거나, 초원과 깃발의 색깔이 대조되기 때문이지요.
- 돼지는 새로운 짚더미를 헤집거나 우리에 있는 종이 가방을 열심히 씹습니다.
- 말은 경적 같은 신기한 소리에 귀를 기울입니다.
- 실험실의 원숭이는 잠깐이라도 우리 바깥을 보기 위해 문을 열려고 매일 자주 버튼을 누릅니다.

- 초원의 소들은 건설 인부들이 다리를 건설하는 장면을 보려고 합니다.
- 브라만 소들은 헤리퍼드 소들이 무시할 동안 울타리에 걸린 코트 냄새를 맡습니다.

7. 신기함을 회피하는 행동 (공포가 원인인 경우)

- 개는 불이 나면 두려워합니다.
- 카우보이가 말 등에 올라타 있는 데 익숙한 소들은 땅에 선 사람을 처음 볼 때 두려워하게 됩니다. 소들은 땅에 선 사람을 새롭고 두려운 존재로 인식하지요.
- 말이 깃발과 풍선을 보는 품평회장에서 뒷걸음칩니다.
- 고양이가 처음으로 개를 볼 때 두려워합니다. 고양이는 털을 곤두세우고 쉿소리를 내며 할퀴려 합니다.
- 자신이 지내던 목장에서는 온순하고 길들여져 있던 소들이, 경매장에서는 벽을 들이받고 사람을 공격합니다.
- 동물원의 영양은 자신의 축사 꼭대기에서 일하는 지붕 수리공을 보면 놀라 벽을 들이받기도 해요. 지붕 수리공은 신기한 대상으로 인식하지만 진열장 바깥의 사람은 더 이상 신기하지 않으므로 참는 것이지요.

문제 해결 원리

- 동물이 자신의 면전에서 우산을 펴는 동작을 보게 되는 상황처럼, 낯선 물건은 가장 두려운 존재가 됩니다.
- 동물이 자발적으로 접근 가능하다면 새로운 사물도 흥미로울 수 있

습니다. 말에게 새로운 안장에 접근하여 냄새를 맡게 해 주세요.

- 새로운 것의 역설: 변덕스럽고, 민감하고, 신경이 과민한 동물에게 새로운 사물은 가장 매력적인 동시에 가장 두려운 것이 됩니다. 아랍종 말은 얼굴 앞에서 갑자기 깃발을 휘두르면 놀라서 달아나려 하지만, 동시에 대초원 한가운데 깃발을 세워 두면 온순한 유전자를 가진 말보다도 잘 접근하려 한답니다.

- 새로운 곳으로 동물을 옮길 때 혼란을 예방하려면 새로운 대상과 새로운 장소를 점진적으로 접하게 해 주어야 합니다.

- 예민하고 신경이 과민한 동물에게 새로운 물건이 혼란과 두려움을 주지 않도록 보다 천천히 소개해야 합니다. 겁이 적고 온순한 동물들에게는 보다 빨리 소개하는 편이 좋죠. 새로운 것들이란 말 위에 탄 사람, 가축 운반차, 풍선, 깃발, 자전거, 재빨리 열리는 쓰레기장 문, 말 전시회에서 사람들이 입고 있는 아랍 전통 계급 복장 등을 뜻합니다.

- 몹시 예민한 동물들은 주변 환경에서 새로운 대상에 대해 두려움을 크게 갖습니다. 이러한 이유로 많은 훈련사들은 변덕스러운 기질의 동물이 더 똑똑하다고 말하기도 합니다.

- 말과 소는 깃발, 풍선같이 불규칙하고 빠르게 움직이면서 낯설게 느껴지는 사물을 보다 두려워하는 경향이 있습니다. 개들은 시끄러운 소리에 공포를 더 느끼는 경향이 있고요.

- 동물의 기억은 특이해서, 말은 등에 올라탄 사람과 땅에 서 있는 사람을 다른 대상으로 인식합니다.

8. 배고픔이 동인이 되는 행동

- 동물은 먹이 보상으로 새로운 동작을 훈련받습니다.
- 동물은 먹이를 줄 시간에는 초원에서 돌아옵니다.
- 암사자는 새끼들에게 사냥하는 법과 무엇을 먹을 것인가를 가르칩니다.
- 고양이가 먹이가 담긴 캔을 따는 소리를 듣자 뛰어옵니다.
- 돌고래가 검사하려는 목적으로 채혈할 때 먹이를 내밀면, 스스로 꼬리—피를 뽑는 쪽—를 내보입니다.

문제 해결 원리

- 동물에게 먹이 보상과 원하는 행동의 상관관계를 만들어 주려면 행동이 이루어지고 1초 내에 먹이를 주도록 합니다.
- 과녁이나 제동자를 사용한 훈련의 장점은 이런 것들이 보상에 대한 정확한 시점을 사용하기 쉽다는 것인데요. 동물은 손에 쥔 제동자의 클릭과 먹이를 연관시킵니다. 과녁 훈련이 시행될 때 동물은 먹이 보상을 위해 과녁에 터치하거나 끝에 공이 달린 작은 막대를 따라가는 것을 배우지요. 타이머 연습과 과녁 연습을 단계적으로 행하려면 여러 서적을 참고하세요.
- 초식 동물은 어릴 적에 먹던 풀을 좋아하는 습성이 있습니다.
- 먹이를 쫓고 죽이는 행동에서 항상 먹이가 동기가 되는 것은 아닙니다. 어린 동물들은 어미로부터 무엇을 사냥할 것인가를 배우는데요. 개와 사자 모두 자신들이 죽인 동물을 먹을 수 있다는 것을 배워야만 합니다. 예를 들어 범고래와 새끼들은 물고기를 먹지만, 그 나머지는 물개를 잡아먹지요.

9. 성적으로 동인된 행동

• 성적 결합 같은 정상 짝짓기.

• 건강한 수캐는 암캐가 사는 집 대문 앞에 모여듭니다.

• 개가 사람의 다리를 잡고 성교하는 시늉을 합니다.

• 수컷인 새가 사람을 향해 짝짓기 모습을 보이고 같은 종의 새와는 짝 짓기를 거부합니다. 이러한 새들은 자신의 꽁지깃을 뽐내며 활짝 펼 쳐 보이지요.

• 수말이 짝짓기 중에 지나치게 공격적이거나, 수말이 갑자기 뛰쳐나와 암말에게 인사도 없이 올라탑니다.

문제 해결 원리

• 사춘기 이전에 동물을 거세하면 훗날 성적으로 원인이 되는 문제들 을 예방할 수 있습니다.

• 성장해서 거세된 동물은 고양이가 의자나 벽에 소변을 싸는 것처럼 성숙된 성적 행동 버릇이 남을 수 있습니다.

• 비정상적인 성적 행동은 어린 동물을 같은 종류의 동물과 군집 생활 을 시키며 예방할 수 있답니다. 동물은 가끔 자신을 키워 준 사람과 짝짓기를 하려고 들기도 하지요.

• 어린 수컷을 따로 떼어 놓으면 비정상적으로 공격적인 짝짓기 행동 을 보일 수 있습니다. 이를 해결하려면 같은 종으로부터 배우도록 해 야 합니다.

10. 강하게 각인된 본능 (고정된 행동 양상)

• 아래에 제시한 행동들은 앞서 정리된, 강하게 각인된 행동의 사례들

입니다.

-수컷 고양이가 소변을 뿌리는 것

-정상 성교 행동

-재빠른 움직임을 보고 먹이 본능이 촉발되는 것

-새가 짝짓기 춤을 추는 것

• 황소가 맹렬히 위협하거나 개가 지배하는 자세를 잡는 것처럼 동물들은 저마다 특이한 지배 행동을 보입니다. 개는 털을 곤두세우고, 귀를 앞으로 쫑긋하고, 눈으로 노려보고, 꼿꼿이 선 자세를 취하지요.

• 개들은 자신이 자는 장소를 어지럽히지 않으려는 자연적인 본능이 있습니다. 그래서 강아지를 자기가 자는 곳에 두면 용변 습관을 들이는 데 도움이 됩니다.

• 어릴 적부터 사람이 길러 온 새는 사람에게 짝짓기 춤을 춥니다. 짝짓기 춤은 본능적으로 타고나지만 욕구를 불러일으키는 신호 자극은 학습을 통해 배우기 때문이지요.

• 사람을 무는 돼지는 다른 돼지가 사람을 물려고 할 때 목 부위를 나무를 이용해 힘껏 밀고 나면 제압당했다고 여겨 사람한테 순종적으로 굴게 됩니다. 돼지의 싸움 동작을 흉내 내면 한층 효과가 좋습니다. 뒷다리를 꺾어 놓는 등의 대처는 큰 효과가 없습니다. 동물을 길들이려면 때려서 굴복시키지 않고도 대화로 자연스럽게 풀 수 있으며, 이는 동물들이 취하는 방식이기도 합니다.

• 개가 먹이를 쫓을 때에는 본능적으로 재빠르게 움직여야 한다는 자극으로 시작됩니다. 그래서 개는 자동차나 달리는 사람을 쫓아가는 것이죠.

• 개는 다람쥐의 목을 치명적으로 물어 죽이기도 합니다.

- 어린 동물이 젖을 먹고 빠는 모습을 보입니다. 새끼들은 사람의 손가락도 빨려고 들지요.
- 개는 상대의 공격을 멈추게 하려고 발랑 드러눕습니다. 이때에는 자발적으로 드러눕는 것이며, 억지로 뒤집어 놓은 것이 아닙니다. 보상하면서 개에게 몸을 뒤집도록 가르치세요. 개를 내던지지 마세요.
- 개한테 공격하는 듯한 행동을 보이면. 개는 머리를 숙이고 꼬리를 들어 올릴지도 몰라요.
- 어미 거위는 가슴으로부터 굴러 나온 알 크기의 물체는 무엇이든 다시 가져오려고 합니다. 거위는 알과 같이 두면 골프공이나 깡통들도 간수하려고 할지 몰라요.

문제 해결 원리

- 행동 양식은 두뇌에 강하게 새겨진 것이며 컴퓨터 프로그램처럼 작동합니다.
- 본능적인 행동 양식은 신호 자극에 의해 제한이 풀어지면 활동을 시작합니다.
- 호르몬은 성숙한 동물에게서 성적 본능 행위를 자극합니다.
- 본능적 행동 양식은 호르몬 주기에 영향을 받지 않습니다. 젖을 먹이는 시늉을 보이는 강아지들이 바로 그 대표적인 예시랍니다.
- 사람들은 동물을 훈련시킬 때 본능적인 모습을 쉽게 따라할 수 있습니다. 예를 들어 솟아오른 사슴뿔을 모방해서 여러분의 머리 위로 막대기를 세우는 것과 같이 말이지요.

11. (몇 가지 동인들의 동시 작용에 의한) 혼성 동인 행동

- 공포와 신기함의 추구: 소들은 종이 가방이 땅에 놓여 있을 때는 접근하지만, 바람이 불어 움직이면 달아납니다.
- 성과 공포: 개는 발정기인 암컷의 냄새를 맡으면 우두머리 격인 개에게 쫓겨나도 암컷에게 접근하려고 합니다. 개를 접근하게 하는 동기는 본능이지만, 다른 개가 접근할 때 물러나게 하는 동기는 두려움입니다.
- 두려움과 본능적인 모성애: 암캐는 처음 새끼를 낳고 보면 두려워하지만, 새끼가 젖을 먹기 시작하면 두려움이 사라집니다.
- 공포와 공격성: 갓 낳은 새끼를 지키는 어미는 공격성과 두려움이 번갈아 일어납니다.

문제 해결 원리

- 일부 행동은 두 가지 혼란스러운 동기에서 번갈아 일어날 수 있습니다. 다른 경우, 동기는 한 가지에서 다른 것으로 옮겨 가서 그대로 유지되지요. 새끼를 갓 낳은 암컷은 태어난 새끼에 대한 두려움이 젖을 먹이면서 없어집니다.
- 혼합된 동기는 때때로 이해하기 어렵습니다. 관찰된 행동 리스트를 작성하는 것이 도움이 될 수 있겠지요.

12. 환경 요인의 비정상적 행동

- 아무도 없는 우리에서 길러진 개는 사람들과 보다 사회적인 작용을 받으며 자란 강아지와 비교하여 보다 활동적이며 흥분을 잘 합니다.
- 사회적 교제가 결여된 앵무새는 자신의 깃털을 뽑으려 합니다.

- 말들이 담을 물어뜯는 것같이 무는 것은 반복된 습관 때문입니다.
- 뒤집고 씹을 짚이나 잠동사니가 없으면 돼지들은 우리 안의 기둥을 물어뜯으려 합니다.
- 동물원에서 걷던 동물은 좁은 우리 안에서도 계속 걷습니다.
- 개가 발을 지나치게 핥다가 상처를 내기도 합니다. 이는 분리 불안에 기인한 행동입니다.
- 삭막한 철장 우리에서 쥐들은 걷고 빙글빙글 돕니다. 대부분 주변에 아무도 없는 밤에 이런 행동을 하는데요. 사람이 주변에 있으면 사람에게 주의를 빼앗기기 때문이지요. 비정상적인 행동은 주변 환경으로부터 외부 자극이 거의 없을 경우 시작되기도 합니다.

문제 해결 원리

- 이런 문제는 일단 몸에 배면 중단시키기 힘들기 때문에, 시작부터 예방하는 것이 중요합니다. 대부분의 경우 비정상적인 행동은 동물이 가지고 놀 것이 아무것도 없는 삭막한 우리나 혼자 떨어져 자랐을 때 잘 생깁니다.
- 매우 신경이 예민한 동물들은 온순하고 평범한 동물들과 비교하여 자극이 없는 삭막한 환경에서 판에 박힌 행동과 비정상적인 행동이 발달할 가능성이 높습니다.
- 판에 박힌 행동은 반복적인 행동으로 동물이 계속해서 반복하는 것을 말합니다. 걷기, 쳇바퀴 돌기, 여물통 물어뜯기 등이 전형적인 모습입니다.
- 동물의 환경적 요구는 종에 따라 다르답니다. 고도로 사회화된 말이나 개와 같은 동물은 다른 동물이나 사람과의 유대 관계를 필요로 합

니다. 풀을 뜯는 동물인 말과 소는 건초나 풀밭이 필요하고, 설치류같이 갉아서 굴을 파는 동물들은 이빨로 갉아 파서 몸을 숨길 수 있는 물건이 필요하며, 북극곰과 호랑이같이 멀리 걷는 동물들은 어슬렁거릴 공간이 필요하지요.

- 삭막한 우리나 실험실 우리에서 자란 어린 동물들의 신경계는 정상으로 발육하기 위한 다양한 자극이 결핍되어 손상을 입기도 합니다.
- 대부분의 비정상적 행동을 검토해 볼 때, 그중에서 일부는 삭막한 환경에서 동물에게 사람 손이 닿지 않을 때 발생합니다. 사람이 나타나면 동물은 비정상적인 행동을 멈추는데요. 보안 장치에 사용하는 비디오카메라는 비정상적인 행동을 파악할 수 있는 가장 손쉬운 방법입니다.

13. 유전적 원인의 비정상적 행동

- 개가 정신 운동성 발작으로 인해 이유 없이 갑자기 물어뜯습니다. 이런 병적인 상태는 매우 긴장된 태세를 가지도록 사육된 스프링거 스패니얼한테서 처음 나타났지요. 이런 물어뜯기 행동은 우울함에서 나오기도 하는데, 특정 사람이나 장소와 연관된 것은 아닙니다.
- 귀가 멀고, 눈이 파란 개는 특히 흥분 성향을 보입니다.
- 지나치게 흥분성이 강하고 많은 계란을 생산하는 암탉은 날갯짓으로 자신의 깃을 부러뜨리기도 합니다.
- 가슴살을 많이 얻기 위해 길러진 수탉은 짝짓기 도중 때때로 암탉을 죽이기도 합니다. 그 수탉은 단일 형질화 육종으로 인해 짝짓기 행동의 본능을 잃어버렸기 때문입니다.
- 발작성 경련을 하는 염소는 큰 소음을 들을 때 숨을 헐떡입니다.

- 설치는 달마시안은 훈련시키기 힘듭니다.
- 신경질적인 포인터는 자세를 취하고 꼼짝 않습니다. 밀기만 하면 뒤집어질지도 몰라요.

문제 해결 원리

- 유전적인 결함은 동물이 한 가지 목적을 가지고 선택되는 상황이거나, 한 가지 색이나 모양, 행동이나 특정 부위를 생산할 목적으로 길러질 때 일어납니다.
- 행동 결함이나 다리 구조의 이상이 생기는 등, 결함이 발생할 수밖에 없는 번식 종을 택하지 말고, 가급적 억지스러운 교배를 피하세요. 넓은 시야를 가지고 여러 동물들을 살펴보세요.

훈련 방법

1. 보상 동기 훈련(처벌 없음)

- 개가 신문을 물어 오면 칭찬과 어루만짐으로 보상해 주세요.
- 개들은 기본적인 앉기, 엉덩이 붙이기, 멈추기 등의 명령을 학습합니다. 칭찬하기, 쓰다듬기 등 조금씩 다르게 보상해 주세요.
- 약물 탐지견이나 구조견은 칭찬과 다독거림을 통해 임무를 익혀요.
- 돌고래는 먹이를 주며 후프를 통과하게 훈련시켜야 합니다.
- 수의학적 처치와 연관하여 훈련시켜요. 예를 들면, 돌고래가 검사용 피를 뽑기 위해 꼬리를 내보이는 것을 먹이로 보상해 줍니다.
- 마장 마술을 하는 말에게는 복합 동작 패턴을 교육합니다. 이럴 경우에는 클릭 트레이닝이 좋습니다. 클릭 소리를 이용해서 말이 필요한 행동을 하고 1초 내에 먹이를 주는 보상 타이밍을 잡기가 쉽기 때문이죠.
- 실험실에서 쥐가 행동 실험을 할 때 막대를 누르면 빛이 번쩍이고 먹이를 얻게 된다는 점을 훈련시킵니다.

훈련 원칙

- 자극을 줄 때 공포나 고통을 유발하는 처벌은 없어야 합니다.
- 보상 기전을 사용하는 모든 고전적 조건은 이런 범주에 포함됩니다. 작동 조건 환경에 적용할 만한 책들이 많이 있습니다. 클릭 사운드 이용 훈련, 과녁 훈련법 등은 새로운 기술, 재주, 행동을 가르치는 데 매우 효과적입니다. 이런 훈련 방법들은 먹이가 가장 최상의 강화제로 작용하는 사회성이 낮은 동물에게 유용하죠.
- 칭찬, 먹이, 쓰다듬기 또는 먹이 보상과 연관된 클릭 사운드 같은 자극으로 동기를 부여해 주세요.

- 보상 타이밍이 아주 중요합니다. 동물이 보상과 바라는 행동을 연관시키기 위해서인데, 원하는 행동이 이루어지고 1초 내에 보상을 해주세요.
- 여러분이 없어지기를 바라는 행동은 무시하세요.
- 가끔 개한테는 칭찬이 유일하게 필요한 보상이에요. 고양이와 다른 동물은 먹이 보상이나 클릭 사운드와 연관된 먹이 보상 같은 자극이 필요할 수 있는데, 그 이유는 낮은 사회성 때문이에요.
- 바라지 않는 행동을 멈추게 하려면 긍정적인 강화 방법을 줄이세요.
- 새로운 기술과 묘기, 행동을 가르치려면 보상이 되는 긍정적 동기화 훈련이 가장 효과적입니다. 훈련사마다 개인적으로 선호하는 훈련 방식이 있으며, 일부는 클릭 훈련, 일부는 과녁 훈련, 나머지는 먹이나 칭찬만을 선호하기도 하지요. 가장 중요한 원칙은, 기본적인 훈련 방법으로는 긍정적인 보상에 기초를 둔 방법을 사용해야 한다는 것입니다.

2. 사람의 부주의한 보상 행위로 발생한 행동

- 개가 식사 중 음식을 원하더라도, 이러한 행동을 무시하면 안 하게 됩니다.
- 말이 먹이를 주기 전에 먹이통을 발길질하나요? 말이 발길질을 멈출 때까지 기다린 다음 먹이를 주세요.
- 말이 여러분을 밀어붙인다면 잠시 훈련을 멈추거나 말이 밀기를 멈출 때까지 쓰다듬어 주세요.
- 강아지가 여러분의 손을 문다면, 쓰다듬기나 놀아 주기를 멈추세요. 손에 이빨의 감촉이 느껴지는 순간 손을 닿지 않는 곳으로 빼기도 하고요.

3. 처벌이 동인이 되는 훈련

- 개가 보이지 않는 전기 장벽이 설치된 공간에 머물러야 한다는 사실을 배우게 됩니다. 개는 특정 음조를 듣게 되면 테두리로부터 몸을 피해야 전기 충격을 받지 않는다는 사실을 깨닫게 되면서 학습하게 되지요.
- 소들이 전기 장벽으로부터 떨어져서 머물게 됩니다.
- 전기 충격 목걸이는 자동차나 사슴이나 달리는 사람을 쫓는 것을 못하게 하려고 할 때 사용됩니다. 이런 사례는 훈련을 목적으로 충격 목걸이를 합리적으로 쓸 수 있는 드문 경우예요.
- 실험 환경에서 쥐는 불이 들어올 때 막대를 눌러 충격을 피하는 법을 배웁니다.

훈련 원칙

- 처벌이 포함된 고전적인 조건 형성에서 원치 않는 행동을 멈추기 위해 사용됩니다. 예를 들어 개는 달리는 사람을 쫓지 않음으로써 충격을 피하는 법을 배우게 됩니다.
- 먹이 본능에 의해 동기화된 사슴을 뒤쫓는 행동은 긍정적인 보상 방법으로는 거의 효과가 없고, 처벌 방식에 더 잘 반응합니다.
- 보호자라는 것을 인식하게 만들려고 동물을 때리는 등의 가혹한 처벌은 잔인하기도 하고, 효과적이지 못합니다. 훈련을 시키거나, 동물이 타고난 본능 행동을 모방하는 방법을 사용하세요.
- 새로운 기술이나 재주를 가르칠 때는 처벌을 사용하지 마세요. 보상에 기초한 훈련이 더욱 효율적이며 동물을 존중하는 방식입니다.

주

■ 1부 나의 이야기

Grandin, T. 1995. Thinking in Pictures. New York: Vintage.

—. 1998. Handling Methods and Facilities to Reduce Stress on Cattle, Veterinary Clinics of North America, 14: 325~341.

—. 2000. Livestock Handling and Transport. Wallingford, U.K.: CABI Publishing.

—. 2000. My Mind on a Web Browser: How People with Autism Think. Cerebrum (Winter): 13~22.

—. 2003. Transferring Results of Behavioral Research to Industry to Improve Animal Welfare on the Farm, Ranch, and the Slaughter Plant. Applied Animal Behaviour Science 81: 215~228.

Hov, C., et al. 2000. Artistic Savants. Neuropsychiatry, Neuropsychology, and Behavioral Neurology 13: 29~38.

Voisinet, B. D., T. Grandin, J. D. Tatum, S. F. O?onner, and J. J. Strothers. 1997. Feedlot Cattle with Calm Temperaments Have Higher Average Daily Gains Than Cattle with Excitable Temperaments. Journal of Animal Science 75: 892~896.

■ 2부 동물은 세상을 어떻게 인식하는 걸까?

Carter, Rita. 2002. Exploring Consciousness. Berkeley, CA: University of California Press.

Gladwell, Malcolm. 2001. Wrong Turn. New Yorker, June 11. Mr. Gladwell? articles can be found at http://www.gladwell.com/.

Grandin, T. 1996. Factors That Impede Animal Movement at Slaughter Plants. Journal of the American Veterinary Medical Association 209: 757~759.

Grandin, T., and M. J. Deesing. 1998. Behavioral Genetics and Animal Science. In Genetics and the Behavior of Domestic Animals, ed. T. Grandin. San Diego, CA: Academic Press: 1~31.

Heffner, R. S., and H. E. Heffner. 1983. Hearing in Large Animals: Horses (Equus caballus and Cattle C Bos taurus). Behavioral Neuroscience 97: 299~311.

Jacobs, G. H., J. F. Deegan, and J. Netz. 1998. Photopigment Basis for Dichromatic Color Vision in Cows, Goats and Sheep. Visual Neuroscience 15: 581~584.

Kleiner, K. 2004. What We Gave Up for Color Vision. New Scientist(January 2004):12.

Krasnegor, Norman A., G. Reid Lyon, and Patricia S. Goldman-Rakic. 1997. Development of the Prefrontal Cortex: Evolution, Neurobiology, and Behavior. Baltimore: Paul H. Brookes Publishing.

Lanier, J. L., T. Grandin, R. D. Green, D. Avery, and K. McGee. 2000. The Relationship Between Reaction to Sudden Intermittent Movements and Sounds and Temperament. Journal of Animal Science 78: 1476~1484.

Lemmon, W. B., and G. H. Patterson. 1964. Depth Perception in Sheep: Effects of Interrupting the Mother Neonate Bond. Science 145: 835~836.

McConnell, P. B. 1990. Acoustic Structure and Receiver Response in Domestic Dogs (Canis familiarus). Animal Behavior 39: 897~904.

Miller, P. E., and C. J. Murphy. 1995. Vision in Dogs. Journal of the American Veterinary Medical Association 12: 1623~1634.

Revkin, A. C. 2001. Eavesdropping on Elephant Society. New York Times. January 9.

Talling, J. C., N. K. Waran, C. M. Wathes, and J. A. Lines. 1998. Sound Avoidance by Domestic Pigs Depends Upon Characteristics of the Signal. Applied Animal Behaviour Science 58, nos. 3~4: 255~266.

■ 3부 동물의 느낌

Craig, J. V., M. L. Jan, C. R. Polley, A. L. Bhagwat, and A. D. Dayton. 1975. Changes in Relative Aggressiveness and Social Dominance Associated with Selection for Early Egg Production in Chickens. Poultry Science 54: 1647~1658.

Craig, J. V., and J. C. Swanson. 1994. Review: Welfare Perspectives on Hens Kept for Egg Production. Poultry Science 73: 921~938.

Danbury, T. C., C. A. Wecks, J. P. Chambers, A. E. Waterman-Pearson, and S. C. Kestin. 2000. Self Selection of the Analgesic Drug Carprofen by Lame Broiler Chickens. Veterinary Record 146: 307~311.

Dugatkin, Lee Alan. 2004. Principles of Animal Behavior. New York: W. W. Norton. Faure, J. M., and A. D. Mills. 1998. Improving the Adaptability of Animals by Selection. In Genetics and the Behavior of Domestic Animals, ed. T. Grandin, 235~264. San Diego, CA: Academic Press.

Goodwin, D., J. W. S. Bradshaw, and S. M. Wickens. 1997. Paedomorphosis Affects Visual Signals in Domestic Dogs. Animal Behavior 53: 297~304.

Grandin, T. 2002. Do Animals and People with Autism Have True Consciousness? Evolution and Cognition 8: 241~248.

Grandin, T., and M. J. Deesing. 1998. Genetics and Animal Welfare. In Genetics and the Behavior of Domestic Animals, ed. T. Grandin, 319~346. San Diego, CA: Academic Press.

Grandin, T., M. J. Deesing, J. J. Struthers, and A. M. Swinker. 1995. Cattle with Hair Whorls Above the Eyes Are More Behaviorally Agitated During Restraint. Applied Animal Behaviour Science 46: 117~123.

Grandin, T., T. N. Dodman, and L. Shuster. 1989. Effect of Naltrexone on Relaxation Induced by Lateral Flank Pressure in Pigs. Pharmacological Biochemistry of Behavior 33: 839~842.

Hemsworth, P. H., J. L. Barnett, and C. Hansen. 1981. The Influence of Handling by Humans on the Growth and Corticosteroids in the Juvenile Female Pig. Hormones and Behavior 15: 396~403.

Hughes, D. P. 2004. Songs of the Gorilla Nation. New York: Random House.

Millman, S. T., I. J. Duncan, and T. M. Widowski. 2000. Male Broiler Fowl Display High Levels of Aggression Towards Females. Poultry Science 79: 1233~1241.

Webster, A. B., and J. E. Huzrnik. 1991. Behavior, Production and Well Being in the Laying Hen. 2. Individual Production and Relationships of Behavior to Production and Physical Condition. Poultry Science 70: 421~428.

■ 4부 동물의 공격성

Beaver, B. V. 1999. Canine Behavior: A Guide for Veterinarians. Philadelphia: W. B. Saunders.

—. 2003. Feline Behavior, A Guide for Veterinarians. St. Louis: Saunders/Elsevier Science.

Gates, G. 2003. A Dog in Hand. Irving, TX: Tapestry Press.

Grandin, T., and J. Bruning. 1992. Boar Presence Reduces Fighting in Mixed Slaughter-Weight Pigs. Applied Animal Behaviour Science 33: 273~276.

Landsberg, G., W. Hunthausen, and L. Ackerman. 2003. Handbook of Behavior Problems of the Dog and Cat. London: Saunders/Elsevier Science.

Niehoff, D. 1999. The Biology of Violence. New York: The Free Press, 54~114.

Price, E. O., and S. J. R. Wallach. 1990. Physical Isolation of Hand Reared Hereford Bulls Increases Their Aggressiveness Towards Humans. Applied Animal Behaviour Science 27: 263~267.

Smolker, R. 2002. To Touch a Wild Dolphin. New York: Anchor.

Turner, D. C., and P. Bateson. 2002. The Domestic Cat: The Biology of Its Behavior (2nd ed.). Cambridge: Cambridge University Press.

■ 5부 통증과 고통

Apkarian, A. V., P. S. Thomas, B. R. Krauss, and N. M. Szevcrengi. 2001. Prefrontal Cortical Hyperactivity in Patients With Sympathetically Mediated Pain. Journal of Neuroscience Letters 311: 193~197.

Bateson, P. 1991. Assessment of Pain in Animals. Animal Behavior 42: 827~839.

Boissy, A. 1995. Fear and Fearfulness in Animals. Quarterly Review of Biology 70: 165~191.

Colpaert, F. C., J. P. Taryre, M. Alliaga, and W. Koek. 2001. Opiate Self Administration as a Measure of Chronic Nociceptive Pain in Arthritic Rats. Pain 91: 33~34.

Freeman, W., and J. W. Watts. 1950. Psychosurgery in the Treatment of Mental Disorders and Intractable Pain. Springfield, IL: Charles C. Thomas Publisher.

Gentle, M. J., D. Waddington, L. N. Hunter, and R. B. Jones. 1990. Behavioral Evidence for Persistent Pain Following Partial Beak Amputation in Chickens. Applied Animal Behaviour Science 27: 149~157.

Grandin, T. 1997. Assessment of Stress During Handling and Transport. Journal of Animal Science 75: 249~257.

Hansen, B. D., E. M. Hardic, and G. S. Carroll. 1997. Physiological Measurements After Ovariohysterectomy in Dogs. Applied Animal Behaviour Science 51: 101~109.

Rainville, P., G. H. Duncan, D. D. Price, B. Carrier, and C. Bushnell. 1997. Pain Affect Encoded in Human Anterior Cingulate but Not Somatosensory Cortex. Science 277: 968~971.

Rogan, M. T., and J. E. LeDoux. 1996. Emotion Systems, Cells Synaptic Plasticity. Cell 85: 469~475.

Sheddon, L. V. 2003. The Evidence for Pain in Fish: The Use of Morphine as an Analgesic. Applied Animal Behaviour Science 83: 153~162.

■ 6부 동물은 어떻게 생각할까?

Ackers, S. H., and C. N. Slobodchikoff. 1999. Communication of Stimulus Size and Shape in Alarm Calls of Gunnison? Prairie Dogs(Cynomys gunnison). Ethology 105: 149~162.

Bekoff, Marc, Colin Allen, and Gordon M. Burghardt. 2002. The Cognitive Animal: Empirical and Theoretical Perspectives on Animal Cognition. Cambridge, MA: The MIT Press.

Dawkins, M. S. 1993. Through Our Eyes Only: In the Search for Animal Consciousness. New York: W. H. Freeman.

Derr, M. 2001. What Do Those Barks Mean? To Dogs, It? All Just Talk. New York Times, April 24, D6.

Domjan, Michael. 1998. The Principles of Learning and Behavior, 4th ed. New York: Brooks/Cole Publishing.

Grandin, T. 1998. Objective Scoring of Animal Handling and Stunning Practices in Slaughter Plants. Journal of the American Veterinary Medical Association 212: 36~93.

—. 2001. Welfare of Cattle During Slaughter and the Prevention of Non-Ambulatory (Down) Cattle. Journal of the American Veterinary Medical Association 219: 1377~1382.

Gray, P. M., B. Kraus, J. Atema, R. Payne, C. Krumhansl, and L. Batista. 2001. The Music of Nature and the Nature of Music. Science 291: 52~54.

Griffin, D. R. 2001. Animal Minds: Beyond Cognition to Consciousness. Chicago: University of Chicago Press.

Louie, K., and M. A. Wilson. 2001. Temporally Structured Replay of Awake Hippocampal Ensemble Activity During Rapid Eye Movement Sleep. Neuron 1: 145~156.

Lund, Nick. 2002. Animal Cognition. New York: Taylor & Francis Group.

Lyon, B. E. 2003. Egg Recognition and Counting Reduce Costs of Avian Conspecific Brood Parasitism. Nature 422: 495~498.

Milius, S. 2004. Where? I Put That? Maybe It Takes a Bird Brain to Find the Car Keys. Science News 165: 103~105.

Pearce, John M. 1997. Animal Learning and Cognition: An Introduction, 2nd ed. East Hove, UK: Psychology Press.

Pepperberg, I. M. 1999. The Alex Studies: Cognitive and Communicative Abilities of Grey Parrots. Cambridge, MA: Harvard University Press.

Rogers, Lesly J. 1997. Minds of Their Own: Thinking and Awareness in Animals. Boulder, CO: Westview Press.

Slobodchikoff, C. N., C. Kiriazis, C. Fischer, and E. Creef. 1991. Semantic Information Distinguishing Individual Predators in the Alarm Calls of Gunnison? Prairie Dogs. Animal Behavior 42: 713~719.

Slobodchikoff, C. N. 2002. Cognition and Communication in Prairie Dogs. In M. Bekoff, C. Allen, and G. Burghardt, eds., The Cognitive Anlimal. Cambridge, MA: MIT Press.

Birbaumer, N. 1999. Rain Man? Revelations. Nature 399: 211~212.

Judd, S. P. D., and T. S. Collett. 1998. Multiple Stored Views and Landmark Guidance in Ants. Nature 392: 710~714.

Miller, B. L., K. Boone, J. L. Cummings, S. L. Read, and F. Mishkin. 2000. Functional Correlates of Musical and Visual Ability in Frontotemporal Dementia. British Journal of Psychiatry 176: 458~463.

Miller, B. L., J. Cummings, F. Mishkin, K. Boone, F. Prince, M. Ponton, and C. Cotman. 1998. Emergence of Art Talent in Frontotemporal Dementia. Neurology 51: 978~981.

Snyder, A. W., and J. D. Mitchell. 1999. Is Integer Arithmetic Fundamental to Arithmetic? The Mind? Secret Arithmetic. Proceedings Royal Society 266: 587~592.

Snyder, A. W., E. Mulcathy, J. L. Taylor, D. J. Mitchell, P. Sachdew, and S. Gandevia. 2003. Savant Like Skills Exposed in Normal People by Suppressing the Left Fronto-Temporal Lobe. Journal of Integrative Neurosciences 2: 149~158.

Treffert, Darald A. 1989. Extraordinary People: Understanding ?diot Savants.? New York: HarperCollins.

Webner, R. 2001. Bird Navigation Computing Orthodromes. Science 291: 264~265.

1990년 동물학 교수 생활을 처음 시작했을 때만 해도, 동물 행동에 관한 논문에 '두려움'과 같은 단어를 쓸 수 없었습니다. 당시의 연구자들은 두려움은 사람이 지닌 감정이고, 그러한 감정을 동물에게 적용하는 것은 옳지 않다고 여겼습니다. 그래서 제가 소의 행동에 대한 연구 결과를 제출했을 때, 검토자들은 제게 '두려움'이라는 단어를 삭제할 것을 요청했습니다. 저는 '두려움' 대신 '동요'라는 단어를 써야만 했고, 출간된 논문의 제목은 〈소를 다루는 동안 행동 동요는 시간이 흘러도 지속된다〉가 되었습니다.

1997년이 되어서야 비로소 〈동물의 취급과 운송 중 발생하는 스트레스의 평가〉에서 '두려움'이란 단어를 사용할 수 있게 되었습니다. 동물들이 두려움을 느낀다는 것을 확실히 증명한 신경과학자들의 연구를 검토했기 때문입니다. 이러한 연구들 중 일부는 1950년대와 1960년대에 이미 행해졌음에도, 동물 행동 분야를 전공한 어느 누구도 이에 대해 알지 못했습니다. 이러한 현상은 비단 동물 행동학 뿐만이 아닌 여러 분야에 걸친 과학에서 나타나는 문제이기도 했습니다. 1990년대 후반까지 신경과학자들은 동물이 지닌 공포심을 연구해 왔지만, 동물학자들과 수의사들은 그런 신경과학 문헌을 거의 읽지 않았습니다.

《동물과의 대화》《동물이 우리를 사람으로 만든다》두 책에서 캐서린 존슨과 저는 신경과학자 자크 팬셉이 수행한 연구에 대해 논의했습니다. 팬셉 박사는 그의 저서 《정서적 신경과학》에서 7가지 기본적인 감정을 묘사했는데, 이는 사람과 동물 모두에게 존재합니다. 각각의 감정은 피하 뇌 부위와 연결되어 있습니다. 이는 상위 뇌 시스템이 없어도 감정을 경험할 수 있다는 것을 의미하기에 매우 중요합니다. 따라서, 감정적인 관점에서 동물과 사람은 같은 뇌 구조를 지녔고, 같은 기본적인 감정을 지니고 있다는 것을 알 수 있습니다.

우리의 두 책이 출간된 후, '성격'이라는 단어가 동물 행동학에서 쓰이기 시작했습니다. 오늘날 연구가들은 동물들이 '대담하다'거나 '수줍어한다'고 말하며, 탐색하는 감정을 '탐험'이라고 부르게 되었습니다. 동물 행동 전문가들은 동물들과 사람들이 다양한 감정을 공유할 수 있다는 데 동의합니다.

더욱 중요한 것은 동물 복지 연구가들이 동물들이 단지 부정적인 감정으로부터 보호받는 데 그치지 않고, 더 행복하게 살기 위해 긍정적인 감정을 경험할 필요가 있다는 것을 알게 되었다는 사실입니다. 고통을 예방하는 것만으로는 충분하지 않습니다. 두려움, 분노, 슬픔은 우리가 동물들에게 느끼게 해서는 안 되는 부정적인 감정들입니다. 놀이의 즐거움, 돌봐진다는 느낌, 탐색의 과정은 우리가 그들이 느끼길 바라는 긍정적인 감정들입니다. 우리는 동물들이 행복한 삶을 살 수 있는 환경, 그리고 그들이 긍정적인 감정을 가질 수 있는 환경을 만들어야 합니다.

동물학을 시작하면서 주의해야 했던 또 다른 주제는 '동물적인 사고'였습니다.

수 세기 동안, 과학자들과 철학자들은 동물들이 정말로 생각을 할 수 있는지에 대해 논쟁해 왔습니다. 저는 그들이 생각할 수 있다고 믿습니다. 왜냐하면 '언어'가 생각의 필수 요소가 아니기 때문입니다.

물론 동물이 실제로 생각할 수 있다고 상상하는 것은 어려울 수 있습니다. 그러나 많은 사람들이 말로 생각하는 반면, 저와 같은 몇몇 사람들은 사실적인 그림이나 수학적 패턴(시각적 공간)으로 생각한다는 것이 몇몇 연구에서 명확히 보여졌습니다. 동물은 시각적인 사고자^{사물을 눈으로 보는 것처럼 생각해 내는 사람}와 같습니다. 그들은 그림으로 사고합니다.

1970년대에 처음 동물 행동학을 시작했을 때, 저는 다른 일반적인 사람들이 언어를 통해 사고하는지 알지 못했습니다. 하지만 이를 발견하고 나니, 사람들이 왜 다른 유형의 사고가 존재하는 것을 이해하지 못하는지, 그리고 동물도 생각할 수 있다는 것을 이해하기 힘들어하는지를 이해하게 되었습니다. 저는 그림으로 생각하는 시각적인 사고자이기 때문에 동물이 무슨 생각을 하는지 알고 싶다면 그 동물이 무엇을 보고 있는지 알아야 한다고 믿었습니다. 저는 소들이 종종 그림자 넘기를 거부하거나 울타리 위의 외투를 보면 멈추곤 하는 것을 관찰했지요. 그림자든 외투든 그들이 그때 보고있는 것이 그들이 생각하는 것이었습니다.

시각적 사고를 하는 것은 동물을 이해하는 데 도움이 됩니다. 저는 학생들과 반려동물의 보호자들에게 "동물을 이해하려면 언어에서 한 발짝 떨어져야 한다."고 말합니다. 동물들은 감각에 기반을 둔 세계에 살고 있기 때문에 그 동물이 무엇을 보고, 듣고, 느끼고, 냄새 맡는지 관찰해야 합니다. 이를 설명하기 위해 사용하는 예시 중 하나는 저의 제자 메간 코건의 연구입니다. 이 연구는 말들이 세계를 그림으로 경험한다는 것을 보여줍니다. 메간은 말들이 모두 익숙해질 때까지 작은 미끄럼틀과 그네가 있는 놀이터로 꾸며진 세트장 옆을 15번 걷고 난 후, 그 세트장을 90도 회전시켰습니다. 세트장이 돌아가고 나자, 말들은 마치 모든 것이 새로운 상황인 것처럼 반응했지요.

시각적으로 생각하는 사람들에게 세트장이 회전할 때 전혀 다르게 보인다는 것을 알기 때문에 저는 이 부분을 이해할 수 있었습니다. 하지만 언어로 사고하는 사람들에게는 세트장이 어떤 각도에서 보이든 똑같게 느껴질 것입니다. 왜냐하면 그들은 실제로 그것을 '보고' 있지 않기 때문입니다. 놀이터는 '작은 미끄럼틀과 그네가 있는 터'라는 말로 표현할 수 있는 추상적인 단어입니다. 메건의 실험은 왜 말이 뚜렷한 이유 없이 갑자기 반응하고 기수를 쫓아낼 수 있는지 말해 줍니다. 언어로 사고하는 사람들은 이러한 말들의 변화를 알아차리지 못합니다.

캐서린과 저는 이 책이 한국에서 재출간되어 매우 기쁩니다. 이 책을 통해 동물들의 행동, 느낌, 그리고 생각에 대해 깊이 있게 통찰할 수 있기 바랍니다.

템플 그랜딘

초판 저자의 말

이 책은 동물에 관한 경험을 나누었던 많은 사람들로부터 얻은 정보가 없었다면 존재하지도 못했겠지요. 특히 마크 데싱과 제니퍼 래니어에게 큰 빚을 졌습니다. 마크는 수많은 각기 다른 동물들의 행동 프로젝트에 관해서 10년 이상 함께 일해 오고 있으며, 본문에 나오는 '레드도그'는 그와 함께 살고 있습니다. 제니퍼는 내가 처음으로 학위를 준 학생이지요. 두 사람은 오랜 토론 시간 동안 깊고 넓은 식견을 보여 주었습니다.

제가 이 분야의 경력을 쌓을 수 있도록 도움을 준 축산업계의 모든 분들에게도 감사의 마음을 전합니다. 1970년대 초반, 애리조나주 레드리버 방목장의 테드 길버트와 스위프트 도축장의 매니저 톰 로러는 자폐증으로 생긴 나의 강박성에도 인내심을 가지고 참아 주었고, 제 능력을 인정해 주었습니다. 그 외에도 경력을 확고히 쌓는 데 도움을 준 분들은 다음과 같습니다. 마이크 차보트, 그레이 오든, 릭 조던, 프랭크 브로촐리, 윌슨 스윌리, 라울 백스터, 글렌 모이어와 짐 올. 모두에게 감사드립니다.

보니 번튼과 미국 농무부는 현재 도축장에서 동물 복지 규정을 심사하는 미국 육류 협회 관리 규정의 기초 연구를 제가 맡을 수 있도록 기회를 주었습니다. 미국 육류 협회의 자네트 릴리와 동물 복지 위원회는 시설물 가이드라인에 관한 업무를 도와주셨죠. 그 결과 제가 일하는 메이저 식품 회사의 동물 복지 규정이 완성되었습니다. 맥도널드사의 보브 랭거트와 웬디스 인터내셔널의 다렌 브라운은 도축 시설에서 동물의 복지를 눈에 띄게 개선할 수 있도록 객관적 채점 방식 시행에 큰 공헌을 한 분들입니다.

콜로라도 주립 대학의 동물학부는 지난 15년간 연구가 이루어진 보금자리였고, 특히 저를 그곳에 추천해 준 은사님 버나드 롤린에게도 감사의 마음을 전합니다.

마지막으로, 저는 이 책의 공저자 캐서린 존슨에게 감사의 마음을 전합니다. 캐서린의 도움이 없었다면, 이 책이 쓰이지 못했을 것입니다. 아름다운 문체를 통해 제 목소리가 전달됐고, 저만의 이야기를 말할 수 있도록 도움을 받았죠. 또한 나의 대리인 베치 러너, 스크립너사에서 이 책의 발행인으로 수고한 수전 몰도, 편집자 베스 웨어행과 리카 알라닉에게도 감사드립니다.

템플 그랜딘

사람들은 제게 자폐인과 함께 책을 쓰는 일이 어떠하느냐고 물어요. '멋진 경험이다'라는 말로 그 대답을 대신하고 싶습니다. 템플은 사람들에게 잘 알려지지 않은, 자폐인들이 지닌 잠재 능력을 발휘하는 분이에요. 그녀는 친절하고, 평정심을 잃지 않으며, 이 책에 나오는 고양이 릴리와 할리가 레이저 마우스에 집착하는 것만큼 일에 몰두하는 사람이었죠. 템플은 동물을 사랑하며, 동물을 알기 위해 존재하는 거의 모든 것을 피부로 아는 사람이에요. 절대로 일에서 떠나지 않는 사람이라고나 할까요.

대학에서 템플은 스스로 진리 탐구라고 부르는 기법을 깨쳤다고 해요. 언어를 사용하는 사람이 아니었기에 자신의 삶에서 일어나는 세부적인 일들까지 기억하기 위한 유일한 방법은 모든 것을 하나의 큰 원리라는 틀 속에 몰아넣는 것이었죠. 반드시 그렇게 해야만 기억할 수 있었다고 해요. 템플은 신경계, 정서, 동물 행동 인지에 관한 방대하고 복잡한 연구 논문을 철저히 독파해 냈습니다. 이 책《동물과의 대화》는 적어도 9개 분야의 전공을 망라하고 있어요. 모든 결과를 하나로 묶어 내는 원리를 눈으로 보지요. 그 결과 이 책은 동물과 함께하는 템플의 생활을 넘어서는 책이 되었습니다. 동물과 자폐인, 그 둘이 어떻게 공통점이 있는지에 관한 책이기도 합니다. 템플 고마워요. 우리 이야기는 이쯤 해 두죠.

그다음으로 베치 러너.

책을 시작할 때 저와 템플은 두 가지의 주제로 한 권의 책을 쓰기 위해 어려운 시간을 보내야 했지요. 우리는 기나긴, 그리고 주제가 확장되는 대여섯 번의 초안을 거치는 어려운 시간을 보내면서도 적절한 초안을 작성하지 못하고 벽에 가로막혀 있었어요. 어떤 전문가는 우리에게 처음부터 다시 시작하는 게 좋겠다고 충고했고, 또 다른 사람은 우리가 그때까지 해놓은 모든 것을 내던지고 새롭게 시도해 보라고 했죠. 그때 템플이 베치에게 전화했어요. 템플의 책《그림으로 생각하기》의 편집을 맡았던 그녀가 우리의 대리인으로 일하게 된 거죠.

베치는 제안서를 읽어 보고는 전화를 걸어 무엇이 문제이고 해결 방법은 무엇인지 알겠다고 말해 주었으며, 즉시 행동으로 옮겼어요. 템플과 저는 앞서 썼던 원고를 약간 수정했고 보란 듯이 완성할 수 있었습니다. 그런 뒤 베치는 일사천리로 출판사를 찾았고, 비로소 책은 보금자리를 찾게 되었습니다. 마술과도 같은 일이었죠. 베치, 고마워요.

저의 대리인 수전 글룩에게도 감사의 마음을 표해요. 이 책이 출간된 것은 전적으로 수전 덕분이에요. 저와 템플을 처음으로 만나게 한 사람이니까요. 이 만남은 제가 뉴욕으로 이사하고 얼마 지나지 않은 어느 날, 즉흥적으로 이루어졌어요. 일거리를 찾던 시절은 아니었죠. 수전은 동료로부터 템플이 동물에 관한 책을 쓰려고 한다는 소식을 듣고서, '네가 그 책을 써야 돼!'라고 말해 줬어요. 그 제안이 반가웠습니다. 수전은 점심 식사를 마치고 바로 일을 추진했고, 그래서 현재의 우리가 존재할 수 있었던 거예요. 고마워요!

잔소리를 이유로 편집인에게 감사를 표하는 저자들을 거의 보지 못했습니다만, 그래서 제가 그런 이유에서는 첫 번째가 될 듯하네요. 스크립너사의 편집자 베스 웨어햄은 텍사스 출신으로 덩치가 크고 요란한 분이에요. 동물을 이해했고, 템플을 이해했으며, 우리가 의도하는 바를 책을 보자마자 이해했죠. 정말 유머러스한 분이었어요. 베치처럼, 베스도 템플과 내가 미처 보지 못한 방식으로 이 책에 접근했습니다. 베스는 이 책의 세 번째 저자예요(다만 이 책에서 실수가 있었다면, 베스의 잘못이 아니라 저와 템플의 잘못입니다). 고마워요, 베스.

스크립너사의 편집장인 수전 몰도에게도 감사의 마음을 금할 길이 없습니다. 열정과 흥미를 조화시켰을 뿐만 아니라 이 책의 제목도 지어 주었죠. 템플과 제가 동물과 자폐인을 같은 책에다 두는 게 어려웠다면, 멋진 제목 안에 이 둘을 같이 묶는 일도 불가능했겠죠. 수전이 해 준 일이에요. 진리를 찾아줬죠. 고마워요.

스크립너의 직원인 리사 알라닉도 반복 어구가 얼마나 많든, 처음부터 끝까지 모든 파일을 효율적으로 검토해 준 그 재능에 감사를 보냅니다.

저는 언제나 저자로서, 가족이나 아이들에게, 작품에 매진하는 동안 기꺼운 마음으로 인내해 준 데 대해 감사의 마음을 적을 때마다 쑥스러워요. 가족들과 떨어진 기간이 불과 수개월밖에 안 되기 때문이에요. 그렇더라도 긴 시간이지요. 남편 에드 버렌든에게 감사를 보내고, 아이들을 돌보아 주는 마틴 세이디와 우리 아이들 지미, 앤드류, 크리스토퍼도 잘 지내 주었음에 고마운 마음을 전해요. 일로 엄청나게 바쁜 와중에도 남편은 거의 모든 집안일을 평일 저녁과 주말마다 기꺼이 맡아 주었고, 마틴은 그 나머지 시간에 모든 일을 떠맡아 주었어요. 아이들도 잘 참아 주었고요. 내가 없는 그 자리에 모두 살아 있어 주어 고마울 뿐이에요.

친구이자 이웃, 임상 정신과 의사, 애견가인 로라 리드에게도 감사를 표하고 싶습니다. 로라는 제 이야기를 끝까지 들어 주었고, 이 책의 여러 내용에 대해서 다듬어 주었어요. 또 학부모 모임에서 단짝이었던 페니 뮈즈에게도 모든 어려움을 떠맡아 준 데 대해 고맙다는 말을 하고 싶습니다.

마지막으로 세상의 모든 것을 창조하신 신과 우주에, 축복받은 생명을 주신 데 감사드립니다.

제 아이들 중 지미와 앤드류는 자폐아예요. 크리스토퍼는 전문가들이 말하는 보통의 아이지요. 아이들이 자폐아로 진단받은 것은 그때까지 제게 일어났던 일 중 가장 가혹한 것이었죠. 아무것도 변하지 않았으나 지미와 앤드류, 크리스토퍼, 그리고 아이들이 사랑하는 아버지는 제게 주어진 가장 큰 선물이에요.

이 책을 쓰게 한 것은 우리 아이들입니다. 이 책을 집필하며 다시 우리 아이들에게 다가갑니다. 저는 자폐인들을 별다르게 보지 않아요. 그렇다고 보통의 사람들을 그리 다르게 보지도 않고요.

동물의 친구로, 이웃으로, 저는 앞으로도 절대 개, 말, 소, 앵무새, 또는 눈에 띄는 어떤 새나 짐승들도 이전의 제가 보아 오던 방식으로 보지 않을 것 같습니다.

그렇게 되도록 해 준 템플에게 감사의 뜻을 표합니다. 템플과 모든 연구가, 훈련사, 목장의 카우보이 그리고 수의사 등 동물을 위해 일생을 바친 모든 이들에게 감사의 뜻을 전합니다.

캐서린 존슨

《동물과의 대화》가 재출간되면서 큰 기쁨과 잊고 있던, 아름다운 추억을 되살리게 되어 큰 감동을 받았다. 지난 15년간 개인 병원을 운영하며 건강에 여러 가지 문제가 생겨서 죽을 고비를 두 번 넘겼다. 희귀하고 치명적인 질병으로, 수술만 10번 이상 받았다. 그 고통에서 벗어나려 열심히 생활하던 중 뜻하지 않게 소식을 들은 것이다.

2006년은 젊었고, 무엇이든 잘할 것이라는 자신이 넘치던 시기였다. 개인적으로 번역 작업을 수십 권은 해 봤기에 쉽게 생각했다. 당시 출간된 이 책은 KBS의 〈TV, 책을 말하다〉라는 프로그램에도 소개되었고, 오랫동안 잊고 지냈던 지인들과도 연락이 닿는 계기가 되었다. 건강에 심각한 문제가 생기고 가족의 중요성을 느끼던 차에 언제나북스 담당자들이 방문했고, 잠시나마 두려움 없이 개업의 전선에 뛰어든 당시를 회상하게 되어 참으로 그리운 생각을 가지게 되었다.

동물은 어릴 적부터 좋아했고, 의과 대학에 진학하고 나서 자폐증

(autism)이라는 단어를 소아과학 수업에서 처음 접했다. 당시에는 자폐증이 얼마나 심각하고, 가족의 삶을 파괴할 수 있는 병인지 전혀 피부에 와닿지 않았다. 사실 의과 대학에서 배우는 대부분이 그렇다. 그저 수업을 듣고 암기만 하기에도 시간이 모자라다 보니 수많은 과목과 또 과목마다 암기해야 하는 엄청난 분량의 지식은 아직 임상 경험이 없는 학생이 공감하기 어렵다. 또 그 시절의 의과 대학생은 인생에서 가장 건강한 시기를 보내기에 배우는 질병과 외상을 당하는 환자의 입장에 대해 공감력이 낮기도 하다. 소아청소년과, 정신건강의학과를 선택해 임상을 체험하기 시작한 의사들 역시 자폐증 환자의 어릴 적 모습부터 어른이 된 모습을 비로소 그 옆에서 목격하게 되는 것이다.

정형외과에서 일하다 보면 10대에서 심지어 50대 성인까지, 자폐증을 앓는 환자의 부모가 병원에 따라오는 것을 볼 수 있다. 자신의 증상을 언어로 표현하지 못하기 때문이다. 성인이 된 자식이 아파도, 부모가 대변해 줘야 한다. 언어 표현이 불가능한 대부분의 자폐인은 사회생활 하나하나를 그들과 가장 가까운 부모가 해줄 수밖에 없는 실정인 것이다. 이것은 장애인 복지 측면에서 선진국인 미국에서도 크게 다르지 않다.

저자는 자폐증을 앓는 템플 그랜딘 박사다. 콜로라도 주립 대학의 교수를 역임할 정도로 학문적 성과가 뛰어난 분이며 자폐증 환자 가운데 매우 드물게 언어를 구사하는 특이한 경우에 속한다. 일각에서는 박사가 아스퍼거 증후군을 앓고 있다고 보기도 하지만, 언어와 사고 체계가 일반인과 다른 점은 부정할 수 없는 사실이다.

저자의 서술을 가독 가능한 문장으로 다듬어 낸 캐서린 존슨도 세

아들(지미, 앤드류, 크리스토퍼) 중 두 명이 자폐인이다. 대개 자폐 아동은 한 부부에게서 두 명 이상은 잘 태어나지 않는다. 과거 뉴스위크와의 인터뷰에서 첫 아들 지미가 자폐 아동으로 진단받을 때의 절망감은, 쌍둥이를 임신했을 때 불편한 형을 위해 하나님이 두 명의 천사를 보내주어서 감사하는 마음으로 바뀌었다고 한다. 지금까지 일란성이든 이란성이든 쌍둥이가 동시에 자폐인으로 태어나거나, 그중 한 명이 자폐인이 되는 것은 대단히 드물거나 거의 보고되지 않은 사례다. 그러나 출산 직후에 앤드류의 눈빛을 본 캐서린 존슨은 또 다른 불행을 직감했다고 한다.

캐서린 존슨의 머릿속에는 자폐증을 앓는 자녀들이 노년이 되었을 때 보호 시설에서 부당하게 대우받는 모습과, 두 형이 받는 처우에 항의하다가 끝내 절망하는 막내 크리스토퍼의 모습이 떠올랐다고 했다. 장애인 복지의 선진국인 미국도 이러한데 하물며 우리나라는 자폐인, 장애인 들에게 이보다 더 힘든 사회다. 복지에 투자하고 장애인을 향한 시선도 개선되었지만 아직도 선진국의 사회적 인식, 복지 인프라에는 못 미치고 있다.

내 진료실에는 가벼운 자폐 증상을 앓고 있으면서도 군 복무까지 마친 환자가 있다. 그 환자의 할머니와 아버지는 대단히 훌륭한 분들이다. 아버지는 어릴 적부터 아들이 훗날 혼자서 생활할 수 있는 능력을 길러주려고 엄청난 노력을 기울였다. 때문에 아들을 입대시키기까지 한 것이다. 아버지는 본인과 가족의 노력만이 아니라, 훈련소의 동기 및 교관, 자대 배치 후의 지휘관을 비롯한 전우들의 관심으로 무사히 복무를 마칠 수 있었다고 공을 돌렸다.

자폐인은 가혹한 스트레스를 이겨 내는 엔도르핀이 일반인에 비해 10배 가까이 분비된다. 혹자는 신이 주신 자비라고도 한다. 통증에 특히 강한 엔도르핀이 대량 분비되는 자폐인은 아픔과 추위, 심지어 뜨거움까지 잘 참는다. 책에서 저자는 '무감각하다'고까지 표현한다. 자폐인은 차가운 물속에서 더 오래 버티고, 화상을 입을 때 늦게 느낀다. 위에서 말한 나의 진료실에 왔던 그 청년은 발목이 심하게 골절되어 발목의 내외측은 물론, 후방까지 부러진 상태로 2주 동안 장거리를 통학하며 버티고 있었다. 무언가 이상하다고 느낀 부모가 청년을 병원으로 데려온 것이다.

책에서는 '동물이 통증에 강하다'고 말한다. 특히 포식자의 표적이 되는 초식 동물은 약한 동물일수록 표적이 되지 않기 위해 아픈 내색을 하지 않는다고 한다. 동물 병원에서 수술 받은 동물들도 진통제를 처방하면, 빠르게 일상으로 복귀하려다 합병증이 생기고는 한다. 필자도 복부수술 후 금세 통증을 잊고 침상에서 뛰기까지 했다고 한다.

고통을 참는 것, 언어가 미숙하거나 발달하지 않은 것, 미세 감각에 예민한 것 등 자폐인은 동물과 많은 면에서 닮았다. 이는 감각을 종합해서 고차원적인 사고로 변환시키는 '연합령', 즉 '전두엽'이 발달되지 못해서 그런 것이다. 그러나 상상력이 더해진 고의적·악의적 사고는 일어나지 않는다. 그만큼 순박하고 착한 모습이다. 이것은 어릴 적 태어나 배고프거나 아프면 울고, 만족하면 웃고 잠드는 아이들의 모습과 닮았다.

저자는 삼두뇌 이론을 주장한다. 삼두뇌란 육상 생활에 필요하고, 생명의 자율 신경 계통을 통제하는 파충류의 두뇌, 집단생활을 하는 포유류의 두뇌, 고차원적으로 사고하는 영장류의 두뇌다. 저자는 보다 높은 차원인 영장류의 두뇌를 가지려면 어릴 적 공부하는 데 집중하기보다는 야외에서 하는 운동이나 놀이가 필요하다고 주장한다. 멍게는 바위에 정착하기 전까지는 300개의 뇌신경세포를 보유하며, 가장 적합한 정착지 선택에 활용하지만, 정착하고 나서는 가장 먼저 뇌신경세포를 자가 포식하여 생명 유지 에너지를 효율적으로 쓰려고 한다. 이 모습은 한참 발달할 시기에 적절한 신체 활동 없이 그저 책상 앞에만 매달려 있는 어린이들에게도 반면교사가 되지 않을까 싶다.

공진화(coevolution)도 눈에 띈다. 11만 년 전, 인간은 늑대를 순화시킨 개와 동거하면서 단체 생활을 배우게 되었으며 개와 생활하지 않았던 네안데르탈인은 멸종했다는 (다소 논리적 허점이 있는) 이 주장을 결코 흘려들을 수만은 없다. 개는 사람이 밤에 쉴 수 있는 시간을 마련하는 보호자의 역할을 하고, 사람은 개에게 먹이를 주어 보상한다. 이에 따라 개의 뇌는 사람에게 점점 의존하는 방향으로, 사람의 뇌는 점점 동물적 기능이 퇴화하는 방향으로 바뀌었다는 것은 이미 입증된 사실이다.

사람은 혼자서는 살 수 없다. 그래서 사회를 이루는 것이다. 자폐인도 사람이다. 다만 완전하게 생활할 수 없는 사람일 뿐이다. 사람이 하나의 개체로 바로 서고, 사회의 구성원이 되는 데 필수 불가결한 열쇠는 '언어'이나, 자폐인은 언어를 잘 다루지 못한다. 동물 중에서도(사람과는 비교할 수 없는 수준이지만), 영장류, 고래, 일부 강아지와 고양이에게 언어가 있다. 무리로 생활하고 서열을 정하는 것은 강약의 논리지만 보다 미묘한 행동에는 고차원적 사고, 즉 또 다른 형태의 언어가 필요하다.

언어로 표현하지는 못하지만, 시각, 청각, 후각, 미각 외에도 제5의 감각에 가까운 본능적인 초능력이 동물과 자폐인에게 일부 있다. 서번트 증후군과 같은, 일반인이 이해할 수 없는 예지력이나 복잡한 계산을 해낼 수 있는 능력 등이다. 제2차 세계 대전 당시 미국은 자폐인들을 채용하여 항공 사진의 미세한 변화를 판독하여 전쟁에 활용했다. 아무리 확대해도 일반인이 알 수 없는 미세한 차이를 자폐인은 특유의 감각으로 바로 찾아낸 것이다. 2001년 9·11테러 이후, 미국에서는 자폐인을 공항에서 보안 투시기를 감시하는 임무에 동원하려는 계획까지 세운 바 있다.

저자는 홀로 떨어져 사회에 속하지 못하는 자폐인을 보다 따뜻한 시각으로 받아들이자고 말하기에 앞서, 자폐인이 가진 재능을 우리가 찾아내고 활용하자고 말하고 있다. 단지 동정의 대상이 아닌, 당당히 사회에 기여하는 존재로 받아들이자는 것이다.

어릴 적 저자는 승마를 통해 말과 교감하며 어려움을 극복했고, 일반인과 비교할 수 없는 난관을 극복하여 대학교수가 되었다. 또한 5개 이상의 전공을 심도 있게 연구하여 가축에게 고통을 줄이고 공포감을 최소화시키는 도축장을 설계해, 동물 복지와 사업 모두에서 인정받는 지위에 올라섰다. 그를 첫 시련에서 구해준 것은 동물이었다. 동물과 호흡하면서 자신 역시 위로받고 구제받았으며, 일반인과의 경쟁에서도 뒤지지 않게 되자 사회에서도 인정받은 것이다.

우리는 많은 갈등이 혼재된 사회에서 살고 있고, 자신과 가치관이 다른 사람에게는 상당히 냉혹한 태도를 보이며 살아간다. 이는 소통의 부재로 이어지고, 보다 복잡하고 바쁜 현대 사회에서는 단절로 이어진다. 특히 코로나 바이러스의 영향으로 비대면 시기를 겪으면서, 그 경향은 더욱 심해지고 있다. 2년째 같은 과 입학 동기와 수업 듣지 못하는 대학생, 유치원·초등학교·중학교에서 친구들과 만나지 못하고 화면으로 수업 듣는 아이들의 모습을 보면 안타깝다. 성장에 꼭 필요한, '필수 영양소가 결핍된' 아이들이 되지 않을까 하는 우려도 생긴다.

우리는 오랜 인류의 조상이 그러했듯, 개와 공진화하며 서로가 생존에 도움을 주고 발전해 온 모습을 떠올리며, 자폐인과 일반인의 벽을 넘어야 한다. 지역 사회의 구성원과 보다 넓게 소통하고, 자폐인과 장애인에게 동정과 관심을 보내기보다는 우리와의 다름을 받아들이며 그들만의 장점을 발견하여야 한다. 그러면서 정을 나누고, 서로 돕고 도움받는 사회로 만들어 갈 책무가 오늘날의 우리에게 있는 것 같다. 15년만의 재출간에 앞서 두서없이 이렇게 생각해 보았다.

내게 새롭게 아름다운 기억을 되살릴 기회를 주신 언제나북스에 깊은 감사의 마음을 전한다. 처음 이 책을 번역했을 때 유치원생이던 아이 중 하나는 지금 의대에 다니고 있고, 내년이면 임상 수업에서 자폐증을 배우게 될 것이다. 31년 전 시험만을 목적으로 그저 증상과 병명만 외우고 지나간 나의 경험이, 32년 후배가 되는 내 아이에게는 어떤 의미로 다가올지 생각하며, 재출간 소감을 마무리 짓는다.

권도승

　이 책의 저자는 자폐인이다. 하지만 그저 우리 주변에서처럼 자신의 장애로 고통받는 자폐인이 아니고 전 세계적으로 가장 유명하고 영향력 있으며, 자신의 실력으로 당당하게 능력을 검증받은 자폐인 중의 한 명이다. 나는 이 책을 보면서 '과연 자폐인이 저술하는 게 가능한가'라는 의문을 품었다. 물론 저자의 언어를 글로 옮긴 사람은 캐서린 존슨이라는 작가이다.

　이 책에서 저자는 최소 7개의 영역을 망라하는 내용을 다루었다. 정신 분석학, 동물 행동학, 동물 심리학, 축산학, 신경 과학, 임상 심리학, 임상 약리학, 신경 해부학, 발생학 외에도 여러 분야를 넘나들며 저자 자신의 눈에 비친 느낌과 날카로운 분석을 같이 담고 있다. 하지만 역자에게는 그 내용들이 그렇게 학문적으로 차갑게 다가오지 않았다. 그녀의 글들은 동물과 자폐인에 대한 애정이 바탕에 깔려 있고, 차가운 이성이 아닌 따뜻한 감성과 밑바닥에서 우러나오는 감각 그 자체에 의존하고 있기 때문이다.

저자는 동물과 자폐인을 묶어서 관찰했다. 저자 자신이 자폐인이어서 가능한 일이었다. 동물과 자폐인은 사고를 통합하는 전두엽의 발달이 약하거나 형성이 부진하거나 하는 공통점이 있다. 아직 발달 과정에 있는 어린이의 두뇌도 전두엽의 발달이 완성된 어른보다는 자폐인의 시각과 동물의 시각을 더 잘 이해한다. 그렇다면 왜 자폐인이 일반인보다 동물의 행동을 쉽게 이해하고 같은 시각에서 바라볼 수 있는 것인가?

그 이유는 일반인은 두뇌의 각 부분으로 들어온 다양한 자료들을 통합할 때, 고도로 발달된 전두엽을 통해 성장하면서 고정된 관념에 부합되는 부분만 받아들이기 때문이다. 즉, 자폐인이나 동물은 무슨 사물이든지 하나하나의 미세함을 있는 그대로 보고 거기에 빠져 들지만, 일반인은 그 하나하나를 묶어서 관념으로 형상화해 버린다. 이러한 기본적인 차이는 자폐인은 물론 동물과 사람의 시각과 상호 이해에서 많은 것을 갈라놓는다.

저자는 제일 먼저 우리 일반인이 동물을 보는 관점에 문제를 제기한다. 즉 일반인은 동물의 입장에서 이해한다고 하면서, 실제로는 동물을 사람의 입장에서 보는 의인화의 우를 범하고 있다는 것이다. 항공 수송 중의 사자에게 편하게 가라고 제공한 베개를 스트레스 받은 사자가 뜯어 먹고 죽은 예를 들며 동물을 있는 그대로 볼 것을 제안한다. 양계장에서도 닭의 정상 성장을 위해 조명을 꺼 버리는데, 그녀는 왜 동물의 관점에서 그것이 필요한지를 역설한다. 사실 그녀와 우리 일반인 사이에 가장 큰 차이가 이 점이다.

　의인화에서 벗어난 저자는 동물을 점검할 때도, 서류상의 하자를 따지는 일반인의 기준이 아닌 동물의 모습 그대로를 본다. 여기서 탄생한 것이 오늘날 미국에서 실시되는 동물 복지 표준 규정이다. 100개에 이르던 세부 항목을 과감히 삭제하고, 10개의 매우 단순한 항목만으로 그녀는 문제점들을 더욱 효과적으로 파악하였다. 동물의 시각에서 바라보고, 동물 자체를 검사하는 자세 때문이다. 즉 우리는 있는 그대로 보지 못하는 것이다. 저자는 일반인은 머릿속에 번역기라 부르는 필터가 있어, 세세하게 전달되는 원천 감각을 걸러 내고, 언어라는 관념으로 형상화시키기 때문이라고 말한다. 우리는 볼 것으로 예상되는 것과 보기로 되어 있는 것, 그리고 보고 싶은 것만 보는 것이다. 여기에 대한 근거로 '우리 가운데 고릴라'라는 실험과 부주의 맹점을 제시했다. 언어에 충실한 일반인이 실험 속 화면에 나오는 크나큰 장면을 눈 뜨고 놓치는 실험이다. 이를 통해 저자는 일반인은 통합된 관념으로 예상하는 장면만 보고 느낄 뿐이라는 점을 꼬집는다.

　자폐인은 언어적 사고를 못한다. 수학적 개념도 약하다. 하지만 기초 감각 자료를 일반인보다 훨씬 더 세밀하게 받아들인다. 다만, 언어적 사고자가 아닌 시각적 사고자들이기 때문에 그것을 통합해서 개념으로 나타내지 못할 뿐이다. 그것은 현대 사회를 살아가면서 크나큰 약점이다. 하지만 그녀는 자신의 약점을 누구도 흉내 낼 수 없는 장점으로 승화시켰다. 두뇌 속으로 들어오는 청각, 후각, 시각, 미각, 촉각의 다양한 감각 자료들을 일반인의 통합 방식이 아닌, 다듬어지지 않은 원자료 그대로를 보고 동물의 눈높이를 이해했다. 그녀는 결단코 자폐인으로서의 자신에게 동정을 바라지 않았다. 일부러 자폐인을 변호하지도 않고 있는 그대로 바라볼 것을 당부한다.

사람은 동물과 완전히 다른 것일까? 우리 두뇌에는 먼 옛날 동물의 두뇌가 남아 있지 않은 것일까? 저자는 3두뇌 가설을 이용해 큰 교훈을 준다. 도마뱀의 두뇌와 개의 두뇌, 그리고 영장류의 두뇌는 하등 동물의 바탕에서 보다 새로운 발달 단계가 얹어지면서 발전해 왔다는 것이다. 그래서 사람도 전두엽의 손상이나 척수 손상으로 고도의 지능 생활이 없어지면, 갑자기 후각이나 색각이 발달하는 하등 동물의 요소가 나타남을 다양한 사례를 들어 보여 주고 있다. 즉, 우리의 두뇌 깊숙이 본능 속에는 동물의 모습이 남아 있다는 말이다.

저자는 원시 생물에서 각자 다르게 진화하면서 형태도 모습도 전혀 다른 동물로 바뀌었지만, 먼 옛날의 초기 인류는 동물과의 대화가 가능했을 것이란 메시지를 전하고 있다. 우리가 보다 발달된 전두엽을 가지게 되어 복합적인 사고를 얻는 과정에서도 동물과의 공존과 공동 진화는 필수적이었다. 그렇다면, 전두엽이 덜 발달된 자폐인은 동물과 사람의 두뇌로 이어지는 중간 기착지라고 볼 수 있지 않을까? 결국 인간 사회에서는 자폐인만이 대화의 창을 닫고 있지만, 모든 자연계 속에서는 일반인만이 외부 환경에 대한 자폐인일 수도 있다는 점이다. 이것이 저자가 전달하려는 메시지이다.

저자는 동물을 너무나 사랑하면서도 동물을 효율적으로 도축하는 시스템을 만들어 낸 사람이다. 그녀는 어차피 우리 인류가 육식 동물의 습성을 버릴 수 없다면, 또 동물의 생명을 요구해야만 한다면, 동물에게 행복한 삶과 고통 없는 죽음을 선사할 것을 제안한다. 어쩌면 이율배반적인 모습이지만, 저자의 제안은 정말로 동물을 사랑하는 마음에서 나온 것임을 충분히 알 수 있기에 깊은 공감이 간다.

번역을 마치면서, 나는 이 책의 번역에 조언을 아끼지 않은 국립 부곡정신병원의 권도훈 박사와 대구 가톨릭대학교 신경학 교실의 도진국 박사의 우정에 진심으로 감사의 마음을 전한다. 그리고 사랑하는 부모님과 언제나 나의 즐거움이자 활력소가 되어 준 아내 허소영과 두 딸 나현, 나윤에게도 사랑의 마음을 전한다.

권도승

동물과의 대화

ⓒ 템플 그랜딘, 캐서린 존슨

1판 1쇄 발행 2021년 11월 15일
1판 2쇄 발행 2022년 2월 15일

글 | 템플 그랜딘, 캐서린 존슨
번역 | 권도승
펴낸이 | 김지유, 노지훈
편집 | 박양인
펴낸곳 | 언제나북스
출판등록 | 2020. 5. 4. 제 25100-2020-000027호
주소 | (22656) 인천시 서구 대촌로 26, 104-1503
전화 | 070-7670-0052
팩스 | 032-275-0051
전자우편 | always_books@naver.com
블로그 | blog.naver.com/always_books
인스타그램 | @always.boooks

ISBN | 979-11-970729-4-9